气液两相流动

陈文振　匡　波　张志宏　编著

科学出版社

北　京

内 容 简 介

本书以核动力装置中气液流动和水下运动体空泡流动为主要对象,介绍两相水力学的基本概念、基本原理和计算、分析方法。全书分 9 章,包括气液两相流动的研究方法、流型和流型图、数学模型与基本方程、空泡份额的计算、压降的计算、临界流动、流动不稳定性、倒 U 形传热管内两相流动倒流和水下运动体外部的空泡流动等内容。为便于读者深入学习,每章后附有相关的参考文献和少量习题。

全书内容既有基本的理论知识,又有最新的一些科研成果,可作为核能科学与工程、水中兵器工程、船舶与海洋工程等专业的高年级本科生及研究生教材,也可供能源、动力、石油、化工、制冷和工程热物理等相关专业的学生、老师、工程技术人员和科研人员参考。

图书在版编目(CIP)数据

气液两相流动/陈文振,匡波,张志宏编著. —北京:科学出版社,2022.12
ISBN 978-7-03-072937-8

Ⅰ.①气… Ⅱ.①陈… ②匡… ③张… Ⅲ.①气体-液体流动-两相流动-研究 Ⅳ.① O359

中国版本图书馆 CIP 数据核字(2022)第 151584 号

责任编辑:王 晶/责任校对:高 嵘
责任印制:彭 超/封面设计:苏 波

科学出版社 出版
北京东黄城根北街 16 号
邮政编码:100717
http://www.sciencep.com

武汉中科印务有限公司印刷
科学出版社发行 各地新华书店经销
*
开本:787×1092 1/16
2022 年 12 月第 一 版 印张:18 3/4
2022 年 12 月第一次印刷 字数:474 000
定价:**89.00 元**
(如有印装质量问题,我社负责调换)

序

 两相流动广泛存在于核能、兵器、造船、动力、化工、制冷、航空、航天、材料、冶金等工业与技术领域中，并有着重要应用，近几十年来逐渐发展成为流体力学的一门分支学科。但是，由于两相流动的多样性和复杂性，到目前为止，无论是在理论上，还是方法上，以及试验手段上，有关两相流动的研究还不是很充分。

 《气液两相流动》一书是根据作者多年来在核反应堆专业、水中兵器专业、船舶与海洋专业的气液两相流动教学与科研实践中，所积累的一些经验、资料和相关的研究成果的基础上，并参考了国内外气液两相流动的相关学术著作、专业教材和科研文献而编著的。书中既有基本理论知识的讲述，又有作者最新研究成果和前沿动态的介绍，其目的是使读者能够较为系统、全面地掌握气液两相流动分析的基本理论和基本的计算、分析方法，为以后的教学、科研和工程实践打下一定的基础。编著《气液两相流动》这项工作无疑是具有重要意义。

 该书选择气液两相流动为主要介绍对象，包括了管内（通道内）流与外流，对其他类型的两相流动也具有一定的借鉴意义；该书在对两相流动的基本概念、基本原理进行讲述的基础上，对气液两相流动的的流型与流型图，空泡份额与流动压降的计算，临界流动与流动不稳定性等内容进行了重点阐述，并对其中内容的部分问题，以及倒 U 形传热管内两相倒流与水下运动体外部的空泡流动探索性研究的初步结果进行了介绍，有重要的科学价值。

 该书在注重形象思维的基础上，突出了基础知识的工程应用特点，以及创造性思维、设计能力的训练和培养。在内容的安排上，结构层次分明、逻辑性强，章节清晰合理，内容由浅入深、通俗易懂又不失具体问题的分析和探索思维，是一本在工程技术理论方面有突破的专业基础教材，也是一本具有应用价值的科技图书，我希望能够把它推荐给相关领域的学生、老师和科研人员，相信大家会从中受益。

中国工程院院士

张金麟

前　言

两相流动是近几十年来在流体力学基础上发展起来的一门分支学科。它在核能、兵器、造船、动力、化工、制冷、航海、航空、航天、材料、冶金等工业与技术领域中都有广泛应用，并成为这些专业领域的相关科研人员必备的基础知识。

本书是在作者多年从事核反应堆专业、水中兵器专业、船舶与海洋专业的气液两相流动教学与科研所积累的一些经验、资料和相关的研究成果的基础上，参考国内外气液两相流动的相关文献编写而成。书中以内流两相流动为主，适当介绍外部的空泡流动（外流）。主要对气液两相流动的基本概念、基本原理和基本的计算、分析方法进行阐述，并介绍这些基本理论与工程实际的关系，目的是使读者能够较为全面地掌握气液两相流动分析的基本理论和方法，为以后的科研和工程实践打下一定的基础。

本书在尽可能充分吸取国内外相关教材的编写体系结构、共性问题、风格特色的基础上，着重介绍管内气液两相流动的机理和基本规律以及水下运动体外部空泡流动的计算方法。在内容的安排上，既考虑学习的基础性和系统性，又注重基本理论的应用和具体问题的分析和解决，以及一些理论研究成果的介绍，由浅入深、循序渐进。其中：第 1 章主要介绍两相流动的基本概念，研究方法与基本宏观物理量；第 2 章介绍两相流动的流型和流型图的特点，垂直与水平管、倾斜管、U 形管、棒束或管束中的流型与流型图，一些特殊工况下的流型，以及流型之间的过渡准则；第 3 章介绍两相流动的数学模型与基本方程，包括分相流模型与均相流模型；第 4 章阐述空泡份额的计算模型和方法，包括滑速比模型、Smith 混合相-单相并流模型、变密度模型、Zivi 最小熵增模型、漂移流模型、Levy 动量交换模型，以及 Hughmark 方法、Thom 方法、Lockhart-Martinelli 方法和环状流空泡份额的解析分析法，并对欠热沸腾区空泡份额的计算作了相关介绍；第 5 章介绍两相流动压降的计算方法，包括分相流模型与均相流模型的流道加速、重力与摩擦压降计算，两相局部压降计算；第 6 章介绍两相临界流动的基本概念，压力波在流体内的传播速度，两相临界流的平衡均相模型，以及长短孔道内的两相临界流动分析；第 7 章介绍流型变迁、声波脉动、波型脉动、热力型脉动与起泡不稳定性问题，动态流动不稳定性的理论，以及流量漂移、平行通道的管间脉动等现象；第 8 章简要介绍倒 U 形传热管内两相流动倒流分析理论，包括倒 U 形管两相流动倒流特性分析模型、倒流影响因素分析与正流流量漂移现象；第 9 章介绍水下运动体外部空泡流动的应用背景，水下亚、超声速条件下细长锥型射弹超空泡流动的渐近解析算法和离散递推算法，以及基于商业软件进行二次开发的细长锥型射弹和大尺度回转体超空泡流动的数值模拟方法等内容。

本书第 1～5 章、第 8 章由陈文振编写；第 6～7 章由匡波编写；第 9 章由张志宏编写。全书由陈文振负责统稿。

　　本书采纳胡明勇教授，储玺、郝建立博士和其他硕士研究生的部分研究成果，参照参考文献表中所列的国内外相关教材的有关内容，在编写过程中得到有关专家、教授的大力支持。同时，本书获海军工程大学研究生教材基金资助，其中，第 4 章部分内容、第 8 章内容、第 9 章内容还得到国家自然科学基金项目（11502298，11402300，12102475，51479202）的资助。另外，李明芮、马松洋、马俊杰等博士生也做了大量的校对工作。在此一并表示衷心的感谢。

　　限于编者的水平，书中不当之处在所难免，恳请读者批评指正。

编　者

2021 年 11 月

目　　录

第1章 绪 论

1.1 概 述

两相流动是指固体、液体、气体三个相中的任何两个相组合在一起、具有相间界面的流动体系，例如气体-液体、液体-固体或固体-气体组合的流动体系。这里的相是物质所处状态，是任一系统中具有相同成分、相同理化性质的均匀物质部分。两相流动中的两相可以按化学成分是同一种物质的不同相态，也可为两种物质的不同相态。因此，可以分为单组分两相流动和双组分两相流动。其中，单组分两相流动是由同一种化学成分的物质的两种相态混合在一起的流动体系[1-2]。例如水及水蒸气构成的汽-水两相流动体系。双组分两相流动是指化学成分不同的两种物质同处于一个系统内的流体流动，例如空气-水构成的气-水两相流动体系。本书所讨论的两相流动主要是气液两相流动，包括水蒸气-水组成的气液两相流动。

两相流动是自然界和工业应用中一种常见的流体流动现象，简称为两相流。例如：血液流动、路面上的车流、蒸汽供热管道内的流动、煤与油燃烧过程、沸水堆内流动及石油输送过程等，都是一些普通的两相或多相流动体系。近几十年来，随着科学技术的发展，两相流在核能、动力、石油、化工、冶金、制冷、食品、航空与航天等领域得到广泛的应用，也促进了两相流的研究。但是，两相流除包含单相流所具有的复杂性（如湍流等）外，还存在相间相互作用及相边界（界面）的变形等因素，同时，在两相流中，不仅每一相中分别会出现层流和湍流，相位分布（phase distribution）的结构还会导致出现很多其他的流型，这些都使得两相流的研究变得极为复杂[3-4]。目前为止，无论是在理论上，还是方法上，以及测量手段上，有关两相流的研究还不是很充分。

在气液两相流动中，两相介质都是流体，各自都有相应的流动参数。另外，由于两相介质之间的相互作用，还出现了一些相互关联的参数。为了便于两相流动计算和实验数据的处理，还常使用折算参数（或称虚拟参数），这使得两相流动的参数比单相流复杂得多。本章就两相流动中一些主要的宏观参数予以讨论，并给出计算关系式。

1.2 研 究 方 法

分析两相流动的方法大致有以下几种[1-2]。

（1）经验关系式法。根据实验数据建立的经验关系式是工程计算中最常用的方法，这种关系式应用方便，只要设计对象与赖以获得关系式的实验条件相同，就会获得良好结果。但此方法并不揭露问题的物理本质，无法获得改善设计的方向。由于两相流动的复杂性，以及该学科的发展现状，目前工程应用尚需求助于经验关系式。

（2）简单模型分析法。这是一种常用的工程模型分析法，它并不细致分析流动特性，而是选择关键特征并引入物理假定来建立供分析用的模型。在许多情况下，还可以利用模型组织实验和估计设计参数。常用的模型有均相模型、分相模型以及适用于特定流型的一些分析方法。按不同流型提出的计算模型，比均相模型和分相模型更合理，但必须同时规定流型间的过渡条件。

（3）积分分析法。以积分形式的流动方程为基础，用满足一定边界条件的分布函数作为积分方程的近似函数。这种积分分析法是单相附面层理论常用方法。它也可以应用于两相流动，如流动沸腾的分析。

（4）微分分析法。建立由质量、动量、能量方程组、边界条件以及结构方程构成合适的闭合两相流动基本场微分方程组，由此解出两相参数分布。但方程多而复杂时，必须进行简化。两相流体模型便是其中一种。这种方法的适用程度视问题而异，但绝大多数情况下，计算极为复杂。因此，目前尚不能在实际设计中广泛运用。但是，可以用这种方法研究如何改善工程基本特性和分析变化趋势。例如，用于反应堆事故分析。

（5）普适现象分析法。普适现象是指与流型、分析模型及具体系统无特殊联系的一些普遍物理现象。据此建立的分析方法便称为普适现象分析法。例如，运用波动原理、极值原理等求解所研究的物理问题。

上述仅是在气液两相流动分析中的一些主要研究方法，其他诸如时间序列分析方法与现代谱估计方法、神经网络分析方法、流动层析成像分析方法、系统辨识分析法等在气液两相流动研究中也有所运用。

1.3　基本宏观物理量

1.3.1　相标识

1. 独立变量

两相流中通用的独立变量与单相流一样，包括空间坐标与时间变量。空间坐标是一个矢量，可以采用标量化的三个坐标 x，y，z 表示；时间通常采用 t 表示。

2. 因变量

通常采用的因变量与单相流一样，它们包括速度、压力、温度等。由于各相中的速度、温度和压力各不相同，所以，分别用下标表示两相的特性参数。

本书用下标 s 表示固相，下标 l 表示液相，下标 v 表示气相，下标 lv 表示给定工况下的气液两相特性参数差值。

1.3.2 基本物理量

两相流动中基本物理量与单相流在很多方面是一样的，但在气液两相流动中，两相流体各自都有相应的流动参数，为了描述和研究两相流动现象，需要引入更多的基本物理量[2, 5]。

1. 质量流量

两相流体的总质量流量为 $\dot{m}$，单位为 kg/s，定义为单位时间内流过任一流道截面的气液混合物的总质量。每一相的质量流量与总质量流量关系为

$$\dot{m} = \dot{m}_v + \dot{m}_l \tag{1-3-1}$$

2. 质量流速

流道单位截面所通过的质量流量称为质量流速或质量流密度，单位为 kg/(m^2·s)，用 G 表示两相流质量流速、G_v 表示气相质量流速和 G_l 表示液相质量流速。例如

$$G = \frac{\dot{m}}{A} \tag{1-3-2}$$

$$G_v = \frac{\dot{m}_v}{A} = \frac{\rho_v u_v A_v}{A} \tag{1-3-3}$$

$$G_l = \frac{\dot{m}_l}{A} = \frac{\rho_l u_l A_l}{A} \tag{1-3-4}$$

其中：ρ_v、ρ_l 分别表示气、液相密度。

可见质量流速是以流道面积作为定义标准的，因此有

$$G = G_v + G_l \tag{1-3-5}$$

3. 体积流量

两相流动的总体积流量为 Q，单位为 m^3/s，定义为单位时间内流经任一流道截面的气液混合物的总体积。显然，总体积流量为每一相体积流量之和，即

$$Q = Q_v + Q_l \tag{1-3-6}$$

$$Q_v = \frac{\dot{m}_v}{\rho_v} \tag{1-3-7}$$

$$Q_l = \frac{\dot{m}_l}{\rho_l} \tag{1-3-8}$$

4. 相速度

相速度就是气液相的真实平均速度，气相的相速度定义为

$$u_v = \frac{Q_v}{A_v} = \frac{\dot{m}_v}{\rho_v A_v} \tag{1-3-9}$$

液相的相速度定义为

$$u_l = \frac{Q_l}{A_l} = \frac{\dot{m}_l}{\rho_l A_l} \tag{1-3-10}$$

5. 表观速度

表观速度又称体积流密度，单位为 m/s，定义为单位流道截面上的体积流量用 j 表示两相流表观速度、j_v 表示气相表观速度和 j_1 表示液相表观速度。例如

$$j = \frac{Q}{A} = \frac{Q_v + Q_1}{A} = j_v + j_1 \tag{1-3-11}$$

$$j_v = \frac{Q_v}{A} \tag{1-3-12}$$

$$j_1 = \frac{Q_1}{A} \tag{1-3-13}$$

其中 j 实际上是两相流混合物体心平均速度。可见两相流总的表观速度是气液相经过截面权重后的平均速度。

6. 空泡份额

空泡份额是指两相流中某一截面上，气相所占截面与两相流道截面之比。其表达式为

$$\alpha = \frac{A_v}{A} = \frac{A_v}{A_v + A_1} \tag{1-3-14}$$

式中：A_v，A_1 分别为气相和液相所占的流道截面积。同理

$$(1 - \alpha) = \frac{A_1}{A} \tag{1-3-15}$$

称为截面含液率。

由式（1-3-9）、式（1-3-10）、式（1-3-12）～式（1-3-15）可得

$$j_v = \frac{Q_v}{A} = \frac{Q_v A_v}{A_v A} = \alpha u_v \tag{1-3-16}$$

$$j_1 = \frac{Q_1}{A} = \frac{Q_1 A_1}{A_1 A} = (1 - \alpha) u_1 \tag{1-3-17}$$

7. 流动体积份额（或体积含气率）

流动体积份额或体积含气率是指单位时间，流过通道某一截面的两相流总体积中，气相所占的比例份额。其表达式为

$$\beta = \frac{Q_v}{Q} = \frac{Q_v}{Q_v + Q_1} \tag{1-3-18}$$

同样，体积含液率为

$$1 - \beta = \frac{Q_1}{Q} \tag{1-3-19}$$

由式（1-3-12）与式（1-3-18），可得

$$\beta = \frac{Q_v / A}{Q / A} = \frac{j_v}{j} = \frac{j_v}{j_v + j_1} \tag{1-3-20}$$

8. 滑速比

两相流体中气相速度可能不等于液相速度，亦即两相之间存在滑动。将两相流中的气相速度比上液相速度定义为滑速比，用 S 来表示，即

$$S = \frac{u_v}{u_l} \tag{1-3-21}$$

9. 质量含气率

质量含气率经常称为含气率或干度，它是指单位时间内，流过通道某一截面的两相流中气相质量流量所占总质量流量的比例份额，也称为流动质量含气率，用 x 表示，即

$$x = \frac{\dot{m}_v}{\dot{m}} = \frac{\dot{m}_v}{\dot{m}_v + \dot{m}_l} = \frac{A_v \rho_v u_v}{A_v \rho_v u_v + A_l \rho_l u_l} \tag{1-3-22}$$

而流动质量含液率为

$$1 - x = \frac{\dot{m}_l}{\dot{m}} = \frac{\dot{m}_l}{\dot{m}_v + \dot{m}_l} = \frac{A_l \rho_l u_l}{A_v \rho_v u_v + A_l \rho_l u_l} \tag{1-3-23}$$

通常由式（1-3-22）与式（1-3-23）得到的含气率在 0 到 1 的范围。

在热力学中，经常使用静态含气率或热力学含气率的概念。它是由热平衡方程定义的含气率，可根据两相流所处的热力学状态求得含气率为

$$x_e = \frac{h - h_l}{h_v - h_l} = \frac{h - h_l}{h_{lv}} \tag{1-3-24}$$

式中：h 为两相流体的焓；h_v 为两相流体中饱和汽的焓；h_l 为两相流体中饱和液的焓；$h_{lv} = h_v - h_l$ 称为汽化潜热。对同一种工质的两相流，如水与水蒸气，在欠热沸腾的情况下，两相流体的焓小于饱和水的焓，x 小于零。对于过热蒸汽，两相流体的焓大于饱和汽的焓，则 x 大于 1。因此热力学含气率可以小于零也可以大于 1，这是它与流动质量含气率的主要差别。

根据以上参数的定义可以导出质量动态含气率 x 与 x_e、β、α、S 的关系，即

$$\frac{x}{1-x} = \frac{Sx_e}{1-x_e} \tag{1-3-25}$$

$$\frac{\beta}{1-\beta} = \left(\frac{x}{1-x}\right)\left(\frac{\rho_l}{\rho_v}\right) \tag{1-3-26}$$

$$\beta = \left[1 + \frac{(1-x)}{x}\frac{\rho_v}{\rho_l}\right]^{-1} = \frac{xu_v}{xu_v + (1-x)u_l} \tag{1-3-27}$$

$$x = \left[1 + \frac{(1-\beta)}{\beta}\frac{\rho_l}{\rho_v}\right]^{-1} = \left[1 + \frac{(1-\alpha)}{S\alpha}\frac{\rho_l}{\rho_v}\right]^{-1} \tag{1-3-28}$$

$$\alpha = \left[1 + \frac{S(1-x)}{x}\frac{\rho_v}{\rho_l}\right]^{-1} = \frac{xu_g}{xu_g + S(1-x)u_l} \tag{1-3-29}$$

$$S = \left(\frac{1-\alpha}{\alpha}\right)\left(\frac{x}{1-x}\right)\left(\frac{\rho_l}{\rho_v}\right) \tag{1-3-30}$$

从以上式子可以看出，当 $S=1$ 时，同样，两相之间没有相对滑动时，$x=x_e$、$\beta=\alpha$。其中，式（1-3-28）～式（1-3-30）是一个非常有用的关系式，表明在两相流的测量中，S、x、α 三者之间只要测得其中两个参数，相当于测得第三个参数，即在实践中，我们可以利用较为容易测量的参数来获得不易测得的参数。

例 1-3-1 压力为 0.1 MPa 与 6.8 MPa 的蒸汽-水混合物系统，水蒸气的质量含气率 x 为 2%，滑速比 $S=1$，分别计算对应的空泡份额 α。

解 读者可查水蒸气表得：在 0.1 MPa 工况下，$\dfrac{\rho_v}{\rho_1}\approx\dfrac{1}{2\,700}$；在 6.8 MPa 工况下 $\dfrac{\rho_v}{\rho_1}\approx\dfrac{1}{20.6}$。由此得知在 0.1 MPa 与 6.8 MPa 工况下的空泡份额分别为

$$\alpha_{0.1}=\frac{1}{1+\dfrac{1}{2\,700}\left(\dfrac{1-0.02}{0.02}\right)}=98.22\%$$

$$\alpha_{6.8}=\frac{1}{1+\dfrac{1}{20.6}\left(\dfrac{1-0.02}{0.02}\right)}=29.64\%$$

例 1-3-1 说明，即使含气率很小，在压力较小时，空泡份额数值已相当大，流场的不均一性相当可观。因此，必须充分注意两相不均一性带来的影响[2]。并且，不均一性程度随压力不同而不同，在低压下尤为显著。

10. 真实密度

在许多场合，需要将两相混合物作为一个整体而不是分别针对每一相进行描述，如混合物的密度。混合物密度又称为两相流体的真实密度，是单位体积内两相流体的质量，它反映了存在于流道中的两相介质的实际密度。任意微元体 $A\mathrm{d}z$ 中的两相混合物的质量是

$$\mathrm{d}m=\rho_m A\mathrm{d}z=\mathrm{d}m_1+\mathrm{d}m_v=[(1-\alpha)\rho_1+\alpha\rho_v]A\mathrm{d}z \qquad (1\text{-}3\text{-}31)$$

因此，真实密度或混合物密度定义为

$$\rho_m=(1-\alpha)\rho_1+\alpha\rho_v \qquad (1\text{-}3\text{-}32)$$

对应于真实密度或混合物密度的比容为

$$v_m=\frac{1}{\rho_m}=\frac{V}{m}=\frac{m_1/\rho_1+m_v/\rho_v}{m}=(1-x_e)v_1+x_e v_v \qquad (1\text{-}3\text{-}33)$$

式中：v_1，v_v 分别为液相、气相的比容。按照混合物密度的定义可得

$$x_e\rho_m=\frac{x_e m}{V}=\frac{m_v}{V}=\frac{A_v\rho_v\mathrm{d}z}{A\mathrm{d}z}=\alpha\rho_v \qquad (1-x_e)\rho_m=(1-\alpha)\rho_1 \qquad (1\text{-}3\text{-}34)$$

11. 流动密度

流动密度是单位时间内流过流道任一截面的两相混合物质量流量与体积流量之比，即

$$\rho_0=\frac{\dot m}{Q}=\frac{Q_v\rho_v+Q_1\rho_1}{Q}=\beta\rho_v+(1-\beta)\rho_1 \qquad (1\text{-}3\text{-}35)$$

对应于流动密度的比容为

$$v_0 = \frac{1}{\rho_0} = \frac{Q}{\dot{m}} = \frac{Q_v + Q_1}{\dot{m}} = \frac{\dot{m}_v / \rho_v + \dot{m}_1 / \rho_1}{\dot{m}} = xv_v + (1-x)v_1 \quad (1\text{-}3\text{-}36)$$

按照流动密度的定义，可得

$$x\rho_0 = \frac{x\dot{m}}{Q} = \frac{Q_v \rho_v}{Q} = \beta\rho_v \qquad (1-x)\rho_0 = (1-\beta)\rho_1 \quad (1\text{-}3\text{-}37)$$

比较式（1-3-32）与式（1-3-35）、式（1-3-33）与式（1-3-36），可以看出混合密度（或比容）是以空泡份额（或静态含气率）作为权重系数的，而流动密度（或比容）是以体积份额（或流动含气率）作为权重系数的。

12. 混合物速度

两相混合物速度定义为两相质量流速除以混合物密度，即

$$u_m = \frac{G}{\rho_m} = \frac{\dot{m}}{\rho_m A} = \frac{\rho_1 u_1 A_1 + \rho_v u_v A_v}{\rho_m A} = \frac{(1-\alpha)\rho_1 u_1 + \alpha\rho_v u_v}{(1-\alpha)\rho_1 + \alpha\rho_v} \quad (1\text{-}3\text{-}38)$$

可见混合物速度是以密度为权重的平均速度。

13. 相对速度

两相间相对速度的定义为

$$u_r = u_v - u_1 = u_{v1} = -u_{1v} \quad (1\text{-}3\text{-}39)$$

将 u_v 与 u_1 的定义式代入后有

$$u_r = \frac{j_v}{\alpha} - \frac{j_1}{1-\alpha} \quad (1\text{-}3\text{-}40)$$

由于气液两相流动中各相的速度一般是不相同的，也就是说，气相与液相之间存在滑移。相间的滑移可以用前面提到的滑速比 S 来描述，有时也可采用相对速度 u_r 来表达，所以 u_r 也可称为滑移速度。

14. 扩散速度

扩散速度是相速度与两相混合物质心平均速度 j_m 之差，即液相和气相的扩散速度分别为

$$u_{1m} = u_1 - j_m \quad (1\text{-}3\text{-}41)$$
$$u_{vm} = u_v - j_m \quad (1\text{-}3\text{-}42)$$

15. 漂移速度

漂移速度是各相速度（真实速度）与两相混合物平均速度（总的表观速度）的差值，即液相与气相漂移速度分别为

$$u_{1j} = u_1 - j \quad (1\text{-}3\text{-}43)$$
$$u_{vj} = u_v - j \quad (1\text{-}3\text{-}44)$$

16. 漂移流密度

漂移流密度是单位流道面积上任一相以漂移速度运动通过的体积流量，又称为漂移体积

流密度。即液相和气相的漂移流密度表达式分别为

$$J_1 = \frac{A_1(u_1 - j)}{A} = \frac{A_1 u_{1j}}{A} = (1-\alpha)u_{1j} \tag{1-3-45}$$

$$J_v = \frac{A_v(u_v - j)}{A} = \frac{A_v u_{vj}}{A} = \alpha u_{vj} \tag{1-3-46}$$

由于 $j_1 = (1-\alpha)u_1$ 及 $j_v = \alpha u_v$，式（1-3-45）和式（1-3-46）又可以写为

$$J_v = \alpha u_v - \alpha j = (1-\alpha)j_v - \alpha j_1 \tag{1-3-47}$$

$$J_1 = (1-\alpha)u_1 - (1-\alpha)j = \alpha j_1 - (1-\alpha)j_v \tag{1-3-48}$$

可见，当 $J_1 = -J_v$ 时，说明气相漂移流密度与液相漂移流密度大小相等、方向相反。这显然是混合物平均速度运动的截面上两相的净体积流量为零的必然结果。另一方面：

$$J_1 = \alpha(1-\alpha)u_1 - \alpha(1-\alpha)u_v = \alpha(1-\alpha)u_{lv} \tag{1-3-49}$$

式（1-3-49）表明，漂移流密度概念实际上表征了两相间的滑移效应。

17. 动量流密度（通量）

动量等于质量与速度的乘积，动量流为质量流量与速度的乘积。动量流密度（通量）$\dot{P}$ 则是单位面积的动量流即为每一组元（相）的质量流通量（质量流速）乘以该组元（相）的速度。于是有

$$\dot{P} = Gu = (1-\alpha)\rho_1 u_1^2 + \alpha \rho_v u_v^2 = \frac{\rho_1 j_1^2}{1-\alpha} + \frac{\rho_v j_v^2}{\alpha} \tag{1-3-50}$$

式中：$\rho_1 j_1^2$ 与 $\rho_v j_v^2$ 称为液相与气相的表观动量流密度（通量），在流型图中常作为坐标。式（1-3-50）也可以写为干度的形式

$$\dot{P} = (1-x)Gu_1 + xGu_v = [(1-x)u_1 + xu_v]G \tag{1-3-51}$$

习　题　1

1. 两相流以环状流动形式通过一管路，管路直径 D，液膜厚度 δ，$\delta \ll D$。求该管道的截面含气率 α。

2. 证明：$S = \left(\dfrac{\beta}{1-\beta}\right)\left(\dfrac{1-\alpha}{\alpha}\right)$。

3. 证明：$\alpha = \dfrac{1}{1 + S\dfrac{(1-x)}{x}\dfrac{\rho_v}{\rho_1}}$。

4. 汽水混合物在 0.1 MPa 压力下的管内流动，测得质量含气率是 3%、空泡份额 $\alpha = 90\%$。求两相的滑速比 S。

5. 汽水混合物在 6.8 MPa 压力下的管内流动，测得两相的滑速比 S 为 2、质量含气率是 1%。求空泡份额。

6. 证明下列关系：

$$(1-x_e)\rho_m = (1-a)\rho_1 \quad (1-x)\rho_0 = (1-\beta)\rho_1$$

7. 考虑空气和水的两相流动，空气的密度为 1.0 kg/m³，而水的密度为 1 000 kg/m³。若空气与水的表观速度 j 均为 2 m/s，空泡份额为 0.3。试求：液相与气相速度、气相与液相质量流速、干度、混合物密度与速度。

参 考 文 献

[1] WALLIS G B. One dimensional two-phase flow[M]. New York: McGraw-Hill Companies, 1969.

[2] 徐济鋆. 沸腾传热和气液两相流[M]. 2 版. 北京: 原子能出版社, 2001.

[3] 陈之航, 曹柏林, 赵在三. 气液双相流动和传热[M]. 北京: 机械工业出版社, 1983.

[4] 林宗虎, 王树众, 王栋, 等. 气液两相流和沸腾传热[M]. 西安: 西安交通大学出版社, 2003.

[5] 阎昌琪. 气液两相流[M]. 3 版. 哈尔滨: 哈尔滨工程大学出版社, 2017.

第 2 章　两相流动的流型与流型图

2.1　流型与流型图的特点

单相流体流动通常分为层流和湍流两种基本流动方式，它们呈现出完全不同的流动（动量传递）特性和传热（热量传递）特性，大大简化了单相流体力学的理论和实验研究。按两相物质所处相态可分为气液系、液液系、气固系、液固系四种类型。在相交界面的变化与组合中，以气液两相流动最为复杂，因为气相易于压缩，相交界面易于变形，可以构成许多不同组合的相界面，如气体以细微的气泡形式均匀充满液体中的沫状形态，有以大气泡形式存在于液体中的泡状或弹状形态，还有液体以细小的液滴分散在气体中的雾状形态等。这些不同相交界面构形（将各相几何分布的不同可见构式称为两相流动型式或简称流型）不仅与每一相是层流或湍流有关，更重要的是与两相交界面的变化和组合密切相关，因此流动型式的不同的两相流具有完全不同的流动和传热特性。例如，不同流型流动过程对压降和流换热机理起主要作用的因素不同，因而计算压降与换热的公式也不同。而且对两相流的压降及两相流不稳定性的研究，更是和流动型式密不可分。因此，为了研究两相流体的运动和传热规律，首先确定流型与流型图是非常重要和有意义的[1-2]。

早期，人们直接运用单相流中的层流与湍流的概念研究气液两相流动，如 Lockhart-Martinnelli 压降计算方法便是以层流、湍流组合为基础。随着实验技术的发展和研究的深入，研究者们认识到不同相交界面构形反映了不同的水力特性，流型变化意味着相交界面形状变化，因而意味相之间的动量传递和热量传递模式变化。描述流型的方法有很多，最为简单的方法是形态学方法，它按两相的相对形态确定流型的类别及各流型之间相互转化的过渡条件，或称过渡准则。很遗憾，现有流型图大多数是定性的图线，尽管一些学者提出了定量分析方法，但由于影响两相流动流型的因素很多，如压力、速度、含气率、运动方向、流道几何形状等，目前仍有许多问题未完全解决。研究流型与流型图的主要困难有下面几点[1]。

（1）描述两相流动的参数多。影响两相流动特性的参数有系统压力、加热热流密度、每一相的体积流量、密度和黏度、相交界面的表面张力、流道的几何形状、大小和方位、流动方向、流体入口状态和各相引入流道的方式等。我们不能简单地将单相流的参数量乘以 2 得到两相流的参数量。因为，在两相流动中，除了两相各自都有相应的流动参数，还会出现一些由于两相介质之间的相互作用所产生的关联参数。显然，简单的二维平面坐标系很难完全反映这些参数的影响。

（2）实验的主观性和流型的多样性。现有的大多数流型图都是借助观测方法来识别不同流型及其过渡条件后绘制的。观测法（如直接观察、快速照相、X 或 γ 射线照相测量等）带有观测者的主观性，再加上两相界面存在多种多样的形状，要准确获得定量的流型区分和过渡准则，必须努力寻求和提高定量化测量和识别技术。

（3）两相流动存在不充分发展。在单相流动中，只要流道具有足够长度，总是可以使层流或湍流充分展开。在气液两相流动体系中却不相同，任一种特定流型往往是不充分发展的，即使流型不发生变化。但要使流动达到充分发展程度，流道长度约需几百倍流道直径，当两相流体沿加热管道流动时，由于加入热量的积累，使相界面发生变化，流体的流型发生变化。例如，气液两相流体流经加热通道时，沿流道长度的含气率在不断增加，会依次出现各种不同的流型。每种流型都未达充分发展状态。即使在绝热流动下，沿流道压力降落，可以使气相膨胀，有可能导致流型发生变化（例如从泡状流演变为弹状流），这使得准确获取流型与流型图变得困难。

（4）流道几何形状的影响。在许多情况下，流道壁面效应影响到流型变化。例如，流道截面大小可以限制能够生成的气泡截面尺寸。在相同的含气率条件下，截面尺寸不同，特别是管道方位的差异，如水平、垂直或倾斜等条件，可以构成完全不同的流型（后面章节将会介绍）。此外，若流道中存在弯头、接头等异形管件，或者气相引入流道的位置不同都会影响流型。

这些困难必然会反映到流型与流型图的应用中。现有通用的流型图是在一些特定的流动条件下用实验方法获得的二维图线，只能适用于具有相同流动条件的工况。然而，各种实际两相流动设备参数千差万别，并且大都在不充分发展状态下工作，很难与现有的流型图条件完全等同。因此，目前流型图只能作为一种定性判别的手段。

同时指出，两相流的流动与传热计算的实际应用中，按不同流型建立计算模型或公式是未来发展方向。虽然存在一些经验计算式或实验公式，但它们都有一些使用条件与流型范围，目前也很难有一个统一的工程模型方法解决遇到的所有两相流问题，因此还需要利用流型图大致确定两相流型，然后具体的流型选取对应的计算公式，这样才能取得更好的计算结果。

2.2　垂直管与水平管中的流型

2.2.1　垂直绝热管中向上流动

实验表明，在垂直绝热管道向上流动的两相流中，经常会出现泡状流、弹状流、搅拌流、环状流、液束环状流五种流型[1]，如图 2-2-1 所示。

1. 泡状流

泡状流的主要特征是液相是连续相，气相不连续，为分散相，且气相以大小不同、形状各异

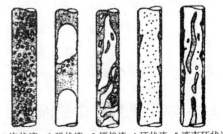

1.泡状流　2.弹状流　3.搅拌流　4.环状流　5.液束环状流
图 2-2-1　垂直绝热管中向上流动的流型

的气泡形式不连续地分布于连续液相中，并随液相一起运动。泡状流的气泡大多数是圆球形的，在管内中部区域气泡的密度较大。

2. 弹状流

当泡状流中的气相流量增大到一定值时可能发生小气泡聚结长大，甚至会聚合成接近流道特征尺寸（如管径）大小的大块弹状气泡，这时便发生由泡状流相弹状流的过渡。弹状流型的特征是大块弹状气泡与含有弥散小气泡的液块相间地出现，而且在流动着的大块弹状气泡尾部常出现许多小气泡。气泡与壁面被液膜隔开，在弹状气泡的外围，液相又常以降落膜状态流动。

弹状流型下的含气率大于泡状流，主要出现在中等截面含气率和相对低的流速情况下。但是，随着系统压力的升高，液体表面张力减小，不能形成大气泡，因而，弹状流存在的范围较小，当压力在 10 MPa 以上时，通常观察不到弹状流动。

3. 搅拌流

在弹状流动下，随着含气率或气相流量的进一步增加，大气泡发生破裂，弹状流型遭到破坏，破裂后的气泡形状不规则，并有许多小气泡掺杂在液相中，在较大的流道里常会出现液相以不定型的形状作上下振荡，呈搅拌状态。而在小尺寸流道中则不一定发生这类搅拌流动，而可能会发生弹状流直接向环状流的平稳过渡。在有些情况下，也可能观察不到这种流型。

4. 环状流

当含气率更大时，搅混现象逐渐消失，气相汇合成为气芯在流道中心流动，而液相则沿流道壁面成为一个流动的液环，呈膜状流动，故称为环状流。

实际上，呈现纯环状流型的参数范围很窄，通常是呈环状弥散流状态，即在液膜和气相核心流之间，存在着一个波动的交界面。由于波的作用可能造成液膜的破裂，总有一些液体被夹带，以小液滴形式处于气相轴心中流动。当然，气相流中的液滴在一定条件下也能返回到壁面的液膜中。环状流流型在两相流中比较典型，解决这种流型的一些问题，通常可以通过分离流（separated flow）模型进行理论分析求解。

5. 液束环状流

当液体流量增加时，气液交界面呈波状。环状流的气芯中的液滴浓度增加，最终这些小液滴聚合成束状液块。这种流型和环状流很接近，只有在高质量流速的流动中才会发生。

另一方面，对气液同向向下的垂直两相流动，也会出现与上述相似的流型。不同的是，在泡状流动下，气泡并非分散于整个流道截面，而是趋于集中在流道轴线区域流动。在弹状流动下，弹状气块的顶部呈穹形，下部呈扁平状，且带有由小气泡组成的尾流。

2.2.2 水平绝热管中的流动

在水平流动情况下，由于受重力的作用，使液体趋向管道底部流动，而气体则由于浮力

的作用趋向于在管子的顶部流动，两相流呈现出较显著
的相分布不均匀性，所以，水平流动与垂直流动的流型
是不一样的，其流型变化要比垂直流动时略为复杂，常
见的流型[1]依次为泡状流、塞状流、分层流、波状流、
弹状流、环状流，如图 2-2-2 所示。

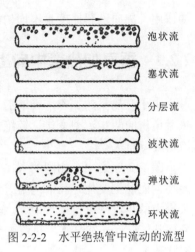

泡状流

塞状流

分层流

波状流

弹状流

环状流

图 2-2-2　水平绝热管中流动的流型

1. 泡状流

低含气率和低速的水平两相流动常常会呈现泡状
流型，这种流型与垂直流动的泡状流相似，气相以离散
的气泡分布于连续的液相之中，只是在这种泡状流动中，
由于重力的作用，气泡趋于靠近流道的上部流动。随着
流速增大，气泡呈泡沫状均匀弥散于整个流道。

2. 塞状流

如果两相流含气率较高而流速又较低时，很多小气泡聚集成大气泡而形成大气塞，如栓
塞状，分布在连续的液相中。此时，大气泡也是趋向于沿管道上半部流动，大气泡之间也存
在有一些小气泡。

3. 分层流

如果两相流中含气率进一步增加，而液相和气相的流速都比较低的情况下，气泡将增大
而连成一片，在重力的作用下，气相在上部流动，液相在下部流动，两相间有一个比较光滑
的交界面，形成分层流。此时气相与液相均为连续相。

4. 波状流

在分层流中，气相速度继续增大，由于界面处两相之间的摩擦力（气、液相存在着速度
差）影响，会在界面上掀起扰动的波浪，分界面因为受到沿流动方向运动的波浪作用而变得
波动不止，从而形成波状流型。

5. 弹状流

当气相流速增加到大于波速时，在气液分界面处的波浪被激起而与流道上部壁面接触，
并呈现以高速沿流道向前推进的弹状块，而底部则是波状液流的底层，这就形成弹状流型。
它与塞状流的差别在于气弹上部没有水膜，只是在气弹前后被涌起的波浪使上部管壁周期性
地受到湿润。

6. 环状流

如果继续增大气相速度，液体将会被挤向周围的管壁面，而形成环绕管周的一层连续液
膜沿管壁流动。当壁面较粗糙时，液膜可能不连续。而气相则在管内中心流动，称为气芯。
与垂直流动的环状流很相似，通常还有一些液体以小液滴形式被气芯夹带。然而，由于重力

的作用，周向液膜厚度是不均匀的，管道底部的液膜比顶部厚。

2.2.3　垂直加热管中向上流动

由于有热量的加入，管道沿截面径向流体的温度分布发生了变化以及出现气液相变，加热流道内的两相流型变化远较绝热流道内的流动复杂。在一定的入口条件下，流型演变与热流密度 q 有关[1]。

图 2-2-3 给出在相同的入口条件温度与质量流量下，热流密度不同时两相流型随加热量的不同而发生变化。其中：流道 A 的热流密度恰好使入口欠热水在出口处达到饱和状态。其余流道的热流密度值依次增大。xx 连线表示泡核沸腾起始点，yy 线表示泡核沸腾抑止进入典型环状流区，zz 线是临界热流密度连线，该处壁面液膜蒸干，流动进入弥散流（或称滴状流、雾状流）。

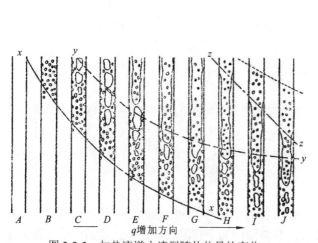

图 2-2-3　加热流道内流型随传热量的变化

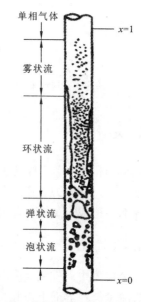

图 2-2-4　垂直上升加热管中的流型

从图 2-2-3 可知，随着加热热流密度增大，使得流道内含汽率沿流道长度方向递增，流道内依次出现的流型种类增多。比如，自泡状流逐步向弹状流、环状流、弥散流演变。下面对垂直蒸发管内的流型进行具体分析。

一般来说，加热流道中出现的各种流型与具有相似局部流动条件下的绝热流道内的流型基本相同。若加热流道受均匀热流密度加热，热流密度不太高，以入口为单相液体，出口是单相蒸气的加热管道的向上流动这一典型情况为例，会依次发生泡状流、弹状流、环状流与雾状流，如图 2-2-4 所示。具体过程是：

进入管道的欠热单相液体在向上流动过程中不断被加热，当接近饱和温度时，壁面形成一热边界层，从而建立了径向温度梯度，由加热壁面向流道中心温度递减。在流道入口稍上部位，壁温将超过液体的饱和温度（壁温超出液体饱和温度的部分称为壁面过热度）。

虽然水的主流部分尚未达到饱和温度，但是，由于存在着径向温度分布，在管壁温度超过饱和温度时,在壁面上会产生气泡,这种现象称为欠热沸腾,而后脱离壁面进入主流形成泡状流。随着流动推进,混合物在向上流动的过程中继续被加热,气泡总数不断增大,合并形成大气块,占据管道中心部分,即呈弹状流型。当两相继续向上流动,加热使含气量进一步增加,大气弹连在一起形成一个气柱,管壁四周仅有一层环状水膜,两相流便进入环状流型。在环状流型时,在此附近的壁面气化核心将停止形成气泡,以后的气泡是在液膜与气芯分界面上由蒸发产生的。

随着热量不断加入,含气率持续增加,气芯内蒸气气量与流速不断增加,使得环形液膜界面呈波状,液相以细小的液滴形式被不断卷入气芯。流动继续推进,则液膜因受气芯夹带和本身受热蒸发而越来越薄,直至完全消失,这一现象称为干涸。此时流道流动呈连续气芯中弥散着大量小液滴的弥散流型,这种形态称雾状流。最后蒸气中的液滴受到加热全部蒸发,流动进入单相蒸气流动状态。

需要指出的是,在不同加热与流动条件下,上述的流型有些不一定会出现。例如,当壁面加热热流密度较高时,气泡产生率大,就有可能跨越泡状流而直接进入弹状流。又如,在绝热流动下就不会出现纯弥散状流动,因为绝热流动时没有壁面液膜蒸干的过程,液膜仅通过气芯卷吸液滴而减薄,这种过程无法使环状液膜完全消失,极限情况下仅以小溪液流形式附在流道壁面流动。

另外,流体动力不平衡也会造成流型变化。例如,气泡聚合成块过程、小液滴形成及破碎过程均需经历相当的距离和时间,这将导致某些流型范围延伸或压缩,甚至消失。

2.2.4 水平加热管中的流动

水平加热管中的流动流型变化过程与垂直加热流动流型类似。由于受重力作用,导致气相分布的不对称,流动型式的变化更为复杂些[1]。

图 2-2-5 展示了入口速度较低(<1 m/s)与低热流密度下均匀加热的情况下,入口为欠热水的水平蒸发管的流动过程出现的流型。当入口速度较高时,则重力效应相对减弱,相分布趋于对称,流型变化过程接近于垂直加热流动的流型。

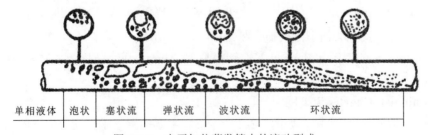

| 单相液体 | 泡状 | 塞状流 | 弹状流 | 波状流 | 环状流 |

图 2-2-5 水平加热蒸发管中的流动型式

在水平加热管中,相分布的不对称与流体受热导致波状层状流区,流道顶部会发生间断性再湿润与干涸,这种干涸是不稳定的。当达到环状流动区域时,流道壁面上部就会逐渐扩大干涸区,最终使管道四周的壁面出现干涸。

应当指出,图 2-2-5 所示的是典型的流动工况,流动工况受流速、加热量、含气量等条件的影响,当这些条件改变时,可能造成出现的流型区域少于图 2-2-5 所示的流型。

2.3　流　型　图

求解气液两相流的流动与传热特性及实现必须确定其流型，所以如何确定气液两相流的流型一直是两相流研究中的一个重要工作。实际上，两相流动呈现某一特定的流型不仅受当地流动参数的影响，而且受上游工况的影响。尽管目前对从一种流型到另一种流型的转变了解还不充分，但工程上仍需要有一些简单的实用的方法，以便知道在某一组给定的流动参数下可能发生的流型，即所谓流型的判断与预测问题。一般地说，流型的判断与预测主要有基于实验的流型图与流型转换的判别准则这两种方法[1-2]。

其中，流型图通常是二维的图形，是综合表示各种流型间过渡关系的一种简便方法，它给出了各种流型存在的参数范围。按流体力学观点，不同流型间的转换表明力平衡关系发生了变化。在不同工况下，这些力对流型的影响程度又不同，因此现有的流型图坐标参数表达随研究者主观认识而不同，均带有一定的主观色彩。而且大多数流型图仅基于少数不同种类流体在一定参数范围内的实验结果，因此，流型图的使用是有条件的，但这些流型图能够给出在特定工况或特定几何条件下流场分布情况的有用指征，它仍然是识别与判断流型变化与变化趋势的一种重要依据[3-4]。对于较为规则的流型过渡边界曲线，一些学者则给出流型过渡准则来代替流型图。

应当指出，实际中从一种流型转变向另一流型的演变并非以一条过渡边界曲线形式存在，而是有一个过渡过程或过渡区，就像层流到紊流有个过渡区。因此，当采用如压力、流量、含气率等流动参数等宏观特性表征流型时，不同流型之间的边界是一个过渡带而不是明确的分界线。下面介绍几种广泛使用的流型图[1]。

1. 垂直流的流型图

1）Hewitt-Roberts 流型图

Hewitt-Roberts 流型图，如图 2-3-1 所示，广泛用于垂直同向向上的两相流动中[1, 5]。它是基于管径是 31.2 mm、压力范围为 0.14～0.59 MPa 的空气-水混合物实验，以每一相的表观动量流密度 $\rho_l j_l^2$ 与 $\rho_v j_v^2$ 为流型图的横、纵坐标。

Hewitt-Roberts 流型图与 Bennett 等在管径是 12.7 mm、压力范围为 3.45～6.90 MPa 的蒸汽-水实验结果符合得较好。

2）Oshinowo-Charles 流型图

Oshinowo-Charles 流型图，如图 2-3-2 所示，它主要适用于垂直同向向下的两相流动[1]。在垂直同向向下的流动中，流型上的主要差异在于同向向下流动中的环状流区要高于同向向上流动。关于这种垂直流动的研究结果还不多，且实验结果彼此间还有一定差异。

Oshinowo-Charles 流型图中，选用 $Fr/\sqrt{y}$ 作横坐标，$[\beta/(1-\beta)]^{\frac{1}{2}}$ 作纵坐标。其中，弗劳德数（Fr）可用下式计算

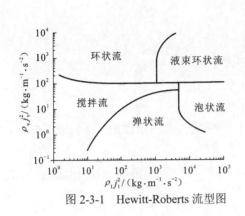
图 2-3-1　Hewitt-Roberts 流型图

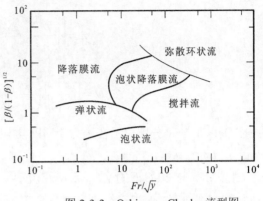
图 2-3-2　Oshinowo-Charles 流型图

$$Fr = \frac{(j_\text{l} + j_\text{v})^2}{gD} \qquad (2\text{-}3\text{-}1)$$

式中：g 为重力加速度，m/s^2；D 为流道（等效）直径，m。y 为考虑液体物性修正的系数，定义为

$$y = \left(\frac{\mu_\text{l}}{\mu_\text{w}} \right) \left[\left(\frac{\rho_\text{l}}{\rho_\text{w}} \right) \left(\frac{\sigma}{\sigma_\text{w}} \right)^3 \right]^{-\frac{1}{4}} \qquad (2\text{-}3\text{-}2)$$

式中：μ 为动力黏度，Pa·s；σ 为表面张力，N/m；ρ 为密度，kg/m^3。下标 w 表示 0.1 MPa、20 ℃下水的物性值。

Oshinowo-Charles 流型图是以空气和多种液体混合物做试验得出的，试验管径为 25.4 mm，试验压力为 0.17 MPa。图 2-3-2 中所对应的形态，如图 2-3-3 所示。

另外，比较图 2-3-3 与图 2-2-1，可以发现 Oshinowo-Charles 流型图中所示的 6 种流型与同向向上流动稍有不同。

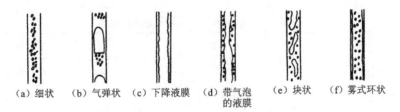

（a）细状　　（b）气弹状　　（c）下降液膜　　（d）带气泡　　　（e）块状　　（f）雾式环状
　　　　　　　　　　　　　　　　　　　　　　　的液膜
图 2-3-3　垂直下降管中的气液两相流型

2. 水平流的流型图

1）Baker 流型图

在水平流流型判别中，Baker 流型图是一般公认广泛应用的。1954 年，Baker 发表了一份广义流型图。该流型图经 Bell 等在 1970 年改进，得到修正的 Baker 流型图[1]，如图 2-3-4 所示。

该流型图坐标分别为 G_v / λ 与 $G_\text{l} \psi$，这里的 λ 与 ψ 为物性修正系数，分别为

$$\lambda = \left[\left(\frac{\rho_v}{\rho_a}\right)\left(\frac{\rho_l}{\rho_w}\right)\right]^{\frac{1}{2}} \tag{2-3-3}$$

$$\psi = \left(\frac{\sigma_w}{\sigma_l}\right)\left[\left(\frac{\mu_l}{\mu_w}\right)\left(\frac{\rho_w}{\rho_l}\right)^2\right]^{\frac{1}{3}} \tag{2-3-4}$$

式中：下标 a 与 w 分别表示在压力 1 MPa 与温度 20℃下空气与水的物性值；σ 为表面张力，N/m；μ 为动力黏度，Pa·s。

对 1 MPa 与 20℃下的空气-水两相流动，有 $\lambda=1$ 和 $\psi=1$。对于蒸汽-水两相流动，λ、ψ 值与饱和压力有关，其变化曲线如图 2-3-5 所示。

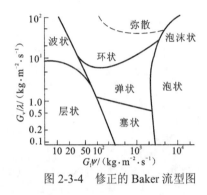

图 2-3-4 修正的 Baker 流型图

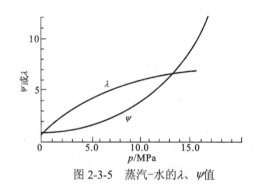

图 2-3-5 蒸汽-水的 λ、ψ 值

2）Mandhane 流型图

Mandhane 根据 5935 个试验数据得出的流型图，如图 2-3-6 所示，该图分别采用在试验段的压力与温度下计算的液体与气体的表观速度 j_l 与 j_v 作为纵、横坐标。在 5935 个试验数据中有 1178 个实验值属空气-水流动，其适用范围如表 2-3-1 所示。

表 2-3-1 Mandhane 流型图的适用范围

名称	数据	单位
流道直径	12.7～165.1	mm
表面张力	24×10^{-3}～103×10^{-3}	N/m
液相密度	705～1009	kg/m³
气相密度	0.8～50.5	kg/m³
液相动力黏度	3×10^{-4}～9×10^{-2}	Pa·s
气相动力黏度	10^{-5}～2.2×10^{-5}	Pa·s
液相表观速度	0.09～731	cm/s
气相表观速度	0.04～171	m/s

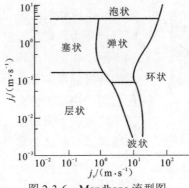

图 2-3-6　Mandhane 流型图

2.4　倾斜管中的流型与流型图

有关气液两相流流型的相关试验资料多数是对垂直管和水平管的。而在实际工业设备中，如换热设备与管路不一定都是严格的水平管和垂直管，管子倾斜布置的情况不少，例如：空气冷却凝结器的管子为大倾角布置、铺设在海底的管道为小倾角布置，以及锅炉中存在各种倾斜管的布置等，但相关的试验资料却比较少[1-3]。

Barnea 等曾对水平倾角为 ±10° 的倾斜管中的气液两相流进行了试验研究。试验是在常压下用空气-水混合物在内径为 19.5 mm 及 25.5 m 的管子中进行的，试验结果如图 2-4-1 所示。作为比较，在图 2-4-1（b）中还给出 Mandhane 流型图（有剖面线）。

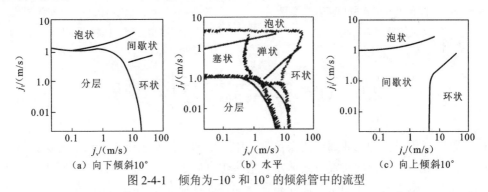

（a）向下倾斜10°　　　　　　　（b）水平　　　　　　　（c）向上倾斜10°

图 2-4-1　倾角为-10° 和 10° 的倾斜管中的流型

图 2-4-2 为 Gould 用空气-水混合物在 45° 的倾斜上升管中得到的流型图。图中，横坐标为无量纲的气相速度值 U_v，纵坐标为无量纲的液相速度值 U_l。U_v 及 U_l 值分别为

$$U_v = j_v \left(\frac{\rho_v}{g\sigma} \right)^{\frac{1}{4}} \tag{2-4-1}$$

$$U_l = j_l \left(\frac{\rho_l}{g\sigma} \right)^{\frac{1}{4}} \tag{2-4-2}$$

实际上，倾斜管的倾角对流型影响比较大。由图 2-4-1 可见，如表观速度 j_v 和 j_l 相同，

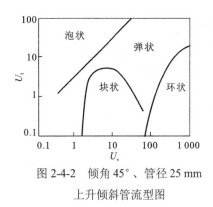

图 2-4-2　倾角 45°、管径 25 mm
上升倾斜管流型图

倾斜向下流动时大多为分层流型，但当倾斜往上流动时则转变为间歇状流型[1, 3]。

图 2-4-3 给出不同倾角时的分层流型和间歇状流型的转换界限。界限上下部分分别为间歇状流型与分层流型。由该图可见，当倾角只有 0.25° 时，间歇状流型区域就大为增加，这表明，倾角对于分层流型和间歇状流型的转换界限有较大的影响[1, 3]。

图 2-4-4 给出不同倾角时的间歇状流型、泡状流型和环状流型之间的转换界限。由该图可见，倾角对间歇状流型和泡状流型及间歇状流型和环状流型之间

的转换界限影响较小[1, 3]。

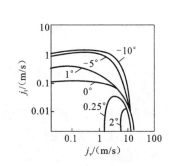

图 2-4-3　倾角对分层流型和间歇状流型
之间转换的影响

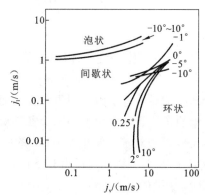

图 2-4-4　倾角对泡状流型、环状流型和
间歇状流型之间转换的影响

2.5　U 形管中流型及其流型图

U 形管广泛用于各种工业部门的换热设备中，例如，压水堆中的蒸汽发生器、锅炉、制冷器、加热器等。U 形管的布置方式通常有弯头垂直向上、弯头垂直向下、弯头水平布置、弯头横向布置上端进入工质和弯头横向布置下端进入工质[2-3]，如图 2-5-1 所示。在这 5 种 U 形管的布置方式中，弯头水平 U 形管的布置中的气液两相流流型和水平直管中的相近，存在平滑的分层流型。其余 4 种 U 形管的布置方式中存在气塞状、块状、波状分层、环状、细泡状和分散细泡状 6 种流型。U 形管布置方式、弯头弯曲半径等不同时，各种流型之间的转换界限也是不同的[2-3]。

国内一些学者对于各种 U 形管的布置方式进行过一系列试验研究工作。图 2-5-2 和图 2-5-3 分别给出空气-水混合物流过弯头垂直向下和弯头垂直向上 U 形管时的流型。在这些 U 形管的直管段中，根据流动方向的不同，流型和垂直上升或垂直下降直管中的流型相同。在弯管段中，由于流体转弯时受到离心力和重力的合成作用，形成各种不对称的流型。例如，

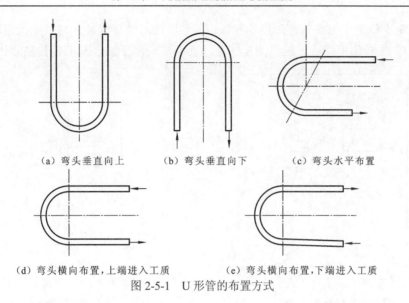

(a) 弯头垂直向上   (b) 弯头垂直向下   (c) 弯头水平布置

(d) 弯头横向布置,上端进入工质   (e) 弯头横向布置,下端进入工质

图 2-5-1 U 形管的布置方式

图 2-5-2 中的塞状流型,在开始转弯时就由垂直上升管中的轴对称流动过渡到不对称流动。在这种布置方式中,离心力和重力的作用方向是相反的。在液体速度较低时,离心力对液体的作用小于重力的作用,因而气泡偏向弯头外侧;当液体速度增大时,离心力对液体的作用大于重力的作用,因而气泡偏向弯头内侧。其他流型也存在类似的不对称现象。在弯头垂直向上的 U 形管布置方式中,离心力和重力的作用方向是相同的,所以,较轻的一相总偏向弯头内侧。但是,无论是弯头向上或是弯头向下的垂直布置,U 形管中都不出现平滑的分层流型[2-3]。

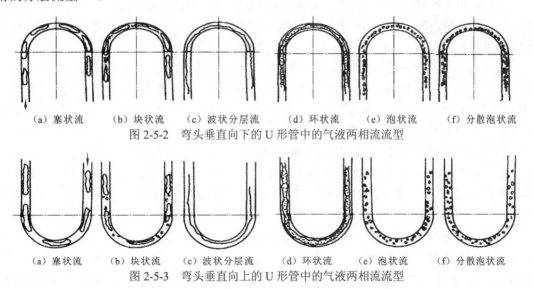

(a) 塞状流   (b) 块状流   (c) 波状分层流   (d) 环状流   (e) 泡状流   (f) 分散泡状流

图 2-5-2 弯头垂直向下的 U 形管中的气液两相流流型

(a) 塞状流   (b) 块状流   (c) 波状分层流   (d) 环状流   (e) 泡状流   (f) 分散泡状流

图 2-5-3 弯头垂直向上的 U 形管中的气液两相流流型

图 2-5-4 与图 2-5-5 为弯头垂直向下与垂直向上两种 U 形管中的流型图。图中横坐标为空气的表观速度,纵坐标为水的表观速度。由图可见,在弯头垂直向下的 U 形管流型图中,波状分层区域比弯头垂直向上的 U 形管流型图中的小得多,而且在前一流型图中还存在一个流动不稳定区域,这主要是由在弯头垂直向下的 U 形管中离心力和重力作用方向相反的原因

引起的。流动不稳定工况在气液速度均较低时发生，此时液体只能间歇性地流过管内[2-3]。在有热量输入的加热 U 形管中，这种间歇式流动会造成局部干涸，从而使传热恶化。

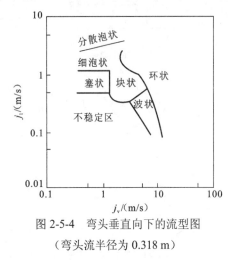

图 2-5-4　弯头垂直向下的流型图
（弯头流半径为 0.318 m）

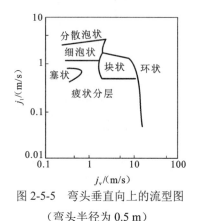

图 2-5-5　弯头垂直向上的流型图
（弯头半径为 0.5 m）

2.6　棒束或管束中的流型与流型图

2.6.1　两相流纵向冲刷棒束

压水堆和沸水堆的燃料组件通常制成棒束形状，水沿着棒束轴线方向流动并吸收燃料元件发出的热量而蒸发。对于纵向冲刷棒束的气液两相流流型的研究不多，这主要是由于棒束中的测量较难。

Bergles 应用 4 根棒组成的实验流道模拟水冷反应堆燃料组件，实验段布置如图 2-6-1 所示。每一实验段由长为 61 cm 的加热段和 46 cm 的非加热段两部分组成，三个电阻式探针分别布置在棒束中间和棒束组件的角上。定位件位于加热段上游 76 cm 处及下游 25 cm 处，探针约位于加热段末端的上游 12.5 mm 处。实验介质为蒸汽-水混合物，压力为 6.9 MPa[1-2]。

图 2-6-2 为棒束中探针 1 及探针 3 测得的流型。图上横坐标为质量含气率或干度 x，纵坐标为质量流速 G，这两个参数都均是按整个棒束进行计算，且为截面平均值。与用探针 1 测得的两棒之间间隙中的流型相比，用探针 3 测得的棒束轴心上的流型在较低干度时发生流型转换。

图 2-6-3 给出棒束组成的内部流道和直径相近圆管流道中的流型转换界限的比较，棒束内部流道的当量直径为 12.6 mm，圆管直径为 10.2 mm。圆管中的压力和棒束中的相同。比较结果表明，两者的转换界限近乎重合。但与实际情况不一定相符。因为中央子通道所采用的特征参数为整个实验棒束流道的平均值，它们并不代表该子通道的对应真实参数。尽管如此，由 Bergles 的实验可知，在同一棒束截面上会共存不同种类的流型[1-2]。

图 2-6-4 给出了棒束内部流道（探针 3）和角上流道（探针 2）中的流型转换界限。不难看出，与内部流道相比，角上流道中的流型转换在较高干度 x 时发生。

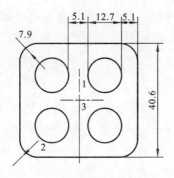

图 2-6-1　Bergles 棒束的尺寸及测点的布置

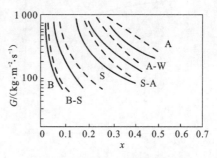

图 2-6-2　棒束中不同测点的流型

B.泡状流；B-S.泡状-弹状；S.弹状；S-A.弹状-环状；A-W.环状-波状；A.环状；虚线为探针 1 测得的流型转换界限；实线为探针 3 测得的流型转换界限

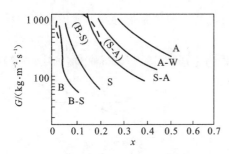

图 2-6-3　棒束与圆管流型转换界限的比较

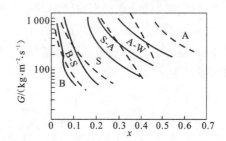

图 2-6-4　棒束内与边角上流道流型转换界限的比较

2.6.2　横掠管束时的流型

在许多换热设备中，存在气液两相流横向流过管束的情况。当气液两相流横向冲刷水平布置的叉列管束时，可有四种流型：泡状流、分层流、雾状分层流和雾状流[2]。

图 2-6-5 给出这四种流型的示意图。泡状流型一般在截面含气率小于 0.75，且流速较高时发生，此时气体以小气泡形式较均匀地散布在液体中一起流动；分层流型发生于低流速时，气液完全分开，液体在管束下部流动，气体在管束上部流动；雾状分层流型和分层流型相似，但此时一部分液体以液滴形式散布在气体中一起流动；雾状流型发生于气速较高时，此时除一小部分液体在管壁上湿润金属外，大部分液体都以液滴方式随气流一起流动。

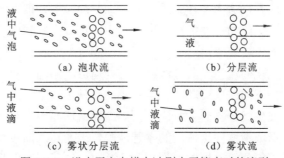

图 2-6-5　沿水平方向横向冲刷水平管束时的流型

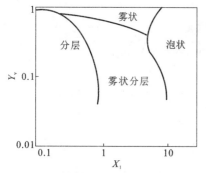

图 2-6-6　水平横向冲刷水平管束时的流型图

图 2-6-6 给出两种水平管束进行试验后得出的气液两相流型图。其中，横坐标为 $X_1 = j_1(\mu_1\rho_1)^{1/3}/\sigma$，其中，$\sigma$ 为液体表面张力，纵坐标为 $Y_v = j_v(\rho_v/\rho_1)^{1/2}$。试验工质为接近常压的空气-水混合物，试验管的外直径为 19 mm。第一种试验管束为四流程的，管束由三块隔板隔成四段，气流在管束中来回冲刷四次，管束由 39 根管子组成。第二种试验管束为两流程，管束由一块隔板隔成两段，气流在管束中来回冲刷两次，管束由 169 根管子组成。管束中的管子均作等边三角形布置，节距和管子外直径之比为 1.25[2]。

当气液两相流体沿垂直方向横向冲刷水平管束时，其流型共有三种：泡状流型、弹状流型、有液膜的雾状流型，如图 2-6-7 所示。

图 2-6-8 则给出了以接近大气压的空气-水混合物为工质，沿垂直方向横向冲刷水平管束时得出的流型图。

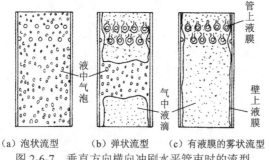

（a）泡状流型　（b）弹状流型　（c）有液膜的雾状流型
图 2-6-7　垂直方向横向冲刷水平管束时的流型

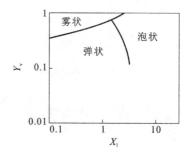

图 2-6-8　垂直方向横向冲刷水平管束时的流型图

2.7　特殊工况下的流型

2.7.1　阻液与倒流现象

本章前面主要讨论的是气液两相在同一方向流动时的流型。但在实际工程中还存在许多气液两相逆向流动的情况。例如，在核反应堆失水事故过程、冷却塔以及降膜式化学反应器中，都存在气液两相逆向流动现象[1]。

两相逆向流动时，出现的流型及其过渡特征与同向流动不同。对于气液两相流动，仅可能发生气相向上、液相向下的逆向流动，且所发生的两种极端流型为降落膜流与攀升膜流。

当气相流速不大时发生纯降落膜环状流；而当气相流速相当大时，液相再也无法向下流动，相反自其注入口起形成沿壁向上流动的攀升液膜，进而转入两相流体同向流动。

在逆向流动下，随着气相流速增大或液相流速减小，气芯开始卷吸液滴，一定气相流量下，液膜向下流阻力迅速增大，阻止液膜向下流动，发生阻液现象，流动会从降落膜流过渡到攀升膜流。而在同向向上流动时，随着气相向上流速减少或液相向下流速增大，气液交界面脉动增大，压降增加，气相流速降到一定值时，发生液膜自注入口反向向下流动现象，会发生相反的过渡，此时由攀升膜流向降落膜流过渡，即发生倒流现象的逆向流动。

2.7.2　临界热流后流动膜态沸腾流型

关于加热流道两相流动流型的变迁中描述了干涸后的流型。实际上，无论入口为欠热水或饱和水，只要在一定的加热条件下，流动都有可能经干涸或经偏离核态沸腾（departure from nucleate boiling，DNB）而进入临界热流后区域。

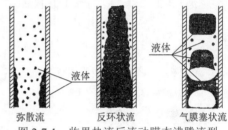

这时对应的流型演变为气膜环状流（通道芯部为液体，又称反环状流）、气膜塞状流，然后进入弥散流区。气膜塞状流实际上为气膜环状流与弥散流之间可能存在的过渡流型。这些流型如图 2-7-1 所示[1]。

图 2-7-1　临界热流后流动膜态沸腾流型

2.7.3　失水事故再淹没阶段中的流型

反应堆失水事故的再淹没阶段，堆芯燃料元件包壳处于炽热高温状态，应急冷却剂进入堆芯流道后，将历经复杂的传热特性变化与流型演变。这些变化随冷却剂进入堆芯的流向、流速及堆芯流道表面温度的高低不同而不同。实验观察表明，通常加热面呈干壁区和完全润湿区。两区之间为骤冷过渡区，处于过渡沸腾状态，与完全润湿区的接壤点为干涸点或偏离泡核沸腾点，与干壁区的分界为骤冷前沿。

1. 顶部再淹没

冷却剂自炽热流道顶部垂直向下流动的过程称为顶部再淹没。在顶部再淹没中，随流速的不同而有不同的流型演变发生，如图 2-7-2 所示[1]。

若加热壁面温度高出水的饱和温度不多，则可在壁面形成降落膜流动，在一定距离处液膜发生干涸。若在骤冷区内发生局部剧烈气化，向上流动的蒸汽浮力和动量效应使该处的液膜以溅射形式脱离壁面，如图 2-7-2（a）所示。但若蒸汽产生量足够大，与向下流的液膜形成逆向流动，一旦蒸汽流和液膜流之间的剪应力及其动量效应达到一定值时，便会发生阻液现象，阻止液膜向下流动，甚至可将液体推出流道，如图 2-7-2（b）所示。这种工况极不稳定，可以将水周期性地挤出流道，伴随发生"嘎嚓"振荡声。

2. 底部再淹没

冷却剂自炽热流道底部垂直向上流动的冷却过程称为底部再淹没。在不同的淹没速度下可能发生不同的流型变化，如图 2-7-3 所示[1]。

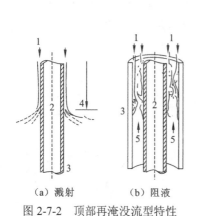 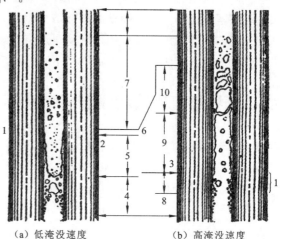

（a）溅射　　　（b）阻液
图 2-7-2　顶部再淹没流型特性
1.水；2.电加热件；3.炽热表面；4.流动液膜前沿；
5.水蒸气

（a）低淹没速度　　　（b）高淹没速度
图 2-7-3　底部再淹没流型特性
1.骤冷区；2.干涸；3.骤冷前沿；4.泡核沸腾；5.强迫对流沸腾；
6.溅射；7.弥散流；8.偏离核态沸腾；9.反环状流；10.气膜塞状流

在低淹没速度下，壁面上形成环状攀升液膜，并在一定距离处发生干涸。进入骤冷区后液膜被撕裂呈溅射形式，经骤冷前沿后进入弥散流区，如图 2-7-3（a）所示。在高淹没速度下，流道内冷却剂的液位上升速度高于骤冷前沿的推进速度，因而在壁面处形成环状蒸汽膜（即为反环状流）区，之后演变为膜状弹状流与弥散流，如图 2-7-3（b）所示。

2.8　流型之间的过渡准则

流型之间的过渡准则是确定流型的基础，严格地讲，不同流型之间的过渡不是突变的，而是比较模糊的一个过程。但是这方面的研究工作还不完善，而且在计算中使用流型图也不方便，如果用一个函数表达式来判断流型，就能够方便我们进行程序计算和分析，因此有必要对流型的过渡与过渡准则有一个基本的了解，以弥补流型图的不足[1, 3]。

2.8.1　基本无量纲组合量

单个气泡在滞止液体中上升运动的基本受力现象讨论常用无因次组合量：浮升力、液体黏性力、液体惯性力、表面张力等。令流道截面特征尺寸为 D，气泡平衡上升速度为 u_∞，则有浮力为 $D^3 g(\rho_1 - \rho_v)$；黏性力为 $u_\infty \mu_1 D$；惯性力为 $\rho_1 u_\infty^2 D^2$ 或 $(\rho_1 + \rho_v)u_\infty^2 D^2$；表面张力为 σD。

这些力之间的相互作用还与气泡形状有关，实验表明，只要气泡任一尺度大于流道直径或者气泡等效直径大于 $0.6D$，则气泡的形状对它的上升速度影响可以略去不计。下面是一些对研究流型有意义的无因次的组合量：

$$K_1 = \frac{惯性力}{浮力} = \frac{\rho_1 u_\infty^2}{Dg(\rho_1 - \rho_v)} \quad 或 \quad \frac{(\rho_1 + \rho_v)u_\infty^2}{Dg(\rho_1 - \rho_v)} \tag{2-8-1}$$

$$K_2 = \frac{黏性力}{浮力} = \frac{u_\infty \mu_1}{D^2 g(\rho_1 - \rho_v)} \qquad (2\text{-}8\text{-}2)$$

$$K_3 = \frac{表面张力}{浮力} = \frac{\sigma}{D^2 g(\rho_1 - \rho_v)} \qquad (2\text{-}8\text{-}3)$$

实际的两相系统比单个气泡上升运动复杂得多，一般需引入简化假设后才有可能获得刻画系统运动特征的无因次组合。

2.8.2　水平流动

Taitel 和 Dukler 根据实验结果建立了一种流型过渡准则的半理论方法，是一种较为全面的系统处理方法，具有一定的普遍适用性。他们主要是对 Mandhane 流型图进行了理论分析，对水平两相流动用不同坐标系统来建立描述流型转换边界的准则[1, 6]。

1. 无量纲量与流型图

Taitel 和 Dukler 以图 2-8-1 的层状理想模型为例，引入所涉及的无因次基本量。

无量纲液相高度：$\tilde{h}_1 = h_1 / D$；无量纲相流通截面：$\tilde{A}_k = A_k / D^2$，其中，k 为 l 或 v；无量纲两相界面周长：$\tilde{P}_i = P_i / D = \sqrt{1 - (2\tilde{h}_1 - 1)^2}$；无量纲润湿周边：$\tilde{P}_1 = P_1 / D = \pi - \arccos(2\tilde{h}_1 - 1)$；无量纲液相等效直径：$\tilde{D}_1 = (4A) / (P_1 D) = 4\tilde{A}_1 / \tilde{P}_1$；无量纲相速度：$\tilde{u}_k = u_k / j_k = \tilde{A} / \tilde{A}_k$，其中，k 为 l 或 v；Lockhart-Martinelli 参数：$X^2 = \left[\left(\dfrac{\mathrm{d}p_f}{\mathrm{d}z} \right)_1 \Big/ \left(\dfrac{\mathrm{d}p_f}{\mathrm{d}z} \right)_v \right]$，其中，$\left(\dfrac{\mathrm{d}p}{\mathrm{d}z} \right)_1$ 与 $\left(\dfrac{\mathrm{d}p}{\mathrm{d}z} \right)_v$ 分别是假定流道内全部为液体或气体时的摩擦压降；无量纲弗劳德数的修正值：$F = \left(\dfrac{\rho_v}{\rho_1 - \rho_v} \right)^{1/2} \dfrac{j_v}{(Dg\cos\alpha)^{1/2}}$；无量纲数：$K = \left[\dfrac{\rho_v j_v^2 j_1}{(\rho_1 - \rho_v) g v_1 \cos\alpha} \right]^{1/2}$；无量纲数：$T = \left[\dfrac{(F\mathrm{d}p / \mathrm{d}z)_1}{(\rho_1 - \rho_v) g \cos\alpha} \right]^{1/2}$。其中，$\alpha$ 为流道水平倾斜角。对于水平流道，$\alpha = 0$。

然后，Taitel 和 Dukler 分析各种流型在过渡时的力平衡关系，运用上述无量纲基本量获得了几组描述流型过渡的无量纲参数 K，F，T 与 X 的曲线，并将实验结果汇集于图 2-8-2，曲线对应的坐标如表 2-8-1 所示。

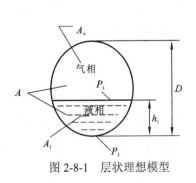

图 2-8-1　层状理想模型

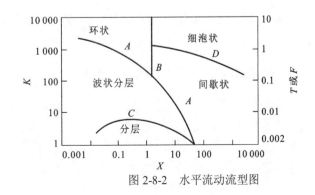

图 2-8-2　水平流动流型图

表 2-8-1 图 2-8-2 中曲线对应的坐标说明

曲线	坐标
A 与 B	F-X
C	K-X
D	T-X

2. 层状流或波状流到间歇流的过渡准则

对于波状或层状流和间歇流（弹状流与塞状流）之间的过渡，或者波状、层状流和弥散环状流之间的过渡，假定当气相通过波形交界面的波峰处受到加速，产生局部压力降落，使峰部同时受到抽吸作用。若抽吸力大于峰部重力效应时，液峰便会扩大，则过渡准则关系为

$$F^2 \frac{1}{C^2} \frac{\tilde{u}_v \left(\dfrac{\mathrm{d}\tilde{A}_l}{\mathrm{d}\tilde{h}_l} \right)}{\tilde{A}_v} \geqslant 1.0 \tag{2-8-4}$$

式中：$C = 1 - \tilde{h}_l$，$\dfrac{\mathrm{d}\tilde{A}_l}{\mathrm{d}\tilde{h}_l} = [1 - (2\tilde{h}_l - 1)^2]^{0.5}$。

Taitel 和 Dukler 分析表明，对于水平管中具有平滑分界面的分层流型，$\tilde{h}_l$ 只和参数 X 有关。因此，式（2-8-4）可以由 F 及 $\tilde{h}_l$ 或 F 及 X 来表示。C 值大小影响流型过渡种类。一般 $\tilde{h}_l$ 小时形成环状流或者弥散环状流；$\tilde{h}_l$ 大时，可能向间歇流过渡。波峰为气流直接推动，一起向前流动，构成半弹状流；或者液峰达到管顶并与管顶接触构成弹状流。

3. 泡状流或间歇状流到环状流的过渡准则

在图 2-8-2 中，垂直线为间歇状流型、细泡状流型和环状流型之间的过渡界限。假设 $\tilde{h}_l$ 超过 0.5 时发生这一过渡，当 $\tilde{h}_l = 0.5$ 时，所对应的 X 值为 1.6。

4. 分层流到波状流的过渡准则

Taitel 和 Dukler 主要基于 Kelvin-Helmholtz 稳定性理论拟合实验数据，得到在分层流与波状流之间的流型过渡准则用 K 表示为

$$K > 20 / \tilde{u}_v \sqrt{\tilde{u}_l} \tag{2-8-5}$$

因为 $\tilde{u}_v$、$\tilde{u}_l$ 均与 $\tilde{h}_l$ 有关，而对于水平管中具有平滑分界面的分层流型，$\tilde{h}_l$ 只和参数 X 有关，所以式（2-8-5）代表了由 K 及 $\tilde{h}_l$ 或 K 及 X 来表示的过渡准则。

5. 泡状流到间歇状流的过渡准则

在弥散泡状流下，小气泡弥散在连续液相内，当液相的湍流脉动效应大于气泡浮力时，会阻止气泡聚合在流道顶部。否则，便会形成间歇流。由此推导出过渡准则为

$$T^2 < \frac{8\tilde{A}_v}{\tilde{P}_l \tilde{u}_l (\tilde{u}_l \tilde{D}_l)^{-n}} \tag{2-8-6}$$

式中：n 是雷诺数（Re）中摩擦因数关系式的指数，湍流时 $n=0.2$；层流时 $n=1.0$。因式（2-8-6）右边诸量由 $\tilde{h}_1$ 唯一确定，于是可得 $T\text{-}X$ 关系描述这一过渡特性。

Taitel 与 Dukler 的理论分析得到的流型过渡准则与 Mandhane 流型图（空气-水，25 mm 管子，0.1 MPa 压力，20℃温度）的比较如图 2-8-3 所示。需要说明的是，Taitel-Dukler（泰特尔-达可勒）方法考虑了管径。

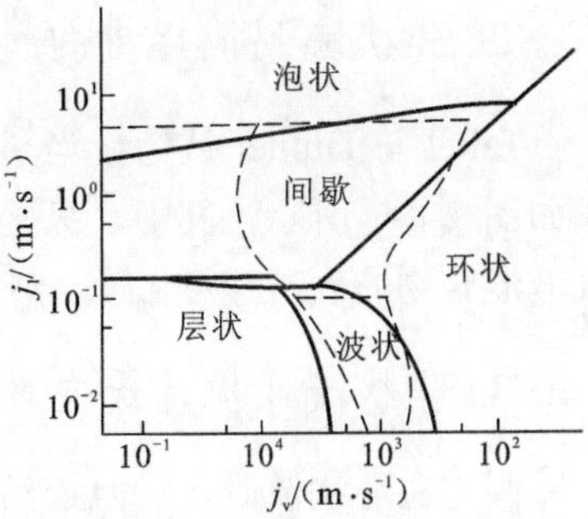

图 2-8-3　Taitel-Dukler 方法与

Mandhane 实验结果的比较

——为计算值；------为实验值

2.8.3　垂直流动

Taitel、Dukler 和 Bornea 比较了垂直同向向上流动下的一些流型图后发现彼此之间差异较大，不仅衡量过渡的数值有差异，而且过渡曲线的趋势也不一致。他们仍然采用控制过渡物理机理假设方法，导出各过渡准则。

1. 泡状流到弹状流的过渡准则

假定空泡份额达到一定数值时出现流型转变，一般当 $\alpha=0.3$ 时，气泡间的随机碰撞与聚合概率增大，形成弹状流。流型过渡的边界曲线，如图 2-8-4 所示。其中，纵坐标为 j_1/j_v，横坐标为 $\dfrac{j_v\rho_1^{1/2}}{[g(\rho_1-\rho_v)\sigma]^{\frac{1}{4}}}$。在一定截面含气率下流型过渡边界曲线的方程为[6]

$$\frac{j_1}{j_v}=2.34-1.07\frac{[g(\rho_1-\rho_v)\sigma]^{\frac{1}{4}}}{j_v\rho_1^{\frac{1}{2}}} \tag{2-8-7}$$

利用式（2-8-7）可知，在不同压力条件下，泡状流向弹状流过渡的质量含气率随质量流速的变化示于图 2-8-5 中。由图 2-8-5 可知，随着压力的升高和质量流速的降低，泡状流向弹状流转变的质量含气率逐渐增大，即泡状流存在的范围变宽，尤其是在较低的质量流速条件下，较高质量含气率的两相流动可能仍然表现为泡状流[7]。

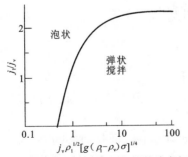

图 2-8-4　泡状与弹状流或泡状与搅拌流之间的过渡

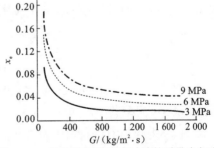

图 2-8-5　泡状流到弹状流过渡的质量含气率
随质量流速变化

2. 弹状流到搅拌流的过渡准则

Taitel 与 Dukler 认为，当 $j/\sqrt{gD} > 50$，$\beta > 0.86$ 时发生搅拌流过渡。流型过渡的边界曲线如图 2-8-6 所示，其中，纵坐标为容积含气率 β，横坐标是 $j/\sqrt{gD}$，D 是流道直径。j 是气液混合物的表观速度，$j = j_v + j_l$。

3. 弹状流或搅拌流向环状流过渡准则

假定在环状流时，一旦连续气芯无法夹带液滴时，便过渡到弹状流或搅拌流。转换曲线如图 2-8-7 所示。横坐标是 Lockhart-Martinelli 数 $X = \left[\dfrac{(\mathrm{d}p/\mathrm{d}z)_l}{(\mathrm{d}p/\mathrm{d}z)_v}\right]^{1/2}$，纵坐标是 Kutateladze 数 Ku，其关系式为

$$Ku = \frac{j_v \rho_v^{\frac{1}{2}}}{[g(\rho_l - \rho_v)\sigma]^{\frac{1}{4}}} \qquad (2\text{-}8\text{-}8)$$

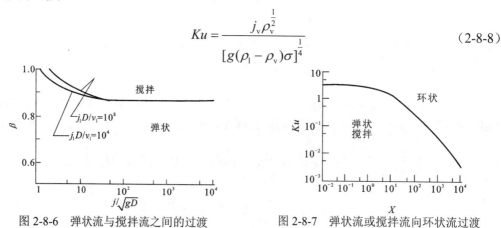

图 2-8-6　弹状流与搅拌流之间的过渡　　　图 2-8-7　弹状流或搅拌流向环状流过渡

相应的流型过渡准则方程为

$$Ku = 3.09 \frac{(1 + 20X + X^2)^{\frac{1}{2}} - X}{(1 + 20X + X^2)^{\frac{1}{2}}} \qquad (2\text{-}8\text{-}9)$$

当 $X \ll 1$ 时，式（2-8-9）可简化为 $Ku = 3.09$；当 $X \gg 1$ 时，式（2-8-9）可简化为 $Ku = \dfrac{3.09}{X}$。而 Wallis 建议，弹状流/搅拌流向环状流过渡的准则为[1]

$$\frac{j_v \rho_v^{\frac{1}{2}}}{[gD(\rho_l - \rho_v)]^{\frac{1}{2}}} = 0.9 \qquad (2\text{-}8\text{-}10)$$

现在分别将 Taitel-Dukler 和 Wallis 建议的弹状流/搅拌流向环状流过渡的准则示于 Hewitt-Roberts 流型图中，如图 2-8-8、图 2-8-9 所示[7]。

由图 2-8-8 可以看出，当压力为 9 MPa 时，Taitel-Dukler 准则与 Hewitt-Roberts 流型图符合较好，当压力低于或高于 9 MPa 时，Taitel-Dukler 准则分别高估和低估了弹状流/搅拌流向环状流过渡的气相表观动量流密度。由图 2-8-9 可以看出，当压力高于 3 MPa 时，Wallis 准则始终低估了弹状流/搅拌流向环状流过渡的气相表观动量流密度，因此 Wallis 准则可能只适用于低压条件下的弹状流/搅拌流向环状流过渡的判断[5]。

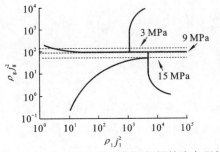

图 2-8-8　Taitel-Dukler 弹状流/搅拌流向环状流过渡

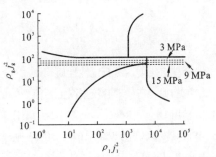

图 2-8-9　Wallis 弹状流/搅拌流向环状流过渡

图 2-8-10 给出了由式（2-8-9）计算得到的泡状流/弹状流向环状流过渡的质量含气率，从图中可知，随着质量流速的降低，泡状流/弹状流的含气率范围变宽，环状流的范围变窄。在低质量流速条件下，较高质量含气率的两相流仍然表现为泡状流或弹状流。另外，压力对于泡状流/弹状流向环状流过渡的质量含气率的影响较小[7]。

1980 年，Taitel 等以气相和液相表观速度为坐标，将推导的泡状流向弹状流过渡准则和弹状/搅拌流向环状流过渡准则分别与 7 种不同的垂直向上流动的流型图进行对比，对比结果如图 2-8-11 所示[8]。

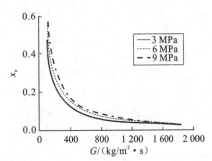

图 2-8-10　泡状流/弹状流向环状流过渡
的质量含气率随质量流速变化

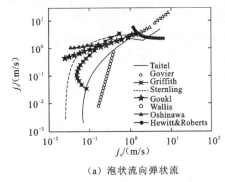

（a）泡状流向弹状流　　　　　　　　（b）弹状流/搅拌流向环状流

图 2-8-11　Taitel 流型过渡准则与流型图的对比

由图 2-8-11（a）可知，对于泡状流向弹状流转变，不同的流型图和 Taitel 转变准则显示的结果相差较大，这是因为流型的识别和流型图的绘制受实验条件和绘制者主观意识的影响较大[7]。例如弹状流是由于小气泡的不断聚集而形成的，对于弹状流和泡状流的区分，只能依靠绘制者的视觉观察和主观判断，且弹状流只在低压（<3 MPa）和低流速的条件下明显存在，可以将其看成是泡状流向环状流转变的过渡区。由图 2-8-11（b）可知，对于环状流的形成，除了 Griffith 流型图，其余 6 种流型图和 Taitel 转变准则显示出的结果比较相近，这是由于环状流的特征较为明显：液相在管壁周围连续流动，气相在管道中心连续流动。环状流的形成一般被认为是由于气相含量和速度（或气相表观速度）高于一定的限值，使得气相足以击碎块状液相，形成连续的气芯。

习　题　2

1. 为什么流型图具有定性性质？

2. 应当如何正确理解流型图上各流型间的交界线？

3. 运用 Hewitt-Roberts 流型图 2-3-1，计算内径 2 cm 的垂直沸腾管在参数组合：系统压力 P 为 1，3，7，1，5 MPa；含气率 x 为 1%，10%，50%；质量流速 G 为 300 和 1 500 kg/（m^2·s）的流型。

4. 运用 Taitel 和 Dukler 方法确定习题 3 中参数条件下的流型。

5. 若习题 3 中参数下的沸腾管为水平流道，试用修正的 Baker 流型图和 Taitel-Dukler 方法确定其流型。

参 考 文 献

[1] 徐济鋆. 沸腾传热和气液两相流[M]. 2 版. 北京: 原子能出版社, 2001.

[2] 林宗虎, 王树众, 王栋, 等. 气液两相流和沸腾传热[M]. 西安: 西安交通大学出版社, 2003.

[3] 阎昌琪. 气液两相流[M]. 3 版. 哈尔滨: 哈尔滨工程大学出版社, 2017.

[4] 陈之航, 曹柏林, 赵在三. 气液双相流动和传热[M]. 北京: 机械工业出版社, 1983.

[5] HEWITT G F, ROBERTS D N. Studies of two-phase flow patterns by simultaneous X-ray and flash photography[R]. United Kingdom Atomic Energy Authority, AERE-M2159, 1969.

[6] DUKLER A E, TAITEIL Y. Flow regime transitions for vertical upward gas-liquid flow[C]. AICHE 70th Annual Meeting, New York, 1977.

[7] 储玺. 两相自然循环条件下蒸汽发生器倒流特性研究[D]. 武汉: 海军工程大学, 2018.

[8] TAITEL Y, BORNEA D, DUKLER A E. Modeling flow pattern transitions for steady upward gas-liquid flow in vertical tubes[J]. AICHE Journal, 1980, 26(3): 345-354.

第3章 数学模型与基本方程

3.1 概　述

前两章已提到，两相流是一种很复杂的现象，与单相流相比较，描述流场的变量多出一倍，而且变量之间的关系复杂。另外，两相流动的参数，如流体速度、密度、温度（或焓）、含气率等变量不仅沿其流动方向上有变化，而且在管道同一截面上也有变化，所以这一现象实质上是包括两种相的三维流动[1]。

在两相流场内，由于气体的可压缩性，气液两相可以构成无数的混合形式，这也使得在两个几何形状相同的体系中，即便具有相同的气相质量流速和液相质量流速，但若两个体系内的两相相对分布不同，相交界面形状和总面积就不一样，呈现出不同的流动特征或流型。所以，两相流在某时空上具有不均匀性、不连续性和不确定性。尽管如此，原则上仍可以运用流体力学的基本分析方法建立分析两相流动的数学模型与计算关系[2]。现有的两相流分析方法大致可以分为简化模型分析法与数学解析模型分析法两类。

两相流动的数学模型是表示占据部分流动空间的两相混合物特征的一组方程，如果各相的物理性质和有关的初始条件是已知的，那么数学模型的建立涉及质量、动量、能量的平衡、各相间的传递规律和流场的边界条件。但由于两相流的多样性和复杂性，特别是流型不同时，每相的构成和空间分布及相界面上发生的物理现象也不相同。两相流场的瞬态特性遵循的规律是两数学模型的基础，它由下列组成[2]：

（1）相守恒方程式，又称场方程式；

（2）相结构特性方程式，又称构造特性方程式，一般包括状态方程、构造特性方程和热力学构造定律；

（3）界面平衡特性方程，又称跃变特性；

（4）界面结构特性，又称界面边界条件；

（5）外部边界条件，简称外边界条件，即两相流动体系与环境边界之间的关系。

目前有关两相流的问题，需要根据实际情况和要求，在建立两相流动的数学模型、进行两相流动的有关分析计算时，根据理论和实践两方面条件的限制，以及方程组封闭性条件的要求，一般可依据下述原则进行必要的简化。

（1）要满足守恒定律，即在每一相内和界面上应用质量、动量和能量守恒定理，导出相应的方程和突跃条件；

（2）根据可靠的实验资料，对流型、流动参数的空间分布等结构作出一定的简化；

（3）根据可靠的实验资料，对流动组元物理参数间的关系（如状态参数之间、应力与变形率之间的关系）及界面的物理性质做一定的近似处理，并应满足普遍原理；

（4）适当简化相间的传递性质，即对质量传递、动量传递、能量传递进行适当简化。

按三维流动对两相流进行分析是非常困难的。为了既便于分析，又能抓住问题的主要矛盾和特点，在研究中普遍采用简化的一维流动，即只考虑两相流动沿着流向的变化。因此，下面介绍的内容都是基于一维流动的问题。

3.2 单相流体一维流动的基本方程

由于两相流动的基本方程是以单相流动的方程作为基础，为了便于对比，这里先对单相流体一维流动的基本方程做简要介绍[2-3]。

3.2.1 连续方程

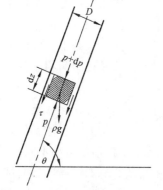

以管内流动的微元体为对象，如图 3-2-1 所示，管的水平倾角为 θ，假设管内流体与外界无质量交换，则按质量守恒的连续方程为

$$\frac{\partial(\rho A)}{\partial t} + \frac{\partial(\rho A u)}{\partial z} = 0 \tag{3-2-1}$$

式中：ρ 是流体密度；u 为流速；A 为微元体横截面积。因管子截面 A 与时间 t 无关，故上式可改写为

$$\frac{\partial \rho}{\partial t} + u\frac{\partial \rho}{\partial z} + \rho\frac{\partial u}{\partial z} + \rho u \frac{1}{A}\frac{\mathrm{d}A}{\mathrm{d}z} = 0 \tag{3-2-2}$$

对稳定一维流动，上式简化为

$$m = \rho A u = 常数 \tag{3-2-3}$$

图 3-2-1 作用于微元流体上的力

3.2.2 动量方程

作用于微元体的外力应等于动量的变化率，即

$$\sum F_z = \frac{\partial(\rho A u)}{\partial t}\mathrm{d}z + \frac{\partial(\rho A u^2)}{\partial z}\mathrm{d}z \tag{3-2-4}$$

而作用于微元体上的力有压力、重力与流道阻力。由此，动量方程为

$$\begin{cases} A\dfrac{\partial p}{\partial z} + \tau_0 L + \rho g A\sin\theta + \dfrac{\partial(\rho A u)}{\partial t} + \dfrac{\partial(\rho A u^2)}{\partial z} = 0 \\ A\dfrac{\partial p}{\partial z} + \tau_0 L + \rho g A\sin\theta + \dfrac{\partial(m)}{\partial t} + \dfrac{\partial(mu)}{\partial z} = 0 \end{cases} \tag{3-2-5}$$

式中：p 为作用于微元体上的压力；τ_0 为单位面积上的摩擦力；L 是湿周。对于稳定流动式（3-2-5）可以简化为

$$\frac{\mathrm{d}p}{\mathrm{d}z} + \tau_0 \frac{L}{A} + \rho g \sin\theta + \rho u \frac{\mathrm{d}u}{\mathrm{d}z} = 0 \qquad (3\text{-}2\text{-}6)$$

3.2.3　能量方程

对于同样的微元体，由能量守恒，有

$$\frac{\mathrm{d}p}{\mathrm{d}z} + \rho g \sin\theta + \rho u \frac{\mathrm{d}u}{\mathrm{d}z} + \rho \frac{\mathrm{d}F}{\mathrm{d}z} = 0 \qquad (3\text{-}2\text{-}7)$$

式中：F 为该微元体内的不可逆摩擦损失。

将动量方程（3-2-6）与能量方程（3-2-7）对比后可知：

$$\rho \frac{\mathrm{d}F}{\mathrm{d}z} = \frac{\tau_0 L}{A} \qquad (3\text{-}2\text{-}8)$$

可见，单相流动中，在确定各部分压降时，动量方程与能量方程是一样的。另外，上面动量与能量方程还可写为

$$\begin{cases} -\dfrac{\mathrm{d}p}{\mathrm{d}z} = \tau_0 \dfrac{L}{A} + \rho g \sin\theta + \rho u \dfrac{\mathrm{d}u}{\mathrm{d}z} = -\dfrac{\mathrm{d}p_f}{\mathrm{d}z} - \dfrac{\mathrm{d}p_g}{\mathrm{d}z} - \dfrac{\mathrm{d}p_a}{\mathrm{d}z} \\ -\mathrm{d}p = -\mathrm{d}p_f - \mathrm{d}p_g - \mathrm{d}p_a \end{cases} \qquad (3\text{-}2\text{-}9)$$

式（3-2-9）右边三项分别称为摩擦压降、重力压降和加速压降（动量压降），这三项分压降组成了单相流体的总压降。

3.3　分相流模型的基本方程

3.3.1　分相流模型概述

分相流模型是一种把气液两相分别作为单相流处理，考虑实际流动体系中两相具有不同的物性与速度这一现象，进而考虑两相间的相互作用发展起来的一种工程模型计算法[2, 4]。

分相流模型的基本假设：设两相分层流动，两相间发生质量、能量传递（蒸发或冷凝）和动量传递。每一相与流道壁面相接触，并有下述假定条件。

（1）两相完全分离，分别占有流动截面 A_v 和 A_1，在任一流道横截面上两相流动截面之和等于流道总截面 A，即 $A = A_v + A_1$；

（2）任一流道横截面上压力均匀分布；

（3）两相具有不同的线速度，密度和速度为各自流动截面上的平均值。

推导两相流的基本方程时，一般把两相分别按单相流处理并计入两相间的作用，然后将各相的方程加以合并。这种处理两相流的方法通常称为分相流动模型。这种模型适用于层状流型、波状流型、环状流型等[4-5]。

3.3.2　连续方程

考察如图 3-3-1 所示流道中的微元体。对各相列出连续方程：

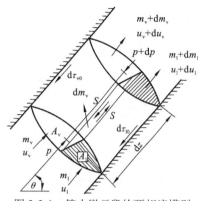

图 3-3-1　管内微元段的两相流模型

气相

$$\frac{\partial(\rho_v \alpha A)}{\partial t} + \frac{\partial(\rho_v u_v \alpha A)}{\partial z} = \delta m \qquad (3\text{-}3\text{-}1)$$

液相

$$\frac{\partial[\rho_1(1-\alpha)A]}{\partial t} + \frac{\partial[\rho_1 u_1(1-\alpha)A]}{\partial z} = -\delta m \qquad (3\text{-}3\text{-}2)$$

将式（3-3-1）和式（3-3-2）与单相流的连续方程（3-2-1）对比后可看出，两相流中各相的连续方程中多了一项 δm。它表示微元体单位长度内气液间的质量交换量（假设含有），若相间无质量交换则 $\delta m = 0$。

将式（3-3-1）和式（3-3-2）相加，得出气液两相混合物流动的连续方程，即

$$\frac{\partial[\rho_v \alpha A + \rho_1(1-\alpha)A]}{\partial t} + \frac{\partial[\rho_v u_v \alpha A + \rho_1 u_1(1-\alpha)A]}{\partial z} = 0 \qquad (3\text{-}3\text{-}3)$$

显然，在稳定流动时，有

$$\begin{cases} \mathrm{d}[\rho_v u_v \alpha A + \rho_1 u_1(1-\alpha)A] = 0 \\ \rho_v u_v \alpha A + \rho_1 u_1(1-\alpha)A = m \end{cases} \qquad (3\text{-}3\text{-}4)$$

$$m_v + m_1 = 常数$$

进一步地，对于等截面流道，有

$$\rho_v u_v \alpha + \rho_1 u_1(1-\alpha) = 常数 \qquad (3\text{-}3\text{-}5)$$

3.3.3　动量方程

类似于单相流动的动量方程，气相的动量方程为

$$A\alpha \frac{\partial p}{\partial z} + \tau_{v0} L_v + \tau_i L_i + \rho_v A g \alpha \sin\theta + \frac{\partial}{\partial t}(\rho_v u_v \alpha A) + \frac{\partial}{\partial z}(\rho_v A \alpha u_v^2) - \delta m u_i = 0 \qquad (3\text{-}3\text{-}6)$$

同单相流动量方程（3-3-4）相比，式（3-3-6）多了两项，其中，$\tau_i L_i$ 表示气液间的剪切力，$\delta m u_i$ 为气液相间的动量交换率，u_i 为气液界面上的流速。

相应地，液相的动量方程为

$$A(1-\alpha)\frac{\partial p}{\partial z} + \tau_{10} L_1 - \tau_i L_i + \rho_1 A g(1-\alpha)\sin\theta + \frac{\partial}{\partial t}[\rho_1 u_1(1-\alpha)A] + \frac{\partial}{\partial z}[\rho_1 A(1-\alpha)u_1^2] + \delta m u_i = 0 \quad (3\text{-}3\text{-}7)$$

将以上气液两相的动量方程进行合并，并除以管子截面积 A，即得到气液两相混合物的动量方程为

$$\frac{\partial p}{\partial z} + \frac{\tau_0 L}{A} + \rho_m g \sin\theta + \frac{\partial}{\partial t}[\rho_v u_v \alpha + \rho_1 u_1(1-\alpha)] + \frac{1}{A}\frac{\theta}{\partial z}\{A[\rho_v \alpha u_v^2 + \rho_1(1-\alpha)u_1^2]\} = 0 \qquad (3\text{-}3\text{-}8)$$

式中：$\rho_m = \rho_v \alpha + \rho_1(1-\alpha)$ 为真实密度或混合物密度。管壁对气液两相的阻力为

$$\tau_0 L = \tau_{v0} L_v + \tau_{10} L_1 \tag{3-3-9}$$

因为

$$\rho_1 u_1 (1-\alpha) = \frac{m_1}{A} = \frac{(1-x)m}{A} = (1-x)G \tag{3-3-10}$$

$$\rho_v u_v \alpha = \frac{m_v}{A} = \frac{xm}{A} = xG \tag{3-3-11}$$

所以把式（3-3-10）和式（3-3-11）代入式（3-3-8），即得分相流动模型的两相混合物动量方程的另一表达式，即

$$-\frac{\partial p}{\partial z} = \frac{\tau_0 L}{A} + \rho_m g \sin\theta + \frac{\partial G}{\partial t} + \frac{1}{A}\frac{\partial}{\partial z}\left\{ AG^2\left[\frac{(1-x)^2}{\rho_1(1-\alpha)} + \frac{x^2}{\rho_v \alpha}\right]\right\} \tag{3-3-12}$$

特别地，对于等截面流道中的稳定流动，$\frac{\partial G}{\partial t}=0$，$A$ 为常数，则以上动量方程为

$$-\frac{\mathrm{d}p}{\mathrm{d}z} = \frac{\tau_0 L}{A} + \rho_m g \sin\theta + G^2 \frac{\mathrm{d}}{\mathrm{d}z}\left[\frac{(1-x)^2}{\rho_1(1-\alpha)} + \frac{x^2}{\rho_v \alpha}\right] \tag{3-3-13}$$

或

$$-\frac{\mathrm{d}p}{\mathrm{d}z} = \frac{\tau_0 L}{A} + \rho_m g \sin\theta + G^2 \frac{\mathrm{d}v_T}{\mathrm{d}z} \tag{3-3-14}$$

式中：$v_T = \frac{(1-x)^2}{\rho_1(1-\alpha)} + \frac{x^2}{\rho_v \alpha}$ 称为动量比容。

从式（3-3-14）还可知，与单相流类似，两相压降也是由摩擦压降、重力压降和加速压降组成，即

$$-\frac{\mathrm{d}p}{\mathrm{d}z} = -\frac{\mathrm{d}p_f}{\mathrm{d}z} - \frac{\mathrm{d}p_g}{\mathrm{d}z} - \frac{\mathrm{d}p_a}{\mathrm{d}z} \tag{3-3-15}$$

例题 3-3-1 气液两相在管内环状流动，如果液体有一部分以雾状转入气相中，并以气相相等的速度流动。设这部分液体占液相总质量流量的份额为 E，其所占的空泡份额为 $1-\alpha-\gamma$，α 为空泡份额，γ 是仍保持在液相流动的截面含液率。试推导在等截面直管内稳定流动时动量方程中的加速压降梯度。

解 在环状流情况下，壁面上的液相由于有一部分以雾状转入气相中，其质量流量则为 $m_1 - Em_1$，速度为 u_1。气芯中流体的总质量流量为 $m_v + Em_1$，速度为 u_v。这种情况下加速压降梯度可表示为

$$-\frac{\mathrm{d}p_a}{\mathrm{d}z} = \frac{1}{A}\frac{\mathrm{d}}{\mathrm{d}z}[(m_1 - Em_1)u_1 + (m_v + Em_1)u_v]$$

由连续性方程

$$(m_1 - Em_1) = u_1 \rho_1 A_{10}$$

其中，A_{10} 为壁面上速度为 u_1 的液体所占的管道横截面积，$A_{10} = \gamma A$。则有

$$u_1 = \frac{(m_1 - Em_1)}{A_{10}\rho_1} = \frac{(m_1 - Em_1)}{\gamma A \rho_1}$$

气相的质量流量 $\qquad m_v = \rho_v u_v \alpha A$

$$u_v = \frac{m_v}{\rho_v \alpha A}$$

携带相的质量流量

$$Em_1 = u_v \rho_1 (A - A_1 - A_{10}) = u_v \rho_1 A (1 - \alpha - \gamma)$$

$$u_v = \frac{Em_1}{\rho_1 A (1 - \alpha - \gamma)}$$

把以上关系式代入加速度压降梯度的表达式，得到

$$-\frac{\mathrm{d}p_a}{\mathrm{d}z} = \frac{1}{A} \frac{\mathrm{d}}{\mathrm{d}z} \left[(m_1 - Em_1) \frac{(m_1 - Em_1)}{\gamma A \rho_1} + m_v \frac{m_v}{\rho_v \alpha A} + Em_1 \frac{Em_1}{\rho_1 A (1 - \alpha - \gamma)} \right]$$

式中：$m_1 = (1-x)m$；$m_v = xm$。代入上式经整理后，得

$$-\frac{\mathrm{d}p_a}{\mathrm{d}z} = \left(\frac{m}{A} \right)^2 \frac{\mathrm{d}}{\mathrm{d}z} \left\{ \frac{(1-x)^2 (1-E)^2}{r \rho_1} + \frac{x^2}{\alpha \rho_v} + \frac{[E(1-x)]^2}{(1-\alpha-\gamma)\rho_1} \right\}$$

3.3.4　能量方程

若将单相流的能量方程用于每一相，而相间交换项表示为

$$\delta E = \left(h_1 + \frac{1}{2} u_1^2 \right) \mathrm{d}m_1 \tag{3-3-16}$$

那么单位微元气相能量方程为

$$\Delta Q_v = \frac{\mathrm{d}}{\mathrm{d}z} \left[m_v \left(U_v + \frac{1}{2} u_v^2 \right) \right] + \frac{\mathrm{d}}{\mathrm{d}z} (m_v p v_v) + m_v g \sin\theta + \frac{\tau_i A_i u_i}{\mathrm{d}z} + q_i A_i + \delta E \tag{3-3-17}$$

式中：ΔQ_v 是单位流道长度内气相自外界吸收的热量；U_v 表示气相的内能；τ_i 为界面剪力；A_i 为两相界面；等式右边第四项表示两相之间的摩擦耗散功；第五项为通过两相界面传递的热量；最后一项为相变引起的能量传递。

同理，可得液相的能量方程为

$$\Delta Q_1 = \frac{\mathrm{d}}{\mathrm{d}z} \left[m_1 \left(U_1 + \frac{1}{2} u_1^2 \right) \right] + \frac{\mathrm{d}}{\mathrm{d}z} (m_1 p v_1) + m_1 g \sin\theta - \frac{\tau_i A_i u_i}{\mathrm{d}z} - q_i A_i - \delta E \tag{3-3-18}$$

将式（3-3-17）与式（3-3-18）相加，并变换 m_v 与 m_1 后，得到混合物能量方程为

$$\Delta Q = \Delta Q_v + \Delta Q_1 = \frac{\mathrm{d}}{\mathrm{d}z} \left[\alpha p_v u_v A \left(U_v + \frac{1}{2} u_v^2 \right) + (1-\alpha) \rho_1 u_1 A \left(U_1 + \frac{1}{2} u_1^2 \right) \right]$$
$$+ \frac{\mathrm{d}}{\mathrm{d}z} [\alpha u_v A p + (1-\alpha) u_1 A p] + [\alpha \rho_v u_v A + (1-\alpha)\rho_1 u_1 A] g \sin\theta \tag{3-3-19}$$

令单位流体混合物吸收的热量为 $\dfrac{\mathrm{d}q}{\mathrm{d}z}$，则

$$\frac{\mathrm{d}q}{\mathrm{d}z} = \frac{\Delta Q}{AG} = \frac{\mathrm{d}}{\mathrm{d}z} \left[x \left(U_v + \frac{1}{2} u_v^2 \right) + (1-x) \left(U_1 + \frac{1}{2} u_1^2 \right) \right] + \frac{\mathrm{d}}{\mathrm{d}z} pv - g \sin\theta$$
$$= \frac{\mathrm{d}U}{\mathrm{d}z} + \frac{\mathrm{d}}{\mathrm{d}z} \left[\frac{1}{2} x u_v^2 + \frac{1}{2} (1-x) u_1^2 \right] + \frac{\mathrm{d}}{\mathrm{d}z} pv + g \sin\theta \tag{3-3-20}$$

式中：$U = xU_v + (1-x)U_1$，$v = xv_v + (1-x)v_1$；由热力学第一定律，$\mathrm{d}U = \mathrm{d}q + \mathrm{d}F - p\mathrm{d}v$，代入

式（3-3-20）后得

$$-\frac{\mathrm{d}p}{\mathrm{d}z} = \rho_0 \frac{\mathrm{d}F}{\mathrm{d}z} + \rho_0 g \sin\theta + \rho_0 \frac{\mathrm{d}}{\mathrm{d}z}\left[\frac{1}{2}xu_v^2 + \frac{1}{2}(1-x)u_1^2\right] \tag{3-3-21}$$

式中：$\mathrm{d}F$ 为黏性耗散功转化的能量；ρ_0 称为流动密度，且有 $\rho_0 = \beta\rho_v + (1-\beta)\rho_1$。由于

$$\rho_0 \frac{\mathrm{d}}{\mathrm{d}z}\left[\frac{1}{2}xu_v^2 + \frac{1}{2}(1-x)u_1^2\right] = \frac{\rho_0 G^2}{2}\frac{\mathrm{d}}{\mathrm{d}z}\left[\frac{x^3}{\rho_v^2\alpha^2} + \frac{(1-x)^3}{\rho_1^2(1-\alpha)^2}\right] \tag{3-3-22}$$

将其代入式（3-3-21），于是得一维稳定流动的能量方程为

$$-\frac{\mathrm{d}p}{\mathrm{d}z} = \rho_0 \frac{\mathrm{d}F}{\mathrm{d}z} + \rho_0 g \sin\theta + \frac{1}{2}\rho_0 G^2 \frac{\mathrm{d}}{\mathrm{d}z}\left[\frac{(1-x)^3}{\rho_1^2(1-\alpha)^2} + \frac{x^3}{\rho_v^2\alpha^2}\right] \tag{3-3-23}$$

可见，总压降也是由摩擦压降、重力压降及加速压降组成，但与前面动量方程式相较可知，在两个方程中各个对应项是不相同的。

应当指出，在推导上述各方程时，其中的诸参数如 u_v、u_1、α 等都不是局部值，它们表示的是同一截面上的平均值。

3.4　均相流模型的基本方程

3.4.1　均相流模型概述

均相流模型实质上是对两相流动理解与建模的一种特定的等效图像，是一种最为简单的分析模型方法。其基本思想是将气液两相混合物看作一种假想的均匀介质，即一种"准单相流体"。在此基础上可将两相流动当作具有折合特性的单相流来对待，便可应用所有的单相流体动力学方法进行研究。因此，均相流模型实际上是单相流体力学的直接延拓[4-5]。

均相流模型中采用的基本假设有以下几种。

（1）认为两相混合得很好，气液两相具有相同的流动线速度（$u_v = u_1$）；

（2）两相间处于热力平衡，对于气液两相流动，两相间热力平衡即蒸汽与液体具有相同的温度且均处于饱和状态；

（3）使用合理确定的单相摩擦系数（将均相流模型的基本方程与单相流体守恒方程类比，便可定义所需的两相混合物的"物性"与摩擦系数计算式）。

总的来说，均相流模型的基本思想是用一等效的可压缩流体代替两相流体。显然，均相流模型不需要考虑两相间的相互作用，所以比分相流模型简单些。实际上，当两相平均流速相等时，分相流模型即变为均相流模型。因此，均相流模型可以看作是分相流模型的一个特例（以下方程推导基于此结论，就显得较为简单）。

若一相均匀地弥散于另一相中，两相间动量传递和能量传递足够快，两相的当场平均速度和温度便基本相等。这时，若各参数沿流道变化率不大，热力不平衡影响便可忽略，这样均相流模型就比较适用。比如，对于泡状流型、均相模型比较适用，而对于分层流型，特别

是两相相向流动，均相流模型就不再适用。

因此，有研究者提出均相流模型的适用范围是：$\rho_1 / \rho_v \geqslant 100$，$D \leqslant 80\,\text{mm}$，$G \geqslant 200(\text{kg} / \text{m}^2 \cdot \text{s})$。此外，有的学者还提出当液相黏度 $\mu_1 > 0.01(\text{N} \cdot \text{s} / \text{m}^2)$ 时建议不采用均相流模型。

3.4.2　连续方程

由质量守恒关系式（3-3-4）可得

$$\rho_v u_v \alpha + \rho_1 u_1 (1-\alpha) = \frac{m}{A} = G = u_H \rho_H \tag{3-4-1}$$

式中：u_H、ρ_H 分别为均相流的流动速度与密度。已知

$$\rho_m = \rho_v \alpha + \rho_1 (1-\alpha) \tag{3-4-2}$$

在均相流模型中，$u_v = u_1$，从而得到该模型下的流动密度为

$$\rho_H = \rho_v \alpha + \rho_1 (1-\alpha) = \rho_m \tag{3-4-3}$$

由含气率定义，可得

$$x = \frac{\alpha \rho_v}{\alpha \rho_v + (1-\alpha)\rho_1} = \frac{\alpha \rho_v}{\rho_H} \tag{3-4-4}$$

于是

$$x \rho_H = \alpha \rho_v \tag{3-4-5}$$

同理可得

$$(1-x)\rho_H = (1-\alpha)\rho_1 \tag{3-4-6}$$

将式（3-4-5）和式（3-4-6）整理后得

$$\begin{cases} \dfrac{x}{\rho_v} + \dfrac{1-x}{\rho_1} = \dfrac{1}{\rho_H} = v_H \\ v_H = x v_v + (1-x) v_1 \end{cases} \tag{3-4-7}$$

式中：ρ_H 与 v_H 分别是均相流假定下两相混合物的密度和比容。

用每一项的质量份额作为权重函数去计算混合物的物性，从而获得了计算均相混合物物性的一般式。例如，均相混合物的比焓可写成 $h_H = x h_v + (1-x) h_1$ 等。

3.4.3　动量方程

均相流的动量方程可写成三个压降梯度的形式，即

$$-\frac{dp}{dz} = -\left(\frac{dp_f}{dz}\right) - \left(\frac{dp_a}{dz}\right) - \left(\frac{dp_g}{dz}\right) \tag{3-4-8}$$

其中加速压降为

$$-\frac{\mathrm{d}p_a}{\mathrm{d}z} = G^2 \frac{\mathrm{d}}{\mathrm{d}z}\left[\frac{(1-x)^2}{(1-\alpha)\rho_1} + \frac{x^2}{\alpha\rho_v}\right] \qquad (3\text{-}4\text{-}9)$$

利用 $\alpha = \dfrac{1}{1 + \dfrac{(1-x)}{x}\dfrac{\rho_v}{\rho_1}}$ ，上式还可写成

$$-\frac{\mathrm{d}p_a}{\mathrm{d}z} = G^2 \frac{\mathrm{d}v_H}{\mathrm{d}z} \qquad (3\text{-}4\text{-}10)$$

均相流的重力压力梯度为

$$-\frac{\mathrm{d}p_g}{\mathrm{d}z} = \rho_H g \sin\theta \qquad (3\text{-}4\text{-}11)$$

这样，均相流在等截面流道中稳定流动的动量方程可以写为

$$-\frac{\mathrm{d}p}{\mathrm{d}z} = \frac{\tau_0 L}{A} + \rho_H g \sin\theta + G^2 \frac{\mathrm{d}v_H}{\mathrm{d}z} \qquad (3\text{-}4\text{-}12)$$

3.4.4　能量方程

在均相流模型中，式（3-3-23）的加速压力梯度为

$$\frac{\mathrm{d}p_a}{\mathrm{d}z} = \frac{1}{2}\rho_0 G^2 \frac{\mathrm{d}}{\mathrm{d}z}\left[\frac{(1-x)^3}{\rho_1^2(1-\alpha)^2} + \frac{x^3}{\rho_v^2\alpha^2}\right] \qquad (3\text{-}4\text{-}13)$$

将式（3-4-4）代入上式，可写成

$$\frac{\mathrm{d}p_a}{\mathrm{d}z} = \frac{\rho_H G^2}{2} \frac{\mathrm{d}}{\mathrm{d}z}\left[\frac{(1-\alpha)\rho_1}{\rho_H^3} + \frac{\alpha\rho_v}{\rho_H^3}\right] \qquad (3\text{-}4\text{-}14)$$

整理后，可得

$$\frac{\mathrm{d}p_a}{\mathrm{d}z} = G^2 \frac{\mathrm{d}v_H}{\mathrm{d}z} \qquad (3\text{-}4\text{-}15)$$

于是，均相流在等截面流道中稳定流动的能量方程可以写为

$$-\frac{\mathrm{d}p}{\mathrm{d}z} = \rho_H \frac{\mathrm{d}F}{\mathrm{d}z} + \rho_H g \sin\theta + G^2 \frac{\mathrm{d}v_H}{\mathrm{d}z} \qquad (3\text{-}4\text{-}16)$$

比较式（3-4-12）和式（3-4-16）可见，对于均相流模型而言，动量方程与能量方程中的重力压降与加速压降均相同，故摩擦压降也必然相同。此时与单相流动一样，两个方程中各对应项是一样的。

3.4.5　动量方程与能量方程的比较

由前面的推导可以看出，在分相流模型中，两相流体的动量方程与能量方程中总压降均可表示为摩擦、重力与加速压降三者之和。然而，除了均相流模型（它可以看作是滑速比 $S=1$ 的分相流）外，动量方程与能量方程中各对应项是不相同的[4-5]，如表 3-4-1 所示。

表 3-4-1　动量与能量方程中的压降比较

流动模型		摩擦压降 $\dfrac{\mathrm{d}p_f}{\mathrm{d}z}$	加速压降 $\dfrac{\mathrm{d}p_a}{\mathrm{d}z}$	重力压降 $\dfrac{\mathrm{d}p_g}{\mathrm{d}z}$
分相流模型	动量方程	$\dfrac{\tau_0 L}{A}$ 经验方法确定	$G^2\dfrac{\mathrm{d}}{\mathrm{d}z}\left[\dfrac{x^2}{\rho_v\alpha}+\dfrac{(1-x)^2}{\rho_1(1-\alpha)}\right]$ α 由经验方法或模型确定	$\rho_m g\sin\theta$ ρ_m 中的 α 由经验方法确定
	能量方程	$\rho_0\dfrac{\mathrm{d}F}{\mathrm{d}z}$ 经验方法确定	$\dfrac{1}{2}\rho_0 G^2\dfrac{\mathrm{d}}{\mathrm{d}z}\left[\dfrac{(1-x)^3}{\rho_1^2(1-\alpha)^2}+\dfrac{x^3}{\rho_v^2\alpha^2}\right]$ α 由经验方法或模型确定	$\rho_0 g\sin\theta$ ρ_0 中的 β 由经验方法确定
均相流模型	动量方程	$\dfrac{\tau_0 L}{A}$ 经验方法确定	$G^2\dfrac{\mathrm{d}v_H}{\mathrm{d}z}$ v_H 中的 β 由经验方法确定	$\rho_H g\sin\theta$ ρ_H 中的 β 由经验方法确定
	能量方程	$\rho_H\dfrac{\mathrm{d}F}{\mathrm{d}z}$ 经验方法确定	$G^2\dfrac{\mathrm{d}v_H}{\mathrm{d}z}$ v_H 中的 β 由经验方法确定	$\rho_H g\sin\theta$ ρ_H 中的 β 由经验方法确定

注：$\rho_m=\alpha\rho_v+(1-\alpha)\rho_1$，$\rho_0=\rho_v\beta+\rho_1(1-\beta)$，$\rho_H=\alpha\rho_v+(1-\alpha)\rho_1=\rho_m$

3.4.6　状态方程式

对均相流模型基本守恒方程组的讨论表明，求解均相流模型的关键在于如何确定合适的混合物平均特性，或称折合参数。为此，需要先导出均相流模型的状态方程。在热力平衡假定下、饱和状态下单组分的汽水两相流动的状态方程适合于均相流。于是便可使用蒸汽表或莫尔温熵图确定汽水混合物的所有物理特性[2]。

例题 3-4-1　假设双组分气液两相流动中的气体为理想气体，即 $pv_v=R_vT$，试推导均相混合物的状态方程。

解　设液体为不可压缩流体，则其状态方程为 $\rho_1=$ 常数。混合物的平均密度为 $\rho_m=\alpha\rho_v+(1-\alpha)\rho_1$；混合物的焓为 $h_m=(c_p)_mT$；混合物的比热为 $(c_p)_m=x(c_p)_v+(1-x)(c_p)_1$；混合物的内能为 $(c_V)_mT$，$(c_V)_m=x(c_V)_v+(1-x)(c_V)_1$；混合物的气体常数为 R_m，对于液体有 $(c_p)_1=(c_V)_1$，故 R_m 为

$$R_m=(c_p)_m-(c_V)_m=x[(c_p)_v-(c_V)_v]=xR_v$$

另一方面，混合物的比容为 $v_m=xv_v+(1-x)v_1$，于是 $v_v=\dfrac{v_m}{x}-\dfrac{1-x}{x}v_1$。

将 v_v 与 R_v 的表达式代入状态方程，便有修正式：

$$p[v_m-(1-x)v_1]=R_mT$$

令混合物状态方程中折合比容为 $v'=v_m-(1-x)v_1$，于是得到混合物的状态方程和过程方程分别为 $pv'=R_mT$，$pv'^{r_m}=$ 常数。

对应的状态指数 r_m 为

$$r_\mathrm{m} = \left(\frac{c_p}{c_V}\right)_\mathrm{m} = \frac{x(c_p)_\mathrm{v} + (1-x)(c_p)_\mathrm{l}}{x(c_V)_\mathrm{v} + (1-x)(c_V)_\mathrm{l}}$$

例题 3-4-2　常温常压下，质量含气率为 0.001 的空气-水混合物流经孔径为 20 mm 的水平光滑管，其质量流速 G 为 1791 kg/(m²·s)，假定滑速比 $S = \left(\dfrac{v_\mathrm{H}}{v_\mathrm{l}}\right)^{\frac{1}{2}}$，试计算 j_v、j_l、j、α、β、u_v、u_l、u_m、u_r、u_vj、u_lj、ρ_m、ρ_0、ρ_H 等值。

解　空气-水混合物的物性为

$$v_\mathrm{v} = 0.84 \ \mathrm{m^3/kg}, \qquad v_\mathrm{l} = 1\times10^{-3} \ \mathrm{m^3/kg}$$

则有

$$j_\mathrm{v} = xGv_\mathrm{v} = 0.001\times1791\times0.84 \approx 1.504 \ \mathrm{m/s}$$

$$j_\mathrm{l} = (1-x)Gv_\mathrm{l} = 0.999\times1791\times1\times10^{-3} \approx 1.789 \ \mathrm{m/s}$$

$$j = j_\mathrm{l} + j_\mathrm{v} = 1.789 + 1.504 = 3.293 \ \mathrm{m/s}$$

$$S = \left(\frac{v_\mathrm{H}}{v_\mathrm{l}}\right)^{\frac{1}{2}} = \left[1 + x\left(\frac{v_\mathrm{H}}{v_\mathrm{l}} - 1\right)\right]^{\frac{1}{2}} = \left[1 + 0.001\left(\frac{0.84}{0.001} - 1\right)\right]^{\frac{1}{2}} \approx 1.356$$

$$\alpha = \frac{1}{1 + \left(\dfrac{1-x}{x}\right)\dfrac{v_\mathrm{l}}{v_\mathrm{v}}S} = \frac{1}{1 + \left(\dfrac{1-0.001}{0.001}\right)\dfrac{0.001}{0.84}1.356} \approx 0.383$$

$$\beta = \frac{j_\mathrm{v}}{j} = \frac{1.504}{3.293} \approx 0.457$$

$$u_\mathrm{v} = \frac{j_\mathrm{v}}{\alpha} = \frac{1.504}{0.383} \approx 3.931 \ \mathrm{m/s}$$

$$u_\mathrm{l} = \frac{u_\mathrm{v}}{S} = \frac{3.931}{1.356} \approx 2.899 \ \mathrm{m/s}$$

$$u_\mathrm{m} = G[xv_\mathrm{v} + (1-x)v_\mathrm{l}] = 1791[0.001\times0.84 + 0.999\times0.001] \approx 3.294 \ \mathrm{m/s}$$

$$u_\mathrm{r} = u_\mathrm{v} - u_\mathrm{l} = 3.931 - 2.899 = 1.032 \ \mathrm{m/s}$$

$$u_\mathrm{lj} = u_\mathrm{l} - j = 2.899 - 3.293 = -0.394 \ \mathrm{m/s}$$

$$u_\mathrm{vj} = u_\mathrm{v} - j = 3.931 - 3.293 = 0.638 \ \mathrm{m/s}$$

$$\rho_\mathrm{m} = \alpha\rho_\mathrm{v} + (1-\alpha)\rho_\mathrm{l} = 0.383/0.84 + 0.617/0.001 \approx 617.5 \ \mathrm{kg/m^3}$$

$$\rho_0 = \rho_\mathrm{v}\beta + \rho_\mathrm{l}(1-\beta) = 0.457/0.84 + 0.543/0.001 \approx 543.6 \ \mathrm{kg/m^3}$$

$$\rho_\mathrm{H} = \rho_\mathrm{v}\beta + \rho_\mathrm{l}(1-\beta) = \rho_0 = 543.6 \ \mathrm{kg/m^3}$$

习　题　3

1. 为什么均相模型下，分压降形式的动量方程和能量方程的各对应压降分量彼此等价，而分相模型下各对应压降分量不等价？实际系统的动量方程和能量方程各对应压降分量之间的关系如何？

2. 分相模型中，动量方程重力项上的密度 ρ_m，与能量方程中对应项中的密度 ρ_0 两者有什么区别？试用静态变量和运动变量概念进行解释。

3. 设两相间无相对运动，试证明动量方程和能量方程中的加速压降项是相同的。

4. 设有一等截面上升蒸发管，其水平倾角为 θ，进口工质为饱和水，沿管长均匀受热，经过管长 L 后汽水混合物干度为 x，试按均相模型推导出在这管段内稳定流动时的重力压降表达式。

5. 若有一空气喷射泵，用于输送水，水管高为 H，垂直置于水池中，喷射泵位于水管底部入口，喷口离水面的距离为 h。推导气流量为 m 和水流量为 M 条件下的函数关系。求 $H=50\text{ cm}$，$h=25\text{ cm}$，水和空气都在 20℃ 条件下，空气压缩输送每千克水耗功最小的条件？

6. 写出混合物状态参数：比焓、比内能、比熵和比容的表达式。

7. 常温常压下，质量含气率为 0.01、0.1 的空气-水混合物流经孔径为 20 mm 的水平光滑管，其质量流速 G 为 1 791 kg/（m²·s），假定滑速比 $S=(v_H/v_l)^{\frac{1}{2}}$，试计算 j、j_v、j_l、α、β、u_m、u_v、u_l、u_r、u_{vj}、u_{lj}、ρ_m、ρ_0、ρ_H 等值。

参 考 文 献

[1] WALLIS G B. One-dimensional two-phase flow[M]. New York: McGraw-Hill Companies, 1969.

[2] 徐济鋆. 沸腾传热和气液两相流[M]. 2 版. 北京: 原子能出版社, 2001.

[3] 陈文振, 于雷, 郝建立.核动力装置热工水力[M]. 北京: 中国原子能出版社, 2013.

[4] 陈之航, 曹柏林, 赵在三. 气液双相流动和传热[M]. 北京: 机械工业出版社, 1983.

[5] 阎昌琪. 气液两相流[M]. 3 版. 哈尔滨: 哈尔滨工程大学出版社, 2017.

第4章 空泡份额的计算

4.1 概　述

空泡份额 α 是气液两相流动的基本参数之一，对于两相流动压降计算，它是必须预先求得的参数，同时也和沸腾传热有很大关系。在核动力装置中，有很多分析计算涉及空泡份额。例如，蒸汽发生器的循环倍率、反应堆冷却剂与慢化剂密度的计算、堆芯中子动力学特性及堆的稳定性都与空泡份额有关。现代压水堆为了改善堆芯的传热性能和提高热效率，允许堆芯存在欠热沸腾，在变工况和事故工况下，堆芯可能会出现饱和沸腾的现象。因此，确定欠热沸腾情况下和饱和沸腾情况下的空泡份额，对压水堆设计具有重要意义[1]。

因为空泡份额与两相之间的相对速度有直接关系，很难用连续方程和热力学平衡方程来直接求解，这使得空泡份额的计算变得比较可能。早在 20 世纪 40 年代，Lockhart 和 Martinelli 对水平通道中等温空气-水两相流动进行了空泡份额和两相流动压降的实验研究[2]。Арманд 也进行同样的研究，并得出 α 和 β 的简单关系式。此后对空泡份额的研究逐渐增多，对圆管、矩形管、环形管、棒束等各种流动通道，以及向上流动、向下流动、气液逆向或同向流动方式下的空泡份额进行了广泛的研究。随着反应堆事故工况下，特别是失水事故工况下安全研究的广泛开展，与此有关的空泡份额的实验研究也增多。为求得准确的 α，许多学者进行大量的实验研究，提出了各种计算模型，得出各种计算 α 的经验或半经验的计算关系式[1]。下面分别介绍一些典型的计算方法。

4.2　滑速比模型

由空泡份额的定义可知

$$\alpha = \cfrac{1}{1+\left(\cfrac{1-x}{x}\right)\cfrac{\rho_v}{\rho_l}S} = \cfrac{1}{1+\left(\cfrac{1-\beta}{\beta}\right)S} \tag{4-2-1}$$

式中：x、β、ρ_v、ρ_l 均可由流动工况和物性参数通过理论计算和查物性表得到，如果能确定出滑速比 S 值，就可以得到 α。因此滑速比模型的实质就是通过确定滑速比 S 求得 α。因为影响两相滑速比的因素很多，所以很难用数学解析法来计算 S 值，只能用实验的方法来确定。下面分别介绍几种计算滑速比 S 的经验公式。

1970 年，苏联学者 Osmachkin 提出[1, 3]

$$S = 1 + \frac{0.6 + 1.5\beta^2}{(Fr_1)^{0.25}}\left(1 - \frac{p}{p_{cr}}\right) \tag{4-2-2}$$

式中：$Fr_1 = \dfrac{G^2}{gD\rho_1^2}$，为液体的弗劳德数；$p_{cr}$ 为临界压力，$p_{cr} = 22.12\ \text{MPa}$；当 $S < 3$，$p \leqslant 12\ \text{MPa}$ 时与实验值的误差小于正负 0.05。

1971 年，Миропольский 等分析了垂直上升管和倾斜管的实验数据，认为在绝热流动的上升管中，滑速比为[4]

$$S = 1 + \frac{13.5}{(Fr_1)^{\frac{5}{12}}(Re_1)^{\frac{1}{6}}}\left(1 - \frac{p}{p_{cr}}\right) = 1 + \frac{34.8 D_e^{0.25} v_1^{\frac{1}{6}}\rho_1}{G}\left(1 - \frac{p}{p_{cr}}\right) \tag{4-2-3}$$

式中：Re_1 为液相的雷诺数，$Re_1 = \dfrac{GD_e}{\mu_1}$。

因为压力 $p = 1\text{-}22\ \text{MPa}$ 下 $v_1^{1/6}$ 的值为 0.075～0.071，若取平均值为 0.073，则对于 $p > 1\ \text{MPa}$ 下的工况，式（4-2-3）变换为

$$S = 1 + \frac{2.54 D_e^{0.25}\left(1 - \dfrac{p}{p_{cr}}\right)\rho_1}{G} \tag{4-2-4}$$

适用的管径范围为

$$7\left[\frac{\sigma}{g(\rho_1 - \rho_v)}\right]^{0.5} < D_e < 20\left[\frac{\sigma}{g(\rho_1 - \rho_v)}\right]^{0.5}\left(\frac{\rho_1 - \rho_v}{\rho_1}\right)^{0.25} \tag{4-2-5}$$

对于管径大于上式的上限值的场合，D_e 用上限值代入。若管径小于上式的下限，则可用下式计算：

$$S = \left(\frac{p}{p_{cr}}\right)^{-0.38} \tag{4-2-6}$$

Миропольский 还对 3～19 根棒束通道（当量直径 $D_e = 6.7～12.7\ \text{mm}$）内的滑速比实验数据进行了综合，得到[4]

$$S = 1 + \frac{2.27\rho_1^{0.7}}{G^{0.7}}\left(1 - \frac{p}{p_{cr}}\right)^2 \tag{4-2-7}$$

以上各式适用于垂直管内流动的汽水混合物。对于水平倾角为 θ 的倾斜管，各式中的滑速比要乘以修正系数，即

$$K_\theta = 1 + (1 - 5 \times 10^{-6} Re_1)\left(1 - \frac{\theta}{90°}\right) \tag{4-2-8}$$

当 $Re_1 > 2 \times 10^5$ 时，倾角的影响较小，可不作倾斜角的修正，即 $k_\theta = 1$。

4.3　Smith 混合相-单相并流模型

混合相-单相并流模型是在 1969 年由 Smith 提出的[1, 5]，该模型中假定：（1）混合相内气液两相间无滑移；（2）两相之间保持热力学平衡，可由能量平衡条件决定质量含气率；（3）液相的动压与混合相的动压相等，因此混合相-单相并流模型也称为等速度模型，如图 4-3-1 所示。

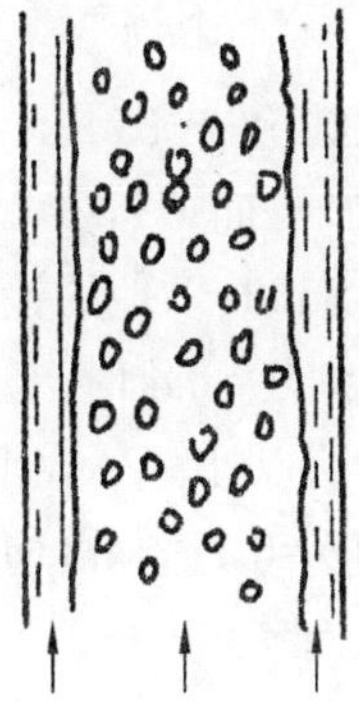

图 4-3-1　混合相-单相并流模型

在以上假设的基础上，Smith 从连续方程入手，导出空泡份额α的计算公式。根据假定（3），可得

$$\frac{(u_{li})^2}{2}\rho_l=\frac{u_m^2}{2}\rho_m \tag{4-3-1}$$

式中：u_{li}为单相液体的平均流速；u_m为混合相的平均流速；ρ_m为混合相的平均密度。令单相液体的流量为m_{li}，混合相中的气体流量为m_v和液体流量为m_l，则混合相的平均密度为

$$\frac{1}{\rho_m}=\frac{m_v/\rho_v+m_l/\rho_l}{m_v+m_l} \tag{4-3-2}$$

用φ表示混合相中的液体流量与全部液体流量之比，即$\varphi=m_l/(m_l+m_{li})$。

将$x=\dfrac{m_v}{m_{li}+m_l+m_v}$代入式（4-3-2），得

$$\frac{1}{\rho_m}=\frac{\left[\dfrac{x}{\rho_v}+\left(\dfrac{1-x}{\rho_l}\right)\varphi\right]}{[x+(1-x)\varphi]} \tag{4-3-3}$$

再代入式（4-3-1）可得

$$\frac{u_m}{u_{li}}=\left(\frac{\rho_l}{\rho_m}\right)^{\frac{1}{2}}=\left[\frac{\dfrac{\rho_l x}{\rho_v}+(1-x)\varphi}{x+(1-x)\varphi}\right]^{\frac{1}{2}} \tag{4-3-4}$$

设流通截面为 A，则根据总截面是各分截面之和，得

$$A=\frac{m_v}{\rho_v u_m}+\frac{\varphi(m_{li}+m_l)}{\rho_l u_m}+\frac{(1-\varphi)(m_{li}+m_l)}{\rho_l u_{li}} \tag{4-3-5}$$

则

$$\begin{aligned}\alpha&=\frac{A_v}{A}=\frac{m_v/\rho_v u_m}{A}=\left[1+\frac{\rho_v}{\rho_l}\varphi\left(\frac{1}{x}-1\right)+\frac{\rho_v}{\rho_l}(1-\varphi)\left(\frac{1}{x}-1\right)\frac{u_m}{u_{li}}\right]^{-1}\\&=\left\{1+\frac{\rho_v}{\rho_l}\varphi\left(\frac{1}{x}-1\right)+\frac{\rho_v}{\rho_l}(1-\varphi)\left(\frac{1-x}{x}\right)\left[\frac{\dfrac{\rho_l}{\rho_v}+\left(\dfrac{1-x}{x}\right)\varphi}{1+\left(\dfrac{1-x}{x}\right)\varphi}\right]^{1/2}\right\}^{-1}\end{aligned} \tag{4-3-6}$$

当φ=1 时，有

$$\alpha = \left[1 + \frac{\rho_v}{\rho_l}\left(\frac{1-x}{x}\right)\right]^{-1} = \beta \qquad (4\text{-}3\text{-}7)$$

即为均相流的情况。当 $\varphi = 0$ 时，有

$$\alpha = \left[1 + \left(\frac{1-x}{x}\right)\left(\frac{\rho_v}{\rho_l}\right)^{1/2}\right]^{-1} \qquad (4\text{-}3\text{-}8)$$

　　此结论与 Fauske 描述两相临界流动时应用最小动量模型求得的空泡份额和滑速比公式相一致[1]。而 $0 < \varphi < 1$ 的流动就是处于均相流和分相流或纯环状流之间的具有夹带液滴的环状流。Smith 以他的计算结果与 Martinelli-Nelson、Bankoff、Levy、Thom 等的计算结果相比较，得到 $\varphi = 0.4$ 时，分别在某些区域符合得较好。但当 x 低于 0.01 时，由于热力不平衡影响显著，所以计算公式不适用。

　　当 $p = 0.1 \sim 14.8$ MPa，$G = 650 \sim 2\,500$ kg/($m^2 \cdot$s)，管径 $D = 6 \sim 38$ mm 时，计算误差为 $\pm 10\%$。

4.4　变密度模型

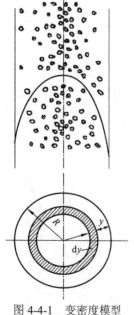

图 4-4-1　变密度模型

　　变密度模型是由 Bankoff 提出[1,6]。这种模型认为泡状流动既不是完全均匀混合的均相流动，也不是完全分离的环状流动，而是一种气泡弥散在液体中的流动。在圆管内的垂直向上流动中，流动气泡受悬浮力的作用，有聚集到流道中心的趋势。因此，空泡份额在流通截面上的径向上是不均匀的。一方面，空泡份额分布呈流道中心大、沿径向向外单调地减小，如图 4-4-1 所示，到流道壁面上为零。另一方面，流道内流体速度分布也是中心区高，向外减小，到壁面处为零。在径向任一位置上，Bankoff 假设气相和液相间无滑移。但是由于流道截面的中心区速度要快些、且气体密集，使气相平均速度高于液相平均速度。这种将两相流体视为一种密度是径向位置函数的单相流体的模型，称为变密度模型。Bankoff 针对该模型，推导出圆形管道内的空泡份额计算式。

4.4.1　圆管内和无限长平板间通道

1. 基本假设

假设在圆管内两相流的速度和空泡份额按下面规律分布为

$$\frac{u}{u_c} = u^* = \left(\frac{y}{R}\right)^{1/m} = R^{*1/m} \qquad (4\text{-}4\text{-}1)$$

$$\frac{\alpha}{\alpha_c} = \alpha^* = \left(\frac{y}{R}\right)^{1/n} = R^{*1/n} \qquad (4\text{-}4\text{-}2)$$

式中：u 为距离管壁 y 处流体的速度，m/s；α 为距离管壁 y 处的空泡份额；u_c 为管道中心处的流体速度，m/s；α_c 为管道中心处的空泡份额；R 为管道的半径，m；y 为管壁至某点的距离，m。而液体和气体的质量流量可分别表示为

$$m_1 = 2\int_0^R \rho_1 u(1-\alpha)\pi(R-y)\mathrm{d}y$$

$$= 2\pi R^2 \rho_1 u_c \left[\frac{m^2}{(m+1)(2m+1)} - \alpha_c \frac{(mn)^2}{(mn+m+n)(2mn+m+n)} \right] \quad (4\text{-}4\text{-}3)$$

$$m_v = 2\int_0^R \rho_v u\alpha\pi(R-y)\mathrm{d}y$$

$$= 2\pi R^2 \rho_v u_c \alpha_c \frac{(mn)^2}{(mn+m+n)(2mn+m+n)} \quad (4\text{-}4\text{-}4)$$

2. 空泡份额的计算式

截面上的平均空泡份额 α_{av} 为

$$\alpha_{av} = \frac{2}{\pi R^2} \int_0^R \alpha\pi(R-y)\mathrm{d}y = 2\alpha_c \frac{n^2}{(n+1)(2n+1)} \quad (4\text{-}4\text{-}5)$$

由 $\dfrac{1}{x} = \dfrac{m_1+m_v}{m_v}$，结合式（4-4-3）、式（4-4-4）得到

$$\frac{1}{x} = 1 - \frac{\rho_1}{\rho_v}\left(1 - \frac{K}{\alpha_{av}}\right) \quad (4\text{-}4\text{-}6)$$

$$\alpha_{av} = \frac{K}{1 + \dfrac{\rho_v}{\rho_1}\left(\dfrac{1-x}{x}\right)} = K\beta \quad (4\text{-}4\text{-}7)$$

式中：K 称为 Bankoff 流动参数，其值为

$$K = \frac{2(mn+m+n)(2mn+m+n)}{(n+1)(2n+1)(m+1)(2m+1)} \quad (4\text{-}4\text{-}8)$$

而滑速比为

$$S = \frac{u_v}{u_1} = \left(\frac{x}{1-x}\right)\left(\frac{1-\alpha_{av}}{\alpha_{av}}\right)\frac{\rho_1}{\rho_v} = \frac{1-\alpha_{av}}{K-\alpha_{av}} \quad (4\text{-}4\text{-}9)$$

对于各种流速及空泡份额分布情况，m 和 n 的变化范围是当 $m=2\sim7$，$n=0.1\sim5$ 时，代入 K 的表达式进行计算，得到 $K=0.5\sim1.0$。

Bankoff 将他的计算公式与 Martinelli-Nelson 关系式做了比较，得出在 $\alpha_{av}\leqslant0.85$ 范围内，$K=0.8989$ 时，式（4-4-5）可得到满意的结果。他又将该方法与其他学者的实验数相比较，认为对于蒸汽-水混合物，K 与压力 p 的关系式为

$$K = 0.71 + 0.0145p \quad (4\text{-}4\text{-}10)$$

式中：p 为系统压力，MPa。Bankoff 变密度模型计算公式与 Martinelli-Nelson 关系式的结果比较如图 4-4-2 所示。

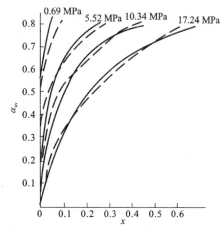

图 4-4-2　Martinelli-Nelson 关系式（虚线）
与 Bankoff 公式（实线）的结果比较

Bankoff 又推导了气液两相流过间距为 $2R$ 的无限长平板通道的空泡份额，得到的关系式为

$$\frac{1}{x} = 1 - \frac{\rho_1}{\rho_v}\left(1 - \frac{K'}{\alpha_{av}}\right) \tag{4-4-11}$$

$$K' = \frac{mn + m + n}{(n+1)(m+1)} \tag{4-4-12}$$

Neal 把 Bankoff 方法推广到氮-水银两相流系统中[1]，并计入当地滑速比 S_c，他假定：

$$\frac{u_v}{u_{vc}} = \frac{u_1}{u_{lc}} = \left(\frac{y}{R}\right)^{1/n}, \quad \frac{u_{vc}}{u_{lc}} = S_c \tag{4-4-13}$$

式中：u_{vc}、u_{lc} 分别为流道中心线处气体和液体的速度；S_c 为 Reynolds 数和 β 的函数。

最后得到

$$\frac{1}{x} = 1 - \frac{\rho_1}{\rho_v}\frac{1}{S_c}\left(1 - \frac{K}{\alpha_{av}}\right) \tag{4-4-14}$$

当 $S_c = 1$ 时，上式显然变换成 Bankoff 公式。

Bankoff 按理论假设导得的变密度模型空泡份额的计算式简单，便于应用。根据假定，Bankoff 计算式适用于泡状流和雾状流，但与实验数据进行比较时，也包含其他流型流动的实验数据。

4.4.2　矩形通道

1. 模型的建立

矩形通道也有广泛的应用，但其空泡份额的计算比圆形通道要复杂些[7]。假设矩形通道如图 4-4-3 所示，长为 $2a$，宽为 $2b$，以矩形左下角为原点作坐标，以矩形左下角 1/4 部分为研究对象。由 Bankoff 模型，无限长平板间的速度和空泡份额分布规律为

$$u/u_c = (x/a)^{\frac{1}{m}} \tag{4-4-15}$$

式中：u 为通道任一截面流速分布；u_c 为通道中心流速。

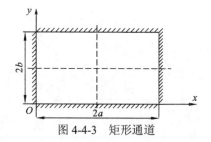

图 4-4-3　矩形通道

$$\alpha/\alpha_c = (x/a)^{\frac{1}{n}} \tag{4-4-16}$$

式中：α_c 为通道中心空泡份额，根据流体力学中无限长平板间流场分布规律，构造间距为 $2a$ 的无限长平板间中间面的速度（截面最大速度）为[3]

$$u_c = \frac{(p_1 - p_2)a^m}{C} \tag{4-4-17}$$

式中：$p_1 - p_2$ 为通道中任意两截面间的压降；C 由流体黏性等确定。此时间距为 $2a$ 的无限

长平板间速度场为

$$u = \frac{(p_1 - p_2)a^m}{C}\left(\frac{x}{\alpha}\right)^{\frac{1}{m}} \tag{4-4-18}$$

流体在矩形通道中任意两截面（压力分别为 p_1、p_2）间流动时，所受的内摩擦力或压降是流体分别在两个平行壁面间流动时产生的内摩擦力或压降的叠加，由式（4-4-18）可得间距 $2a$ 的无限长平板间压降为

$$-\Delta p_1 = \frac{uC}{a^m\left(\dfrac{x}{a}\right)^{\frac{1}{m}}} \tag{4-4-19}$$

间距 $2b$ 的无限长平板间压降为

$$-\Delta p_2 = \frac{uC}{b^m\left(\dfrac{y}{b}\right)^{\frac{1}{m}}} \tag{4-4-20}$$

再由式（4-4-19）与式（4-4-20）相加，经过简单推导可得到

$$\frac{u}{u_c} = \frac{a^m + b^m}{a^m b^m}\left(\frac{1}{a^m\left(\dfrac{x}{a}\right)^{\frac{1}{m}}} + \frac{1}{b^m\left(\dfrac{y}{b}\right)^{\frac{1}{m}}}\right)^{-1} \tag{4-4-21}$$

式（4-4-21）即为根据 Bankoff 模型得到的长为 $2a$，宽为 $2b$ 的矩形通道中两相流速度分布规律（以矩形左下角 1/4 部分为研究对象），其中 u_c 是矩形通道中心的速度。当矩形的长宽比 b/a 趋向于无穷大时，式（4-4-21）则会演变成为式（4-4-15），说明式（4-4-21）的合理性。同理，根据 Bankoff 模型可得矩形通道内空泡份额分布规律为

$$\frac{\alpha}{\alpha_c} = \frac{a^n + b^n}{a^n b^n}\left(\frac{1}{a^n\left(\dfrac{x}{a}\right)^{\frac{1}{n}}} + \frac{1}{b^n\left(\dfrac{y}{b}\right)^{\frac{1}{n}}}\right)^{-1} \tag{4-4-22}$$

此时矩形通道内液体和气体的质量流量 m_l 和 m_v 分别为

$$
\begin{aligned}
m_l &= 4\int_0^b\int_0^a \rho_l u(1-\alpha)\mathrm{d}x\mathrm{d}y \\
&= 4\rho_l u_c \frac{a^m + b^m}{a^m b^m}\int_0^b\int_0^a\left(\frac{a^{\left(m-\frac{1}{m}\right)}x^{\frac{1}{m}}b^{\left(m-\frac{1}{m}\right)}y^{\frac{1}{m}}}{a^{\left(m-\frac{1}{m}\right)}x^{\frac{1}{m}} + b^{\left(m-\frac{1}{m}\right)}y^{\frac{1}{m}}}\right)\left(1 - \alpha_c\frac{a^n + b^n}{a^n b^n}\left[\frac{a^{\left(n-\frac{1}{n}\right)}x^{\frac{1}{n}}b^{\left(n-\frac{1}{n}\right)}y^{\frac{1}{n}}}{a^{\left(n-\frac{1}{n}\right)}x^{\frac{1}{n}} + b^{\left(n-\frac{1}{n}\right)}y^{\frac{1}{n}}}\right]\right)\mathrm{d}x\mathrm{d}y
\end{aligned}
\tag{4-4-23}
$$

$$
\begin{aligned}
m_v &= 4\int_0^b\int_0^a \rho_v u\alpha\,\mathrm{d}x\mathrm{d}y \\
&= 4\rho_v u_c \alpha_c \frac{a^m + b^m}{a^m b^m}\cdot\frac{a^n + b^n}{a^n b^n}\int_0^b\int_0^a\left(\frac{a^{\left(m-\frac{1}{m}\right)}x^{\frac{1}{m}}b^{\left(m-\frac{1}{m}\right)}y^{\frac{1}{m}}}{a^{\left(m-\frac{1}{m}\right)}x^{\frac{1}{m}} + b^{\left(m-\frac{1}{m}\right)}y^{\frac{1}{m}}}\right)\left(\frac{a^{\left(n-\frac{1}{n}\right)}x^{\frac{1}{n}}b^{\left(n-\frac{1}{n}\right)}y^{\frac{1}{n}}}{a^{\left(n-\frac{1}{n}\right)}x^{\frac{1}{n}} + b^{\left(n-\frac{1}{n}\right)}y^{\frac{1}{n}}}\right)\mathrm{d}x\mathrm{d}y
\end{aligned}
\tag{4-4-24}
$$

截面上的平均空泡份额 α_{av} 为

$$a_{av} = \frac{1}{ab}\int_0^b\int_0^a \alpha dxdy = \frac{1}{ab}\int_0^b\int_0^a \alpha_c \frac{a^n+b^n}{a^n b^n}\left(\frac{a^{\left(n-\frac{1}{n}\right)}x^{\frac{1}{n}}b^{\left(n-\frac{1}{n}\right)}y^{\frac{1}{n}}}{a^{\left(n-\frac{1}{n}\right)}x^{\frac{1}{n}}+b^{\left(n-\frac{1}{n}\right)}y^{\frac{1}{n}}}\right)dxdy \tag{4-4-25}$$

又因 $1/x = (m_l + m_v)/m_v$，结合式（4-4-23）、式（4-4-24），得

$$\frac{1}{x} = 1 - \frac{\rho_l}{\rho_v}\left(1 - \frac{K}{\langle\alpha\rangle}\right) \tag{4-4-26}$$

$$\alpha_{av} = \frac{K}{1+\left(\frac{1-x}{x}\right)\frac{\rho_v}{\rho_l}} \tag{4-4-27}$$

其中，

$$K = \frac{\dfrac{1}{ab}\int_0^b\int_0^a \dfrac{a^{\left(n-\frac{1}{n}\right)}x^{\frac{1}{n}}b^{\left(n-\frac{1}{n}\right)}y^{\frac{1}{n}}}{a^{\left(n-\frac{1}{n}\right)}x^{\frac{1}{n}}+b^{\left(n-\frac{1}{n}\right)}y^{\frac{1}{n}}}dxdy \cdot \int_0^b\int_0^a \dfrac{a^{\left(m-\frac{1}{m}\right)}x^{\frac{1}{m}}b^{\left(m-\frac{1}{m}\right)}y^{\frac{1}{m}}}{a^{\left(m-\frac{1}{m}\right)}x^{\frac{1}{m}}+b^{\left(m-\frac{1}{m}\right)}y^{\frac{1}{m}}}dxdy}{\displaystyle\int_0^b\int_0^a \dfrac{a^{\left(m-\frac{1}{m}\right)}x^{\frac{1}{m}}b^{\left(m-\frac{1}{m}\right)}y^{\frac{1}{m}}}{a^{\left(m-\frac{1}{m}\right)}x^{\frac{1}{m}}+b^{\left(m-\frac{1}{m}\right)}y^{\frac{1}{m}}} \dfrac{a^{\left(n-\frac{1}{n}\right)}x^{\frac{1}{n}}b^{\left(n-\frac{1}{n}\right)}y^{\frac{1}{n}}}{a^{\left(n-\frac{1}{n}\right)}x^{\frac{1}{n}}+b^{\left(n-\frac{1}{n}\right)}y^{\frac{1}{n}}}dxdy} \tag{4-4-28}$$

显然式（4-4-28）很难得到 K 值的解析解，只有用数值积分方法计算 K 值。最后可以根据式（4-4-27）与式（4-4-28）进行矩形通道内变密度模型空泡份额的计算。

实际上，式（4-4-27）是 Bankoff 模型在矩形、圆形及无限长平板间三种通道所共有的空泡份额 α_{av} 计算式，在含气率 x 一定的情况下，三种通道的 α_{av} 由 K 值来确定。

2. 数值算例

由已知的 Bankoff 模型，对于圆形通道和无限长平板间通道有

$$K_{圆管} = \frac{2(mn+m+n)(2mn+m+n)}{(n+1)(2n+1)(m+1)(2m+1)} \tag{4-4-29}$$

$$K_{平板} = \frac{mn+m+n}{(m+1)(n+1)} \tag{4-4-30}$$

当取 $m=3$，$n=2$ 时，由式（4-4-29）与式（4-4-30）得 $K_{圆管}=0.890\,5$，$K_{平板}=0.916\,7$。而对矩形取 $m=3$，$n=2$ 时，对于不同的 a 和 b 的取值，根据式（4-4-2）利用数值积分得到 $K_{矩形}$，如表 4-4-1 所示。

表 4-4-1 K 的计算结果

b	a								
	1	2	3	4	5	10	20	30	50
1	0.930 4	0.926 7	0.922 9	0.920 6	0.919 3	0.917 4	0.916 9	0.916 8	0.916 8
2		0.930 4	0.929 1	0.926 7	0.924 5	0.919 3	0.919 7	0.917 1	0.916 9
3			0.930 4	0.929 7	0.928 3	0.921 9	0.918 2	0.917 4	0.916 9

续表

b	a								
	1	2	3	4	5	10	20	30	50
4				0.930 4	0.930 0	0.924 5	0.919 3	0.917 9	0.917 1
5					0.930 4	0.926 7	0.920 6	0.918 5	0.917 4
10						0.930 4	0.926 7	0.922 9	0.919 3
20							0.930 4	0.929 1	0.924 5
30								0.930 4	0.928 3
50									0.930 4

由表 4-4-1 结果可知，当 m 和 n 给定时，矩形的 $K_{矩形}$ 值只与矩形的长宽比有关，而与矩形的面积大小无关。当 a/b 为 1 时，$K_{矩形}$ 取得极值；当 a/b 为 50 时，$K_{矩形} \approx K_{平板}$，也就是当 $a/b \to \infty$ 时，$K_{矩形} \to K_{平板}$，符合实际情况，这说明上述矩形通道变密度模型结果的合理性。

图 4-4-4 为 $a/b=2$ 的矩形通道内，对于各种合理的速度及空泡份额分布，即对 $m=2\sim7$，$n=0.1\sim5$ 的变化情况，利用数值积分得到的 $K_{矩形}$ 与 m，n 的关系曲线。图 4-4-5 为 3 种通道内各自 K 值的对比图。由图可以看出在相同的 m，n 情况下，圆管的 K 值最小，即平均空泡份额最小；矩形通道与无限长平板通道的 K 值都比圆管大；矩形通道与无限长平板通道的 K 值比较接近，有些地方还会出现重合点，当 $a/b \to \infty$ 时，两条曲线会趋于重合，而当 $a/b=1$ 时，两条曲线相差最大。

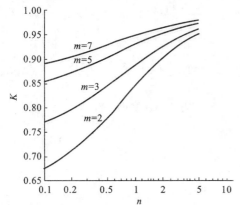

图 4-4-4 $a/b=2$ 的矩形通道内 K 与 m，n 的关系

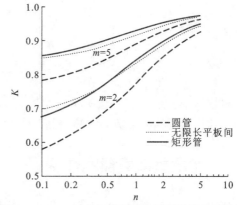

图 4-4-5 $a/b=2$ 的矩形通道与圆形通道及无限长平板间的 K 值的比较

4.5 Zivi 最小熵增模型

Prigogine 指出一个稳态的热力过程由一个最小的熵增率表征。Helmholtz 和 Rayleigh 指出：当一个黏性流体在具有单值势位的常力作用下运动时，稳态速度分布产生最小的能量耗散，即最小熵增原理。最小熵增原理最早是用于分析黏性单相流，后来，Zivi 将最小熵增原

理运用于环状流型的两相流动，导出空泡份额计算式[1, 8]。Zivi 分析一个有限长度管道内的稳态两相流动，进口处液体为饱和状态，含气率是管道长度的函数，汽水混合物经管道出口流入一个接受容器。假定汽水混合物离开接受容器的速度非常低，则离开管道时的两相动能基本上都在接受容器内为摩擦所耗散。

4.5.1　不考虑壁面摩擦的情况

假定管内壁面摩擦力的能量耗散可以忽略不计，且两相流动是纯环状流，即蒸汽相没有液滴夹带。对于这种理想流动情况，管道出口处的管道单位截面上的动能为

$$E = \frac{G}{2}[u_v^2 x + u_l^2(1-x)] \tag{4-5-1}$$

在不加热系统中，流道动能变化仅与空泡份额有关，而最小熵增原理意味着空泡份额应该是这样的函数，使得进入接受容器的动能在一定的含气率 x 下为最小，即 $dE/d\alpha = 0$。所以有

$$\frac{dE}{d\alpha} = \frac{G}{2}\left[2u_v x \frac{du_v}{d\alpha} + 2u_l(1-x)\frac{du_l}{d\alpha}\right] = 0 \tag{4-5-2}$$

因 $u_v = \frac{Gx}{\rho_v \alpha}$，$u_l = \frac{G(1-x)}{\rho_l(1-\alpha)}$，则有 $\frac{du_v}{d\alpha} = -\frac{Gx}{\rho_v \alpha^2}$，$\frac{du_l}{d\alpha} = \frac{G(1-x)}{\rho_l(1-\alpha)^2}$，代入式（4-5-2）后得

$$\alpha = \frac{1}{1+\left(\dfrac{1-x}{x}\right)\left(\dfrac{\rho_v}{\rho}\right)^{2/3}} \tag{4-5-3}$$

而滑速比

$$S = \frac{u_v}{u_l} = \left(\frac{x}{1-x}\right)\left(\frac{1-\alpha}{\alpha}\right)\frac{\rho_l}{\rho_v} = \left(\frac{\rho_l}{\rho_v}\right)^{1/3} \tag{4-5-4}$$

根据这个关系式，在压力为 0.1 MPa 下，$S \approx 12$。在压力为 6.9 MPa 时，$S \approx 2.5$。这些计算出的滑速比的值比大多数的实验值高。

4.5.2　考虑壁面摩擦的情况

假定流动是绝热的，压力梯度也小，这样 x 在整个管道长度上是常量。又假定壁面的剪应力可用常规的单相流方程表示，即 $\tau_w = f\dfrac{\rho_l u_l^2}{2}$，则单位流通截面上的摩擦能量耗散率为

$$E_F = \frac{1}{A}\tau_w L P u_l = \left[\frac{LPf}{A(1-\alpha)}\right]\left[\frac{G}{2}u_l^2(1-x)\right] \tag{4-5-5}$$

式中：P 为润湿周长；L 为流道长度；A 为流通面积；f 为单相摩阻系数。若令 $N = \left[\dfrac{LPf}{A(1-\alpha)}\right]$，则

$$E_F = N\frac{G}{2}u_l^2(1-x) \tag{4-5-6}$$

于是计入壁面摩擦后的能量耗散率为

$$E + E_F = \frac{G}{2}\left[u_v^2 x + (1+N)u_1^2(1-x) \right] \tag{4-5-7}$$

令 $d(E+E_F)/d\alpha = 0$，则

$$\frac{G}{2}\left[2u_v\frac{du_v}{d\alpha}x + 2(1+N)u_1\frac{du_1}{d\alpha}(1-x) + u_1^2(1-x)\frac{dN}{d\alpha} \right] = 0 \tag{4-5-8}$$

因为

$$\begin{cases} \dfrac{du_v}{d\alpha} = -\dfrac{Gx}{\rho_v\alpha^2} \\[3mm] \dfrac{du_1}{d\alpha} = \dfrac{G(1-x)}{\rho_1(1-\alpha)^2} \\[3mm] \dfrac{dN}{d\alpha} = \dfrac{LPf}{A(1-\alpha)^2} = \dfrac{N}{1-\alpha} \end{cases} \tag{4-5-9}$$

将式（4-5-9）代入式（4-5-8），得到

$$\alpha = \left[1 + \left(1 + \frac{3}{2}N\right)^{1/3}\left(\frac{1-x}{x}\right)\left(\frac{\rho_v}{\rho_1}\right)^{2/3} \right]^{-1} \tag{4-5-10}$$

而

$$S = \left[\left(1 + \frac{3}{2}N\right)\frac{\rho_1}{\rho_v} \right]^{1/3} \tag{4-5-11}$$

从式（4-5-10）和式（4-5-11）中可知，壁面摩擦的影响使空泡份额减小，滑速比增大。Zivi 对于不同的压力，作出了 α 和 x 的关系曲线图。与其他学者的实验结果相比较，得出 N 约为 1。

4.5.3　气相有夹带的情况

如果环状流有夹带，气相夹带的水量为 φ，水滴以蒸汽速度 u_v 运动，液膜上水的速度为 u_1。若不考虑壁面的摩擦，则

$$E = \frac{G}{2}[u_v^2 x + u_1^2\varphi(1-x) + (1-x)(1-\varphi)u_1^2] \tag{4-5-12}$$

由 $dE/d\alpha = 0$，得

$$\frac{G}{2}\left[2u_v x\frac{du_v}{d\alpha} + 2u_v\varphi(1-x)\frac{du_v}{d\alpha} + 2(1-x)(1-\varphi)u_1\frac{du_1}{d\alpha} \right] = 0 \tag{4-5-13}$$

管道中水占据的面积应该是被夹带的水占的面积和环状水膜所占截面之和，所以

$$1 - \alpha = \frac{G(1-x)}{\rho_1}\left(\frac{\varphi}{u_v} + \frac{1-\varphi}{u_1} \right) = \frac{G(1-x)}{\rho_1}\left(\frac{\varphi\rho_v\alpha}{Gx} + \frac{1-\varphi}{u_1} \right) \tag{4-5-14}$$

$$u_1 = \frac{G(1-\varphi)(1-x)}{(1-\alpha)\rho_1 - \varphi\rho_v\alpha\left(\dfrac{1-x}{x}\right)} \tag{4-5-15}$$

于是

$$\frac{\mathrm{d}u_1}{\mathrm{d}\alpha} = \frac{G(1-\varphi)(1-x)}{\rho_1}\left\{\frac{1+\varphi\dfrac{\rho_v}{\rho_1}\left(\dfrac{1-x}{x}\right)}{\left[1-\alpha-\varphi\dfrac{\rho_v}{\rho_1}\alpha\left(\dfrac{1-x}{x}\right)\right]^2}\right\} \tag{4-5-16}$$

把 $\mathrm{d}u_v/\mathrm{d}\alpha = -Gx/\rho_v\alpha^2$ 及式（4-5-16）代入式（4-5-13）整理后得

$$
\begin{aligned}
\alpha &= \left\{1+\varphi\frac{\rho_v}{\rho_1}\left(\frac{1-x}{x}\right)+(1-\varphi)\left(\frac{\rho_v}{\rho_1}\right)^{2/3}\left(\frac{1-x}{x}\right)\left[\frac{1+\varphi\dfrac{\rho_v}{\rho_1}\left(\dfrac{1-x}{x}\right)}{1+\varphi\left(\dfrac{1-x}{x}\right)}\right]^{1/3}\right\}^{-1} \\
&= \left\{1+\varphi\left(\frac{1-x}{x}\right)\left(\frac{\rho_v}{\rho_1}\right)+(1-\varphi)\left(\frac{1-x}{x}\right)\left(\frac{\rho_v}{\rho_1}\right)\left[\frac{\left(\dfrac{\rho_1}{\rho_v}\right)+\varphi\left(\dfrac{1-x}{x}\right)}{1+\varphi\left(\dfrac{1-x}{x}\right)}\right]^{1/3}\right\}^{-1}
\end{aligned}
\tag{4-5-17}
$$

而

$$S = \left(\frac{\rho_1}{\rho_v}\right)^{1/3}\left[\frac{1+\varphi\dfrac{\rho_v}{\rho_1}\left(\dfrac{1-x}{x}\right)}{1+\varphi\left(\dfrac{1-x}{x}\right)}\right]^{1/3} \tag{4-5-18}$$

Zivi 分别对压力为 0.1，2.7，4.1，6.8，8.2 MPa，φ 为 0，0.2，0.4，0.6，0.8，1.0 的情况，绘制了 α 与 x 的关系曲线图。其计算值与 Martinelli-Nelson 的数据相比较，得到 φ 为 0.2 时符合得较好。

4.5.4　考虑壁面摩擦且气相有夹带的情况

1. 模型的建立[9]

设管内环状流的气相中夹带有 φ 份水流量，水滴以气相速度 u_v 流动，液膜具有速度 u_1，两相的质量流速为 G，含气率为 x，则流道单位截面上两相流的动能为

$$E = \frac{G}{2}[xu_v^2+(1-x)\varphi u_v^2+(1-x)(1-\varphi)u_1^2] \tag{4-5-19}$$

式中：$\dfrac{G}{2}xu_v^2$ 为气相动能；$\dfrac{G}{2}(1-x)\varphi u_v^2$ 为气芯夹带的液滴的动能；$\dfrac{G}{2}(1-x)(1-\varphi)u_1^2$ 为液相动能。

再考虑由壁面摩擦引起的能量耗散 E_F。假定流道是绝热的，压力梯度也很小，因此 x 在整个流道上是常量，又假定壁面剪应力 τ_w 能用常规的单相流公式表示，即 $\tau_w = f\dfrac{\rho_1u_1^2}{2}$，则单位流通截面的能量耗散为

$$E_F = \frac{\tau L P u_1}{A} = (1-\varphi)\left[\frac{LPf}{A(1-\alpha)}\right]\left[\frac{G}{2}u_1^2(1-x)\right] \qquad (4\text{-}5\text{-}20)$$

令 $M = \dfrac{LPf}{A}$ ，则

$$E_F = \frac{G}{2}\frac{M}{(1-\alpha)}u_1^2(1-x)(1-\varphi) \qquad (4\text{-}5\text{-}21)$$

于是总的能量耗散为

$$E = E + E_F = \frac{G}{2}\left[xu_v^2 + (1-x)\varphi u_v^2 + \left(1+\frac{M}{1-\alpha}\right)(1-x)(1-\varphi)u_1^2\right] \qquad (4\text{-}5\text{-}22)$$

根据最小熵增原理，有 $\dfrac{\mathrm{d}E}{\mathrm{d}\alpha}=0$ 。根据式（4-5-22）可求得

$$\frac{\mathrm{d}E}{\mathrm{d}\alpha} = \frac{G}{2}\left[2xu_v\frac{\mathrm{d}u_v}{\mathrm{d}\alpha} + 2(1-x)\varphi u_v\frac{\mathrm{d}u_v}{\mathrm{d}\alpha} + 2\left(1+\frac{M}{1-\alpha}\right)(1-x)(1-\varphi)u_1\frac{\mathrm{d}u_1}{\mathrm{d}\alpha} + \frac{M}{(1-\alpha)^2}(1-x)(1-\varphi)u_1^2\right] = 0$$

$$(4\text{-}5\text{-}23)$$

由于管道中水占据的面积是被夹带的水占据的面积和环状水占据的面积之和，容易推得

$$u_1 = \frac{G(1-\varphi)(1-x)}{(1-\alpha)\rho_1 - \varphi\rho_v\alpha\dfrac{1-x}{x}} \qquad (4\text{-}5\text{-}24)$$

又因为 $u_v = \dfrac{Gx}{\rho_v\alpha}$ ，把它和式（4-5-24）代入式（4-5-23）得

$$\frac{G}{2}\left[2x\frac{-G^2x^2}{\rho_v^2\alpha^3} + 2(1-x)\varphi\frac{-G^2x^2}{\rho_v^2\alpha^3} + 2\left(1+\frac{M}{1-\alpha}\right)\frac{G^2(1-x)^3(1-\varphi)^3\left(1+\varphi\dfrac{\rho_v}{\rho_1}\dfrac{1-x}{x}\right)}{\rho_1^2\left[1-\alpha\left(1+\varphi\dfrac{\rho_v}{\rho_1}\dfrac{1-x}{x}\right)\right]^3}\right.$$

$$(4\text{-}5\text{-}25)$$

$$\left.+\frac{M}{(1-\alpha)^2}\frac{G^2(1-x)^3(1-\varphi)^3}{p_1^2\left[1-\alpha\left(1+\varphi\dfrac{\rho_v}{\rho_1}\dfrac{1-x}{x}\right)\right]^2}\right] = 0$$

对式（4-5-25）进行简化后，得

$$(x+\varphi-\varphi x)\frac{x^2}{\alpha^3} = \left(\frac{\rho_v}{\rho_1}\right)^2\left(1+\frac{M}{1-\alpha}\right)(1-x)^3(1-\varphi)^3\frac{1+\varphi\dfrac{\rho_v}{\rho_1}\dfrac{1-x}{x}}{\left[1-\alpha\left(1+\varphi\dfrac{\rho_v}{\rho_1}\dfrac{1-x}{x}\right)\right]^3}$$

$$(4\text{-}5\text{-}26)$$

$$+\frac{M}{(1-\alpha)^2}\left(\frac{\rho_v}{\rho_1}\right)^2\frac{(1-x)^3(1-\varphi)^3}{\left[1-\alpha\left(1+\varphi\dfrac{\rho_v}{\rho_1}\dfrac{1-x}{x}\right)\right]^2}$$

式（4-5-26）考虑到有夹带液和摩擦时，推导出的空泡份额所应满足的方程式，在一般

情况下很难求出它的解析解，仅在特定的条件下才有解析解。

2. 结果与讨论[9]

（1）当 $M=0$ ， $\varphi=0$ 时，即不考虑气芯夹带和壁面摩擦，式（4-5-26）有较简单的解析解：

$$\alpha = \left[1 + \frac{1-x}{x}\left(\frac{\rho_{\mathrm{v}}}{\rho_{\mathrm{l}}}\right)^{2/3}\right]^{-1} \tag{4-5-27}$$

而滑速比为

$$S = \frac{u_{\mathrm{v}}}{u_{\mathrm{l}}} = \left(\frac{\rho_{\mathrm{l}}}{\rho_{\mathrm{v}}}\right)^{1/3} \tag{4-5-28}$$

（2）当 $M \neq 0$ ， $\varphi=0$ 时，即考虑摩擦而不考虑气芯夹带，式（4-5-26）可化简为

$$\alpha = \left[1 + \left(\frac{3}{2}\frac{M}{1-\alpha}\right)^{1/3}\left(\frac{1-x}{x}\right)\left(\frac{\rho_{\mathrm{v}}}{\rho_{\mathrm{l}}}\right)^{2/3}\right]^{-1} \tag{4-5-29}$$

而求得的滑速比为

$$S = \left[\left(1 + \frac{3}{2}\frac{M}{1-\alpha}\right)\frac{\rho_{\mathrm{l}}}{\rho_{\mathrm{v}}}\right]^{1/3} \tag{4-5-30}$$

从式（4-5-29）可知，空泡份额并非显式解，需要迭代或数值计算。

（3）当 $M=0$ ， $\varphi \neq 0$ 时，即考虑气芯夹带而忽略摩擦，式（4-5-26）有显式解：

$$\alpha = \left\{1 + \varphi\left(\frac{1-x}{x}\right)\left(\frac{\rho_{\mathrm{v}}}{\rho_{\mathrm{l}}}\right) + (1-\varphi)\left(\frac{1-x}{x}\right)\left(\frac{\rho_{\mathrm{v}}}{\rho_{\mathrm{l}}}\right)\left[\frac{\left(\frac{\rho_{\mathrm{l}}}{\rho_{\mathrm{v}}}\right) + \varphi\left(\frac{1-x}{x}\right)}{1 + \varphi\left(\frac{1-x}{x}\right)}\right]^{1/3}\right\}^{-1} \tag{4-5-31}$$

而

$$S = \left(\frac{\rho_{\mathrm{l}}}{\rho_{\mathrm{v}}}\right)^{1/3}\left[\frac{1 + \varphi\frac{\rho_{\mathrm{v}}}{\rho_{\mathrm{l}}}\left(\frac{1-x}{x}\right)}{1 + \varphi\left(\frac{1-x}{x}\right)}\right]^{1/3} \tag{4-5-32}$$

式（4-5-31）与式（4-5-32）结果与 Zivi 得到的结果相同。

（4）当 $M \neq 0$ ， $\varphi \neq 0$ 时，式（4-5-26）很难有显式解。由于 $\frac{\rho_{\mathrm{v}}}{\rho_{\mathrm{l}}}$ 是压力 p 的函数，式（4-5-26）可写成 $\alpha = f(x, M, \varphi, p)$ ，所以只要确定 M 、 φ 和 p 就可确定 α 与 x 的函数关系。这里给出几组不同的 M 、 φ 和 p 下的 α 与 x 的函数关系，图 4-5-1 为压力 $p=10.34$ Mpa， $\varphi=0.4$ 时， M 取不同值的曲线变化情况，可见摩擦使空泡份额减小。这是因为流体的熵增是由摩擦

和气化引起的，而气化过程是熵增过程，摩擦过程也是熵增过程。如果摩擦增大，那么摩擦引起的熵增增大，根据最小熵增原理，必有另一过程的熵增减小，即气化过程，所以空泡份额减小。图 4-5-2 是压力 $p=$ 10.34 MPa，$M=0.2$ 时，φ 取不同值的曲线变化情况，可见气芯夹带使空泡份额增大，φ 越大则空泡份额越大。另外，图 4-5-3 给出式（4-5-26）得到曲线和 Martinelli-Nelson 关系式的比较，不难发现式（4-5-26）还是能够得到比较满意的结果。

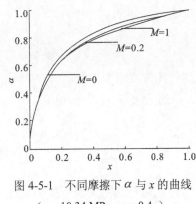

图 4-5-1　不同摩擦下 α 与 x 的曲线
（$p = 10.34$ MPa，$\varphi=0.4$ ）

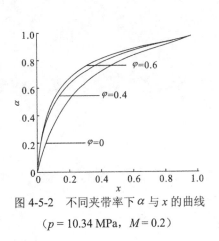

图 4-5-2　不同夹带率下 α 与 x 的曲线
（$p = 10.34$ MPa，$M = 0.2$）

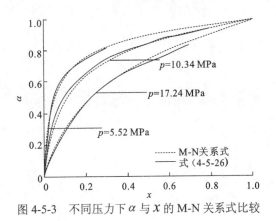

图 4-5-3　不同压力下 α 与 x 的 M-N 关系式比较

4.6　漂移流模型

1965 年，Zuber 和 Findlay 提出漂移流模型[1, 10]。他们认为，在分析两相流空泡份额时，必须要考虑液两相之间的滑移及在流通截面上空泡份额和流速的不均匀分布，由于这种模型考虑的因素比较全面，所以它的精确度更高一些。Nicklin 等和 Neal 也曾把上述两种因素结合起来考虑，得出经验公式。但是 Zuber 和 Findlay 提出的漂移流模型，可以获得空泡份额理论计算式[10]。

4.6.1　圆管空泡份额计算式

1. 空泡份额平均值

因为我们所要求的空泡份额是指截面上的平均空泡份额，所以需要建立平均值的概念。对于某个量 F，它的平均值有两种定义。

按截面平均值

$$\langle F \rangle = \frac{1}{A} \int_A F \mathrm{d}A \qquad (4\text{-}6\text{-}1)$$

式中：A 为流通截面积，m^2；符号 "$\langle \rangle$" 表示按截面积取平均，下同。

按空泡份额权重平均值

$$F = \frac{\langle \alpha F \rangle}{\langle \alpha \rangle} = \frac{\dfrac{1}{A} \int_A \alpha F \mathrm{d}A}{\dfrac{1}{A} \int_A \alpha \mathrm{d}A} \qquad (4\text{-}6\text{-}2)$$

按截面平均定义表示前面物理量，有

$$\langle u_v \rangle = \left\langle \frac{j_v}{\alpha} \right\rangle \qquad (4\text{-}6\text{-}3)$$

$$\langle u_v \rangle = \langle j \rangle - \langle u_{vj} \rangle \qquad (4\text{-}6\text{-}4)$$

$$\left\langle \frac{j_v}{\alpha} \right\rangle = \langle j \rangle + \langle u_{vj} \rangle \qquad (4\text{-}6\text{-}5)$$

按权重平均定义表示，则有

$$\bar{u}_v = \frac{\langle \alpha u_v \rangle}{\langle \alpha \rangle} = \frac{\langle j_v \rangle}{\langle \alpha \rangle} \qquad (4\text{-}6\text{-}6)$$

$$\bar{u}_v = \frac{\langle \alpha j \rangle}{\langle \alpha \rangle} + \frac{\langle \alpha u_{vj} \rangle}{\langle \alpha \rangle} \qquad (4\text{-}6\text{-}7)$$

$$\overline{u_{vj}} = \langle u_{vj} \rangle = \frac{\langle \alpha u_{vj} \rangle}{\langle \alpha \rangle} \qquad (4\text{-}6\text{-}8)$$

$$\frac{\langle j_v \rangle}{\langle \alpha \rangle} = \frac{\langle \alpha j \rangle}{\langle \alpha \rangle} + \frac{\langle \alpha u_{vj} \rangle}{\langle \alpha \rangle} \qquad (4\text{-}6\text{-}9)$$

将式（4-6-9）两边除以 $\langle j \rangle$，则有

$$\frac{\langle j_v \rangle / \langle j \rangle}{\langle \alpha \rangle} = \frac{\langle \alpha j \rangle}{\langle \alpha \rangle \langle j \rangle} + \frac{\langle \alpha u_{vj} \rangle}{\langle \alpha \rangle / \langle j \rangle} \qquad (4\text{-}6\text{-}10)$$

令

$$C_0 = \frac{\langle \alpha j \rangle}{\langle \alpha \rangle \langle j \rangle} = \frac{(1/A) \int_A \alpha j \mathrm{d}A}{(1/A) \int_A \alpha \mathrm{d}A \cdot (1/A) \int_A j \mathrm{d}A} \qquad (4\text{-}6\text{-}11)$$

且由于 $\langle j_v \rangle / \langle j \rangle = \langle \beta \rangle$，则式（4.6.10）可变为

$$\frac{\langle \beta \rangle}{\langle \alpha \rangle} = C_0 + \frac{\langle \alpha u_{vj} \rangle}{\langle \alpha \rangle \langle j \rangle} \qquad (4\text{-}6\text{-}12)$$

或

$$\langle \alpha \rangle = \frac{\langle \beta \rangle}{C_0 + \dfrac{\langle \alpha u_{vj} \rangle}{\langle \alpha \rangle \langle j \rangle}} \qquad (4\text{-}6\text{-}13)$$

且有

$$S = \frac{\overline{u}_{\mathrm{v}}}{\overline{u}_{\mathrm{l}}} = \frac{\langle j_{\mathrm{v}} \rangle / \langle \alpha \rangle}{\langle j_{\mathrm{l}} \rangle / \langle 1 - \alpha \rangle} = \langle 1 - \alpha \rangle \left[\frac{\langle j \rangle - \langle j_{\mathrm{v}} \rangle \langle \alpha \rangle}{\langle j_{\mathrm{v}} \rangle} \right]^{-1}$$

$$= \langle 1 - \alpha \rangle \left[\frac{(1 - \langle \beta \rangle) \langle \alpha \rangle}{\langle \beta \rangle} \right]^{-1} = \langle 1 - \alpha \rangle \left[\frac{1}{C_0 + \dfrac{\langle \alpha u_{\mathrm{vj}} \rangle}{\langle \alpha \rangle \langle j \rangle}} - \langle \alpha \rangle \right]^{-1} \qquad (4\text{-}6\text{-}14)$$

式（4-6-13）与式（4-6-14）是漂移流模型计算 α 和 S 的公式，其中 C_0 称为分布参数。

要正确地计算沿通道截面的平均空泡份额 $\langle \alpha \rangle$，必须要考虑两个问题：一是沿截面的流速和气相含量的分布规律；二是在各局部位置的两相之间的相对速度。在漂移流模型的 $\langle \alpha \rangle$ 计算中，分布参数 C_0 考虑了前一个因素的影响，而气相的权重平均漂移速度 $\langle \alpha u_{\mathrm{vj}} \rangle / \langle \alpha \rangle$ 考虑了两相间相对速度的影响。对于各种流动型式，只要代入适当的 C_0 和 $\langle \alpha u_{\mathrm{vj}} \rangle / \langle \alpha \rangle$ 值，即可按式（4-6-13）求出 $\langle \alpha \rangle$ 值。另外，式（4-6-7）可以写为 $\overline{u}_{\mathrm{v}} = C_0 \langle j \rangle + \overline{u}_{\mathrm{vj}}$，由此可以看出，如果将两相流动的实验数据整理在 $\overline{u}_{\mathrm{v}}$ 作为纵坐标，$\langle j \rangle$ 作为横坐标的平面坐标系上，可由所得直线的斜率决定 C_0 值，而用直线与 $\overline{u}_{\mathrm{v}}$ 轴的截距决定 $\overline{u}_{\mathrm{vj}} = \langle \alpha u_{\mathrm{vj}} \rangle / \langle \alpha \rangle$ 的值。当从一种流型向另一种流型转变时，该斜率将会发生明显间断。对于不同流型时的斜率和截距的关联，在各种文献与两相流相关的图书中已有说明[5]。表 4-6-1 给出了一些较为合理的精选结果。

表 4-6-1　不同流型时的斜率和截距

流型	空泡份额 α	分布参数 C_0	漂移速度
泡状流	$0.0 < \alpha < 0.25$	1.25	$\overline{u}_{\mathrm{vj}} = 1.53 \left(\dfrac{\sigma g \Delta \rho}{\rho_{\mathrm{l}}^2} \right)^{1/4}$
弹状/搅拌流	$0.25 < \alpha < 0.75$	1.15	$\overline{u}_{\mathrm{vj}} = 0.35 \left(\dfrac{g D_{\mathrm{e}} \Delta \rho}{\rho_{\mathrm{l}}} \right)^{1/2}$
环状流	$0.75 < \alpha < 0.95$	1.05	$\overline{u}_{\mathrm{vj}} = (0.5 \sim 5)\ \mathrm{m/s}$ 蒸汽/空气-水
雾状流	$0.95 < \alpha < 1.0$	1.00	$\overline{u}_{\mathrm{vj}} = 1.53 \left(\dfrac{\sigma g \Delta \rho}{\rho_{\mathrm{v}}^2} \right)^{1/4}$

2. 圆管的分布参数 C_0

下面讨论轴对称圆管 C_0 值的求法。假定流速和空泡份额的分布如下。

$$\frac{j}{j_{\mathrm{c}}} = 1 - \left(\frac{r}{R} \right)^{m} \qquad (4\text{-}6\text{-}15)$$

$$\frac{\alpha - \alpha_{\mathrm{w}}}{\alpha_{\mathrm{c}} - \alpha_{\mathrm{w}}} = 1 - \left(\frac{r}{R} \right)^{n} \qquad (4\text{-}6\text{-}16)$$

式中：R 为圆管半径；r 为管内任一点处的半径；下标 w 表示壁面，c 表示流道中心。

把上述分布关系式代入 C_0 的定义式（4-6-11）中，可得

$$\begin{cases} C_0 = 1 + \dfrac{2}{m+n+2}\left(1 - \dfrac{\alpha_w}{\langle\alpha\rangle}\right) \\ C_0 = \dfrac{m+2}{m+n+2}\left(1 + \dfrac{\alpha_c}{\langle\alpha\rangle}\dfrac{n}{m+2}\right) \end{cases} \qquad (4\text{-}6\text{-}17)$$

其中

$$\langle\alpha\rangle = (1/A)\int_A \alpha \mathrm{d}A = \frac{1}{\pi R^2}\int_0^R \left\{\left[1-\left(\frac{r}{R}\right)^n\right](\alpha_c - \alpha_w) + \alpha_w\right\}2\pi r \mathrm{d}r = \frac{n\alpha_c + 2\alpha_w}{n+2}$$

所以 C_0 又可表示为

$$C_0 = 1 + \frac{2n}{m+n+2}\frac{-\alpha_w}{n\alpha_c + 2\alpha_w} = 1 + \frac{2n}{m+n+2}\frac{1 - \alpha_w/\alpha_c}{n + 2\alpha_w/\alpha_c} \qquad (4\text{-}6\text{-}18)$$

由上面的公式可以看出，如果空泡份额是均匀分布的，即 $\alpha_w = \alpha_c = \langle\alpha\rangle$，$C_0 = 1$；若流道中心处空泡份额大于近壁面处，则 $\alpha_c > \alpha_w$，即 $C_0 > 1$；若流道中心处空泡份额小于近壁面处，则 $\alpha_c < \alpha_w$，即 $C_0 \leqslant 1$。对于 $m = 1\sim7$、$n = 1\sim7$ 的流动及空泡份额分布情况下的 C_0 值，如图 4-6-1 所示。在 $\alpha_c > \alpha_w$ 情况下，C_0 在 1 和 1.5 之间变化。而 Lahey 给出了各种不同空泡份额分布情况下 C_0 的变化，如图 4-6-2 所示。

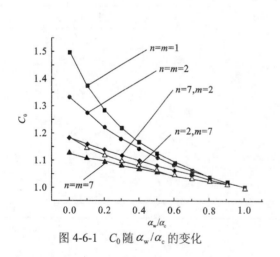

图 4-6-1　C_0 随 α_w/α_c 的变化

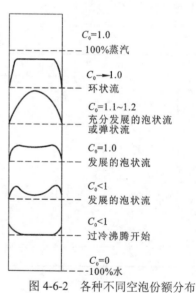

图 4-6-2　各种不同空泡份额分布

4.6.2　不同流型下的空泡份额

一般漂移速度 u_{vj} 是空泡份额的函数，可表示为

$$u_{vj} = u_\infty (1 - \alpha)^k$$

式中：指数 k 的数值在 0 到 3 之间变化，取决于气泡尺寸的大小，u_∞ 为单个气泡在无穷大介

质中的最终上升速度，对一个弹状气泡，由相关分析，得

$$u_\infty = 0.35 \left[\frac{g(\rho_1 - \rho_v)D}{\rho_1} \right]^{1/2} \tag{4-6-19}$$

式中：D 为圆管直径。于是有

$$\frac{\langle \alpha u_{vj} \rangle}{\langle \alpha \rangle} = \frac{1}{\langle \alpha \rangle A} \int_A u_\infty \alpha (1-\alpha)^k \, \mathrm{d}A \tag{4-6-20}$$

对于弹状流与搅拌流，可以分别得到简单的表达式为

弹状流
$$\frac{\langle \alpha u_{vj} \rangle}{\langle \alpha \rangle} = 0.35 \left[\frac{g(\rho_1 - \rho_v)D}{\rho_1} \right]^{1/2} \tag{4-6-21}$$

搅拌流
$$\frac{\langle \alpha u_{vj} \rangle}{\langle \alpha \rangle} = 1.53 \left[\frac{g\sigma(\rho_1 - \rho_v)}{\rho_1^2} \right]^{1/4} \tag{4-6-22}$$

式（4-6-22）中 σ 为表面张力。此外，Zuber 提出式（4-6-22）中的系数 1.53 可以用 Peebles-Garber 建议的系数 1.18 代替，然后将这些关系式代入式（4-6-12）可得

弹状流
$$\alpha = \frac{x}{\rho_v \left\{ C_0 \left[\frac{x}{\rho_v} + \frac{1-x}{\rho_1} \right] + \frac{0.35}{G} \left[\frac{g(\rho_1 - \rho_v)D}{\rho_1} \right]^{1/2} \right\}} \tag{4-6-23}$$

搅拌流
$$\alpha = \frac{x}{\rho_v \left\{ C_0 \left[\frac{x}{\rho_v} + \frac{1-x}{\rho_1} \right] + \frac{1.18}{G} \left[\frac{g\sigma(\rho_1 - \rho_v)}{\rho_1^2} \right]^{1/4} \right\}} \tag{4-6-24}$$

此外，其他学者对漂移流模型中的 C_0 和 $\langle \alpha u_{vj} \rangle / \langle \alpha \rangle$ 也提出了相关的建议值，现列举如下[11]。

（1）Wallis 对孤立小气泡直径为 1～20 mm，在垂直上升流道 $\alpha < 0.2$ 时的泡状流型，建议 $C_0 = 1$，$\langle \alpha u_{vj} \rangle / \langle \alpha \rangle$ 值按下式计算

$$\frac{\langle \alpha u_{vj} \rangle}{\langle \alpha \rangle} = 1.53(1-\alpha)^2 \left[\frac{g\sigma(\rho_1 - \rho_v)}{\rho_1^2} \right]^{1/4} \tag{4-6-25}$$

（2）Zuber-Staub 等对垂直上升流动的搅拌流型，建议为

$$\frac{\langle \alpha u_{vj} \rangle}{\langle \alpha \rangle} = 1.41 \left[\frac{g\sigma(\rho_1 - \rho_v)}{\rho_1^2} \right]^{1/4} \tag{4-6-26}$$

而 C_0 与管道直径和对比态压力 p/p_{cr} 有关（p 为系统压力，p_{cr} 为临界压力），其关系如表 4-6-2 所示。

表 4-6-2　C_0 与管道直径和对比态压力 p/p_{cr} 的关系

管道类型	D	p/p_{cr}	C_0
圆管	>5 cm	—	$1.5 - 0.5(p/p_{cr})$
	<5 cm	$p/p_{cr} \leqslant 0.5$	1.2
		$p/p_{cr} \geqslant 0.5$	$1.2 - 0.4[(p/p_{cr}) - 0.5]$
矩形管	—	—	$1.4 - 0.4(p/p_{cr})$

（3）Ishii 提出，对于环状流，$C_0 = 1.0$，且

$$\frac{\langle \alpha u_{vj} \rangle}{\langle \alpha \rangle} = \frac{1-\alpha}{\alpha + 4(\rho/\rho_1)^{1/2}} \left\{ j + \left[\frac{D_e g(\rho_1 - \rho_v)(1-\alpha)}{0.015\rho_1} \right]^{1/2} \right\} \quad (4\text{-}6\text{-}27)$$

（4）Rouhani 提出在 $\alpha > 0.1$ 的情况下的修正式为

$$C_0 = 1 + 0.2(1-x) \left(\frac{gD_e \rho_1^2}{G^2} \right)^{1/4} \quad (4\text{-}6\text{-}28)$$

$$\frac{\langle \alpha u_{vj} \rangle}{\langle \alpha \rangle} = 1.18 \left[\frac{g\sigma(\rho_1 - \rho_v)}{\rho_1^2} \right]^{1/4} (1-x) \quad (4\text{-}6\text{-}29)$$

（5）Dix 提出，$\langle \alpha u_{vj} \rangle / \langle \alpha \rangle$ 值采用 Rouhani 推荐的关系，而 C_0 则由下式给出。

$$C_0 = \beta \left[1 + \left(\frac{1}{\beta - 1} \right)^b \right] \quad (4\text{-}6\text{-}30)$$

式中：$b = (\rho_v / \rho_1)^{0.1}$。由于 Zuber-Findlay 漂移流模型既考虑流动和空泡分布的不均匀性，又考虑了气液间的相对速度，一般认为是一种较好的计算空泡份额的方法，有较大的适用性。实际上，可以从以上的计算公式中得知：当不考虑两相之间的相对速度时，公式成为 $\langle \alpha \rangle = \frac{\langle \beta \rangle}{C_0}$，这相当于 Bankoff 或 Арманд 的公式，C_0 相当于 Bankoff 公式的 $1/K$；当不考虑流动和空泡分布不均匀时，即 $C_0 = 1.0$，且当两相流动是弹状流或搅拌流时，$\langle \alpha u_{vj} \rangle / \langle \alpha \rangle = \overline{u_{vj}} = u_\infty$，则有 $u_v = j_v + j_1 + u_\infty$。

4.7 Levy 动量交换模型

动量交换模型是由 Levy 提出[1, 12]，他以气液两相完全分离的动量方程为基础，通过数学推导求得空泡份额 α 和质量含气率 x 间的关系式。对图 3-3-1 所示的 dz 长度间两相流单元体积上气、液两相分别建立动量方程式，经过合并简化有：

气相 $\qquad A_v \frac{dp}{dz} dz + [d(m_v u_v) + u_1 dm_1] + \rho_v A_v g \sin\theta dz = A_v \left(\frac{dp}{dz} \right)_{vTP} dz \quad (4\text{-}7\text{-}1)$

液相 $\qquad A_1 \frac{dp}{dz} dz + m_1 du_1 + \rho_1 A_1 g \sin\theta dz = A_1 \left(\frac{dp}{dz} \right)_{1TP} dz \quad (4\text{-}7\text{-}2)$

式（4-7-1）和式（4-7-2）中：$\left(\frac{dp}{dz} \right)_{vTP} = \left(\frac{dp}{dz} \right)_{1TP}$ 分别是两相流中气相和液相的摩擦压降梯度。将上述二式相减，并消去 $\frac{dp}{dz} dz$ 项，得

$$\frac{1}{A_v} [d(A_v \rho_v u_v^2) + u_1 d(A_1 \rho_1 u_1)] + (\rho_v - \rho_1)g \sin\theta dz - \rho_1 u_1 du_1 = \left[\left(\frac{dp}{dz} \right)_{vTP} - \left(\frac{dp}{dz} \right)_{1TP} \right] dz \quad (4\text{-}7\text{-}3)$$

即

$$\left[d(A_v\rho_v u_v^2 + A_l\rho_l u_l^2) - \frac{1}{2}(A_v + A_l)d(\rho_l u_l^2)\right] = \left[\left(\frac{dp}{dz}\right)_{vTP} - \left(\frac{dp}{dz}\right)_{lTP} + (\rho_l - \rho_v)g\sin\theta\right]dz \quad (4\text{-}7\text{-}4)$$

由于

$$\rho_l u_l(1-\alpha) = \frac{m_l}{A} = \frac{(1-x)m}{A} = (1-x)G \quad (4\text{-}7\text{-}5)$$

$$\rho_v u_v \alpha = \frac{m_v}{A} = \frac{xm}{A} = xG \quad (4\text{-}7\text{-}6)$$

把式（4-7-5）和式（4-7-6）代入式（4-7-4）可得

$$\frac{G}{\rho_l}d\left[\frac{(1-x)^2}{(1-\alpha)} + \frac{x^2}{\alpha}\frac{\rho_l}{\rho_v} - \frac{1}{2}\frac{(1-x)^2}{(1-\alpha)^2}\right] = \alpha\left[\left(\frac{dp}{dz}\right)_{vTP} - \left(\frac{dp}{dz}\right)_{lTP} + (\rho_l - \rho_v)g\sin\theta\right]dz \quad (4\text{-}7\text{-}7)$$

若令

$$\left(\frac{d\varphi}{dz}\right)_{vTP} = \left(\frac{dp}{dz}\right)_{vTP} - \rho_v g\sin\theta, \qquad \left(\frac{d\varphi}{dz}\right)_{lTP} = \left(\frac{dp}{dz}\right)_{lTP} - \rho_l g\sin\theta$$

则式（4-7-7）成为

$$\frac{G}{\rho_l}d\left[\frac{(1-x)^2}{(1-\alpha)} + \frac{x^2}{\alpha}\frac{\rho_l}{\rho_v} - \frac{1}{2}\frac{(1-x)^2}{(1-\alpha)^2}\right] = \alpha\left[\left(\frac{d\varphi}{dz}\right)_{vTP} - \left(\frac{d\varphi}{dz}\right)_{lTP}\right]dz \quad (4\text{-}7\text{-}8)$$

对于流动过程中没有加热的情况，这时 x 为常量，可以认为 α 和 p_l/p_v 不变，则方程（4-7-8）的左边为零，即

$$\left(\frac{d\varphi}{dz}\right)_{vTP} = \left(\frac{d\varphi}{dz}\right)_{lTP} \quad (4\text{-}7\text{-}9)$$

这表明气相的摩擦压降和重力压降必须等于液相的摩擦压降和重力压降。这个推论是 Lockhart 和 Martinelli 关于水平管内两相流动空泡份额和压降半经验公式的基本假定。

对于流动过程中有加热的情况，若 x，α 和 p_l/p_v 有小的变化，但这些变化发生得足够慢，使得在任何时刻能满足 $\left(\frac{d\varphi}{dz}\right)_{vTP} = \left(\frac{d\varphi}{dz}\right)_{lTP}$ 的条件。也就是说，在气相和液相之间每个时刻内动量都在变化，但由于两相之间的动量交换，仍能使两相内每相的摩擦压降和重力压降之和相等。这就是 Levy 动量交换模型的基础。这样，根据式（4-7-8），则有

$$d\left[\frac{(1-x)^2}{(1-\alpha)} + \frac{x^2}{\alpha}\frac{\rho_l}{\rho_v} - \frac{1}{2}\frac{(1-x)^2}{(1-\alpha)^2}\right] = 0 \quad (4\text{-}7\text{-}10)$$

应用 $x=0$ 时，$\alpha=0$ 的初始条件，由式（4-7-10）得

$$\frac{(1-x)^2}{(1-\alpha)} + \frac{x^2}{\alpha}\frac{\rho_l}{\rho_v} - \frac{1}{2}\frac{(1-x)^2}{(1-\alpha)^2} = \frac{1}{2} \quad (4\text{-}7\text{-}11)$$

进而求得

$$x = \frac{\alpha(1-2\alpha) + \alpha\left\{(1-\alpha)^2 + \alpha\left[2\frac{\rho_l}{\rho_v}(1-\alpha)^2 + \alpha(1-2\alpha)\right]\right\}^{1/2}}{2\frac{\rho_l}{\rho_v}(1-\alpha)^2 + \alpha(1-2\alpha)} \quad (4\text{-}7\text{-}12)$$

显然，式（4-7-11）或式（4-7-12）满足：在临界压力时，$\rho_1 = \rho_v$，$x = \alpha$；在低压下，有时即使空泡份额高，x 仍可能很小，可将（$1-x$）近似为 1，代入式（4-7-11）后，可得

$$x^2 = \frac{1}{2} \frac{\alpha^2}{(1-\alpha)^2} \frac{\rho_v}{\rho_1} \alpha \quad \text{或} \quad x = \frac{a}{1-a} \left(\frac{\rho_v}{2\rho_1} \alpha \right)^{1/2} \tag{4-7-13}$$

而滑速比为

$$S = \left(\frac{1-\alpha}{\alpha} \right) \left(\frac{x}{1-x} \right) \left(\frac{\rho_1}{\rho_v} \right) \approx \frac{1-\alpha}{\alpha} x \left(\frac{\rho_1}{\rho_v} \right) = \left(\frac{p_1}{2\rho_v} \alpha \right)^{1/2} \tag{4-7-14}$$

从式（4-7-14）可以看出滑速比不是一个常数，随着空泡份额的增加而增加，这符合 Martinelli-Nelson 所做的研究。

Levy 动量交换模型的计算结果与许多学者的实验结果符合得较好[1,12]。但在某些情况下，计算值比实验数据低 20%～30%。其原因是沿整个流道上气相摩擦压降和重力压降之和与液相摩擦压降和重力压降之和相等的假定，在 x 变化较快与 x 接近于 1 时并不成立。

4.8　环状流空泡份额的解析分析法

4.8.1　纯环状流基本关系

1. 模型建立与公式推导[13]

考虑如图 4-8-1 所示的定常态、等温和轴对称水平圆管内环状流动。设管道直径为 D、流通面积为 A，液膜厚度为 δ，液膜与壁面剪切力为 τ_w、气相与液相单独流过管道时与壁面的剪切力分别为 τ_{v0}、τ_{10}，则可以得到两相摩擦压降$(dp_f)_{TP}$、分气相摩擦压降$(dp_f)_{v0}$、分液相摩擦压降$(dp_f)_{10}$ 分别为

$$(dp_f)_{TP} = \tau_w \pi D dz / A \tag{4-8-1}$$

$$(dp_f)_{v0} = \tau_{v0} \pi D dz / A \tag{4-8-2}$$

$$(dp_f)_{10} = \tau_{10} \pi D dz / A \tag{4-8-3}$$

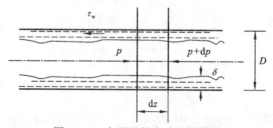

图 4-8-1　水平环状流动分析模型

由式（4-8-1）～式（4-8-3）得分气相与分液相摩擦因子 ϕ_{v0}^2 与 ϕ_{10}^2 分别为

$$\phi_{v0}^2 = \frac{(\mathrm{d}p_f)_{\mathrm{TP}}}{(\mathrm{d}p_f)_{v0}} = \frac{\tau_{\mathrm{w}}}{\tau_{v0}} \tag{4-8-4}$$

$$\phi_{10}^2 = \frac{(\mathrm{d}p_f)_{\mathrm{TP}}}{(\mathrm{d}p_f)_{10}} = \frac{\tau_{\mathrm{w}}}{\tau_{10}} \tag{4-8-5}$$

而剪切力 τ_{w}、τ_{v0} 和 τ_{10} 按以下公式计算：

$$\tau_{\mathrm{w}} = \frac{1}{2} f_1 \rho_1 u_1^2 \tag{4-8-6}$$

$$\tau_{v0} = \frac{1}{2} f_{v0} \rho_v j_v^2 = \frac{1}{2} f_{v0} \rho_v (\alpha u_v)^2 \tag{4-8-7}$$

$$\tau_{10} = \frac{1}{2} f_{10} \rho_1 j_1^2 = \frac{1}{2} f_{10} \rho_1 [(1-\alpha)u_1]^2 \tag{4-8-8}$$

式中：f_1、f_{v0} 与 f_{10} 分别为液膜、气相与液相单独流过管道时的摩擦系数，当流动为紊流时，可按 Blasius 方程 $f = 0.079 Re^{-0.25}$ 计算。

将式（4-8-6）和式（4-8-8）代入式（4-8-4）和式（4-8-5）可得

$$\phi_{v0}^2 = \frac{f_1}{f_{v0}} \frac{\rho_1}{\rho_v} \left(\frac{u_1}{\alpha u_v} \right)^2 \tag{4-8-9}$$

$$\phi_{10}^2 = \frac{f_1}{f_{10}} \left(\frac{1}{1-\alpha} \right)^2 \tag{4-8-10}$$

由于 $\delta \ll D$，环状液膜沿管壁流动时的当量直径 D_e 为

$$D_e = \frac{\pi D^2 - \pi (D-2\delta)^2}{\pi D} \approx 4\delta \tag{4-8-11}$$

则

$$f_1 = 0.079 \left(\frac{4\delta u_1 \rho_1}{\mu_1} \right)^{-0.25} \tag{4-8-12}$$

而

$$f_{v0} = 0.079 \left(\frac{D j_v \rho_v}{\mu_v} \right)^{-0.25} = 0.079 \left(\frac{D \alpha u_v \rho_v}{\mu_v} \right)^{-0.25} \tag{4-8-13}$$

$$f_{10} = 0.079 \left(\frac{D j_1 \rho_1}{\mu_1} \right)^{-0.25} = 0.079 \left(\frac{D(1-\alpha) u_1 \rho_1}{\mu_1} \right)^{-0.25} \tag{4-8-14}$$

将式（4-8-12）～式（4-8-14）代入式（4-8-9）和式（4-8-10）可得

$$\phi_{v0}^2 = \left(\frac{\mu_1 D \alpha u_v \rho_v}{4\delta u_1 \rho_1 \mu_v} \right)^{0.25} \frac{\rho_1}{\rho_v} \left(\frac{u_1}{\alpha u_v} \right)^2 = \left(\frac{1}{1-\alpha} \right)^2 \left(\frac{1-x}{x} \right)^{1.75} \frac{\rho_v}{\rho_1} \left(\frac{\mu_1}{\mu_v} \right)^{0.25} \tag{4-8-15}$$

$$\phi_{10}^2 = \left(\frac{D(1-\alpha)}{4\delta} \right)^{0.25} \left(\frac{1}{1-\alpha} \right)^2 = \left(\frac{1}{1-\alpha} \right)^2 \tag{4-8-16}$$

式（4-8-15）中，x 为质量含气率，并利用了空泡份额定义，当 $\delta \ll D$ 时，$\alpha \approx 1 - \frac{\pi D \delta}{\pi D^2 / 4} = 1 - 4\delta / D$。式（4-8-15）也可以表示为

$$\phi_{v0}^2 = \frac{1}{S\alpha(1-\alpha)}\left(\frac{1-x}{x}\right)^{0.75}\left(\frac{\mu_f}{\mu_g}\right)^{0.25} \tag{4-8-17}$$

式中：$S = u_v / u_l$ 为滑速比。式（4-8-16）是 Levy 推导出来的两相流动时分液相摩擦乘子和空泡份额之间的关系式，其结果与 Lockhart-Martinelli 的关系式相当符合。而式（4-8-15）或式（4-8-17）则是新推导的分气相摩擦乘子 ϕ_{v0}^2 表达式，它不仅与空泡份额有关，而且与质量含气率、气液黏度比、气液密度比（或滑速比）有关。

另外，设气相与两相分界面的剪切力为 τ_i，气相对气液分界面的摩擦压降为 $(dp_f / dz)_i = \tau_i\pi(D-2\delta)$。假定：（1）气在两相流通截面上压力均匀分布，即 $(dp_f / dz)_{TP} = (dp_f / dz)_i$；（2）气液分界面处的液体速度 u_{li} 比气体速度 u_v 要小，可以忽略；（3）忽略气液分界面间的扰动波影响，即认为气液分界面是光滑的。那么，ϕ_{v0}^2 也可以按以下方式进行推导。

因为

$$\frac{1}{A_v}\left(\frac{dp_f}{dz}\right)_i = \frac{1}{\frac{1}{4}\pi(D-2\delta)^2}\tau_i\pi(D-2\delta) = \frac{4\tau_i}{D-2\delta} \tag{4-8-18}$$

$$\frac{1}{A}\left(\frac{dp_f}{dz}\right)_{v0} = \frac{1}{\frac{1}{4}\pi D^2}\tau_{v0}\pi D = \frac{4\tau_{v0}}{D} \tag{4-8-19}$$

根据假定（1）有

$$\frac{1}{A_v}\left(\frac{dp_f}{dz}\right)_i = \frac{1}{A}\left(\frac{dp_f}{dz}\right)_{TP} \tag{4-8-20}$$

所以

$$\phi_{v0}^2 = \frac{(dp_f)_{TP}}{(dp_f)_{v0}} = \frac{4\tau_i}{D-2\delta}\frac{D}{4\tau_{v0}} = \frac{\tau_i}{\tau_{v0}}\frac{D}{D-2\delta} = \frac{\tau_i}{\tau_{v0}}\frac{1}{\alpha^{0.5}} \tag{4-8-21}$$

式中：$\tau_i = \frac{1}{2}f_i\rho_v(u_v-u_{li})^2$；$\tau_{v0} = \frac{1}{2}f_{v0}\rho_v(\alpha u_v)^2$；$u_{li}$ 为气液分界面处的液体速度，利用假定（2），它通常要比气体的速度 u_v 小得多，可以忽略，则

$$\phi_{v0}^2 = \frac{f_i}{f_{v0}}\frac{1}{\alpha^{2.5}} \tag{4-8-22}$$

再利用假定（3），有 $f_i \approx f_{v0}$，则推导的分气相摩擦乘子为

$$\phi_{v0}^2 = \alpha^{-2.5} \tag{4-8-23}$$

式（4-8-23）为上述 3 个假定条件下的纯环状两相流分气相摩擦乘子与空泡份额之间的关系式。因此该式仅适用于液体流速较低的情况（$Re_l < 100$）。在较高的液体流速下，分界面有小波纹扰动，致使分界面摩擦系数 f_i 逐渐增加，超过 f_{v0}。当 $Re_l > 400$ 时，随着液膜层内部开始紊乱，在分界面上产生较大的扰动波，这时式（4-8-23）不成立。一些学者研究发现，分界面摩擦系数或粗糙度是液膜厚度的函数，基于此，Wallis 提出一个简单的关系式，对于没有夹带而且不考虑液体在分界面处速度 u_{li} 影响的情况下，得到

$$\frac{f_{\mathrm{i}}}{f_{\mathrm{v0}}} = 1 + \frac{300\delta}{D} \tag{4-8-24}$$

再考虑到 $\alpha \approx 1 - \dfrac{\pi D \delta}{\pi D^2 / 4} = 1 - 4\delta / D$，则

$$\frac{f_{\mathrm{i}}}{f_{\mathrm{v0}}} = 1 + 75(1 - \alpha) \tag{4-8-25}$$

所以，最后得到

$$\phi_{\mathrm{v0}}^2 = \frac{1 + 75(1 - \alpha)}{\alpha^{2.5}} \tag{4-8-26}$$

联立式（4-8-15）、式（4-8-17）与式（4-8-23）可求得

$$x = \left\{ 1 + \left[\frac{(1-\alpha)^2}{\alpha^{2.5}} \frac{\rho_1}{\rho_{\mathrm{v}}} \left(\frac{\mu_{\mathrm{v}}}{\mu_1} \right)^{0.25} \right]^{4/7} \right\}^{-1} \tag{4-8-27}$$

$$S = \left(\frac{\alpha^3 \rho_1^3 \mu_1}{(1-\alpha) \rho_{\mathrm{v}}^3 \mu_{\mathrm{v}}} \right)^{1/7} \tag{4-8-28}$$

式（4-8-27）与式（4-8-28）即为上述 3 个假定条件下所得的空泡份额应满足的关系式与滑速比的表达式。而考虑气液分界面间的扰动波影响时，利用 Wallis 给出的界面摩擦系数关系式（4-8-26），则求得的空泡份额应满足的关系式与滑速比的表达式分别为

$$x = \left\{ 1 + \left[\frac{[1 + 75(1-\alpha)](1-\alpha)^2}{\alpha^{2.5}} \frac{\rho_1}{\rho_{\mathrm{v}}} \left(\frac{\mu_{\mathrm{v}}}{\mu_1} \right)^{0.25} \right]^{4/7} \right\}^{-1} \tag{4-8-29}$$

$$S = \left(\frac{[1 + 75(1-\alpha)]^4 \alpha^3 \rho_1^3 \mu_1}{(1-\alpha) \rho_{\mathrm{v}}^3 \mu_{\mathrm{v}}} \right)^{1/7} \tag{4-8-30}$$

2. 讨论与结果[13]

（1）式（4-8-27）与式（4-8-28）、式（4-8-29）与式（4-8-30）分别适用于气液分界面光滑、气液分界面有扰动波影响时，圆管内环状两相流的空泡份额 α 与滑速比 S 的计算。可以看出，α、S 不仅与质量含气率、气液密度比有关，而且与气液黏度比有关，这与 Levy 的动量交换模型（主要用于分层流）、Zivi 的最小熵增模型和 Smith 的混合-并流模型得到的计算式有所不同，这些模型得到的结果仅与质量含气率、气液密度比有关。

（2）图 4-8-2～图 4-8-5 给出不同压力下气水两相流各种模型的 α 与 x 关系曲线。由此可知，α 随 x 呈指数规律迅速单调增加，随着压力的提高，α 随 x 变化速度有所减缓，这又证实了"低压下，有时即使空泡份额高，x 仍可能很小"的假设。另外，从图 4-8-2～图 4-8-5 还可以看出，推导的结果式（4-8-27）与式（4-8-29）随压力的变化较其他模型更显著，这与 Bankoff 的变密度模型（主要用于泡状流）所得结果类似。

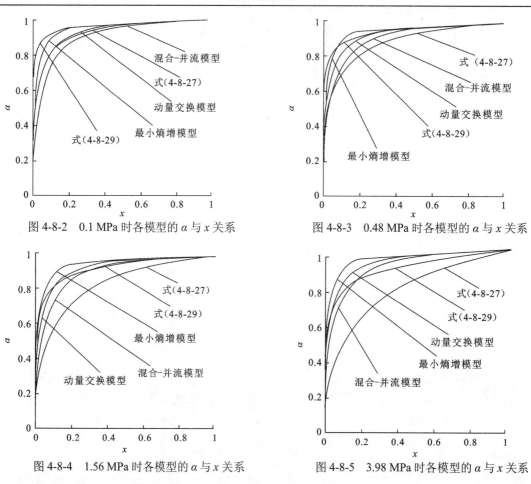

图 4-8-2　0.1 MPa 时各模型的 α 与 x 关系　　　　图 4-8-3　0.48 MPa 时各模型的 α 与 x 关系

图 4-8-4　1.56 MPa 时各模型的 α 与 x 关系　　　图 4-8-5　3.98 MPa 时各模型的 α 与 x 关系

（3）尽管推导过程使用了 $\delta \ll D$ 条件，即大空泡份额的假设，但图 4-8-2～图 4-8-5 表明，x、α 在 0～1 的范围，式（4-8-27）（在压力较低时）、式（4-8-29）与其他模型所得结果基本接近。不过随着压力的增大，将有较大的偏离，可认为这是由于压力变化引起气液密度比和黏度比变化所造成的。表 4-8-1 给出在不同压力饱和状态下气液密度比和黏度比的值，可见气液密度比随压力变化较黏度比要大得多，式（4-8-27）、式（4-8-29）中的黏度比可以视为一种修正。另外，在较大压力时，环状两相流密度、黏度的影响是否按式（4-8-27）、式（4-8-29）给出的规律变化，以及影响的大小目前还没有可供比较的数据，需要进一步进行实验研究。

表 4-8-1　不同压力饱和状态下气液的密度比和黏度比

压力/MPa	ρ_1/ρ_v	μ_1/μ_v	$(\mu_1/\mu_v)^{0.25}$
0.10	1 603.329 0	23.606 6	2.204 2
0.48	360.003 9	13.380 3	1.912 6
1.56	109.982 2	7.853 1	1.674 0
3.98	41.453 8	6.021 5	1.566 5

4.8.2　气芯夹带液滴的情况

Wallis 考虑分界面处被卷吸使气芯夹带液滴和液体速度剪切力的影响[1, 11]，他假定分界面液体速度 u_{li} 是液膜平均速度 u_1 的两倍，则

$$\tau_i = \frac{1}{2} f_i \rho_c (u_v - 2u_1)^2 \qquad (4\text{-}8\text{-}31)$$

式中：ρ_c 是包含被夹带液滴在内的气芯平均密度，即

$$\rho_c = \frac{m_v + \varphi m_1}{A_v u_v} = \frac{m_v + \varphi m_1}{m_v} \rho_v \qquad (4\text{-}8\text{-}32)$$

式中：φ 是被夹带的液滴流量占整个液体流量的百分比。把 $\tau_{v0} = \frac{1}{2} f_{v0} \rho_v (\alpha u_v)^2$、式（4-8-31）、式（4-8-32）代入式（4-8-21）可得

$$\phi_{v0}^2 = \frac{f_i}{f_{v0}} \frac{m_v + \varphi m_1}{m_v} \left(\frac{u_v - 2u_1}{\alpha u_v} \right)^2 \frac{1}{\alpha^{0.5}} \qquad (4\text{-}8\text{-}33)$$

由于

$$\frac{u_1}{u_v} = \frac{(m_v - \varphi m_1)/(A_1 \rho_1)}{m_v/(A_v \rho_v)} = \frac{m_v - \varphi m_1}{m_v} \frac{\alpha}{1-\alpha} \frac{\rho_v}{\rho_1} \qquad (4\text{-}8\text{-}34)$$

将式（4-8-25）与式（4-8-34）代入式（4-8-33），可得

$$\phi_{v0}^2 = \left[\frac{1 + 75(1-\alpha)}{\alpha^{2.5}} \right] \frac{m_v + \varphi m_1}{m_v} \left(1 - 2 \frac{m_v - \varphi m_1}{m_v} \frac{\alpha}{1-\alpha} \frac{\rho_v}{\rho_1} \right)^2 \qquad (4\text{-}8\text{-}35)$$

由式（4-8-35）可见，若能够确定夹带率 φ，可用两相摩擦压降确定空泡份额。一般地，夹带与分界面处的扰动波有关，这取决于气体和液体的流量，无法求得 φ。对应"光滑"液膜区和"波纹"液膜区（液膜的 Re 数小于 200）的低液体流量时，即使气体速度很高，也几乎没有夹带。Re 数在 200 和 3 000 之间，液膜开始呈现湍流流动，夹带量是气体流量和液体流量两者的函数；Re 大于 3 000，夹带开始的条件和夹带量主要取决于气体速度，Steen 提出开始夹带液滴的临界蒸汽速度为

$$j_v = 1.5 \times 10^{-4} \left(\frac{\rho_1}{\rho_v} \right)^{0.5} \frac{\sigma}{\mu_v} \qquad (4\text{-}8\text{-}36)$$

事实上，要准确地定出夹带开始时的蒸汽速度是比较困难的。图 4-8-6 是 Steen 和 Wallis 给出的气流夹带液体百分率 φ 与无量纲的蒸汽速度 $Y = \frac{j_v \mu_v}{\sigma} \left(\frac{\rho_v}{\rho_1} \right)^{0.5} \times 10^4$ 之间的关系曲线。该曲线从零开始缓慢上升，而后随蒸汽速度增加几乎按直线关系上升，当蒸汽速度很高时趋于水平。将曲线的直线关系部分向下外推至夹带为零处便得到无量纲的临界蒸汽速度。式（4-8-36）对应值为 1.5×10^{-4}、外推值为 2.42×10^{-4}。但是 Steen 和 Wallis 没有考虑到当管径从 1 cm 增大到 4 cm 时，夹带率一般会增大，所以图 4-8-7 所示的曲线适合于大直径管道。当管道直径为 1 cm 时，试验数据点落在该曲线 40%值的平行曲线上。该曲线不便于计算，可用以下拟合公式近似表示。

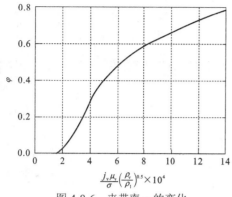

图 4-8-6　夹带率 φ 的变化　　　　　　　图 4-8-7　夹带率计算式与 Steen-Wallis 曲线

当 $Y \leqslant 4$ 时

$$\varphi = 0.005\,515 Y^{2.858} \tag{4-8-37}$$

当 $Y > 4$ 时

$$\varphi = \left(\frac{Y-4}{24.21}\right)^{1/3.478} \tag{4-8-38}$$

　　由式（4-8-37）和式（4-8-38）计算得出的夹带率与 Steen-Wallis 曲线的对比如图 4-8-7 所示。由该图可以看出，以上两式计算得到的 φ 值与 Steen-Wallis 曲线符合较好，但是在 $Y=4$ 处不连续，为了使计算结果连续，当 $Y \leqslant 4$ 时，使用式（4-8-37）计算 φ 值，当 $Y \geqslant 4.5$ 时，使用式（4-8-38）计算 φ 值，而当 $4 < Y < 4.5$ 时，采用 $Y=4$ 与 $Y=4.5$ 两点线性内插值计算 φ 值。环状流的液膜厚度可以表示为

$$\delta = \frac{D}{4}(1-\alpha) \tag{4-8-39}$$

式中：δ 为液膜厚度，m；D 为管道内直径，m。

4.9　空泡份额的其他计算方法

4.9.1　Hughmark 方法

　　Hughmark 根据 Bankoff 变密度模型，考虑气液相对速度的影响，并且用相似准则数整理数据，得出了适用于多种气液两相流的截面含气率的下列计算公式[1, 14]：

$$\alpha = K_{\mathrm{H}} \beta \tag{4-9-1}$$

式中：K_{H} 是比例系数，是 Z 值的函数。Z 值按下式计算

$$Z = \left[\frac{GD}{(1-\alpha)\mu_{\mathrm{l}} + \alpha\mu_{\mathrm{v}}}\right]^{1/6} \left(\frac{u^2}{gD}\right)^{1/8} (1-\beta)^{-1/4} \tag{4-9-2}$$

　　K_{H} 是 Z 值的非线性函数，由表 4-9-1 查得可知，也可用下式求得

当 $Z \leqslant 10$ 时，　　　$K_{\mathrm{H}} = -0.163\,76 + 0.310\,37Z - 0.035Z^2 + 0.001\,366Z^3$

当 $Z > 10$ 时，　　　$K_{\mathrm{H}} = 0.755\,45 + 0.003\,585Z - 0.143\,6 \times 10^{-4} Z^2$

表 4-9-1　K_H 随 Z 的变化

Z	K_H	Z	K_H
1.3	0.185	8	0.767
1.5	0.225	10	0.780
2	0.325	15	0.808
3	0.490	20	0.830
4	0.605	40	0.880
5	0.675	70	0.930
6	0.720	130	0.980

对于汽水混合物，Hughmark 计算式算出值和 Bankoff 法算出值相近，对于其他两相混合物，K_H 值则不同。通过对垂直上升管及水平管试验值的比较，表明此方法适用于压力小于 14.0 MPa，管子内直径为 16～190 mm 的情况。超出此条件则误差较大。另外，Hughmark 计算公式适用于 $\alpha \leqslant 0.7$，若 $\alpha > 0.7$，可近似用 α-x 曲线图中 $\alpha = 0.7$ 的点到 $x=1$，$\alpha =1$ 的点之间的直线内插估计 α 和 x 间的关系。用 Hughmark 计算公式时，由于 K_H 值中包含 α，需要迭代计算，所以不是很方便。

4.9.2　Thom 方法

Thom 应用滑速比 S 来计算空泡份额 α，他根据流动体积份额 β 的计算公式[1, 15]

$$\beta = \frac{xv_g}{xv_g + (1-x)v_1} = \frac{x\varepsilon_\beta}{1+(\varepsilon_\beta-1)x} \qquad (4\text{-}9\text{-}3)$$

提出空泡份额的计算式为

$$\alpha = \frac{xv_g}{xv_g + S(1-x)v_1} = \frac{x\varepsilon_\alpha}{1+(\varepsilon_\alpha-1)x} \qquad (4\text{-}9\text{-}4)$$

在 β 与 α 的计算公式中，$\varepsilon_\beta = \dfrac{v_v}{v_1}$，$\varepsilon_\alpha = \dfrac{v_v}{v_1 S}$，Thom 称 ε_α 为滑移因子。按照 Thom 的研究结果，ε_α 与 ε_β 的值可由表 4-9-2 查得。

表 4-9-2　ε_α 与 ε_β 随压力的变化

p/MPa	ε_α	ε_β
0.10	160.00	246.00
1.72	99.10	40.00
4.14	38.30	20.00
8.62	15.33	9.80
14.48	6.65	4.95
20.68	2.48	2.15
22.10	1.00	1.00

另外，ε_α 也可以用下式近似计算：

$$\varepsilon_\alpha = 1.5(\rho_l / \rho_v)^{0.692} - 0.5 \tag{4-9-5}$$

4.9.3　Lockhart-Martinelli 方法

Lockhart-Martinelli 用分相流模型进行推导[1, 2]，作了如下定义。

分气相两相摩擦乘子

$$\phi_v^2 = \left(\frac{\mathrm{d}p_f}{\mathrm{d}z}\right)_{\mathrm{TP}} \bigg/ \left(\frac{\mathrm{d}p_f}{\mathrm{d}z}\right)_v \tag{4-9-6}$$

分液相两相摩擦乘子

$$\phi_l^2 = \left(\frac{\mathrm{d}p_f}{\mathrm{d}z}\right)_{\mathrm{TP}} \bigg/ \left(\frac{\mathrm{d}p_f}{\mathrm{d}z}\right)_l \tag{4-9-7}$$

Martinelli 数

$$X^2 = \left(\frac{\mathrm{d}p_f}{\mathrm{d}z}\right)_l \bigg/ \left(\frac{\mathrm{d}p_f}{\mathrm{d}z}\right)_v \tag{4-9-8}$$

式（4-9-6）～式（4-9-8）中：$\left(\dfrac{\mathrm{d}p_f}{\mathrm{d}z}\right)_{\mathrm{TP}}$ 为两相流摩擦压降梯度；$\left(\dfrac{\mathrm{d}p_f}{\mathrm{d}z}\right)_v$、$\left(\dfrac{\mathrm{d}p_f}{\mathrm{d}z}\right)_l$ 分别为气相与液相单独流过同一流道截面时的摩擦压降梯度。Lockhart-Martinelli 最后推导得到

$$\alpha = [1 + X^{4/(5-n)}]^{-1} \tag{4-9-9}$$

式（4-9-9）中 n 取决于流动方式，详见后续有关两相摩擦压降的 Lockhart-Martinelli 关系部分。按照 Lockhart-Martinelli 方法，ϕ_v^2、ϕ_l^2 与 α 随 X 之间关系曲线可通过图 4-9-1 得到。

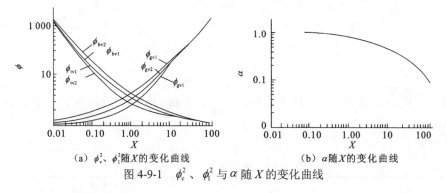

（a）ϕ_v^2、ϕ_l^2 随 X 的变化曲线　　　　（b）α 随 X 的变化曲线

图 4-9-1　ϕ_v^2、ϕ_l^2 与 α 随 X 的变化曲线

4.9.4　非圆形通道关系式

除了对圆形流道内进行空泡份额的实验研究外，一些学者还对环形通道、棒束通道等的空泡份额进行了大量分析。这里仅介绍日本学者岐美格等的研究结果[1]。

岐美格等对在常压下、内径为 9.5 mm、外径为 21 mm 的环形通道，以及 4 根棒束与 7 根棒束（加热棒直径均为 9.5 mm）的棒束通道中的空泡份额进行了实验测量。实验在加热情况下进行，最大热流密度为（1.163～2.149）$\times 10^5$ W/m²，得到的关系式为

$$\alpha = 1 - \left[\frac{(1-x)^3}{1+Kx} \right]^{1/2} \tag{4-9-10}$$

式中：$K = \varepsilon \frac{\rho_1}{\rho_v} j_1^{0.5} \exp(-1.72 \times 10^{-6} q)$，$\varepsilon$ 为常数。

对于环形通道：泡状流时，$\varepsilon = 1.3$；弹状与环状流时，$\varepsilon = 1$。对于棒束通道：当 $j_1 > 0.5\,\mathrm{m/s}$ 时，$\varepsilon = 0.8$；当 $j_1 < 0.5\,\mathrm{m/s}$ 时，ε 由图 4-9-2 查得。图中，D_e、D_b 分别为流道的水力直径与流道外管的内径。

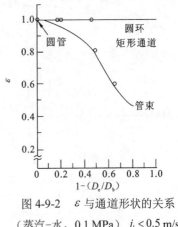

图 4-9-2　ε 与通道形状的关系
（蒸汽-水，0.1 MPa）$j_1 < 0.5\,\mathrm{m/s}$

根据式（4-9-10），环形通道下求得的 α 值与 Marchaterre（泡状流）、Cook（泡状流）、Egen（泡状流）及 Hoglund（泡状流）等的数据相比较，都较为符合。对于棒束通道，当由泡状流过渡到弹状流时，实验观察到空泡份额有一个峰值，这可能是由于邻近子通道间存在紊流交混和横向流动影响的缘故；在弹状流与环状流区，具有较大的扰动波。4 根棒束的 α 值比圆管与同心环形通道下的 α 值要低约 5%；7 根棒束时，则要低约 10%。

4.10　不同模型计算结果的比较

本章前面几节介绍了各种不同模型的空泡份额计算方法，可以看到，影响空泡份额计算的因素有很多，包括质量含气率、压力、质量流速、管道内直径、流动方向、流型和流动介质等，很难有一个公式能准确地包含上述所有因素，只能根据特定的问题，选择最为合适的公式。本节通过实例计算，对比分析 Osmachkin、Миропольский、Smith、Zivi、Rouhani、Bankoff、Hughmark、Levy、Thom 和 Lockhart-Martinelli 10 种空泡份额公式的计算结果[16]。

经初步分析发现，上述 10 种空泡份额计算公式中，均包含了压力和质量含气率项，其中某些公式的压力项体现在气相和液相密度中。而对于质量流速项，只在 Osmachkin、Миропольский、Lockhart-Martinelli、Rouhani 和 Hughmark 公式中存在；对于管道内直径项，只在 Osmachkin、Миропольский、Lockhart-Martinelli 和 Hughmark 公式中存在。

图 4-10-1 为上述 10 种公式计算得到的空泡份额随质量含气率的变化，计算对象为蒸汽-水，计算中假设气液两相处于热平衡状态，气相与液相温度均为一定压力下的饱和温度，两相的密度、动力黏度等物性参数均为上述压力与饱和温度下的数值。由图 4-10-1（a）可知，Levy 和 Bankoff 公式不能满足当 $x=1$ 时，$\alpha=1$；而 Thom、Zivi 和 Smith 公式的计算结果则差别很小。由图 4-10-1（b）可知，Hughmark 公式的计算结果同样不能满足上述条件，当压力和质量含气率相同时，不考虑质量流速影响的 Thom 公式计算的空泡份额高于质量流速为 100 kg/（m²·s）时的 Osmachkin、Миропольский、Lockhart-Martinelli、Rouhani 和 Hughmark 公式计算结果，这 5 种存在质量流速项的空泡份额计算式中，Osmachkin 公式计算的空泡份额偏高，对于剩下的 4 种公式，当质量含气率较低时，Rouhani 公式的计算结果较高，而当

质量含气率较高时，Миропольский 公式的计算结果较高。

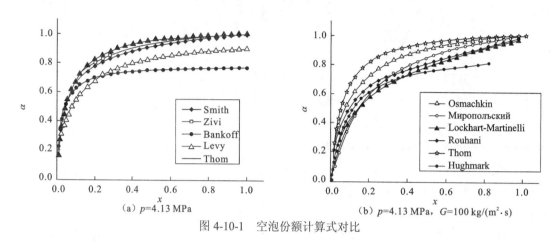

图 4-10-1 空泡份额计算式对比

图 4-10-2 为满足 $x=1$，$\alpha=1$ 条件的 7 种公式计算得到的空泡份额随压力的变化，由图 4-10-2 可以看出，在低压条件下，质量含气率较小时，空泡份额可能达到很高的数值，而当质量含气率一定时，随着压力的上升，空泡份额逐渐下降。由图 4-10-2（a）可知，在相同的质量含气率（$x=0.4$）条件下，Thom、Zivi 和 Smith 公式计算出的空泡份额依次减小，但差别不大，与图 4-10-1（a）的结果相符。由图 4-10-2（b）可知，在相同的质量含气率（$x=0.3$）条件下，Thom 公式计算出的空泡份额最高，Osmachkin 公式次之，Миропольский、Lockhart-Martinelli 和 Rouhani 公式的计算结果相近，在压力较低时，Миропольский 公式的计算结果较大，而在压力较高时，Rouhani 公式的计算结果较大。

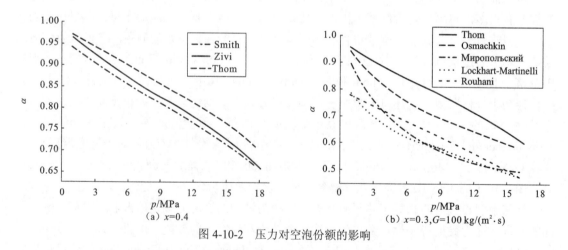

图 4-10-2 压力对空泡份额的影响

图 4-10-3 为不同公式计算得到的空泡份额随质量流速的变化，其中 $p=5$ MPa，$x=0.3$。由图可知，Thom 公式的计算结果要远高于 Lockhart-Martinelli 公式，且 Lockhart-Martinelli 公式计算得到的空泡份额也与质量流速无关，这与初步分析结果不符，经过进一步分析 Lockhart-Martinelli 计算式可以发现，虽然 Lockhart-Martinelli 公式包含了质量流速项，但是在本例计算中，质量流速在分汽相和分液相摩擦阻力系数比值的计算中被消去，导致最后得

出的空泡份额也与质量流速无关，经过类似的分析可以得出，管道内直径在相同的计算过程中也被消去，因此可以认为 Lockhart-Martinelli 公式同样未考虑管道内直径的影响。

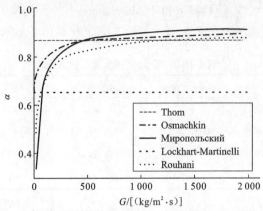

图 4-10-3　不同公式计算得到的空泡份额随质量流速的变化

由图 4-10-3 还可以看出，在较低的质量流速范围内，Osmachkin、Мирополъский 和 Rouhani 公式计算出的空泡份额与质量流速关系很大，而在较高的质量流速范围内，上述 3 种公式的计算结果受质量流速的影响较小，与 Thom 公式的计算结果差别不大，但远高于 Lockhart-Martinelli 公式的计算结果。因此，当质量流速较高时，Thom、Zivi、Smith、Osmachkin、Мирополъский 和 Rouhani 公式均可以用来计算空泡份额，且计算结果相差很小。但是，在弱驱动力的自然循环条件下，核动力装置一回路中的质量流速很小，所以两相自然循环空泡份额的计算必须考虑质量流速的影响，且必须选取适用于低质量流速条件的计算公式。

对于上述 10 种空泡份额计算式的分析列于表 4-10-1 中。由于在较低质量流速的两相自然循环条件下，空泡份额的计算受质量流速的影响很大，不同的公式计算的结果相差很大。对于表 4-10-1 所列的 10 种空泡份额计算公式，其中 3 种（Levy、Bankoff 和 Hughmark）公式不能满足条件：当 $x=1$ 时，$\alpha=1$，另外 3 种（Zivi、Smith 和 Thom）公式的计算结果相近，且都没有考虑质量流速的影响，因此在考虑质量流速效应的对比计算中，可只选 1 种（Thom）公式进行研究。

表 4-10-1　10 种空泡份额计算公式分析

公式	是否考虑 x	是否考虑 p	是否考虑 G	是否考虑 d_i	是否满足 $x=1$, $\alpha=1$
Smith	是	是	否	否	是
Zivi	是	是	否	否	是
Bankoff	是	是	否	否	否
Levy	是	是	否	否	否
Thom	是	是	否	否	是
Osmachkin	是	是	是	是	是
Мирополъский	是	是	是	是	是
Lockhart-Martinelli	是	是	否	否	是
Rouhani	是	是	是	否	是
Hughmark	是	是	是	是	否

将 Thom、Osmachkin、Миропольский、Lockhart-Martinelli 和 Rouhani 公式空泡份额计算公式分别与不同质量流速范围内的空泡份额实验数据进行对比，以评估其对于两相自然循环空泡份额计算的适用性。实验数据选自于 Marchaterre[17-18]、Cook[19]和 Anklam 等[20]在不同通道间进行的蒸汽-水两相沸腾传热实验，实验工况如表 4-10-2 所示。

表 4-10-2　空泡份额测量实验工况

研究者	流道	当量直径/mm	流动介质	压力/MPa	质量流速/[kg/(m²·s)]
Marchaterre[17]	窄矩形	16.2	蒸汽-水	0.79~4.23	360~500
Marchaterre[18]	窄矩形	11.3，20.3	蒸汽-水	1.124~4.23	1 100~1 476
Cook[19]	窄矩形	19.9	蒸汽-水	1.136~4.24	200~450
Anklam[20]	棒束间	88.7	蒸汽-水	3.5~8.1	3~30

图 4-10-4 为选取的 5 种空泡份额公式计算结果与 Marchaterre[17]沸腾传热实验中两组空泡份额实验数据的对比，两组数据的实验压力分别为 0.79 MPa 和 4.23 MPa，质量流速均为 435 kg/(m²·s)。由图 4-10-4 可以看出，在 $G = 435$ kg/(m²·s) 的两种实验工况下，Lockhart-Martinelli 公式的计算结果均远小于实验值。而剩下 4 种公式的计算结果相近，且均与实验值符合较好；在压力较低时（$p=0.79$ MPa），Миропольский 公式的计算值与实验值符合最好；而在压力较高时（$p=4.23$ MPa），Thom 公式的计算值与实验值符合最好。

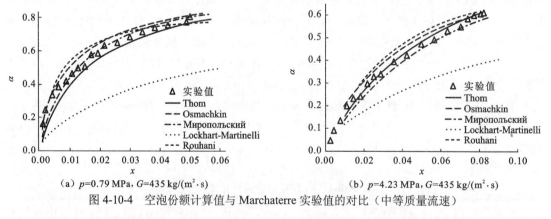

(a) $p=0.79$ MPa，$G=435$ kg/(m²·s)　　　　(b) $p=4.23$ MPa，$G=435$ kg/(m²·s)

图 4-10-4　空泡份额计算值与 Marchaterre 实验值的对比（中等质量流速）

为了将空泡份额计算值与不同实验工况下的大量实验值进行对比，首先，提取 Cook[19]实验工况中所有的空泡份额实验数据 α_m，如图 4-10-5 的横坐标；然后，提取每一个空泡份额实验数据的所属实验工况数据，如压力、质量流速等；最后，将每组实验工况数据代入选取的 5 种空泡份额计算公式，得到空泡份额计算值 α_c，如图 4-10-5 的纵坐标。

由图 4-10-5 可以看出，当压力范围为 1.136~4.24 MPa，质量流速范围为 200~450 kg/(m²·s)时（工况参数见表 4-10-2），Lockhart-Martinelli 公式的计算结果小于实验值，而 Thom、Osmachkin、Миропольский 和 Rouhani 公式在计算空泡份额时均有较好的表现，计算值与实验值的误差绝大部分落在±20%的范围内，其中，Osmachkin 和 Rouhani 公式的计算值大部分略高于实验值，Миропольский 公式的计算值大部分略低于实验值，Thom 公式的计算值与实验值符合最好。

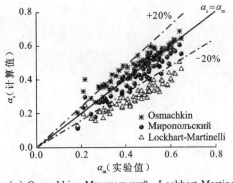
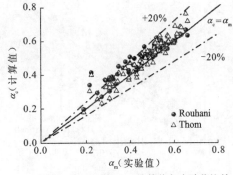

（a）Osmachkin，Миропольский，Lockhart-Martinelli：
　　计算值与实验值比较

（b）Rouhani，Thom：计算值与实验值比较

图 4-10-5　空泡份额计算值与 Cook 实验值的对比

采用相同的方法，图 4-10-6 还对比了 Anklam[20]的棒束间沸腾传热实验空泡份额 α_m 与 5 种空泡份额计算公式的计算值 α_c。由图 4-10-6 可以看出，在 $G=3\sim30\,\mathrm{kg/(m^2 \cdot s)}$ 的质量流速范围和 $p=3.5\sim8.1\,\mathrm{MPa}$ 的压力范围内，Thom、Lockhart-Martinelli 和 Osmachkin 公式的计算值均远高于实验值，而 Миропольский 公式对于以上压力和质量流速范围内的空泡份额计算表现最好，其计算值绝大部分均匀分布在±20%的误差范围内，而 Rouhani 公式次之，其计算值略高于实验值。

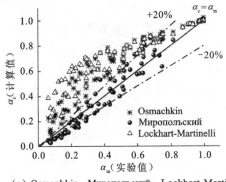
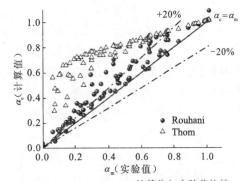

（a）Osmachkin，Миропольский，Lockhart-Martinelli：
　　计算值与实验值比较

（b）Rouhani，Thom：计算值与实验值比较

图 4-10-6　空泡份额计算值与 Anklam 实验值的对比

Marchaterre[18]矩形通道内沸腾传热实验的空泡份额实验值 α_m 与 5 种空泡份额计算公式的计算值 α_c 的对比示于图 4-10-7 中。由图 4-10-7 可以看出，在 $G=1\,100\sim1\,476\,\mathrm{kg/(m^2 \cdot s)}$ 的较高质量流速范围内，Thom 公式的计算值与实验值符合最好，Osmachkin、Миропольский 和 Rouhani 公式的计算值均略高于实验值，而 Lockhart-Martinelli 公式的计算值远低于实验值。

综上所述，通过与实验数据进行对比，在 $G=3\sim30\,\mathrm{kg/(m^2 \cdot s)}$ 的极低质量流速条件下，Миропольский 计算公式最适合用于空泡份额的计算，在 $G=200\sim450\,\mathrm{kg/(m^2 \cdot s)}$ 的中等质量流速和 $G=1\,100\sim1\,476\,\mathrm{kg/(m^2 \cdot s)}$ 的较高质量流速条件下，Thom 公式最适合用于空泡份额的计算。

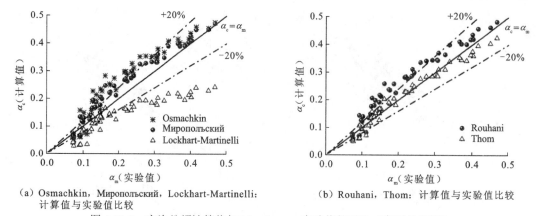

(a) Osmachkin, Миропольский, Lockhart-Martinelli:
　　计算值与实验值比较

(b) Rouhani, Thom: 计算值与实验值比较

图 4-10-7　空泡份额计算值与 Marchaterre 实验值的对比（高质量流速）

4.11　欠热沸腾区空泡份额的计算

在加热通道内，若加热壁面温度高于液相饱和温度一定值，尽管此时流道中主流温度并未达到饱和温度，而靠近壁面的局部温度已超过饱和温度，就可以发生局部的沸腾气化，这种现象称为欠热沸腾，也称为过冷沸腾[1, 21]。

在用热平衡方法计算含气量 x 时，假设在通道的同一截面上不存在压力差和温度差。根据此假设，可以把加热通道分成：单相流区与两相流区。这种假设在加热通道的热流密度较低时，是近似可行的，但当 q 较高时，有较大误差。这是因为主流在加热通道的径向上存在温差，热流密度越高，温差就越大，就越偏离热平衡。

在核反应堆内，燃料元件的表面热流密度很高，一般在 10^6 W/m^2 以上，所以，发生欠热沸腾时，近壁面的流体处于强烈的热力不平衡状态。本节仅介绍欠热沸腾状态下的空泡份额计算。

4.11.1　流动区域划分

当欠热（过冷）液体进入加热通道时，液体受热而温度升高，欠热（过冷）沸腾状态下变成气水两相混合物，其过程大致经过以下几个阶段，如图 4-11-1 所示。

1. 单相流区 I（A 点前）

在 I 区中，靠近加热面上的液体没有达到饱和温度，通道中不产生气泡。

2. 深度欠热区 II（由 A 点到 B 点）

在此区中，主流的大部分仍然是欠热的，但是贴近加热面上的液体达到了饱和温度而开始生成气泡。因为，此区中欠热度还很大，小气泡附在壁面上而不能跃离。

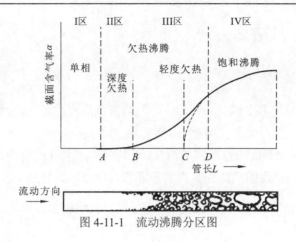

图 4-11-1　流动沸腾分区图

3. 轻度欠热区 III（B 点到 D 点）

深度欠热区内的流体被不断加热，壁面上聚集的气泡会越来越多。在 B 点以后，由于主流的欠热度降低，因此气泡可以脱离壁面在主流中运动。B 称为气泡脱离壁面起始点，也称净蒸气产生起始点或称充分发展沸腾起始点。在 B 点后的第 III 区中，空泡份额迅速增加，此时气泡不断进入主流，一部分被主流中欠热液体冷凝缩灭变为液体，另一部分则来不及冷凝而被主流带出 III 区。随着热量不断加入，气泡不断产生和增加，毗邻壁面移动的气泡聚合而长大，不断脱离壁面、进入主流液体。因而，总体上说，从 B 点主流液体中已有蒸气，空泡份额开始一直增加到 D 点。

4. 饱和沸腾区 IV（D 点后）

当流体到达 C 点时，按热平衡计算，液体已达到饱和温度，但是实际上该点主流没有达到饱和温度，这是由于在 C 点以前壁面传给流体的热量没有全部用来提高液体温度，有一部分变成了生成气泡的气化潜热，所以，主流只有在 C 点以后的 D 点才完全达到饱和温度。D 点以后称为饱和沸腾区，此区中加入的热量完全用来产生蒸气。

如上所述，欠热沸腾可以分成两个区。第一区由欠热沸腾起始点到充分发展欠热沸腾始点的深度欠热区，第二区由充分发展欠热沸腾起始点到饱和沸腾起始点的轻度欠热区。因此欠热沸腾下空泡份额计算应包括：（1）确定欠热沸腾起始点的位置及相应的主流液体温度；（2）确定充分发展欠热沸腾起始点的位置及相应的主流液体温度和壁面空泡份额；（3）确定深度欠热区内空泡份额；（4）确定轻度欠热区内空泡份额。

对于欠热沸腾空泡份额计算，Griffith 在 1959 年首先提出欠热沸腾下空泡份额分析方法后，Maurer、Bowring、Zuber-Staub、Levy、Larson-Tong、Rouhani、Ahmad 等都提出了自己的模型与计算方法[1]。从计算方法来看，一种是从描述传热过程的物理现象入手，然后建立计算关系式，称为机理模型法，如 Bowring 方法、Rouhani 方法等；另一种则是在充分发展欠热沸腾起始点和饱和腾起始点之间假设一个真实含气率分布的数学拟合，然后在求得空泡份额，称为分布拟合模型，如 Levy 方法等，下面分别介绍[1]。

4.11.2　Bowring 方法

1. 深度欠热沸腾区

关于 A 点的定义，很多文献认为，第一个气泡开始出现的那一点就是欠热沸腾起始点。这种论点理论上是正确的，但是实际难以界定。因为气泡的产生是一个统计过程，所谓第一个气泡产生点，往往与加热面的性质和清洁度、液体的种类与纯度等许多不确定的因素有关。因此，实际上的欠热沸腾起始点往往是用欠热沸腾表现出来的对热工参数的实际影响来间接确定。Bowring 认为 A 点处的主流液体的欠热度 $(\Delta T_{sub})_A$ 应满足：

$$\begin{aligned} q &= h_f[(T_w)_A - (T_l)_A] \\ &= h_f[(T_w)_A - T_{sat} + T_{sat} - (T_l)_A] \\ &= h_f[(\Delta T_{sup})_A - (\Delta T_{sub})_A] \end{aligned} \tag{4-11-1}$$

A 点处的壁面过热度 $(\Delta T_{sup})_A$ 可由 Jens-Lottes（詹斯-洛特斯）公式计算，即

$$(\Delta T_{sup})_A = 25(q/10^6)^{0.25}\exp(-p/6.2) \tag{4-11-2}$$

而液体欠热度 $(\Delta T_{sub})_A$ 为

$$(\Delta T_{sub})_A = (q/h_f) - 25(q/10^6)^{0.25}\exp(-p/6.2) \tag{4-11-3}$$

式中：q 为加热表面热流密度，W/m^2；h_f 为壁面的换热系数，$W/(m^2 \cdot ℃)$；p 为系统压力，MPa。

已知 $(\Delta T_{sub})_A$，就可以按热平衡关系式求得 A 点的位置，对应的壁面空泡份额可以看成零。而 B 点处主流欠热度为

$$(\Delta T_{sub})_B = \eta q/(u_1)_{in} \tag{4-11-4}$$

式中：$(u_1)_{in}$ 为液体进口速度，m/s；η 是一个经验系数，对于水，其计算公式为

$$\eta = (14 \times 0.987p) \times 10^{-6} \tag{4-11-5}$$

B 点处的空泡份额 α_B 可用下式确定：

$$\alpha_B = P_h \delta / A \tag{4-11-6}$$

式中：P_h 为流道的加热周长，m；A 为流道流通面积，m^2；δ 是气泡层的平均厚度，可用下面两式计算，并取较小值：

（1）　　　$\delta = 0.066R_d$，$R_d = 2.37 \times 10^{-3} \times (10p)^{-0.237} = 1.373 \times 10^{-3} \times p^{-0.237}$ 　(4-11-7)

式中：p 的单位为 MPa；R_d 表示气泡脱离壁面时的平均半径。

（2）Griffith 关系式

$$\delta = q\lambda_1 \Pr/[1.07h_f^2(\Delta T_{sub})_B] \tag{4-11-8}$$

式中，λ_1 为液相的导热系数，$W/(m \cdot ℃)$。把 $(\Delta T_{sub})_B$ 的数值代入得：

$$\delta = (u_1)_{in}\lambda_1 \Pr/(1.07h_f^2\eta) \tag{4-11-9}$$

如果可近似将 A 点与 B 点之间的空泡份额视为线性分布，那么，在确定 $(\Delta T_{sub})_A$、$(\Delta T_{sub})_B$ 及 α_B 后，II 区主流欠热度 ΔT_{sub} 处的空泡份额为

$$\alpha = \frac{(\Delta T_{sub})_A - \Delta T_{sub}}{(\Delta T_{sub})_A - (\Delta T_{sub})_B} \alpha_B \tag{4-11-10}$$

2. 轻度欠热沸腾区

Bowring 认为，在轻度欠热沸腾区内，传热热流由四部分组成：①脱离气泡的潜热 q_e；②温度边界层内气泡扰动引起的传热 q_a；③壁面上气泡之间的单相液体对流传热 q_1；④附着于流道壁面上的气泡的顶部的凝结换热 q_c。

若忽略第④项传热热流，则总热流密度应为

$$q = q_e + q_a + q_1 \tag{4-11-11}$$

下面分别求取各部分热流：

（1）设单位传热面积上产生的气泡数为 n，气泡产生频率为 f，单个气泡体积为 V_b，汽化潜热为 h_{lv}，则

$$q_e = n f V_b \rho_v h_{lv} \tag{4-11-12}$$

（2）当一个气泡生长时，它把邻近的过热液体推入欠热的主流，在气泡脱离壁面过程中，继续推动过热液体远离加热壁。同时，来自主流的冷液体补充到壁面。这样相应于气泡体积大小的冷液体质量到达加热表面，通过其有效温差 ΔT_e 获得壁面热量，形成新的气泡，这样如此循环往复。因此

$$q_a = n f V_b \rho_l c_{pl} \Delta T_e \tag{4-11-13}$$

式中：c_{pl} 为液相定压比热；ΔT_e 是考虑了主流温度、壁面过热度以及气泡与液体交替效应的有效温差。由于 ΔT_e、n、f 与 V_b 均难以确定，需要引入一个比例系数 ε，即

$$\varepsilon = \frac{q_a}{q_e} = \frac{\rho_l c_{pl}}{\rho_v h_{lv}} \Delta T_e \tag{4-11-14}$$

根据实验数据，ε 随压力而变化，其变化关系是：当 $0.1\,\text{MPa} \leqslant p \leqslant 0.95\,\text{MPa}$ 时，$\varepsilon = 3.2 \frac{\rho_l c_{pl}}{\rho_v h_{lv}}$；当 $0.95\,\text{MPa} \leqslant p \leqslant 5\,\text{MPa}$ 时，$\varepsilon = 1.3$。

（3）随着壁面上气泡密度增加，q_1 将减小直至为零。假设当主流欠热度 ΔT_{sub} 为 $(\Delta T_{sub})_B$ 时，$q_1 = 0$，按照 Forster 的实验结果，有

$$(\Delta T_{sub})_B = \frac{q}{1.4 h_f} - 25 \left(\frac{q}{1.4 \times 10^6} \right)^{0.25} \exp\left(-\frac{p}{6.2} \right) \tag{4-11-15}$$

当 $\Delta T_{sub} > (\Delta T_{sub})_B$ 时，$q_1 = h_f \Delta T_{sub}$；当 $\Delta T_{sub} < (\Delta T_{sub})_B$ 时，$q_1 = 0$。利用式（4-11-11）与式（4-11-14）得

$$q_e = \frac{q - q_1}{1 + \varepsilon} \tag{4-11-16}$$

从而可以求得真实的质量含气率为

$$x_a = \frac{P_h}{\rho_l A (u_l)_{in} h_{lv}} \int_{z_B}^{z} \frac{q - q_1}{1 + \varepsilon} \, dz \tag{4-11-17}$$

式中：P_h 为加热温周，Z_B 为气泡脱离面起始点处的通道长度。若令 $q_{sub} = q - q_1$ 以及 $1 + \varepsilon =$ 常数，则

$$\bar{q}_{sub} = \frac{1}{Z - Z_B} \int_{Z_B}^{z} \frac{q - q_1}{1 + \varepsilon} dz \qquad (4\text{-}11\text{-}18)$$

$$x_a = \frac{P_h}{p_1 A (u_1)_{in} h_{lv}} \bar{q}_{sub} (Z - Z_B) \qquad (4\text{-}11\text{-}19)$$

求得 x_a 后，利用下式求出 α_a：

$$\frac{\alpha_a}{1 - \alpha_a} = \frac{\rho_1}{\rho_v} \cdot \frac{1}{S} \cdot \frac{x_a}{1 - x_a} \qquad (4\text{-}11\text{-}20)$$

式中：滑速比 S 可取 $1.5 \sim 4.1$。Bowring 认为，在气泡脱离的起始点 Z_B 以后，壁面处的空泡份额维持不变，均为 α_B，所以在轻度欠热沸腾区的空泡份额为

$$\alpha = \alpha_B + \alpha_a \qquad (4\text{-}11\text{-}21)$$

4.11.3 Rouhani 方法

Rouhani 提出了一套计算欠热沸腾区空泡份额的办法。他认为在欠热沸腾过程中，通过加热壁面的热量主要以三种方式传递：①直接传热给单相液体，直到壁面被气泡全部覆盖为止；②通过气液相变产生蒸汽；③对填充脱离壁面气泡体积的那部分质量的液体进行加热。因此有

$$q = h(T_w - T_1) + m_s h_{lv} + \frac{m_s}{\rho_v} c_p \rho_1 (T_{sat} - T_1) \qquad (4\text{-}11\text{-}22)$$

式中：m_s 为单位时间、单位传热面积上产生的蒸气质量。在高欠热度的沸腾工况下，由于有一部分加热壁面被气泡覆盖，直接对单相液体传热的份额有所减少，可看作传热系数 h 比一般单相液体对流换热系数 h_f 要小。在没有精确计算方法的情况下，可假定：

$$h = h_f \frac{T_{sat} - T_1}{T_w - T_1} \qquad (4\text{-}11\text{-}23)$$

则有

$$q = h_f (T_{sat} - T_1) + m_s h_{lv} + \frac{m_s}{\rho_v} c_p \rho_1 (T_{sat} - T_1)$$

$$= h_f \Delta T_{sub} + m_s h_{lv} + \frac{m_s}{\rho_v} c_p \rho_1 \Delta T_{sub} \qquad (4\text{-}11\text{-}24)$$

可得

$$m_s = \frac{q - h_f \Delta T_{sub}}{\rho_v h_{lv} + c_p \rho_1 \Delta T_{sub}} \rho_v \qquad (4\text{-}11\text{-}25)$$

在流道 dz 长度上，单位时间内产生的蒸汽所耗热量为

$$dQ_v = m_s h_{lv} P_h dz = \frac{q - h_f \Delta T_{sub}}{\rho_v h_{lv} + c_p \rho_1 \Delta T_{sub}} \rho_v h_{lv} P_h dz \qquad (4\text{-}11\text{-}26)$$

考虑进入欠热主流的气泡为液体冷凝，则在流道 dz 长度上、单位时间内气泡冷凝所交换

的热量（设 K_c 为单位流道长度、单位时间内、单位温差下冷凝的热量，即冷凝系数）为

$$dQ_c = K_c(T_{sat} - T_1)dz = K_c \Delta T_{sub} dz \tag{4-11-27}$$

那么，在 dz 长度内，在体积元 Adz 内蒸汽实际得到的热量为 $dQ_v - dQ_c$，则有

$$dQ_v - dQ_c = A[(u+du)(\alpha+d\alpha) - u\alpha]\rho_v h_{lv} \tag{4-11-28}$$

因为忽略气液两相的相对滑移，且 dz 长度内欠热沸腾下产生的蒸气量不大，所吸收的热量很小，所以有

$$u = u_1 = u_v = \frac{G}{\alpha\rho_v + (1-\alpha)\rho_1} \tag{4-11-29}$$

$$dz \approx -\frac{GAc_p}{P_h q} d(\Delta T_{sub}) \tag{4-11-30}$$

再因

$$\left[1 - \left(1 - \frac{\rho_v}{\rho_1}\right)\alpha\right]^2 \approx (1-\alpha)^2 \tag{4-11-31}$$

将式（4-11-29）～式（4-11-31）代入式（4-11-28）并通过积分，初始条件为 $\alpha = 0$ 时，$\Delta T_{sub} = (\Delta T_{sub})_{in}$，则得深度欠热沸腾区空泡份额的表达式

$$\frac{\alpha}{1-\alpha} = \frac{1}{q}\left\{\left(q + \frac{h_f h_{lv}\rho_v}{c_p \rho_1}\right)\ln\frac{h_{lv}\rho_v + c_p\rho_1(\Delta T_{sub})_{in}}{h_{lv}\rho_v + c_p\rho_1\Delta T_{sub}} - h_f[(\Delta T_{sub})_{in} - \Delta T_{sub}] - \frac{\varphi_1 c_p \rho_1}{P_h h_{lv}\rho_v}\right\} \tag{4-11-32}$$

式中：

$$\begin{aligned}\varphi_1 &= \int_{(\Delta T_{sub})_{in}}^{\Delta T_{sub}} K_c \Delta T_{sub} d(\Delta T_{sub}) \\ &= 3.5\times10^3 \frac{\lambda_1 \rho_v}{Pr \rho_1} R_e \left(\frac{q\mu_1}{h_{lv}\sigma g \rho_1}\right)^{1/4} A^{2/3} \alpha^{2/3}[0.6(\Delta T_{sub})_{in} + \Delta T_{sub}]\end{aligned} \tag{4-11-33}$$

Rouhani 认为当壁面布满气泡时，气泡脱离壁面，由深度欠热沸腾区进入轻度欠热沸腾区，这时气泡层的平均厚度为 $\delta = 0.67 R_d$。根据实验可知，在 $0.1\sim10$ MPa 压力范围内，气泡脱离壁面时的平均半径为

$$R_d = 2.37\times10^{-3}(10p)^{-0.237} = 1.373\times10^{-3} p^{-0.237} \tag{4-11-34}$$

式中：p 的单位为 MPa。这样，B 点处的壁面空泡份额为

$$\alpha_B = \frac{P_h}{A}\delta = 1.59\times10^{-4}(10p)^{-0.237}\frac{P_h}{A} = 0.906\times10^{-4} p^{-0.237}\frac{P_h}{A} \tag{4-11-35}$$

因为当 $\alpha = \alpha_B$ 后，气泡布满了壁面，直接传热给单相液体的过程消失，即 $h(T_w - T_1) = 0$。所以，计算轻度欠热沸腾区的空泡份额，仅需去掉式（4-11-22）中右边第一项，忽略 ρ_v / ρ_1，按照上述同样的步骤 α 从 α_B 积分到 α，ΔT_{sub} 从 $(\Delta T_{sub})_B$ 积分到 ΔT_{sub}，得

$$\frac{1}{1-\alpha} - \frac{1}{1-\alpha_B} = \ln\frac{h_{lv}\rho_v + c_p\rho_1(\Delta T_{sub})_B}{h_{lv}\rho_v + c_p\rho_1\Delta T_{sub}} - h_f[(\Delta T_{sub})_B - \Delta T_{sub}] - \frac{\varphi_2 c_p \rho_1}{P_h h_{lv}\rho_v q} \tag{4-11-36}$$

$$\varphi_2 = \int_{(\Delta T_{sub})_B}^{\Delta T_{sub}} K_c \Delta T_{sub} d(\Delta T_{sub})$$

$$= 7 \times 10^5 \frac{\lambda_1 h_{lv} \rho_v}{P_r c_p \rho_1} R_e^{0.5} \left(\frac{q\mu_1}{h_{lv} \sigma g \rho_1} \right)^{0.5} A^{2/3} \alpha^{2/3} [(\Delta T_{sub})_B + 2\Delta T_{sub}] \tag{4-11-37}$$

Rouhani 等于 1970 年又对上述方法做了相应改进,考虑气液相间相对速度(分相流模型),在求得真实含气率后,用 Zuber-Findlay 公式求空泡份额 α 。另外,把欠热沸腾分为两个区,在深度欠热区和轻度欠热区采用相同的冷凝系数 K_c 。在深度欠热区末的壁面空泡份额 $\alpha_B = 0.96 \times 10^{-4} P_h / A$,壁面传热的热平衡关系式为

$$q = h_f \Delta T_{sub} \left(1 - \frac{\alpha}{\alpha_B} \right) + m_s h_{lv} + \frac{m_s}{\rho_v} c_p \rho_1 \Delta T_{sub} \tag{4-11-38}$$

用以上同样的推导步骤,可得

$$dQ_b = \frac{q - h_f \Delta T_{sub}[1-(\alpha/\alpha_B)]}{h_{lv}\rho_v + c_p P_1 \Delta T_{sub}} h_{lv} \rho_v P_h dz \tag{4-11-39}$$

$$dQ_c = K_c \Delta T_{sub} dz \tag{4-11-40}$$

式中

$$K_c = 30 \frac{\lambda_f}{Pr} \left(\frac{\rho_v}{\rho_1} \right)^2 \frac{GD}{\mu_1(1-\alpha)} \left[\frac{q\mu_1}{h_{lv}\sigma(\rho_1 - \rho_v)} \right]^{-0.5} \times A^{\frac{2}{3}} \alpha^{\frac{2}{3}} \tag{4-11-41}$$

在通道 dz 长度内,真实质量含气率的增量为

$$dx = \frac{dQ_b - dQ_c}{GAh_{lv}} \tag{4-11-42}$$

液体的欠热度变化为

$$d(\Delta T_{sub}) = \frac{qP_h dz - (dQ_b - dQ_c)}{GAc_p} \tag{4-11-43}$$

将式（4-11-39）～式（4-11-41）代入式（4-11-42）并进行积分得到空泡份额为

$$\alpha(z) = \frac{x(z)}{\rho_v} \left\{ C_0 \left[\frac{x(z)}{\rho_v} + \frac{1-x(z)}{\rho_1} \right] + \frac{1.18}{G} \left[\frac{g\sigma(\rho_1 - \rho_v)}{\rho_1^2} \right]^{1/4} \right\}^{-1} \tag{4-11-44}$$

通道 z 高度上的真实质量含气率为

$$x(z) = x_e(z) - (x_e)_B \exp \left[\frac{x_e(z)}{(x_e)_B - 1} \right] \tag{4-11-45}$$

式中: $x_e(z)$ 为流道 z 长度处热力学平衡干度, $(x_e)_B$ 是 B 点处的热力学平衡干度。

C_0 是与质量流速有关的分布函数。在欠热沸腾情况下,可以取 $C_0 = 1.12$ 。当低质量流速时,可取 $C_0 = 1.54$ 。由于 K_c 中含有 α ,所以必须用迭代法求解才能求得 α 值。

4.11.4 Levy 方法

Levy 于 1967 年提出一种欠热沸腾下空泡份额的计算方法。该方法是从确定气泡脱离壁面起始点时气泡尺寸大小与主流欠热度出发,在此基础上求得实际含气率,进而确定空泡份额。Levy 方法分为下面几个步骤。

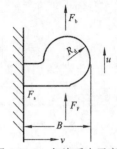

图 4-11-2 气泡受力示意图

1. 气泡脱离壁面的尺寸

从作用于气泡上的力来考虑气泡脱离壁面问题,Levy 认为作用力有浮力 F_b、表面张力 F_s 和液体流动作用于气泡上的力 F_F,如图 4-11-2 所示。表面张力使气泡黏附在壁面上,其他二种力使气泡脱离壁面。这些力作用在气泡所占有的截面积上,而截面积正比于 R_d^2,三个力分别表示为

$$F_b = C_b R_d^3 (\rho_l - \rho_v) g \qquad (4\text{-}11\text{-}46)$$

$$F_s = C_s R_d \sigma \qquad (4\text{-}11\text{-}47)$$

$$F_F = C_F \frac{\tau_W}{D_e} R_d^3 \qquad (4\text{-}11\text{-}48)$$

式(4-11-46)~式(4-11-48)中:C_b、C_s 与 C_F 均为比例常数;R_d 为气泡半径;σ 为表面张力;τ_w 为壁面剪切应力;D_e 为流道水力直径。当三个力平衡时,气泡开始脱离壁面,进入到主流液体中。由于受力平衡关系,则有

$$C_b R_d^3 (\rho_l - \rho_v) g + C_F \frac{\tau_W}{d_e} R_d^3 - C_s R_d \sigma = 0 \qquad (4\text{-}11\text{-}49)$$

解得

$$R_d = \sqrt{\frac{C_s \sigma}{C_b g (\rho_l - \rho_v) + C_F \dfrac{\tau_W}{D_e}}} \qquad (4\text{-}11\text{-}50)$$

假定从气泡顶端到壁面的距离 Y_B 与 R_d 成正比,则有

$$Y_B = C \sqrt{\frac{\sigma D_e}{\tau_W}} \bigg/ \sqrt{1 + C' g \frac{(\rho_l - \rho_v) D_e}{\tau_W}} \qquad (4\text{-}11\text{-}51)$$

以 $\sqrt{\dfrac{\tau_W}{\rho_l}} \dfrac{\rho_l}{\mu_l}$ 乘以式(4-11-51),从而得到相应的无因次关系式为

$$Y_B^* = Y_B \sqrt{\frac{\tau_W}{\rho_l}} \frac{\rho_l}{\mu_l} = C \frac{\sigma \sqrt{D_e \rho_l}}{\mu_l} \bigg/ \left[1 + C' g \frac{(\rho_l - \rho_v) D_e}{\tau_W} \right] \qquad (4\text{-}11\text{-}52)$$

一般而言,主流流动作用于气泡上的力 F_F 比浮升力 F_b 要大得多,于是略去浮升力,可得

$$Y_B^* = C \frac{\sigma \sqrt{D_e \rho_l}}{\mu_l} \qquad (4\text{-}11\text{-}53)$$

以上各式中的 C 与 C' 是 C_b、C_s 与 C_F 等组成的系数,需由实验确定,Levy 给出的 $C = 0.015$,

$C'=0$。这表明浮力起的作用很小，即使在低质量流速下也不大。

2. 主流液体欠热度

欠热沸腾产生气泡，在气泡附近的液体温度 T_b 必须超过饱和温度 T_{sat}。根据气泡在液体中存在时的力平衡与 Clausius-Clapeyron 关系式可得

$$T_b - T_{sat} = \frac{2\sigma T_{sat}(\rho_1 - \rho_v)}{\rho_1 \rho_v h_{lv} R_d} \tag{4-11-54}$$

要得到气泡脱离加热壁面处主流欠热度 $(\Delta T_{sub})_B = T_{sat} - T_1 = (T_w - T_1) - (T_w - T_{sat})$，需要分别应用单相液体对流换热公式求 $(T_w - T_1) = \dfrac{q}{h_f}$ 及 Martinelli 推荐的公式求 $(T_w - T_{sat})$，为了方便起见，Levy 假定 $T_b = T_{sat}$，这是可以接受的，最后 $(\Delta T_{sub})_B$ 计算公式为

当 $0 \leqslant Y_B^* \leqslant 5$ 时，

$$(\Delta T_{sub})_B = \frac{q}{h_f} - Q^* \text{Pr} \, Y_B^* \tag{4-11-55}$$

当 $5 \leqslant Y_B^* \leqslant 30$ 时，

$$(\Delta T_{sub})_B = \frac{q}{h_f} - 5Q^* \left\{ \text{Pr} + \ln\left[1 + \text{Pr}\left(\frac{Y_B^*}{5} - 1\right)\right] \right\} \tag{4-11-56}$$

当 $Y_B^* > 30$ 时，

$$(\Delta T_{sub})_B = \frac{q}{h_f} - 5Q^* \left\{ \text{Pr} + \ln[1 + 5\text{Pr}] + 0.5\ln\left[\frac{Y_B^*}{30}\right] \right\} \tag{4-11-57}$$

式中：$Q^* = \dfrac{q}{c_{p1}\rho_1(\tau_w/\rho_1)^{1/2}}$。

3. 空泡份额的计算

在气泡脱离加热壁面起始点处，空泡份额很小，Levy 认为真实含气率 $x_a \approx 0$。而此时的热力学平衡含气率 $(x_e)_B$ 则应该为一负值，即

$$(x_e)_B = -\frac{c_p(\Delta T_{sub})_B}{h_{lv}} \tag{4-11-58}$$

Levy 假定：

（1）在气泡脱离壁面起始点 B 处，没有气泡运动，绝大部分热量传给液体，所以

$$\left.\frac{dx_e}{dz}\right|_{Z_B} = \left.\frac{dx_e}{dz}\right|_{(x_e)_B} = 0$$

（2）当 x_e 增大，成为正值，x_e 比 $(x_e)_B$ 越大，则 x_a 越接近 x_e，即当达到饱和沸腾区时，热力不平衡情况结束。

Levy 运用 x_a 与 x_e 之间的相互关系，用拟合法得出关于 x_a 与 x_e 的拟合曲线关系式为

$$x_a = x_e - (x_e)_B \exp\left[\frac{x_e}{(x_e)_B - 1}\right] \tag{4-11-59}$$

这样，就可以根据 Zuber-Findlay 公式求得空泡份额。于是

$$\alpha = \frac{x_a}{\rho_v}\left\{1.13\left[\frac{x_a}{\rho_v}+\frac{(1-x_a)}{\rho_l}\right]+\frac{1.18}{G}\left[\frac{g\sigma}{\rho_l^2}(\rho_l-\rho_v)\right]^{1/4}\right\}^{-1} \tag{4-11-60}$$

习　题　4

1. 一个直径为 3 cm 的垂直管内有空气-水混合物两相流，系统压力为 1 个大气压，空气流量 0.1 kg/s，水流量 0.5 kg/s，流型为环状流。求液膜厚度 δ、单位长度的压降及空泡份额 α。

2. 空气-水混合物以环状流形式垂直上升流过内径为 $D=50$ mm 的圆管流道，已知水的流速 $u_1=1$ kg/s、密度 $\rho_1=1\,000\ \text{kg/m}^3$、黏度 $\mu_1=10^{-3}$ Pas；空气的流速 $u_v=0.8$ kg/s，密度 $\rho_v=1.64\ \text{kg/m}^3$，黏度 $\mu_v=1.8\times10^{-5}$ Pas；表面张力 $\sigma=0.072$ N/m。试用环状流的解析计算方法求空泡份额数值。

3. 有一均匀加热圆管试验段，管子的内径为 3 mm，长 0.38 m，热流密度为 $4\times10^5\ \text{W/m}^2$，水的进口压力为 2.8 MPa，进口温度为 80 ℃，质量流速为 2 618 kg/(m²·s)。试求欠热沸腾下最初气泡产生点及气泡脱离壁面起始点处的位置、液体温度及管壁壁面温度及出口处的空泡份额数值。

参 考 文 献

[1] 徐济鋆. 沸腾传热和气液两相流[M]. 北京: 原子能出版社, 2001.

[2] LOCKHART R W, MARTINELLI R C. Proposed correlation of data for isothermal two-phase two-component flow in pipes[J]. Chemical Engineering and Processing, 1949, 45: 39-48.

[3] OSMACHKIN V S, BORISOV V. Pressure drop and heat transfer for flow of boiling water in vertical rod bundles[C]. \\4th International Heat Transfer Conference, Paris-Versailles, 1970: B4. 9.

[4] 阎昌琪. 气液两相流[M]. 3 版. 哈尔滨: 哈尔滨工程大学出版社, 2010.

[5] SMITH S L. Void fraction in two-phase flow: A correlation based upon an equal velocity head model[J]. Proceedings of the Institution of Mechanical Engineers, London, 1970, 184: 647-664.

[6] BANKOFF S G. A variable density single-fluid model for two-phase flow with particular reference to steam-water flow[J]. Transactions ASME, Series C, Journal of Heat Transfer, 1960, 82(4): 265-272.

[7] 刘峰, 陈文振, 罗磊. 矩形通道中两相流变密度模型空泡份额计算[J]. 原子能科学技术, 2007, 41(2): 185-188.

[8] ZIVI S M. Estimation of steady-state steam void fraction by means of the principle of minimum entropy function[J]. Transactions ASME, Series C, Journal of Heat Transfer, 1964, 86(2): 247-252.

[9] 桂学文, 陈文振, 黎浩峰. 考虑摩擦时环状流的空泡份额求解[J]. 海军工程大学学报, 2003, 15(6): 83-85.

[10] ZUBER N, FINDLAY J A. Average volumetric concentration in two-phase flow system[J]. Transactions ASME, Series C, Journal of Heat Transfer, 1965, 87: 453-468.

[11] WALLIS G B. One dimensional two-phase flow[M]. New York: McGraw-Hill Companies, 1969.

[12] LEVY S. Steam slip-theoretical prediction from momentum model[J]. Transactions ASME, Series C, Journal of Heat Transfer, 1960, 82(2): 113-124.

[13] 陈文振, 桂学文, 朱波. 环状两相流空泡份额新析[J]. 海军工程大学学报, 2003, 15(5): 9-11.

[14] HUGHMARK G A. Holdup and heat transfer in horizontal slug gas-liquid flow[J]. Chemical Engineering and Processing, 1965, 20(12): 1007-1010.

[15] THOM J. Prediction of pressure drop during forced circulation boiling of water[J]. International Journal of Heat and Mass Transfer, 1964, 7(7): 709-724.

[16] 储玺. 两相自然循环条件下蒸汽发生器倒流特性研究[D]. 武汉: 海军工程大学, 2018.

[17] MARCHATERRE J F. The effect of pressure on boiling density in multiple rectangular channels[D]. Chicago: Michigan College of Mining and Technology, 1956.

[18] MARCHATERRE J F, PETRICK M, LOTTES P A, et al. Natural and forced-circulation boiling studies[R]. Argonne National Laboratory, ANL-5735, 1960.

[19] COOK W H. Boiling density in vertical rectangular multichannel sections with natural circulation[R]. Argonne National Laboratory, ANL-5621, 1956.

[20] ANKLAM T M, MILLER R J, WHITE M D. Experimental investigations of uncovered-bundle heat transfer and two-phase mixture-level swell under high-pressure low-heat-flux conditions[R]. NRC, NUREG/CR-2456, ORNL-5848, 1982.

[21] 陈文振, 于雷, 郝建立. 核动力装置热工水力[M]. 北京: 中国原子能出版社, 2013.

第 5 章 两相流动压降的计算

5.1 概 述

在两相流动研究中,虽然压降计算研究是最早、最广泛的,同时也是较为成熟的内容之一,但是,由于影响两相流动压降的因素较多,一个关系式很难包含全部影响因素,且有些因素很难在经验关系式中表示。例如,两相流动系统中,入口效应的影响延续到几百倍流道直径长度,且要远大于单相流动,这点很难在计算关系式中表达出来。又如,大部分压降计算的关系式并不包含流型的区分,这就使它们的应用范围受到了限制,因此,至今仍未建立十分准确和满意的两相流动压降通用计算式[1]。

在第 3 章中提到,两相流动的总压降等于加速、重力与摩擦压降三者之和,即

$$-\frac{\mathrm{d}p}{\mathrm{d}z} = -\frac{\mathrm{d}p_a}{\mathrm{d}z} - \frac{\mathrm{d}p_g}{\mathrm{d}z} - \frac{\mathrm{d}p_f}{\mathrm{d}z} \tag{5-1-1}$$

三个压降梯度分量的具体计算式随模型而异,反映了不同物理假定之间的差别。表 3-4-1 中列有分相流模型与均相流模型的压降分量表达式,这两种基本工程计算模型的摩擦压降(梯度)分量必须由经验或实验确定。绝大部分现有实验并不直接测定摩擦压降(梯度)分量,而是测定总压降(梯度),可以视模型不同,直接用计算式或结合经验关系式估算出加速压降和重力压降(梯度),得到摩擦压降(梯度)数值。实际上,这种经验方法,把实验误差和模型假定带来的误差,全部归结到摩擦压降(梯度)项。因此必须注意:凡不采用实验 α 值,而用 α 经验式建立的摩擦压降计算式,则应将 α 经验式和摩擦压降计算式同时使用。摩擦压降(梯度)项表征了两相之间、两相混合物与壁面之间的相互作用效应,其值与流型有关。而现有的大部分计算式并未考虑流型的影响,即使一些考虑流型的计算式,也缺乏合适的流型过渡判断标准,这给正确使用摩擦压降公式带来困难。

在一般情况下,加速压降与摩擦压降、重力压降相比很小,往往可以忽略不计。只有在高热负荷的情况下,加速压降才增大到可与摩擦压降相比拟的程度。而且摩擦压降要比加速压降和重力压降难以确定,这主要是因为影响摩擦压降的不确定因素很多,很难用一般的关系式描述这些影响因素。研究两相流动摩擦压降(梯度)的传统方法是用一些专门定义的系数乘以相对应的单相摩擦压降(梯度),这些系数称为"因子"或"乘子"。利用这些系数就可以由单相摩擦压降计算出两相摩擦压降。这为计算两相流动的摩擦压降提供了一个实用的计算途径。

本章将分别介绍不同的两相流动压降模型及常用的压降计算与经验关系式,同时介绍常用的一些实用计算方法[1-2]。

5.2　分相模型的流道压降计算

5.2.1　加速压降

按照分相流模型，从两相流动的动量方程可知，稳定流动时加速压降梯度为

$$\frac{\mathrm{d}p_a}{\mathrm{d}z} = \frac{1}{A}\frac{\mathrm{d}}{\mathrm{d}z}\left\{AG^2\left[\frac{(1-x)^2}{\rho_1(1-\alpha)} + \frac{x^2}{\rho_v\alpha}\right]\right\} \tag{5-2-1}$$

则加速压降可写成

$$\mathrm{d}p_a = G^2\mathrm{d}\left[\frac{(1-x)^2}{\rho_1(1-\alpha)} + \frac{x^2}{\rho_v\alpha}\right] - \frac{G^2}{A}\left[\frac{(1-x)^2}{\rho_1(1-\alpha)} + \frac{x^2}{\rho_v\alpha}\right]\mathrm{d}A \tag{5-2-2}$$

由式（5-2-2）可看出，两相流动加速压降通常由两部分组成。

（1）第一项是由于两相流动密度沿管长 z 的变化而引起的加速压降。这一变化是由于加热或冷却，以及压力变化使工质膨胀或收缩而引起的。

（2）第二项表示流通面积 A 沿管长 z 的变化而引起的加速压降。

对于等截面直管（$\mathrm{d}A=0$），气液混合物从位置 z_1 流动到 z_2 时，则式（5-2-2）中第二项为零，加速压降为

$$\Delta p_a = G^2\left\{\frac{(1-x_2)^2}{\rho_1(1-\alpha_2)} + \frac{x_2^2}{\rho_v\alpha_2} - \frac{(1-x_1)^2}{\rho_1(1-\alpha_1)} - \frac{x_1^2}{\rho_v\alpha_1}\right\} \tag{5-2-3}$$

式中：x_1、x_2、α_1、α_2 分别是位置 z_1 与 z_2 处两相流动的含气率和空泡份额。若从两相流动的能量方程出发，稳定流动时加速压降梯度为

$$\frac{\mathrm{d}p_a}{\mathrm{d}z} = \frac{\rho_0 G^2}{2}\frac{\mathrm{d}}{\mathrm{d}z}\left[\frac{x^3}{\rho_v^2\alpha^2} + \frac{(1-x)^3}{\rho_1^2(1-\alpha)^2}\right] \tag{5-2-4}$$

则加速压降可写成

$$\Delta p_a = \frac{\rho_0 G^2}{2}\left[\frac{x_2^3}{\rho_v^2\alpha_2^2} - \frac{x_1^3}{\rho_v^2\alpha_1^2} + \frac{(1-x_2)^3}{\rho_1^2(1-\alpha_2)^2} - \frac{(1-x_1)^3}{\rho_1^2(1-\alpha_1)^2}\right] \tag{5-2-5}$$

式中：$\rho_0 = \rho_v\beta + \rho_1(1-\beta)$。

若所研究的管段进口流体为饱和液体（$x_1=0$），然后沿管长被均匀加热到出口干度为 x 的两相混合物，则式（5-2-3）与式（5-2-5）为

$$\Delta p_a = G^2\left\{\frac{(1-x)^2}{\rho_1(1-\alpha)} + \frac{x^2}{\rho_v\alpha} - \frac{1}{\rho_1}\right\} \tag{5-2-6}$$

$$\Delta p_a = \frac{\rho_0 G^2}{2}\left[\frac{(1-x)^3}{\rho_1^2(1-\alpha)^2} + \frac{x^3}{\rho_v^2\alpha^2} - \frac{1}{\rho_1^2}\right] \tag{5-2-7}$$

5.2.2　重力压降

在分相流模型中，动量方程与能量方程中的重力压力梯度分别为

$$\frac{\mathrm{d}p_g}{\mathrm{d}z} = \rho_m g \sin\theta \qquad\qquad (5\text{-}2\text{-}8)$$

$$\frac{\mathrm{d}p_g}{\mathrm{d}z} = \rho_0 g \sin\theta \qquad\qquad (5\text{-}2\text{-}9)$$

对管长为 L 的管段，其重力压降即为沿管段的积分，即

$$\Delta p_g = \int_0^L \rho_m g \sin\theta \mathrm{d}z = \int_0^L [\rho_v \alpha + \rho_l(1-\alpha)]g \sin\theta \mathrm{d}z \qquad (5\text{-}2\text{-}10)$$

$$\Delta p_g = \int_0^L \rho_0 g \sin\theta \mathrm{d}z = \int_0^L [\rho_v \beta + \rho_l(1-\beta)]g \sin\theta \mathrm{d}z \qquad (5\text{-}2\text{-}11)$$

当已知工质沿管长 z 的吸热规律时，便可找出空泡份额 α 或体积含气率 β 沿管长 z 的变化规律，则式（5-2-10）或式（5-2-11）中的变量 z 管长的积分便得到重力压降的值。

5.2.3　摩擦压降

研究两相摩擦压降梯度的传统方法是：两相摩擦压降 = 单相摩擦压降×两相摩擦乘子，其中两相摩擦乘子是式（4-9-6）或式（4-9-7）定义的系数。令流道内流动的总质量流量为 m，气相质量流量为 m_v，液相质量流量为 m_l，且 $m = m_l + m_v$。总质量流量为 m 的两相混合物的摩擦压降梯度记为 $(\mathrm{d}p_f / \mathrm{d}z)_{TP}$，下标 "TP" 表示两相；同时，将气相与液相质量流量 m_v 与 m_l 在同一流道内流动时摩擦压降梯度记为 $(\mathrm{d}p_f / \mathrm{d}z)_v$ 与 $(\mathrm{d}p_f / \mathrm{d}z)_l$。质量流量 m 的液相或气相在同一流道流动时的摩擦压降梯度记为 $(\mathrm{d}p_f / \mathrm{d}z)_{l0}$ 或 $(\mathrm{d}p_f / \mathrm{d}z)_{v0}$。

1. Lockhart-Martinelli 关系式

20 世纪 40 年代，Lockhart-Martinelli 进行空气与不同液体介质的混合物在水平玻璃管内流动的摩擦压降实验研究，实验压力范围为 0.11～0.36 MPa，流道直径 0.5～25.8 mm。利用快速截止阀方法测定含液率，计算平均空泡份额，获得各种流型下的压降曲线。在此基础上，Lockhart-Martinelli 提出了基于分相模型的等温双组分流动摩擦压降梯度半经验计算方法[1,3]。

基本假定。

（1）按各相的质量流量单独通过同一流道时的流动特性是层流（v）或湍流（t）来定义液-气两相流动的四种流动组合：层流-层流（vv）、湍流-湍流（tt）、层流-湍流（vt）、湍流-层流（tv）。

（2）两相间无相互作用。因此，不管何种流型，两相流动中各相的压降梯度 $\left(\dfrac{\mathrm{d}p_f}{\mathrm{d}z}\right)_l^*$ 与 $\left(\dfrac{\mathrm{d}p_f}{\mathrm{d}z}\right)_v^*$ 应当等于各相单独流过该相在两相流动中所占流道截面时的压降梯度。这样，各相压降梯度彼此相等，也等于整个两相流动的摩阻梯度，即

$$\left(\frac{\mathrm{d}p_f}{\mathrm{d}z}\right)_{TP} = \left(\frac{\mathrm{d}p_f}{\mathrm{d}z}\right)_v^* = \left(\frac{\mathrm{d}p_f}{\mathrm{d}z}\right)_l^* \qquad (5\text{-}2\text{-}12)$$

$$\left(\frac{\mathrm{d}p_f}{\mathrm{d}z}\right)_1^* = \frac{\lambda_1^*}{D_1}\frac{\rho_1 u_1^2}{2} = \frac{\lambda_1^*}{D_1}\frac{G^2(1-x)^2 v_1}{2(1-\alpha)^2} \tag{5-2-13}$$

$$\left(\frac{\mathrm{d}p_f}{\mathrm{d}z}\right)_v^* = \frac{\lambda_v^*}{D_v}\frac{\rho_v u_v^2}{2} = \frac{\lambda_v^*}{D_v}\frac{G^2 x^2 v_1}{2\alpha^2} \tag{5-2-14}$$

式（5-2-12）～式（5-2-14）中：D_1、D_v 分别为液相、气相在两相流动中所占截面的当量直径。需要指出，这里的 λ_1^*、λ_v^* 是指实际的液相、气相质量流量单独流过液相、气相所占据截面时的摩阻系数，而并不是液相、气相单独流过同样流道时的摩阻系数 λ_1、λ_v。

这样，可以定义分液相与分气相两相摩擦乘子 ϕ_1^2 与 ϕ_v^2，即

$$\phi_1^2 = \frac{\left(\dfrac{\mathrm{d}p_f}{\mathrm{d}z}\right)_{\mathrm{TP}}}{\left(\dfrac{\mathrm{d}p_f}{\mathrm{d}z}\right)_1} \tag{5-2-15}$$

$$\phi_v^2 = \frac{\left(\dfrac{\mathrm{d}p_f}{\mathrm{d}z}\right)_{\mathrm{TP}}}{\left(\dfrac{\mathrm{d}p_f}{\mathrm{d}z}\right)_v} \tag{5-2-16}$$

式中：$(\mathrm{d}p_f/\mathrm{d}z)_1$ 与 $(\mathrm{d}p_f/\mathrm{d}z)_v$ 分别是液、气相单独流过同样流道时的摩阻压降梯度，即

$$\left(\frac{\mathrm{d}p_f}{\mathrm{d}z}\right)_1 = \frac{\lambda_1}{D_e}\frac{\rho_1 j_1^2}{2} = \frac{\lambda_1}{D_e}\frac{G^2(1-x)^2 v_1}{2} \tag{5-2-17}$$

$$\left(\frac{\mathrm{d}p_f}{\mathrm{d}z}\right)_v = \frac{\lambda_v}{D_e}\frac{\rho_v j_v^2}{2} = \frac{\lambda_v}{D_e}\frac{G^2 x^2 v_v}{2} \tag{5-2-18}$$

式（5-2-17）和式（5-2-18）中：D_e 是整个流道的当量直径；j_1 与 j_v 分别是液相与气相分别在整个两相混合物流道单独流动的速度，即各相表观速度。于是有

$$\phi_1^2 = \frac{\lambda_1^*}{\lambda_1}\frac{D_e}{D_1}\frac{1}{(1-\alpha)^2} \tag{5-2-19}$$

两种不同的摩阻系数都与各自的 Re 数有关[4]，管内流动情况下，单相层流流动（$Re<2\,000$）时，摩阻系数为 $\lambda=16/Re$；湍流流动时，可以应用 Blasius 方程 $\lambda=0.316\,4/Re^{0.25}$。为简便起见，它们均可按 Blasius 公式形式进行计算，以 c 与 n 分别表示 Blasius 公式的系数与指数，即 $\lambda=cRe^{-n}$，则

$$\lambda_1^* = c\left(\frac{\rho_1 u_1 D_1}{\mu_1}\right)^{-n} \tag{5-2-20}$$

$$\lambda_1 = c\left(\frac{\rho_1 j_1 D_e}{\mu_1}\right)^{-n} \tag{5-2-21}$$

于是得

$$\phi_1^2 = \left(\frac{j_1}{u_1}\right)^n\left(\frac{D_e}{D_1}\right)^{n+1}\frac{1}{(1-\alpha)^2} \tag{5-2-22}$$

又由于 $1-\alpha=\dfrac{A_1}{A}=\left(\dfrac{D_1}{D_e}\right)^2$，$j_1=(1-\alpha)u_1$，所以

$$\phi_1^2=(1-\alpha)^{\frac{n-5}{2}} \tag{5-2-23}$$

同理，对于气相，可得

$$\phi_v^2=\alpha^{\frac{n-5}{2}} \tag{5-2-24}$$

Lockhart-Martinelli 引入了一个无因次参数，该无因次数称为 Martinelli 数或 Martinelli 准则，其定义为

$$X^2=\dfrac{\left(\dfrac{\mathrm{d}p_f}{\mathrm{d}z}\right)_1}{\left(\dfrac{\mathrm{d}p_f}{\mathrm{d}z}\right)_v}=\dfrac{\phi_v^2}{\phi_1^2}=\left(\dfrac{\alpha}{1-\alpha}\right)^{\frac{n-5}{2}} \tag{5-2-25}$$

或

$$\alpha=\dfrac{1}{1+X^{\frac{4}{5-n}}} \tag{5-2-26}$$

将式（5-2-26）代入式（5-2-23），得

$$\phi_1^2=\left(X^{\frac{4}{n-5}}+1\right)^{\frac{5-n}{2}} \tag{5-2-27}$$

$$\phi_v^2=\left(X^{\frac{4}{5-n}}+1\right)^{\frac{5-n}{2}} \tag{5-2-28}$$

式（5-2-27）与式（5-2-28）说明，空泡份额与摩擦阻力的分相摩擦乘子都是 Martinelli 数 X 的函数，这就为整理两相摩阻与 α 的数据提供了很大方便。而 X 表征了两相流动的压降类似于液相还是类似于气相流量独自在管内流动时压降特性的程度。

上述运算表明，压降梯度计算转化为可用实验测定的三个量 ϕ_1^2、ϕ_v^2 和 α。每组参数由同一水平流道的三个摩擦压降梯度实验组成，即测定两相混合物在管内流动时的摩擦压降梯度 $(\mathrm{d}p_f/\mathrm{d}z)_{TP}$ 和相应的含液率（$1-\alpha$），以及在同一流道内测定液相与气相单独流动时的摩擦压降梯度 $(\mathrm{d}p_f/\mathrm{d}z)_1$ 与 $(\mathrm{d}p_f/\mathrm{d}z)_v$。

判断单相流动是紊流或层流形成了四个组合，液气紊流-紊流（tt）、层流-紊流（vt）、紊流-层流（tv）、层流-层流（vv）。以各相 Re 数范围区分层流或紊流：$Re>2\,000$ 为紊流，$Re<2\,000$ 为层流，两者之间为过渡区，这四种不同流动工况均有相应的分相摩擦乘子。Lockhart-Martinelli 采用 ϕ^2 和 X 整理实验数据，绘制了 ϕ_1^2，ϕ_1^2 与 X；α 与 X 的曲线，如图 4-9-1 所示。参数定义避免采用未知的两相压降梯度整理实验数据，使曲线呈现良好的拟合度。

尽管 Lockhart-Martinelli 方法有明显弱点，但实践证明，在许多情况下，此方法具有足够的精度且使用方便，故至今仍为许多工程计算所采用。它适用于低压、可忽略相变或加速影响的水平流动。当这些效应不可忽略但影响不大时，也可用此方法计算摩擦压降分量与空泡份额。当体积与惯性效应显著时，则应使用其他更为合适的方法。

　　然而，Lockhart-Martinelli 的实验曲线使用却不够方便，也不便于用计算机编程计算。
Chisholm 提出了一个简单且精确的 Lockhart-Martinelli 实验曲线拟合式[5]：

$$\phi_l^2 = 1 + \frac{C}{X} + \frac{1}{X^2} \tag{5-2-29}$$

$$\phi_v^2 = 1 + CX + X^2 \tag{5-2-30}$$

$$1 - \alpha = X(X^2 + 20X + 1)^{1/2} \tag{5-2-31}$$

式中：C 需要根据液相和气相是处于湍流（t）还是层流（v）来决定，C 值如表 5-2-1 所示。
其中，式（5-2-31）仅适用于环状流动。

表 5-2-1　Chisholm 和 Lockhart-Martinelli 关系式中 C 的值

液体流动	$(Re)_l = \dfrac{G(1-x)D}{\mu_l}$	气体流动	$(Re)_v = \dfrac{GxD}{\mu_v}$	组合类型	C
湍流	>2 000	湍流	>2 000	tt	20
层流	<1 000	湍流	>2 000	vt	12
湍流	>2 000	层流	<1 000	tv	10
层流	<1 000	层流	<1 000	vv	5

　　运用 Lockhart-Martinelli 关系，可按下面的步骤计算摩擦压降梯度：

（1）计算气相与液相独自流动的 Re 数，判别流动组合类型；

（2）计算分相独自流动下的摩擦压降梯度 $(\mathrm{d}p_f / \mathrm{d}z)_l$ 与 $(\mathrm{d}p_f / \mathrm{d}z)_v$；

（3）计算无因次参数 X，用 X 查图 4-9-1 中曲线或用 Chisholm 拟合关系式计算 ϕ_l^2、ϕ_v^2
与 α；

（4）用 ϕ_l^2 或 ϕ_v^2 计算两相摩擦压降梯度 $(\mathrm{d}p_f / \mathrm{d}z)_{TP}$。

2. Martinelli-Nelson 关系式

　　通过研究 Martinelli-Nelson 注意到，Lockhart-Martinelli 关系式在临界压力时并不适用，
并且在 Lockhart-Martinelli 关系式中不包含表面张力这一参数。事实上，表面张力随压力而变
化，对压降是有影响的；另外，Lockhart-Martinelli 关系式并未考虑质量流速对两相压降的影
响。为此，Martinelli-Nelson 对该关系式进行了修正，其基本假设是：

（1）气液两相流动工况总是处于紊流–紊流（tt）型，此时无因次参数 X 即为 X_{tt}；

（2）流场中任何点均处于热力平衡；

（3）双组分流动的 Lockhart-Martinelli 关系式适用于计算单组分蒸发流动的摩擦压降梯度。

　　于是根据式（5-2-17）与式（5-2-18）有

$$X_{tt}^2 = \frac{\lambda_l}{\lambda_v}\left(\frac{1-x}{x}\right)^2 \frac{\rho_v}{\rho_l} \tag{5-2-32}$$

　　按照 Blasius 公式，式（5-2-32）中的摩阻系数对比这一项即可写为 $\lambda = cRe^{-n}$，因此有

$$\frac{\lambda_l}{\lambda_v} = \left(\frac{\mu_l}{\mu_v}\right)^n \left(\frac{1-x}{x}\right)^{-n} \tag{5-2-33}$$

将式（5-2-33）代入式（5-2-32），并两边开方，可得

$$X_{tt} = \left(\frac{1-x}{x}\right)^{\frac{2-n}{2}} \left(\frac{\mu_l}{\mu_v}\right)^{\frac{n}{2}} \left(\frac{\rho_l}{\rho_v}\right)^{\frac{1}{2}} \tag{5-2-34}$$

若 $n=0.2$，则

$$X_{tt} = \left(\frac{1-x}{x}\right)^{0.9} \left(\frac{\mu_l}{\mu_v}\right)^{0.1} \left(\frac{\rho_l}{\rho_v}\right)^{0.5} \tag{5-2-35}$$

定义全液相与全气相两相摩擦因子为

$$\phi_{l0}^2 = \frac{\left(\dfrac{dp_f}{dz}\right)_{TP}}{\left(\dfrac{dp_f}{dz}\right)_{l0}} \tag{5-2-36}$$

$$\phi_{v0}^2 = \frac{\left(\dfrac{dp_f}{dz}\right)_{TP}}{\left(\dfrac{dp_f}{dz}\right)_{v0}} \tag{5-2-37}$$

于是得到全液相两相摩擦因子与分液相两相摩擦因子之间的关系为

$$\phi_{l0}^2 = \phi_l^2 \frac{\lambda_l}{\lambda_{l0}} (1-x)^2 \tag{5-2-38}$$

而由 Blasius 公式，摩阻系数之比为 $\dfrac{\lambda_l}{\lambda_{l0}} = (1-x)^{-n}$，因此有

$$\phi_{l0}^2 = \phi_l^2 (1-x)^{2-n} \tag{5-2-39}$$

所以，利用此式可以在全液相两相摩擦乘子与分液相两相摩擦乘子之间进行转换。当 $n=0.25$ 时，有

$$\phi_{l0}^2 = \phi_l^2 (1-x)^{1.75} \tag{5-2-40}$$

对于汽水混合物，在临界压力（$P_{cr}=22.12\ MPa$）下，两相密度相等，若不计相间表面张力，则两相可作为均匀混合物处理，此时应有

$$\rho_l = \rho_v, \quad \mu_l = \mu_v, \quad \alpha = \beta = x, \quad \phi_{l0}^2 = 1 \tag{5-2-41}$$

那么，由式（5-2-40）与式（5-2-41）得到

$$\phi_{l0}^2 = (1-x)^{1.75} (\phi_l^2)_{tt} = 1 \tag{5-2-42}$$

于是

$$(\phi_l)_{tt} = \frac{1}{(1-x)^{0.875}} \tag{5-2-43}$$

在临界压力下，结合式（5-2-42），由式（5-2-34）得

$$X_{tt}^{2/(2-n)} = \left(\frac{\rho_v}{\rho_l}\right)^{1/(2-n)} \left(\frac{\mu_l}{\mu_v}\right)^{n/(2-n)} \left(\frac{1-x}{x}\right) = \frac{1}{x} - 1 = \frac{1}{\alpha} - 1 = x_{tt} \tag{5-2-44}$$

将式（5-2-44）代入式（5-2-43）得

$$(\phi_l)_{tt} = \left(1 + \frac{1}{x_{tt}}\right)^{0.875} \tag{5-2-45}$$

式（5-2-45）即为临界压力下 Martinelli-Nelson 的 $(\phi_l)_{tt}$-x_{tt} 关系式。显然，在不同压力下，有不同的 $(\phi_l)_{tt}$-x_{tt} 关系。仅在 x_{tt} 很小或很大处（即两相混合物以气相或液相为主时），Lockhart-Martinelli 关系式与 Martinelli-Nelson 的临界压力下的曲线非常接近，而在中等 x_{tt} 处，Martinelli-Nelson 的结果低于 Lockhart-Martinelli 的值。Martinelli-Nelson 认为，低压下空气-液体混合物的 Lockhart-Martinelli 关系适用于 0.1 MPa 下的蒸汽-水混合物两相流动。于是，Martinelli-Nelson 用临界压力下 $(\phi_l)_{tt}$-x_{tt} 关系式与 0.1MPa 下 Lockhart-Martinelli 关系式，结合压力处于 0.1MPa 至临界压力之间的 Davidson 的实验数据，拟合出相应的实验曲线，便获得不同压力下的 $(\phi_l)_{tt}$-x_{tt} 曲线，进而作出不同压力下的 α-x 曲线与 ϕ_{l0}^2-x 曲线，分别如图 5-2-1 与图 5-2-2 所示。图 5-2-2 的结果也可用表 5-2-2 的形式给出。在求得 ϕ_{l0}^2 值以后，就可以计算两相流摩擦压降。

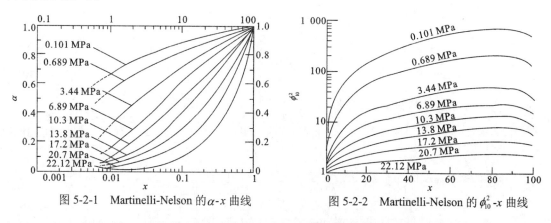

图 5-2-1　Martinelli-Nelson 的 α-x 曲线　　　　图 5-2-2　Martinelli-Nelson 的 ϕ_{l0}^2-x 曲线

表 5-2-2　水蒸气-水的 Martinelli-Nelson 模型两相流全液相摩擦乘子 ϕ_{l0}^2 值

$x/\%$	p/MPa								
	0.101	0.689	3.440	6.890	9.300	13.800	17.200	20.700	22.120
1	5.60	3.50	1.80	1.60	1.35	1.20	1.10	1.05	1.00
5	30.00	15.00	5.30	3.60	2.40	1.75	1.43	1.17	1.00
10	69.00	28.00	8.90	5.40	3.40	2.45	1.75	1.30	1.00
20	150.00	56.00	16.20	8.60	5.10	3.25	2.19	1.51	1.00
30	245.00	83.00	23.00	11.60	6.80	4.04	2.62	1.68	1.00
40	350.00	115.00	29.20	14.40	8.40	4.82	3.02	1.83	1.00
50	450.00	145.00	34.90	17.00	9.90	5.59	3.38	1.97	1.00
60	545.00	174.00	40.00	19.40	11.10	6.34	3.70	2.10	1.00
70	625.00	199.00	44.60	21.40	12.10	7.05	3.96	2.23	1.00
80	685.00	216.00	48.60	22.90	12.80	7.70	4.15	2.35	1.00
90	720.00	210.00	48.00	22.30	13.00	7.95	4.20	2.38	1.00
100	525.00	130.00	30.00	15.00	8.60	5.90	3.70	2.15	1.00

另外，从图 5-2-2 可知，在低干度时，ϕ_{10}^2 值的变化比较快，压力越低，ϕ_{10}^2 值也越大。这是低压时空泡份额较大的缘故。即使是比较小的 x 也会对应于比较大的 α，这样就使两相流的摩擦压降与相应的单相流摩擦压降相比相差很大。Martinelli-Nelson 关系式把由低压下得到的试验数据推广至从大气压到临界压力下的蒸汽-水混合物，甚至也适用于蒸汽-水以外的其他流体。此外，Martinelli-Nelson 关系对低质量流速工况也比较适用。

对管长为 L 的蒸发管，其平均摩擦压降乘子为

$$\overline{\phi}_{10}^2 = \frac{1}{L}\int_0^L \phi_{10}^2 \mathrm{d}z \tag{5-2-46}$$

当沿管长均匀受热时，由于干度 x 与管长 z 之间存在线性关系，所以式（5-2-46）为

$$\overline{\phi}_{10}^2 = \frac{1}{x_{\mathrm{out}}}\int_0^{x_{\mathrm{out}}} (1-x)^{2-n}\phi_1^2 \mathrm{d}x \tag{5-2-47}$$

式中：x_{out} 为流道出口处的干度。对于汽水混合物，Martinelli-Nelson 绘制了式（5-2-46）的积分结果，如图 5-2-3 所示。Martinelli-Nelson 法应用相当广泛，但因为只提供了曲线，所以用起来不太方便。日本的植田辰洋为 Martinelli-Nelson 法提出了下列公式，两者符合较好，即

$$\frac{(\mathrm{d}p_f)_{\mathrm{TP}}}{(\mathrm{d}p_f)_{10}} = 1 + 1.2x_{\mathrm{out}}^{3(1-0.01\sqrt{\rho_l/\rho_v})/4}[(\rho_l/\rho_v)^{0.8}-1] \tag{5-2-48}$$

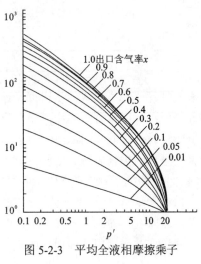

图 5-2-3　平均全液相摩擦乘子随压力变化（均匀受热）

当压力>0.68 MPa 时，可用下述近似式代替。需要说明的是，两相流摩擦压降也可用分气相摩擦因子 ϕ_v^2 来进行计算。那么究竟是用 ϕ_l^2 还是用 ϕ_v^2 来进行计算呢？从两者之间的关系可知，只有在 $X=1.0$ 时，$\phi_l^2 = \phi_v^2$。而对于其他的 X 值，可以分别得到不同的 ϕ_l^2 与 ϕ_v^2 值。一般根据 ϕ_l^2、ϕ_v^2 中较小的一个来计算，即当 $X>1.0$ 时，通常采用 ϕ_l^2；而当 $X<1.0$ 时，则采用 ϕ_v^2。

当 $x_{\mathrm{out}} = 0\sim0.5$ 时，
$$\frac{(\mathrm{d}p_f)_{\mathrm{TP}}}{(\mathrm{d}p_f)_{10}} = 1 + 1.3x_{\mathrm{out}}[(\rho_l/\rho_v)^{0.85}-1] \tag{5-2-49}$$

当 $x_{\mathrm{out}} = 0.5\sim1.0$ 时，
$$\frac{(\mathrm{d}p_f)_{\mathrm{TP}}}{(\mathrm{d}p_f)_{10}} = 1 + x_{\mathrm{out}}[(\rho_l/\rho_v)^{0.9}-1] \tag{5-2-50}$$

3. Thom 方法

用与 Martinelli-Nelson 相似的方法整理实验数据，即制成 ϕ_{10}^2、$\overline{\phi}_{10}^2\left(=\frac{1}{x}\int_0^x \phi_{10}^2 \mathrm{d}x\right)$、$\alpha$、$\psi$ $\left(=\frac{(1-x_{\mathrm{out}})^2}{(1-\alpha_{\mathrm{out}})}+\frac{v_v x_{\mathrm{out}}^2}{v_l \alpha_{\mathrm{out}}}-1\right)$ 及其他参数的曲线及表格如图 5-2-4 和表 5-2-3 所示。Thom 指出，当压力低于 0.172 MPa 时，计算结果与均相模型计算差别甚小[1, 6]。

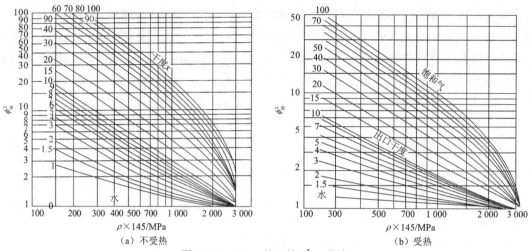

（a）不受热　　　　　　　　　　　（b）受热

图 5-2-4　Thom 整理的 ϕ_{lo}^2-x 曲线

表 5-2-3　Thom 的分相模型参数值

$x/\%$	p/MPa									
	1.72		4.13		8.61		14.5		20.7	
	ϕ_{lo}^2	$\overline{\phi}_{lo}^2$	ϕ_{lo}^2	$\overline{\phi}_{lo}^2$	ϕ_{lo}^2	$\overline{\phi}_{lo}^2$	ϕ_{lo}^2	$\overline{\phi}_{lo}^2$	ϕ_{lo}^2	$\overline{\phi}_{lo}^2$
1	2.12	1.49	1.46	1.11	1.10	1.03	—	—	—	—
5	6.29	3.71	2.86	2.09	1.62	1.31	1.21	1.10	1.02	—
10	11.1	6.30	4.78	3.11	2.39	1.71	1.48	1.21	1.08	1.06
20	20.6	11.4	8.42	5.08	3.77	2.47	2.02	1.46	1.24	1.12
30	30.2	16.2	12.1	7.00	5.17	3.20	2.57	1.72	1.40	1.18
40	39.8	21.0	15.8	8.80	6.59	3.89	3.12	2.01	1.57	1.26
50	49.4	25.9	19.5	10.6	8.03	4.55	3.69	2.32	1.73	1.33
60	59.1	30.5	23.2	12.4	9.49	5.25	4.27	2.62	1.88	1.41
70	68.8	35.2	26.9	14.2	10.19	6.00	4.86	2.93	2.03	1.50
80	78.7	40.1	30.7	16	12.4	6.75	5.45	3.23	2.18	1.58
90	88.6	45.0	34.5	17.8	13.8	7.50	6.05	3.53	2.33	1.66
100	98.86	49.93	38.3	19.65	15.33	8.165	6.664	3.832	2.480	1.740
$x/\%$	α	ψ	α	ψ	α	ψ	α	ψ	α	ψ
1	0.288	0.412 5	0.168	0.200 7	0.090	0.095 5	0.047 6	0.043 1	0.021 3	0.013 2
5	0.678	2.169	0.512	1.040	0.340	0.489 2	0.207	0.218 2	0.102	0.065 7
10	0.816	4.620	0.690	2.165	0.521	1.001	0.355	0.443 1	0.193	0.131 9
20	0.910	10.39	0.833	4.678	0.710	2.100	0.553	0.913 9	0.350	0.267 6
30	0.945	17.30	0.895	7.539	0.808	3.292	0.679	1.412	0.480	0.406 7
40	0.964	25.37	0.930	10.75	0.866	4.584	0.767	1.937	0.589	0.406 7
50	0.975	34.58	0.952	14.30	0.908	5.958	0.832	2.490	0.682	0.695 7
60	0.984	44.93	0.967	18.21	0.936	7.448	0.881	3.070	0.763	0.845 5
70	0.990	56.44	0.979	22.46	0.959	9.030	0.920	3.678	0.834	0.998 8
80	0.994	69.09	0.988	27.06	0.976	10.79	0.952	4.512	0.895	1.156
90	0.997	82.90	0.995	32.01	0.989	12.48	0.978	5.067	0.951	1.316
100	1	98.10	1	37.30	1	14.34	1	5.664	1	1.480

一般认为，Thom 方法适用于高质量流速（$G>2\,000$ kg/（$m^2\cdot s$））的工况，通常用于流速较高的高压蒸发设备。在 $p>1.38$ MPa、$G>678$ kg/（$m^2\cdot s$）的工况条件下，总压降计算误差约为±20%。

4. Armand-Treshchev 关系式

几乎与 Thom 同一时期，Armand 与 Treshchev 测量了粗糙管内蒸汽-水混合物流动的摩擦压降，他们实验的管径为 25.5 mm 与 56 mm，压力范围为 1~11.0 MPa，经研究给出了下面的摩擦乘子计算式[1,7]。

当 $\beta < 0.9$ 时，

$$\phi_{10}^2 = (1-x)^{1.75} \big/ (1-\alpha)^{1.2}, \qquad \alpha < 0.5 \tag{5-2-51}$$

$$\phi_{10}^2 = 0.48(1-x)^{1.75} \big/ (1-\alpha)^{1.9+1.48\times10^{-2}p}, \quad \alpha > 0.5 \tag{5-2-52}$$

式中：p 为压力，单位为 MPa。

当 $\beta > 0.9$ 时，

$$\phi_{10}^2 = \frac{0.025p + 0.055}{(1-\beta)^{1.75}}(1-x)^{1.75} \tag{5-2-53}$$

式中：β 为体积含气率。

例题 5-2-1　按照第 3 章例题 3-4-2 的条件，假设 $(\mathrm{d}p_f / \mathrm{d}z)_{TP} = 0.02$ MPa/m。试计算 Re_{10}，Re_1，Re_{v0}，Re_v，λ_{10}，λ_1，λ_{v0}，λ_v，$(\mathrm{d}p_f / \mathrm{d}z)_{10}$，$(\mathrm{d}p_f / \mathrm{d}z)_1$，$(\mathrm{d}p_f / \mathrm{d}z)_{v0}$，$(\mathrm{d}p_f / \mathrm{d}z)_v$，$\phi_{10}^2$，$\phi_1^2$，$\phi_{v0}^2$，$\phi_v^2$，$X^2$ 等值。

解　$Re_{10} = \dfrac{GD}{\mu_1} = \dfrac{1\,791 \times 20 \times 10^{-3}}{1.002 \times 10^{-3}} \approx 35\,750$

$Re_1 = \dfrac{(1-x)GD}{\mu_1} = 0.999 \times 35\,750 \approx 35\,714$

$Re_{v0} = \dfrac{GD}{\mu_v} = \dfrac{1\,791 \times 20 \times 10^{-3}}{1.789 \times 10^{-5}} \approx 2\,002\,236$

$Re_v = \dfrac{xGD}{\mu_v} = 0.001 \times 2\,002\,000 = 2\,002$

$\lambda = CRe^{-n}, n=0.25, C = 0.079 \times 4 = 0.316$

$\lambda_{10} = \dfrac{0.316}{35\,750^{0.25}} = 0.005\,745 \times 4 = 0.0219$

$\lambda_1 = \dfrac{0.316}{35\,710^{0.25}} = 0.005\,747 \times 4 = 0.0219$

$\lambda_{v0} = \dfrac{0.316}{2\,002\,000^{0.25}} = 0.002\,1 \times 4 = 0.008\,4$

$\lambda_v = \dfrac{0.316}{2002^{0.25}} = 0.011\,81 \times 4 = 0.047\,24$

$\left(\dfrac{\mathrm{d}p_f}{\mathrm{d}z}\right)_{10} = \dfrac{\lambda_{10}}{D_e}\dfrac{G^2 v_1}{2} = \dfrac{0.005\,745 \times 4 \times 1791^2 \times 10^{-3}}{2 \times 20 \times 10^{-3}} \approx 1\,842.8$ Pa/m

$$\left(\frac{\mathrm{d}p_f}{\mathrm{d}z}\right)_1 = \frac{\lambda_1}{D_e}\frac{G^2(1-x)^2 v_1}{2} = 1\,842.8 \times 0.999^2 \approx 1\,839.1\ \mathrm{Pa/m}$$

$$\left(\frac{\mathrm{d}p_f}{\mathrm{d}z}\right)_{v0} = \frac{\lambda_{v0}}{D_e}\frac{G^2 v_v}{2} = \frac{0.002\,1 \times 4 \times 1\,791^2 \times 0.84}{2 \times 20 \times 10^{-3}} \approx 565\,800\ \mathrm{Pa/m}$$

$$\left(\frac{\mathrm{d}p_f}{\mathrm{d}z}\right)_v = \frac{\lambda_v}{D_e}\frac{G^2 x^2 v_v}{2} = \frac{0.011\,81 \times 4 \times 1\,791^2 \times 0.84 \times 0.001^2}{2 \times 20 \times 10^{-3}} \approx 3.208\ \mathrm{Pa/m}$$

$$\phi_{10}^2 = \frac{\left(\dfrac{\mathrm{d}p_f}{\mathrm{d}z}\right)_{\mathrm{TP}}}{\left(\dfrac{\mathrm{d}p_f}{\mathrm{d}z}\right)_{10}} = \frac{0.02}{0.001\,842\,8} \approx 10.85$$

$$\phi_1^2 = \frac{\left(\dfrac{\mathrm{d}p_f}{\mathrm{d}z}\right)_{\mathrm{TP}}}{\left(\dfrac{\mathrm{d}p_f}{\mathrm{d}z}\right)_1} = \frac{0.02}{0.001\,839\,1} \approx 10.87$$

$$\phi_{v0}^2 = \frac{\left(\dfrac{\mathrm{d}p_f}{\mathrm{d}z}\right)_{\mathrm{TP}}}{\left(\dfrac{\mathrm{d}p_f}{\mathrm{d}z}\right)_{v0}} = \frac{0.02}{0.565\,8} \approx 0.035\,35$$

$$\phi_v^2 = \frac{\left(\dfrac{\mathrm{d}p_f}{\mathrm{d}z}\right)_{\mathrm{TP}}}{\left(\dfrac{\mathrm{d}p_f}{\mathrm{d}z}\right)_v} = \frac{0.02}{3.208 \times 10^{-6}} = 6\,234.4$$

$$X^2 = \frac{\left(\dfrac{\mathrm{d}p_f}{\mathrm{d}z}\right)_1}{\left(\dfrac{\mathrm{d}p_f}{\mathrm{d}z}\right)_v} = \frac{\phi_v^2}{\phi_1^2} = \frac{6\,234.4}{10.87} \approx 573.54$$

5.3　均相模型的流道压降计算

5.3.1　加速压降

按照均相流模型，从两相流动的动量或能量方程可知，稳定流动时加速压降梯度为[2]：

$$\frac{\mathrm{d}p_a}{\mathrm{d}z} = G^2 \frac{\mathrm{d}v_{\mathrm{H}}}{\mathrm{d}z} = G^2 \frac{\mathrm{d}[x/\rho_v + (1-x)/\rho_1]}{\mathrm{d}z} \tag{5-3-1}$$

则加速压降可写成

$$\mathrm{d}p_a = G^2 \mathrm{d}v_{\mathrm{H}} = G^2 \mathrm{d}[x/\rho_v + (1-x)/\rho_1] \tag{5-3-2}$$

对上式积分的两相流动加速压降

$$\Delta p_a = G^2 \left\{ \frac{(1-x_2)}{\rho_1} + \frac{x_2}{\rho_v} - \frac{(1-x_1)}{\rho_1} - \frac{x_1}{\rho_v} \right\} \tag{5-3-3}$$

若所研究的管段进口为饱和液体（$x_1=0$），然后沿管长被均匀加热到出口干度为 x 的两相混合物，则式（5-3-3）为

$$\Delta p_a = G^2 \left\{ \frac{(1-x)}{\rho_1} + \frac{x}{\rho_v} - \frac{1}{\rho_1} \right\} = G^2 x \left(\frac{1}{\rho_v} - \frac{1}{\rho_1} \right) \tag{5-3-4}$$

由式（5-2-6）与式（5-3-4）便可得到均相流与分相流加速压降之比为

$$\zeta = \frac{x\left(\dfrac{\rho_1}{\rho_v} - 1 \right)}{\dfrac{(1-x)^2}{(1-\alpha)} + \dfrac{\rho_1 x^2}{\rho_v \alpha} - 1} \tag{5-3-5}$$

一般情况下，$\dfrac{\rho_1 x^2}{\rho_v \alpha} \gg \dfrac{(1-x)^2}{(1-\alpha)}$，而且 $\dfrac{\rho_1 x^2}{\rho_v \alpha} \gg 1$，$\dfrac{\rho_1}{\rho_v} \gg 1$，所以式（5-3-5）可简化为

$$\zeta = \frac{\alpha}{x} \tag{5-3-6}$$

在第 1 章中介绍过，在水平和上升流动中，临界压力以下两相流动的空泡份额总大于干度，即 $\zeta > 1$。这就是说，在水平和上升流动中，按均相流计算的加速压降总大于分相流。图 5-3-1 是按式（5-3-5）对汽水混合物的计算结果[2]。从该图中可清楚地看出，在临界压力以下，比值 ζ 总大于 1，且随压力的增高而减小。Andeen 用（$1.01 \sim 8.6$）$\times 10^5$ Pa 的汽水混合物所做的试验证明[2]，按均相流计算加速压降比按分相流更符合试验结果。其原因可能是假定在均相流中采取

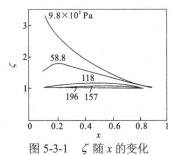

图 5-3-1 ζ 随 x 的变化

了稳定流动、速度沿截面均匀分布和各相速度相等，而这些所引的误差却有一定的相互补偿。

5.3.2 重力压降

在均相流模型中，动量方程与能量方程中的重力压力梯度都为

$$\frac{\mathrm{d}p_g}{\mathrm{d}z} = \rho_H g \sin\theta = \rho_m g \sin\theta = \rho_0 g \sin\theta \tag{5-3-7}$$

对管长为 L 的管段，其重力压降即为沿管段的积分，即

$$\Delta p_g = \int_0^L [\rho_v \beta + \rho_1(1-\beta)] g \sin\theta \mathrm{d}z = \int_0^L [\rho_v \alpha + \rho_1(1-\alpha)] g \sin\theta \mathrm{d}z \tag{5-3-8}$$

可见，在均相流模型中，重力压降的值与分相流模型的值一致。

对绝热流动，α 与 β 不随管长变化，则由式（5-3-8）得

$$\Delta p_g = [\rho_v \beta + \rho_1(1-\beta)] g \sin\theta L = [\rho_v \alpha + \rho_1(1-\alpha)] g \sin\theta L \tag{5-3-9}$$

对均匀加热流动，若含气率 x 沿途呈线性分布：入口为饱和水；出口：$x_e < 1$，则有

$$\Delta p_g = g\sin\theta \int_o^L \frac{\mathrm{d}z}{\upsilon_H} = g\sin\theta \int_o^{x_e} \frac{L}{\upsilon_H} \frac{\mathrm{d}x}{x_e} = \frac{L}{x_e} g\sin\theta \int_o^{x_e} \frac{\mathrm{d}x}{\dfrac{x}{\rho_v} + \dfrac{1-x}{\rho_1}}$$

$$= \frac{Lg\sin\theta}{x_e\left(\dfrac{1}{\rho_v} - \dfrac{1}{\rho_1}\right)} \ln\left[1 + x_e\left(\frac{\rho_1}{\rho_v} - 1\right)\right] \tag{5-3-10}$$

　　均相流模型主要用于低质量含气率 x、高质量流速 G 的情况。也有一些文献建议，只要符合下列条件之一，便可考虑采用均相模型[8]，即

$$\frac{\rho_1}{\rho_v} \leqslant 100, \quad D \leqslant 80\,\text{mm}, \quad G \geqslant 200\,\text{kg/(m}^2 \cdot \text{s)} \tag{5-3-11}$$

但是，当液相黏度 $\mu_1 > 0.01\,\text{N} \cdot \text{s/m}^2$ 时，建议不采用均相模型。

5.3.3　摩擦压降

　　在均相流动模型中，两相流动被视为一种"准单相流体"，其物理参数是由气液两相相应参数折合而得到的。类似于单相流动，两相摩擦压降梯度可以用两相摩擦系数 f_{TP} 表示，即[1]：

$$\left(\frac{\mathrm{d}p_f}{\mathrm{d}z}\right)_{TP} = \frac{\tau_w L}{A} = \frac{2f_{TP}G^2}{D_e\rho_H} = \frac{\lambda_{TP}G^2}{2D_e\rho_H} = \frac{\lambda_{TP}G^2}{2D_e}\left(\frac{x}{\rho_v} + \frac{1-x}{\rho_1}\right)$$

$$= \frac{\lambda_{TP}G^2}{2D_e\rho_1}\left(\frac{\rho_1 x}{\rho_v} + 1 - x\right) = \left(\frac{\mathrm{d}p_f}{\mathrm{d}z}\right)_{10} \frac{\lambda_{TP}}{\lambda_{10}}\left(\frac{\rho_1 x}{\rho_v} + 1 - x\right) \tag{5-3-12}$$

　　两相摩擦系数 f_{TP} 可定义为两相 $Re_{TP} = \dfrac{G \cdot D_e}{\mu_{TP}}$ 的函数。其中，μ_{TP} 为两相折合黏度。

　　在没有可用的数据情况下，往往取适当的经验常数代替 f_{TP}。例如，高压锅炉的沸腾管，在弥散—环状流工况下，若液膜不太厚，取 $f_{TP} = 0.05$。低压下，水流动闪蒸时，常取 $f_{TP} = 0.0029 \sim 0.0033$。另外，还可将低含气率两相流动工况近似处理为整个流体流量为单相液体流量，按单相液体计算两相摩擦系数，即 $f_{TP} = f_{10}$；反之，对于高含气率两相流动，取 $f_{TP} = f_{v0}$。

　　在借用单相流体流动的摩擦率计算均相模型的两相摩擦系数时，需要先确定合适的等效黏度，然后由 Re_{TP} 和管子粗糙度 ε/D 估计 f_{TP}，或用层流公式 $f_{TP} = 16/Re$，湍流公式 $f_{TP} = 0.079 / Re^{0.25}$ 计算。等效黏度的经验公式很多，但常用的主要有下面几种。

　　1. 等效黏度 $\mu_{TP} = \mu_1$

　　Owens 在研究管内汽水混合物蒸发流动的计算中，选择沸腾起始点上游处的液相相关系式（即该处的全液相摩擦关系式）作为汽水混合物全程的压降关系式参考工况。

　　2. 低浓度悬浮小球黏度计算式

　　通过理论分析，可以求得低浓度混合物的等效黏度公式为

$$\mu_{TP} = \mu_1 \left(1 + 2.5\alpha \frac{\mu_2 + 0.4\mu_1}{\mu_2 + \mu_1} \right) \tag{5-3-13}$$

式中：下标 1 为连续相；下标 2 为弥散相。当悬浮粒子为固体小球，则 $\mu_2 \gg \mu_1$，式（5-3-13）便简化成 Einstein 公式

$$\mu_{TP} = \mu_1(1 + 2.5\alpha) \tag{5-3-14}$$

反之，若含有低黏度气泡悬浮物，则式（5-3-13）可以简化为

$$\mu_{TP} = \mu_1(1 + \alpha) \tag{5-3-15}$$

这个理论分析式仅适用于弥散相浓度小于 5% 的两相流动，这种流体的黏度变化很小。

3. 经验拟合关系式

两相流动等效黏度关系式应当满足两个边界条件，即当含气率为 $x=0$ 时，$\mu_{TP} = \mu_1$；$x=1$ 时，$\mu_{TP} = \mu_v$。也有很多学者利用两个极限边界条件提出了几种均相模型等效黏度拟合关系式，常用的有

Bankoff（班可夫）公式　　　　　　　$\mu_{TP} = \alpha\mu_v(1-\alpha)\mu_1 \tag{5-3-16}$

Cicchitti（西克奇蒂）公式　　　　　$\mu_{TP} = x\mu_v + (1-x)\mu_1 \tag{5-3-17}$

Dukler（德克勒）公式　　　　$\mu_{TP} = \dfrac{j_1}{j}\mu_1 + \dfrac{j_v}{j}\mu_v = \beta\mu_v + (1-\beta)\mu_1 \tag{5-3-18}$

Macadams（麦克达姆）公式　　　　$\dfrac{1}{\mu_{TP}} = \dfrac{x}{\mu_v} + \dfrac{1-x}{\mu_1} \tag{5-3-19}$

则式（5-3-12）又可以写为

$$\begin{aligned}
\left(\frac{\mathrm{d}p_f}{\mathrm{d}z} \right)_{TP} &= \frac{\lambda_{TP}G^2}{2D_e\rho_H} = \frac{\lambda_{TP}G^2}{2D_e}\left(\frac{x}{\rho_v} + \frac{1-x}{\rho_1} \right) = \frac{\lambda_{TP}G^2}{2D_e\rho_1}\left(\frac{\rho_1 x}{\rho_v} + 1 - x \right) \\
&= \left(\frac{\mathrm{d}p_f}{\mathrm{d}z} \right)_{10} \frac{\lambda_{TP}}{\lambda_{10}}\left(1 + x\left(\frac{\rho_1}{\rho_v} - 1 \right) \right)
\end{aligned} \tag{5-3-20}$$

则有

$$\phi_{10}^2 = \frac{\lambda_{TP}}{\lambda_{10}}\left(1 + x\left(\frac{\rho_1}{\rho_v} - 1 \right) \right) \tag{5-3-21}$$

若取 Mcadams 等效黏度式（5-3-19），代入 Re_{TP}，并结合 Blasius 方程 $\lambda = cRe^{-n}$，得全液相摩擦乘子为

$$\phi_{10}^2 = \left(1 + x\left(\frac{\rho_1}{\rho_v} - 1 \right) \right)\left[1 + x\left(\frac{\mu_1}{\mu_v} - 1 \right) \right]^{-0.25} \tag{5-3-22}$$

应当指出，运用适当的平均折合黏度计算两相摩擦压降梯度的方法，实质上是单相计算方法的延拓，有时误差比较大。均相摩擦压降是均相模型唯一的经验式，仅用一个折合黏度修正模型误差并未能得到满意的结果。所以，迄今没有一个经验关系式是十分令人满意的。为此，在可能的条件下，常采用实验测量值。

均相模型的基本思想是用一等效可压缩流体代替两相流体，若一相均匀地弥散在另一相

内，两相间动量与能量传递是足够快的，两相的当地平均速度和温度便基本相等。这时，若各参数沿流道变化率不大，热力不平衡影响便可忽略不计，可以采用均相模型计算。对于另外一些流型，例如两相相向流动，显然均相模型完全不适用。因此，均相模型常被用于石油过程、蒸汽发生器与制冷装置计算中。系统压力越高，流体流速越快，均相模型就越适用。

例题 5-3-1　设油气混合物在内径为 40 mm 的水平直管内流动，试按均相流模型计算两相摩擦压降梯度。（已知油气混合物的参数为 $G = 4\,000\ \text{kg/m}^2 \cdot \text{s}$；$x = 0.275$；$\rho_1 = 850\ \text{kg/m}^3$；$\rho_v = 1.2\ \text{kg/m}^3$；$\mu_1 = 4.34 \times 10^{-2}\ \text{Ns/m}^2$；$\mu_v = 18 \times 10^{-6}\ \text{Ns/m}^2$）

解　（1）全液相摩擦压降梯度

全液相摩阻系数：
$$\lambda_{10} = 0.316\,4(Re_1^{-0.25}) = 0.041$$

$$\left(\frac{\mathrm{d}p}{\mathrm{d}z}\right)_{10} = \frac{\lambda_{10}}{D}\frac{G^2}{2\rho_1} = 5\,426.47\ \text{Pa/m}$$

（2）全液相摩擦乘子

$$\phi_{10}^2 = \left[1 + x\left(\frac{\rho_1}{\rho_v} - 1\right)\right]\left[1 + x\left(\frac{\mu_1}{\mu_v} - 1\right)\right]^{-0.25} = 38.517$$

（3）油气两相摩擦压降梯度

$$\frac{\mathrm{d}p}{\mathrm{d}z} = \left(\frac{\mathrm{d}p}{\mathrm{d}z}\right)_{10}\phi_{10}^2 = 38.517 \times 5\,426.47 = 209\ \text{kPa/m}$$

例题 5-3-2　已知一均匀受热的试验段长为 3.66 m，管子内径为 0.16 mm，进口水温为 204℃，压力为 6.89 MPa，试验段直立布置，管子进口水流量为 0.108 kg/s，加热功率为 100 kW，试用均相模型计算试验段内的摩擦阻力压降。

解　根据已知条件，压力为 6.89 MPa 下饱和水焓为 1.26 MJ/kg，入口水焓值为 0.872 MJ/kg，入口水比容为 $1.165 \times 10^{-3}\ \text{m}^3/\text{kg}$，饱和水的比容为 $1.35 \times 10^{-3}\ \text{m}^3/\text{kg}$，蒸汽的比容为 $2.78 \times 10^{-2}\ \text{m}^3/\text{kg}$，入口水的动力黏度为 $1.35 \times 10^{-4}\ \text{N·s/m}^2$，饱和水的动力黏度为 $0.972 \times 10^{-4}\ \text{N·s/m}^2$，蒸汽动力黏度为 $0.19 \times 10^{-4}\ \text{N·s/m}^2$，饱和蒸汽焓为 2.77 MJ/kg。

由于入口水的焓值低于饱和水的焓值，所以入口为欠热水。则试验段内的摩擦阻力压降应由单相水的摩擦阻力压降和气液两相摩擦阻力压降两部分组成。

1. 单相水的摩擦阻力压降

（1）根据热平衡方程，定出预热段长度，即单相水段的长度 L_1，即

$$Q = M \cdot (h_0 - h_1) = M \cdot \Delta h \quad \Rightarrow \quad \Delta h = \frac{Q}{M} = 0.925\ \text{MJ/kg}$$

由于沿管长均匀加热，所以

$$\frac{L_1}{L} = \frac{h_s - h_1}{\Delta h} \quad \Rightarrow \quad L_1 = \left(\frac{h_s - h_1}{\Delta h}\right)L = 1.54\ \text{m}$$

（2）单相水摩擦阻力系数

入口处单相摩阻系数

$$\lambda_{li} = \frac{1}{4\left(\lg 3.7\dfrac{D}{k}\right)^2} = 0.018\,5$$

饱和状态处单相摩阻系数

$$\lambda_{ls} = 0.316\,4\left(\frac{GD}{\mu_{ls}}\right)^{-0.25} = 0.316\,4\left(\frac{MD}{A\mu_{ls}}\right)^{-0.25} = 0.017\,6$$

$$\lambda_l = \frac{\lambda_{li} + \lambda_{ls}}{2} = 0.018$$

（3）单相水摩擦阻力压降

$$\overline{v}_l = \frac{v_i + v_s}{2} = 1.257\times10^{-3}\ \text{m}^3/\text{kg}$$

$$\Delta p_f = \frac{\lambda_l}{D}\frac{L_l G^2}{2}\overline{v}_l = 3.06\ \text{kPa}$$

2. 汽水混合物管段的摩擦阻力压降

（1）全液相摩擦压降梯度

因为 $\lambda_{l0} = \lambda_{ls}$，所以

$$\left(\frac{\mathrm{d}p}{\mathrm{d}z}\right)_{l0} = \frac{\lambda_{l0}}{D}\frac{G^2}{2}v_s = \frac{0.017\,6}{0.010\,16}\frac{1335^2}{2}1.35\times10^{-3} = 4.38\ \text{Pa/m}$$

（2）全液相摩擦乘子

$$\phi_{l0}^2 = \left[1 + \overline{x}\left(\frac{v_v}{v_s}-1\right)\right]\left[1 + \overline{x}\left(\frac{\mu_s}{\mu_v}-1\right)\right]^{-0.25}$$

$$\overline{x} = \frac{x_e}{2} = 0.176 \quad \Rightarrow \phi_{l0}^2 = 3.88$$

（3）气液两相摩擦阻力压降

$$\left(\Delta p_f\right)_{TP} = \left(\frac{\mathrm{d}p}{\mathrm{d}z}\right)_{l0}\phi_{l0}^2(L-L_l) = 3.88\times4.38 \approx 17\ \text{Pa/m}$$

3. 按均相流模型法计算得到的试验段内摩擦阻力压降

$$\Delta p = \Delta p_f + \left(\Delta p_f\right)_{TP} = 17 + 3.06 = 20.06\ \text{kPa}$$

5.4　两相流动压降的其他计算方法

长期以来，Lockhart-Martinelli-Nelson 模型方法被广泛应用于工程计算，用于拟合单组分或双组分气液两相流动压降与空泡份额数据。随着实验数据的不断积累，已日益显示出该模型并不能概括大量压降数据存在的偏差较大，某些数据偏差甚至达一个数量级。一般来说，普遍认为的情况是：Martinelli-Nelson 关系适用于低质量流速（$G<1\,360$ kg/（m²·s)）范围；

而均相模型适用于高质量流速（G>2 000～2 500kg/（$m^2 \cdot s$））范围。

　　然而，由本章前面几节介绍的关系式可见，通常的实验数据多采用相同的标准条件整理得到，一般仅考虑流道形状、质量流速以及流体物性等条件。而实验数据来自不同的入口条件与流道长度，这类因素影响着流型的展开过程；另外，对相变工况，流型又常常是发展不充分。因此，许多学者致力于寻求更合理的模型方法来概括更多的因素，以期得到更为合理的经验式[1]。

5.4.1　Baroczy 方法

　　Lockhare-Martinelli 方法既未考虑压力效应，又未计及质量流速影响，仅适于有限种类流体；Martinelli-Nelson 方法虽包含压力效应，却并不考虑质量流速效应，且仅基于水蒸气-水两相混合物；Baroczy 方法则考虑了压力、质量流速变化，使用加热工况下的实验数据，且适用于多种流体。Baroczy 方法由两组曲线组成：一组曲线以 ϕ_{10}^2 及 $\left(\dfrac{\mu_l}{\mu_v}\right)^{0.2}\left(\dfrac{\rho_v}{\rho_l}\right)$ 为坐标，以含气率 x 为参量，适用于质量流速 G=1 356 kg/（$m^2 \cdot s$）工况，如图 5-4-1 所示；另一组曲线如图 5-4-2 所示，用于修正其他质量流速下的值，Ω 的插值公式与压降梯度计算式分别为

$$\Omega = \Omega_2 + \frac{\ln(G_2/G)}{\ln(G_2/G_1)}(\Omega_1 - \Omega_2) \tag{5-4-1}$$

$$\left(\frac{\mathrm{d}p_f}{\mathrm{d}z}\right)_{\mathrm{TP}} = \frac{\lambda_{10} G^2}{2D\rho_l}\Omega\phi_{10}^2 \quad (G=1356) \tag{5-4-2}$$

坐标物性指数 $\left(\dfrac{\mu_l}{\mu_v}\right)^{0.2}\left(\dfrac{\rho_v}{\rho_l}\right)$ 的实质是

$$\left(\frac{\mu_l}{\mu_v}\right)^{0.2}\left(\frac{\rho_v}{\rho_l}\right) = \frac{(\mathrm{d}p_f)_{l0}}{(\mathrm{d}p_f)_{v0}} = \frac{\phi_{10}^2}{\phi_{v0}^2} \tag{5-4-3}$$

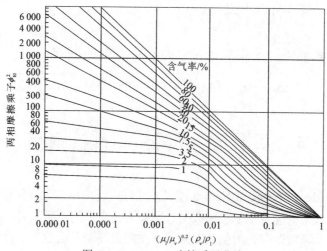

图 5-4-1　Baroczy 摩擦乘子曲线

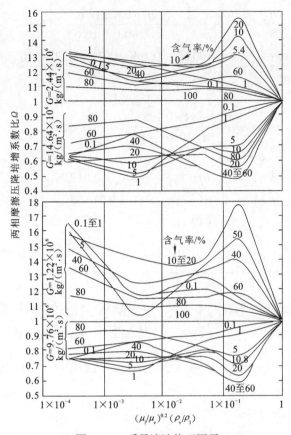

图 5-4-2　质量流速修正因子

当 $x=0$ 时，$\phi_{l0}^2=1$、$\phi_{v0}^2=\left[\left(\dfrac{\mu_l}{\mu_v}\right)^{0.2}\left(\dfrac{\rho_v}{\rho_l}\right)\right]^{-1}$。在热力学临界点，$\phi_{l0}^2=1$，该物性指数为 1。

Baroczy 方法适用于液态金属、制冷介质等流体，也是广泛应用的经验式之一，但其缺点是图线过于复杂。

例题 5-4-1　高压实验水回路的垂直圆管实验段长为 3.66 m，内径为 10.16 mm，均匀加热，加热功率为 100 kW，流量 0.108 kg/s，试验段入口的工质参数为 204 ℃、6.89 MPa，试用下述方法计算试验段压降：（1）均相模型；（2）Martinelli-Nelson 方法；（3）Thom 关系式。

解　由于入口为欠热水，在热力平衡假定下，试验段流道由单相段和两相段两部分组成，应分别计算它们的压降后叠加。

（1）单相段长度 Z_1 和试验段出口含气率 x_{out}。

工质物性参数：

$h_{lin}=0.872$ MJ/kg；　　　　　　　$\mu_{lin}=1.35\times10^{-4}$ Pa·s

$v_{lin}=1.165\times10^{-3}$ m³/kg；　　　$h_l=1.26$ MJ/kg

$\mu_l=0.972\times10^{-4}$ Pa·s；　　　　$v_l=1.35\times10^{-3}$ m³/kg

$h_{lv}=1.51$ MJ/kg；　　　　　　　　$\mu_v=0.189\times10^{-4}$ Pa·s

$$z_1 = \frac{h_1 - h_{1in}}{\Delta h} L = \frac{h_1 - h_{1in}}{P/m} L = \frac{(1.26 - 0.872) \times 10^6}{100\,000/0.108} \times 3.66 = 1.54 \text{ m}$$

$$x_{out} = \frac{\Delta h + h_{1in} - h_1}{h_{lv}} = \frac{100\,000/0.108 - (1.26 - 0.872) \times 10^6}{1.51 \times 10^6} = 0.356$$

（2）单相段压降。

$$G = \frac{4m}{\pi D^2} = \frac{4 \times 0.108}{\pi \times 10.16^2 \times 10^{-6}} = 1\,335 \text{ kg/(m}^2 \cdot \text{s)}$$

由 $Re_1 = GD/\mu_1$，$\lambda = 0.316 Re^{-0.25}$ 计算出

$$(Re_1)_{in} = 1 \times 10^5; \qquad (\lambda_1)_{in} = 0.017\,77$$

$$(Re_1) = 1.4 \times 10^5; \qquad \lambda_1 = 0.016\,34$$

取单相段平均摩擦系数 λ_{l0} 为 0.017 1，于是

$$\Delta p_f = \frac{z_1}{D_e} \frac{\lambda_{l0} G^2 v_1}{2} = \frac{1.54}{10.16 \times 10^{-3}} \frac{0.017\,1 \times 1\,335^2 \times \left(\frac{1.165 + 1.35}{2}\right) \times 10^{-3}}{2} = 2\,905 \text{ Pa}$$

$$\Delta p_a = (v_1 - v_{1in})G^2 = (1.35 - 1.165) \times 10^{-3} \times 1\,335^2 = 330 \text{ Pa}$$

$$\Delta p_g = g z_1 / \bar{v}_1 = 9.8 \times 1.54 / \left(\frac{1.165 + 1.35}{2} \times 10^{-3}\right) = 12\,010 \text{ Pa}$$

$$\Delta p = \Delta p_f + \Delta p_a + \Delta p_g = 2\,905 + 330 + 12\,010 = 15\,245 \text{ Pa}$$

（3）两相区。

① 均相模型。在 6.89 MPa 下，饱和蒸汽的比容

$$v_v = 27.85 \times 10^{-3} \text{ m}^3/\text{kg}, \quad dv_v/dp = -4.45 \times 10^{-9} \text{ (m}^3/\text{kg)}/\text{Pa}$$

$$x G^2 \frac{dv_v}{dp} = -0.002\,8 \ll 1$$

于是

$$\Delta p = \frac{L}{D_e} \frac{\lambda_{TP} G^2 v_1}{2} \left[1 + \frac{x_{out}}{2} \frac{v_{lv}}{v_1}\right] + G^2 v_{lv} x_{out} + \frac{gL \sin\theta}{v_{lv} x_{out}} \ln\left(1 + x_{out} \frac{v_{lv}}{v_1}\right)$$

$$\Delta p_f = \frac{L}{D_e} \frac{\lambda_{TP} G^2 v_1}{2} \left(1 + \frac{x_{out}}{2} \frac{v_{lv}}{v_1}\right)$$

$$= 0.5 \lambda_{TP} \frac{2.12}{10.16 \times 10^{-3}} 1\,335^2 \times 1.35 \times 10^{-3} \left(1 + \frac{0.356}{2} \frac{27.85 - 1.35}{1.35}\right)$$

$$= 1\,128\,102.8 \, \lambda_{TP} \text{ Pa}$$

$$\Delta p_a = G^2 v_{lv} x_{out} = 1\,335^2 \times (27.85 - 1.35) \times 10^{-3} \times 0.356 = 16\,813.5 \text{ Pa}$$

$$\Delta p_g = \frac{9.8 \times 2.12}{(27.85 - 1.35) \times 10^{-3} \times 0.356} \ln\left(1 + \frac{(27.85 - 1.35) \times 0.356}{1.35}\right) = 4\,576.2 \text{ Pa}$$

式中：$\lambda_{TP} = 4 f_{TP}$ 可以用各种黏度经验式计算，若用 McAdams 关系式，则

$$\frac{1}{\mu_{TP}} = \frac{x}{\mu_v} + \frac{1-x}{\mu_1} = \frac{0.356}{1.89 \times 10^{-5}} + \frac{1 - 0.356}{9.72 \times 10^{-5}} = 0.255 \times 10^5$$

$$\mu_{TP} = 3.93 \times 10^{-5} \text{ Pa} \cdot \text{s}, \quad f_{TP} = 4 \times 0.003\,8 \ (x = x_{out})$$

取 $$f_{\text{TP}} = 0.004 ，\quad \lambda_{\text{TP}} = 4f_{\text{TP}} = 0.016$$
$$\Delta p_f = 1\,128\,102.8 \times 0.016 = 18\,049.65 \text{ Pa}$$

$$\Delta p = \Delta p_f + \Delta p_a + \Delta p_g = 18\,049.65 + 16\,813.5 + 4\,576.2 = 39\,439.35 \text{ Pa}$$

② Martinelli-Nelson 方法。对于 $p = 6.89$ MPa，$x = 0.356$，查图 5-2-3 得到

$$\overline{\phi}_{10}^2 = \frac{1}{x_{\text{out}}} \int_0^{x_{\text{out}}} \phi_{10}^2 \mathrm{d}x = 7.05$$

$$\Delta p_f = \frac{L}{D_e} \frac{\lambda_{10} G^2 v_1}{2} \overline{\phi}_{10}^2 = 0.5 \times 0.017\,1 \frac{2.12}{10.16 \times 10^{-3}} 1\,335^2 \times 1.35 \times 10^{-3} \times 7.05 = 30\,261.7 \text{ Pa}$$

加速压降为

$$\Delta p_a = G^2 \left\{ \frac{v_1(1-x)^2}{(1-\alpha)} + \frac{v_v x^2}{\alpha} - v_1 \right\}$$

根据压力和含气率查图 5-2-1 得到 $\alpha \approx 0.81$，则

$$\Delta p_a = 1\,335^2 \left\{ \frac{1.35 \times (1-0.356)^2}{(1-0.81)} + \frac{27.85 \times 0.356^2}{0.81} - 1.35 \right\} \times 10^{-3} = 10\,612 \text{ Pa}$$

在分相流模型中，重力压降的值与均相流模型的值一致，对均匀加热流动，如果含气率 x 沿途呈线性分布：入口为饱和水；出口是 $x_{\text{out}} < 1$，则由式（5-3-10）有

$$\Delta p_g = \frac{Lg\sin\theta}{x_{\text{out}}(v_v - v_1)} \ln\left[1 + x_{\text{out}}\left(\frac{v_v}{v_1} - 1 \right) \right]$$

$$= \frac{2.12 \times 9.8}{0.356 \times (27.85 - 1.35) \times 10^{-3}} \ln\left(1 + \frac{(27.85 - 1.35) \times 0.356}{1.35} \right) = 4\,576.2 \text{ Pa}$$

$$\Delta p = \Delta p_f + \Delta p_a + \Delta p_g = 3\,0261.7 + 10\,612 + 4\,576.2 = 45\,449.9 \text{ Pa}$$

③ Thom 关系式。根据压力和含气率由表 5-2-3 查得：$\overline{\phi}_{10} = 4.5$；$\psi = 5.5$

$$\Delta p_f = \frac{L}{D_e} \frac{\lambda_{10} G^2 v_1}{2} = \overline{\phi}_{10}^2 = \frac{0.171}{2} \times \frac{2.12}{10.16 \times 10^{-3}} \times 1\,335^2 \times 1.35 \times 10^{-3} \times 4.5 = 19\,316 \text{ Pa}$$

$$\Delta p_a = G^2 v_1 \left[\frac{(1-x_{\text{out}})^2}{(1-\alpha_{\text{out}})} + \frac{v_v x_{\text{out}}^2}{v_1 \alpha_{\text{out}}} - 1 \right] = G^2 v_1 \psi = 1\,335^2 \times 1.35 \times 10^{-3} \times 5.5 = 13\,233 \text{ Pa}$$

根据 Thom 经验式 $\alpha = \dfrac{xs}{1 + x(s-1)}$，压力为 6.89 MPa 时，$S = 12.2$，则

$$\Delta p_g = \frac{9.8 \times 2.12}{0.356} \int_0^{0.356} \left[\frac{12.2x}{1 + 11.2x} \times \left(\frac{1}{27.85} - \frac{1}{1.35} \right) + \frac{1}{13.5} \right] \times 10^3 \mathrm{d}x = \frac{9.8 \times 2.12}{0.356} \times 97.8 = 5\,694.2 \text{ Pa}$$

$$\Delta p = \Delta p_f + \Delta p_a + \Delta p_g = 19\,316 + 13\,233 + 5\,694.2 = 38\,243.2 \text{ Pa}$$

（4）试验流道总压降。

均相模型 $15\,245 + 39\,439 = 54\,684$ Pa

Martinelli-Nelson 方法 $15\,245 + 45\,449.8 \approx 60\,695$ Pa

Thom 关系式 $15\,245 + 38\,243.2 \approx 53\,488$ Pa

5.4.2　Chisholm 方法

Baroczy 方法的质量流速修正因子计算烦琐，而 Chisholm 则运用较简单的方法考虑质量流速效应[5]。他认为摩擦压降梯度与两相动量效应有关，均相模型定义的密度不能反映质量流速的影响，因此他用分相模型的动量比容来代替，于是有

$$\overline{\phi}_{l0}^2 = \frac{v_{TP}}{v_1} = \rho_l \left[\frac{(1-x)^2}{\rho_l(1-\alpha)} + \frac{x^2}{\rho_v \alpha} \right] \tag{5-4-4}$$

结合式（5-2-39），则

$$\phi_l^2 = \rho_l \left[\frac{(1-x)^2}{\rho_l(1-\alpha)} + \frac{x^2}{\rho_v \alpha} \right] (1-x)^{n-2} \tag{5-4-5}$$

令

$$\Gamma^2 = \left(\frac{\phi_{l0}}{\phi_{v0}} \right) = \left(\frac{\mu_v}{\mu_l} \right)^n \left(\frac{\rho_l}{\rho_v} \right) \tag{5-4-6}$$

当 $n=0.2$ 时，式（5-4-6）便与式（5-4-3）互为倒数。同时，再由式（5-2-39）得

$$X^2 = \frac{\phi_v^2}{\phi_l^2} = \frac{1}{\Gamma^2} \left(\frac{1-x}{x} \right)^{2-n} \tag{5-4-7}$$

对于粗糙管 $n=0$，则由式（5-4-5）～式（5-4-7）得

$$\phi_l^2 = \left[\frac{1}{(1-\alpha)} + \frac{\rho_l x^2}{\rho_v (1-x)^2 \alpha} \right] \tag{5-4-8}$$

$$\Gamma^2 = \left(\frac{\rho_l}{\rho_v} \right) \tag{5-4-9}$$

$$X^2 = \frac{1}{\Gamma^2} \left(\frac{1-x}{x} \right)^2 \tag{5-4-10}$$

将式（5-4-9）与式（5-4-10）代入式（5-4-8）得

$$\phi_l^2 = \frac{1}{\alpha X^2} + \frac{1}{1-\alpha} \tag{5-4-11}$$

将 α 与 x 的基本关系式（1-3-29）代入上式整理后有

$$\phi_l^2 = 1 + \frac{C}{X} + \frac{1}{X^2} \tag{5-4-12}$$

$$\phi_v^2 = X^2 \phi_l^2 = 1 + CX + X^2 \tag{5-4-13}$$

式中

$$C = S \left(\frac{\rho_v}{\rho_l} \right)^{0.5} + \frac{1}{S} \left(\frac{\rho_l}{\rho_v} \right)^{0.5} \tag{5-4-14}$$

C 通常由实验数据确定，Chisholm 运用这种关系式，拟合了 Lockhare-Martinelli 曲线，得到式（5-2-29）～式（5-2-31），并用以拟合 Baroczy 的实验结果，得到较为简单的曲线组合。1973 年，Chisholm 扩展了实验数据范围，提出下面的经验关系式：

$$\phi_{10}^2 = 1 + (\Gamma^2 - 1)[Bx^{(2-n)/2}(1-x)^{(2-n)/n} + x^{2-n}] \tag{5-4-15}$$

式中：n 为摩擦系数式中 Reynolds 数的指数幂值，Γ 与 B 分别为

$$\Gamma = \sqrt{\frac{\phi_v^2}{\phi_l^2}} = \sqrt{\left(\frac{\mu_v}{\mu_l}\right)^n \left(\frac{\rho_l}{\rho_v}\right)}$$

$$\begin{cases} B = 55/G^{0.5}, & 0 < \Gamma < 9.5 \\ B = 520/\Gamma G^{0.5}, & 9.5 < \Gamma < 28 \\ B = 15\,000/\Gamma^2 G^{0.5}, & \Gamma > 28 \end{cases} \tag{5-4-16}$$

5.4.3　Friedel 经验式

Friedel 在约 25 000 个数据的实验数据库的基础上，比较已有经验式后，对于垂直向上与水平流动，提出了下述关系式[9]：

$$\phi_{10}^2 = E + \frac{3.24F \cdot H}{Fr^{0.045}We^{0.035}} \tag{5-4-17}$$

$$E = (1-x)^2 + x^2 \frac{\rho_l f_{v0}}{\rho_v f_{10}} \tag{5-4-18}$$

$$F = x^{0.78}(1-x)^{0.24} \tag{5-4-19}$$

$$H = \left(\frac{\rho_l}{\rho_v}\right)^{0.91} \left(\frac{\mu_v}{\mu_l}\right)^{0.91} \left(1 - \frac{\mu_v}{\mu_l}\right)^{0.7} \tag{5-4-20}$$

$$Fr = G^2 / gD\rho_{TP}^2 \tag{5-4-21}$$

$$We = \frac{G^2 D}{\rho_0 \sigma} \tag{5-4-22}$$

式中：Fr 与 We 分别为弗劳德数与韦伯数；σ 是表面张力；f_{v0} 与 f_{10} 分别为全气相与全液相摩擦系数；ρ_0 为流动密度，$\rho_0 = (x/\rho_v + (1-x)/\rho_l)$。这一方法计算比较复杂，对于单组分流动，标准偏差约 30%，对于双组分流动，约达 40%～50%。

5.4.4　苏联锅炉水动力计算方法

基于均相模型的摩擦乘子 $\phi_{10}^2 = \frac{\lambda_{TP}}{\lambda_{10}}\left(\frac{\rho_l x}{\rho_v} - x + 1\right)$ 含气率 x 增大而增大，在一定压力下呈线性关系。实验表明，当 $x > 30\%$～40% 后，ϕ_{10}^2 的计算值与实验值差异很大。若仍然使用全液相摩擦乘子，则应对均相流计算式进行修正，或用其他方法计算。水蒸气锅炉水力计算标准方法就是建立在修正单相介质的摩擦乘子基础上的均相计算法，其摩擦压降计算式为

$$(\Delta p_f)_{TP} = \frac{\lambda_{10}}{D}\frac{G^2}{2\rho_l}L\left[1 + \varphi x\left(\frac{\rho_l}{\rho_v} - 1\right)\right] = \phi_{10}(\Delta p_f)_{10} \tag{5-4-23}$$

式中：$(\Delta p_f)_{l0} = \dfrac{\lambda_{l0}}{D} \dfrac{G^2}{2\rho_1} L$，$\phi_{l0} = \left[1 + \varphi x \left(\dfrac{\rho_1}{\rho_v} - 1\right)\right]$。

φ 考虑流型变化引入的修正系数，摩擦系数 λ_{l0} 为 Weisberg 系数，取自模化区值

$$\lambda_{l0} = \dfrac{1}{4\left(\lg 3.7 \dfrac{d}{k}\right)} \tag{5-4-24}$$

式中：k 为管子的绝对粗糙度。对于碳素钢和合金钢（珠光体），$k=0.08$ mm；奥氏体钢，$k=0.01$ mm。如果流体流动尚未达到自模化区（例如水温低于 150℃，流速约为 0.3 m/s 的小直径管内流动），λ_{l0} 值应查相应曲线，x 为热力平衡含气率。绝热流动下，φ 可查图 5-4-3 所示。含气率 x 沿流道变化，摩擦损失应为

$$(\Delta p_f)_{TP} = \dfrac{\lambda_{l0}}{D} \dfrac{G^2}{2\rho_1} L \left[1 + \overline{\varphi}\, \overline{x} \left(\dfrac{\rho_1}{\rho_v} - 1\right)\right] = \phi_{l0}(\Delta p_f)_{l0} \tag{5-4-25}$$

式中：$\overline{x}$ 为流道平均含气率；修正系数 $\overline{\varphi}$ 为

$$\overline{\varphi} = \dfrac{(\overline{\varphi}x)_{out} - (\overline{\varphi}x)_{in}}{x_{out} - x_{in}} \tag{5-4-26}$$

$$\phi_{l0} = \left[1 + \overline{\varphi}\, \overline{x} \left(\dfrac{\rho_1}{\rho_v} - 1\right)\right] \tag{5-4-27}$$

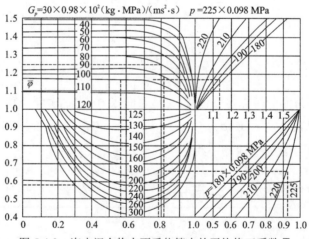

图 5-4-3　汽水混合物在不受热管内的平均修正系数 $\overline{\varphi}$

对于入口含气率为零的饱和水，$\overline{\varphi} = \overline{\varphi}_{out}$。各 $\overline{\varphi}$ 值按图 5-4-4 计算。在使用上述线图时应注意，当 $p<17.64$ MPa，$\overline{\varphi}$ 值取左边纵坐标轴值，当 $p \geqslant 17.64$ MPa，$\overline{\varphi}$ 取图示对应的横坐标轴值。实际上，图 5-4-4 受热流道系数 $\overline{\varphi}$，仅考虑了沿流道长度含气率 x 的变化，并未考虑热量本身对阻力系数的影响。在低含气率下，q 不为零的 $(\Delta p_f)_{TP}$ 要比 q 为零时（绝热流动）的 $(\Delta p_f)_{TP}$ 大，并且随 q 增大，差异增加。标准计算法基于大量的汽水混合物实验数据整理而成，故对于大多数情况，不考虑热量影响，所得计算值还是比较准确的。

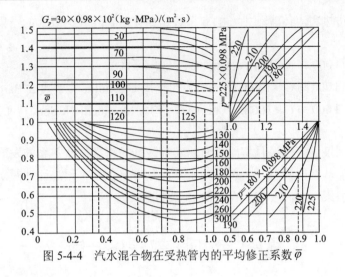

图 5-4-4 汽水混合物在受热管内的平均修正系数 $\overline{\varphi}$

5.4.5 实用推荐计算式

随着两相流动压降计算与实验研究的不断深入，数据不断积累，人们不断对各种关系式进行比较，并改进其适用范围。例如，Mandhane 等在 1977 年收集水平管双组分气液两相流动的 1 000 个实验数据中，比较了 16 个摩擦压降经验式，忽略加速压降，并用各种空泡份额计算式计算重力压降。他们认为，为了获得准确的结果，应当确定流型，对每一流型需要用对应的空泡份额关系式和摩擦压降关系式。Idsinga 等研究沸水堆蒸汽-水流动压降计算，应用 3 480 个蒸汽-水压降测量值，比较 18 个关系式，其参数范围为压力 $p=1.7\sim10.3\,\text{MPa}$，$G=270\sim4\,340\,\text{kg/}(\text{m}^2\cdot\text{s})$，$x$ 从欠热的水到饱和水，水力直径 $D=2.3\sim33\,\text{mm}$；几何形状为圆管、环形、矩形和棒栅；流向为垂直向上、向下以及水平流动。他们发现用液相黏度和光滑管摩擦率的均相模型最好。表 5-4-1 列有供比较选择用的推荐式[1]。

表 5-4-1 两相流动摩擦压降计算推荐表

领域	适用式
石油工程水平或倾斜管压力<15.0 MPa 双组分流动	详细计算：选用 Mandhane 等（1977）的表 3[1] 快速计算：$\mu = \beta\mu_v + (1-\beta)\mu_l$，$f_1 = 0.001\,4 + 0.125Re^{-0.032}$
核工程垂直流道压力 1.7～9.3 MPa 蒸汽-水流动	$\mu = \mu_1$ 的均相模型 对于 BWR 的 8×8 棒束： $x<0.3$，用 Armand-Treshchev 式[7] $x>0.3$，用 Baroczy 方法
蒸汽发生器垂直流道压力 11.0～20.5 MPa 蒸汽-水流动	$G<1\,000\,\text{kg/}(\text{m}^2\cdot\text{s})$，用 Thom 方法[6] $G>1\,000\,\text{kg/}(\text{m}^2\cdot\text{s})$，用 $\mu = \mu_1$ 的均相模型
棒束	用 Grand（1981）的方法[10]
管集	用 Grant 等（1974）的方法[11]

另外，根据传热和流体流动中心的专用数据库评估各经验关系式的结果，推荐下面几种导则：

（1）$\mu_l / \mu_v < 1000$，使用 Friedel 经验式。

（2）$\mu_l / \mu_v > 1000$ 与 $G > 100 \text{ kg/}(\text{m}^2 \cdot \text{s})$，使用 Chisholm 关系式或 Baroczy 方法。

（3）$\mu_l / \mu_v > 1000$ 与 $G < 100 \text{ kg/}(\text{m}^2 \cdot \text{s})$，使用 Martinelli-Nelson 与 Lockhare-Martinelli 关系式。

这些推荐导则仅供参考，且将随着新的实验数据的积累与新关系的发展而改进。如果没有良好物理机理为基础的模型，两相流动压降计算一定会存在无法评估的误差，而在模型发展与新实验数据积累方面，目前正在不断努力开展中[1]。

5.5　两相局部压降计算

在两相流动的管道系统中常装有各种异形连接管件，如渐变接头、突扩与突缩接头、弯头、阀门、孔板等，而且这类管件在锅炉、蒸汽发生器、化学反应器等设备中广泛应用。气液混合物流经这些管件时与单相流动一样会产生局部损失，对系统流动特性产生很大影响。两相流流经这些管件时的流动工况比流经直管时要复杂得多（例如，单相流动下，流道局部截面变化引起的流动扰动，会延续到下游 10~12D，而在两相流动情况下，远大于此值，约为此值的 10 倍）。但是，对这类异形管路内两相流动特性研究还不是很充分，实验和理论都不完备。目前确定局部阻力主要依靠实验的方法，即使如此，这方面的实验资料与数据也不完备。

常用两种等价方式表示单相流动局部阻力损失：一种是定义适当的阻力因数 K，使局部压降 $\Delta p = K \dfrac{\rho u^2}{2}$；另一种方法采用等效直管段长的摩擦压降，即相当（$nD$）倍直管段长的摩擦损失，$\Delta p = (nD)\dfrac{2f\rho u^2}{D}$。目前，两相局部压降模型分析法基本上沿用单相局部压降分析法的简化假定，由于局部截面变化引起的动量变化特别大，而忽略壁面剪应力和重力的影响。这类管件阻力计算对自然循环的两相流动系统尤为重要。现对各种常见管件的局部阻力逐一加以简要介绍[1]。

5.5.1　渐变接头

若流道截面逐渐变化（例如，渐缩管嘴或角度小于 7° 的渐扩管嘴），流道壁面处不出现流动分离现象，则截面变化伴随着动能的增加或减少，从而导致压力降低或增大，在忽略壁面摩擦损失的情况下，这是一种可以恢复的可逆过程，可以运用考虑截面变化的分相模型或均相模型进行计算。在忽略壁面摩擦与重力影响时，总压降梯度近似式为

$$(\mathrm{d}p / \mathrm{d}z)_{\mathrm{TP}} = \mathrm{d}p_a / \mathrm{d}z$$

对于均相模型，有

$$-\left(\frac{\mathrm{d}p}{\mathrm{d}z}\right)_{\mathrm{TP}} = G^2\frac{\mathrm{d}v}{\mathrm{d}z} - \frac{G^2v}{A}\frac{\mathrm{d}A}{\mathrm{d}z}, \quad v = v_1\left[1 + x\left(\frac{v_{\mathrm{lv}}}{v_1}\right)\right] \tag{5-5-1}$$

对于分相模型，有

$$-\left(\frac{\mathrm{d}p}{\mathrm{d}z}\right)_{\mathrm{TP}} = \frac{\mathrm{d}}{\mathrm{d}z}\left(\frac{m_{\mathrm{v}}u_{\mathrm{v}} + m_1u_1}{A}\right) = G^2\frac{\mathrm{d}}{\mathrm{d}z}\left[\frac{x^2v_{\mathrm{v}}}{\alpha} + \frac{(1-x)^2v_1}{1-\alpha}\right]$$

$$-\frac{G^2}{A}\left[\frac{x^2v_{\mathrm{v}}}{\alpha} + \frac{(1-x)^2v_1}{1-\alpha}\right]\frac{\mathrm{d}A}{\mathrm{d}z} \tag{5-5-2}$$

5.5.2　突变接头

管道流动截面发生突然扩大或缩小时，流体与管壁发生脱离，产生涡旋运动，无法使用渐变接头方法计算。可以结合单相流体通过突变接头的分析模型的假定，用分相模型或均相模型进行讨论。

图 5-5-1 是突扩接头中简化的流动情况，控制体由 0-0、2-2 截面即流道固体边界围成。所采用的基本假设：①忽略流道壁面的摩擦效应；②流道壁 0-0 上的压力 $p0 = p1$；③各相速度均匀分布，截面 1-1 处的压力分布不受下游截面变化影响。

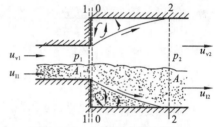

图 5-5-1　突扩接头简化流动

若假定流体不发生相变，则该控制体的连续方程、动量方程分别为

$$\begin{cases} m(1-x) = G_1A_1(1-x) = G_1\sigma A_2(1-x) \\ mx = G_1A_1x = G_1\sigma A_2x \end{cases} \tag{5-5-3}$$

$$p_1A_1 + m_1u_{l1} + m_{\mathrm{v}}u_{\mathrm{v}1} = p_2A_2 + m_1u_{l2} + m_{\mathrm{v}}u_{\mathrm{v}2} \tag{5-5-4}$$

式（5-5-3）中 $\sigma = A_1/A_2$。由连续方程，可得

$$u_{l1} = \frac{G_1(1-x)}{\rho_1(1-\alpha_1)}; \quad u_{l2} = \frac{\sigma G_1(1-x)}{\rho_1(1-\alpha_2)}; \quad u_{\mathrm{v}1} = \frac{G_1x}{\rho_{\mathrm{v}}\alpha_1}; \quad u_{\mathrm{v}2} = \frac{\sigma G_1x}{\rho_{\mathrm{v}}\alpha_2} \tag{5-5-5}$$

将式（5-5-5）各速度代入动量方程（5-5-4），化简后得到静压差为

$$p_2 - p_1 = \frac{G_1^2\sigma}{\rho_1}\left\{\left[\frac{(1-x)^2}{1-\alpha_1} + \left(\frac{\rho_1}{\rho_{\mathrm{v}}}\right)\frac{x^2}{\alpha_1}\right] - \sigma\left[\frac{(1-x)^2}{1-\alpha_2} + \left(\frac{\rho_1}{\rho_{\mathrm{v}}}\right)\frac{x^2}{\alpha_2}\right]\right\} \tag{5-5-6}$$

在推导这个公式时，对蒸汽-水两相混合物，可假定突扩接头前后蒸汽干度不变。实际上，由于突扩接头后压力提高会引起蒸汽凝结，从而使干度发生变化。这里的假定是因为通过突扩接头的时间极短，尚来不及发生凝结。即使是干度不变时，由于突扩接头前后存在不同的滑速比，前后两个截面的空泡份额也不会相同。一般地说，对突扩前后的空泡份额的变化并不太了解。假定两相流动通过突扩接头时空泡份额保持不变，即 $\alpha_1 = \alpha_2 = \alpha$，此时式（5-5-6）可以简化为 Romie 公式：

$$p_2 - p_1 = \frac{G_1^2 \sigma(1-\sigma)}{\rho_1}\left[\frac{(1-x)^2}{1-\alpha} + \left(\frac{\rho_1}{\rho_v}\right)\frac{x^2}{\alpha}\right] \tag{5-5-7}$$

单相流动下，突扩接头的总压降变化为 $p_2 - p_1 = \frac{G_1^2\sigma(1-\sigma)}{\rho_1}$，与式（5-5-7）比较可以看出，$\left[\frac{(1-x)^2}{1-\alpha} + \left(\frac{\rho_1}{\rho_v}\right)\frac{x^2}{\alpha}\right]$ 相当于两相压降乘子。如按均相模型计算，压降乘子项便变化为 $\left[1 + x\left(\frac{v_{lv}}{v_1}\right)\right]$，即有

$$(p_2 - p_1)_H = \frac{G_1^2\sigma(1-\sigma)}{\rho_1}\left[1 + x\left(\frac{v_{lv}}{v_1}\right)\right] \tag{5-5-8}$$

需要指出，突扩接头的静压降是由两部分组成：一部分是不可逆的内部摩擦耗散损失；另一部分则转化为压力能，这是可恢复的。为了求得局部阻力损失，即不可逆的耗散损失，需要利用能量方程，即

$$\left(\frac{m_v u_{v1}^2}{2} + \frac{m_l u_{l1}^2}{2}\right) - \left(\frac{m_v u_{v2}^2}{2} + \frac{m_l u_{l2}^2}{2}\right) = m\Delta E + m_v\int_{p_1}^{p_2}\frac{dp}{\rho_v} + m_l\int_{p_1}^{p_2}\frac{dp}{\rho_l}$$

对单位质量而言，该能量方程可简化为

$$\frac{1}{2}\{[xu_{v1}^2 + (1-x)u_{l1}^2] - [xu_{v2}^2 + (1-x)u_{l2}^2]\} = \int_{p_1}^{p_2}[xv_v + (1-x)v_1]\,dp + \Delta E \tag{5-5-9}$$

利用连续方程，该式又可转化为

$$p_2 - p_1 = -\frac{\Delta E}{xv_v + (1-x)v_1} + \frac{G_1^2}{2[xv_v + (1-x)v_1]}\left\{\left[\frac{x^3 v_v^2}{\alpha_1^2} + \frac{(1-x)^3 v_1^2}{(1-\alpha_1)^2}\right] - \sigma^2\left[\frac{x^3 v_v^2}{\alpha_2^2} + \frac{(1-x)^3 v_1^2}{(1-\alpha_2)^2}\right]\right\} \tag{5-5-10}$$

假定 $\alpha_1 = \alpha_2 = \alpha$，则式（5-5-10）可简化为

$$p_2 - p_1 = -\frac{\Delta E}{xv_v + (1-x)v_1} + \frac{G_1^2(1-\sigma^2)}{2[xv_v + (1-x)v_1]}\left[\frac{x^3 v_v^2}{\alpha^2} + \frac{(1-x)^3 v_1^2}{(1-\alpha)^2}\right] \tag{5-5-11}$$

将静压力差的表达式 Romie 公式代入式（5-5-11），即得空泡份额不变条件下两相流动通过突扩接头的局部阻力：

$$\Delta p_f = \frac{\Delta E}{xv_v + (1-x)v_1}$$
$$= G_1^2 v_1(1-\sigma)\left\{\frac{v_1}{2v_v}(1+\sigma)\left[\frac{(1-x)^3}{(1-\alpha)^2} + \left(\frac{v_v}{v_1}\right)\frac{x^3}{\alpha^2}\right] - \sigma\left[\frac{(1-x)^2}{1-\alpha} + \left(\frac{v_v}{v_1}\right)\frac{x^2}{\alpha}\right]\right\} \tag{5-5-12}$$

对于均相流，$\alpha = \beta$，式（5-5-12）可以进一步简化为

$$(\Delta p_f)_H = \frac{G_1^2 v_1(1-\sigma)^2}{2}\left[1 + x\left(\frac{v_v}{v_1} - 1\right)\right] \tag{5-5-13}$$

Chisholm 基于分相模型动量方程，拟合成：

$$p_2 - p_1 = \frac{G_1^2\sigma(1-\sigma)(1-x)^2}{\rho_1}\left(1 + \frac{C}{X} + \frac{1}{X^2}\right) \tag{5-5-14}$$

式中：$C = \left[\lambda + (C_2 - \lambda) \left(\dfrac{\rho_v}{\rho_1} \right)^{0.5} \right] \left[\left(\dfrac{\rho_1}{\rho_v} \right)^{0.5} + \left(\dfrac{\rho_v}{\rho_1} \right)^{0.5} \right]$，系数分别取 $\lambda = 1$，$C_2 = 0.5$。

必须指出，在推导以上公式时，需假定物性不变以及 $\alpha_1 = \alpha_2 = \alpha$。实际上，即使 α 不随压力发生变化，但 α 平均值与其分布有关。流体通过扩口时，分布必然发生变化，一直到下游很远处才会恢复到原来的值。一些学者通过水平流动实验和垂直流动空泡份额测定，均证实了这一分析，并表明突扩接头上下游空泡份额不变的假设（$\alpha_1 = \alpha_2 = \alpha$）在高质量流速下是很近似的，而在低质量流速下则不太合适，只能作为一种近似的估算。

5.5.3　突缩接头

突缩接头的简化模型如图 5-5-2 所示。两相混合物通过突缩接头时，从截面 1-1 到截面 c-c 是收缩流动，流体得到加速，压力能转化为动能，这时的摩擦阻力损失很小；而从截面 c-c 到截面 2-2 为扩散流动。流动阻力主要来自该段的扩散流动。因此求突缩接头的阻力时，可把从截面 c-c 到截面 2-2 这一段看作"突扩接头"，可以借用 5.4 节

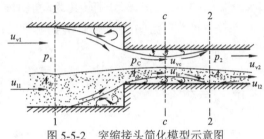

图 5-5-2　突缩接头简化模型示意图

分析结果。这部分的损失也就是突缩接头损失的一部分。遗憾的是 c-c 断面流动参数系一组未知量，且与突扩接头中 1-1 断面的参数有关，难以表示。

设 $\sigma_c = A_c / A_2$，A_c 为收缩流最小截面 c-c 处面积。根据实验数据，对于单相流，σ_c 与 σ（$\sigma = A_1 / A_2$）之间有表 5-5-1 所示的关系。此时单相流通过突缩接头后的静压降为

$$p_1 - p_2 = \frac{1}{2} \rho u_2^2 \left[1 - \frac{1}{\sigma^2} + \left(\frac{1}{\sigma_c} - 1 \right)^2 \right] \qquad (5\text{-}5\text{-}15)$$

表 5-5-1　突缩接头 σ_c 与 σ 之间的关系

$1/\sigma$	σ_c	$\left(\dfrac{1-\sigma_c}{\sigma_c} \right)^2$
0.0	0.568	0.50
0.2	0.598	0.45
0.4	0.625	0.36
0.6	0.686	0.21
0.8	0.790	0.07
1.0	1.000	0.00

在空泡份额不变条件下两相流通过突扩接头的局部阻力计算式中，用 σ_c 代替 σ，以对应截面 c-c 处的质量流速 G_c 代替 G_1，则可得到气液两相流通过突缩接头的损失。此外，由于

$$G_c = \frac{m}{A_c} = \frac{m}{A_2}\frac{A_2}{A_c} = \frac{G_2}{\sigma_c}, \quad \text{则}$$

$$\Delta p_f = \frac{v_1 G_2^2}{2}\left(\frac{1}{\sigma_c}-1\right)\left\{\left(\frac{1}{\sigma_c}+1\right)\frac{v_1}{v_v}\left[\frac{x^3}{\alpha^2}\left(\frac{v_v}{v_1}\right)^2 + \frac{(1-x)^3}{(1-\alpha)^2}\right] - 2\left[\frac{x^2}{\alpha}\left(\frac{v_v}{v_1}\right) + \frac{(1-x)^3}{1-\alpha}\right]\right\} \quad (5\text{-}5\text{-}16)$$

对于均相流，上式可简化为

$$\Delta p_f = \frac{v_1 G_2^2}{2}\left(\frac{1}{\sigma_c}-1\right)^2\left[1+\left(\frac{v_v}{v_1}-1\right)x\right] \quad (5\text{-}5\text{-}17)$$

许多实验研究表明：汽水混合物通过突缩接头的阻力损失可按均相流模型进行计算，能够获得较为满意的结果。

需要说明，突缩接头的静压降是由两部分组成：一部分是不可逆的内部摩擦耗散损失，即局部阻力损失；另一部分则转化为动能增量，这是可逆的。另外，在突缩接头的公式中，动压头是以接头下游的质量流速 G_2 为基准的；而在突扩接头的计算公式中则以上游的质量流速 G_1 为基准。

5.5.4　弯头

两相混合物通过弯头的阻力与弯头的转向角大小有关，阻力来自两个方面：一是由于流体通过弯头时产生涡流以及流场变化引起的阻力贡献，即 $\Delta p_{f0}\phi_{10}^2$；二是气液两相通过弯头时由于各相惯性不同而发生相分离，从而使两相之间的滑速比发生变化引起的，这部分阻力贡献为 $\Delta(MF)$。于是，通过弯头的局部压降为

$$\Delta p_f = \Delta p_{f0}\phi_{10}^2 + \Delta(MF) \quad \text{或} \quad \frac{\Delta p_f}{\Delta p_{f0}} = \phi_{10}^2 + \frac{\Delta(MF)}{\Delta p_{f0}} \quad (5\text{-}5\text{-}18)$$

式中：Δp_{f0} 为与两相流总质量流量相同的液体流经弯头时的阻力；$\Delta p_{f0} = k_{10}\dfrac{\rho u^2}{2}$，$k_{10}$ 为等效阻力系数，与弯头尺寸有关；ϕ_{10}^2 为相应的全液相两相摩擦乘子，可选择合适的模型进行计算。

1. 均相模型计算法

均相流体的动量为 $(MF) = G^2 v_H$，其中，v_H 为均相模型时的比容。但是 $\Delta(MF)$ 是因两相滑动引起的动量变化，应当用动量比容来代替，于是

$$(MF) = G^2 v_H = G^2\left[\frac{x^2}{\alpha}v_v + \frac{(1-x)^2}{1-\alpha}v_1\right] \quad (5\text{-}5\text{-}19)$$

将空泡份额 α 用 x 和 S 表示，则上式为

$$(MF) = G^2 v_1\left\{1+\left(\frac{v_v}{v_1}-1\right)\left[\frac{1}{S}x(1-x)+x^2\right] - x(1-x)\left[2-\left(\frac{1}{S}+S\right)\right]\right\} \quad (5\text{-}5\text{-}20)$$

令 $(MF)_{10} = G^2 v_1$，一般滑速比 $S \approx 1$，在 $1 < S < 1.5$ 的情况下，上式最后一项趋近于零，故上式可近似表示为

$$(MF) = (MF)_{10}\left\{ 1 + \left(\frac{v_v}{v_l} - 1 \right)\left[\frac{1}{s}x(1-x) + x^2 \right] \right\} \tag{5-5-21}$$

式（5-5-21）为两相流体流经弯头时的动量近似计算式，一旦知道当地滑速比 S 和含气率 x，便可计算出（MF）值。如果假定流经弯头时不发生相变，物性参数不变，那么流经弯头的动量增量仅由速度变化引起，即

$$\Delta(MF) = (MF)_2 - (MF)_2 = (MF)_{10}\left(\frac{v_v}{v_l} - 1 \right)x(1-x)\left(\frac{1}{S_2} - \frac{1}{S_1} \right) \tag{5-5-22}$$

于是，由式（5-5-18），流经弯头的修正均相模型总压降为

$$\frac{\Delta p_f}{\Delta p_{f0}} = 1 + \left(\frac{v_v}{v_l} - 1 \right)x\left[\frac{2}{k_{10}}(1-x)\left(\frac{1}{S_2} - \frac{1}{S_1} \right) + 1 \right] \tag{5-5-23}$$

Chisholm 根据空气-水混合物的弯头试验数据，提出了计算滑速比的增量式为

$$\Delta\left(\frac{1}{S} \right) = \left(\frac{1}{S_2} - \frac{1}{S_1} \right) = \frac{1.1}{2 + R/D} \tag{5-5-24}$$

式中所用的 R/D 试验值为 1.15，2.36，5，5.02，R 为弯头曲率半径，D 为管径。

2. Chisholm 计算式

1967 年，Chisholm 用下式计算弯头的阻力损失[1]，即

$$\Delta p_f = (1-x)^2\left(1 + \frac{C}{X} + \frac{1}{X^2} \right)\Delta p_{f0} \tag{5-5-25}$$

式中：C 是气相与液相密度比的函数，它可由下式确定

$$C = \left[\lambda + (C_2 - \lambda)\left(\frac{\rho_v}{\rho_l} \right)^{0.5} \right]\left[\left(\frac{\rho_l}{\rho_v} \right)^{0.5} + \left(\frac{\rho_v}{\rho_l} \right)^{0.5} \right] \tag{5-5-26}$$

式中：$\lambda = 0.5[2^{(2-n)} - 2]$；对于粗糙管，$n=0$；对于光滑管，$n=0.25$；系数 C_2 是相对半径比（弯头转向曲率半径与管径之比）R/D 的函数，90° 弯头的 C_2 值如表 5-5-2 所示。

表 5-5-2　90° 弯头的 C_2 值

R/D	来流无扰动	在上游 50D 范围内有扰动
0	2.00	1.70
1	4.35	3.10
3	3.40	2.50
5	2.20	1.75
7	1.00	1.00

表 5-5-2 中，$R/D=1$ 时，对应于急转弯，此时气液两相之间的相分离很好，因此 C_2 值很高；而当 $R/D=0$ 时，对应于具有尖棱的直角拐弯，此时，由于两相混合较好，C_2 值又相应变小。Chisholm 还对 C_2 的值推荐有如下计算式：

对于 90° 弯头，

$$C_2 = 1 + 35\frac{D}{L_e} \tag{5-5-27}$$

对于 90° 弯头且上游有扰动，或对于 180° 弯头，

$$C_2 = 1 + 20\frac{D}{L_e} \tag{5-5-28}$$

式中：L_e 是与弯头中为单相流体所产生压降等的直管的等效长度。

5.5.5　三通、阀门和其他连接管件

对应三通、接头等其他管件的研究较少，T 形元件发生两相分离歧变，尚无通用计算式，若按均相模型计算三通和阀门，则

$$\Delta p_f = \xi_{TP}\frac{G^2}{2\rho_l}\left[1+\left(\frac{\rho_l}{\rho_v}-1\right)x\right] \tag{5-5-29}$$

式中：ξ_{TP} 为两相流体的局部阻力系数，可用修正单相局部阻力系数 ξ 来估计。

$$\xi_{TP} = \xi C_{TP} \tag{5-5-30}$$

校正系数可用下式计算：

$$C_{TP} = 1 + C\left[\frac{x(1-x)\left(1+\frac{\rho_l}{\rho_v}\right)\left(1-\frac{\rho_v}{\rho_l}\right)^{0.5}}{1+x\left(\frac{\rho_l}{\rho_v}-1\right)}\right] \tag{5-5-31}$$

式中：系数 C 的取值为三通，0.75；阀门，0.5；截止阀 1.30。若用 Chisholm 方法计算阀门阻力，则用式（5-5-23）计算 C 值时，其中 C_2 值为：闸阀（gate valve），$C_2 = 1.5$；球阀（ball valve），$C_2 = 2.3$。

螺旋形管两相阻力实验表明，可以采用类似单相流动的方法，即用直管的两相乘子修正螺旋流动。层流流动时，螺旋管摩擦系数与直管摩擦系数之比为

$$f/f_s = \left\{1-\left[1-\left(\frac{11.6}{s}\right)^{0.45}\right]^{2.22}\right\}^{-1} \tag{5-5-32}$$

$$s = Re(D/d)^{0.5} \tag{5-5-33}$$

式中：d 为螺旋圈直径；D 为管子内径；f_s 是直管摩擦系数。湍流流动时，摩擦系数增大，对于 $Re(D/d)^2 > 6$ 的流动，有

$$f/f_s = [Re(D/d)^2]^{0.05} \tag{5-5-34}$$

过渡过程的 Reynolds 数为

$$Re_{tr} = 2\,300[1+8.6(D/d)^{0.45}] \tag{5-5-35}$$

尽管在两相流动情况下，螺旋管会产生较大的二次流动现象，但空泡份额测量值几乎与直管的数值相同。因此，可以用直管的空泡份额值计算摩擦压降分量和加速压降分量。螺旋管内的环状流动，仍可使用 $\phi_{l0}^2 = 1/(1-\alpha)^2$ 计算摩擦乘子。

5.5.6　孔板

气液两相混合物经过具有尖棱的孔板所引起的压降，在流量测量方面具有重要意义；在蒸汽发生器等的设计及在评定高压回路故障的后果时，对流经孔板的压降的了解也是很重要的。节流装置阻力计算也常属于这一类问题[1]。

1. 基于工程模型的近似计算

通过孔板的流动情形如图 5-5-3 所示（S_i表示气液间的剪切力），孔口局部静压降主要由流体急剧收缩引起的动能变化、涡流和相间摩擦损失组成。可以应用与突缩接头相似的方法，用分相模型或均相模型写出截面 1-1 和缩颈截面 2-2 间的静压变化方程。

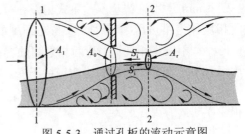

图 5-5-3　通过孔板的流动示意图

均相模型：

$$p_1 - p_2 = \frac{v_1 G_1^2}{2 C_D} \left(\left(\frac{A_1}{A_0} \right)^2 - 1 \right) \left[1 + \left(\frac{v_v}{v_1} - 1 \right) x \right] \tag{5-5-36}$$

分相模型：

$$p_1 - p_2 = \frac{v_1 G_1^2}{2 C_D} \left(\left(\frac{A_1}{A_0} \right)^2 - 1 \right) \left[\frac{(1-x)^2}{1-\alpha} + \left(\frac{v_v}{v_1} \right) \frac{x^2}{\alpha} \right] \tag{5-5-37}$$

式中：下标 0 指孔板平面；C_D 称孔板排放系数，它相当于前面突缩接头的收缩系数，但又包括了耗散损失和速度分布变化效应；α 为按缩颈处工况的直管流动计算。在单相流动情况下，孔板排放系数 C_D 是 Reynolds 和截面比 A_0/A_1 的复杂函数。均相计算式很不精确，往往过高估计压降，在低含气率下尤为严重。James 用 $x^{1.5}$ 代入均相计算式，x 为真实含气率，改进计算结果，但仅适用于粗略估计。式（5-5-37）优于 James 方法，然而其计算精确度仍然很差，误差约为±50%。

2. Chisholm 计算方法

Chisholm 运用单相流体流经孔板的物理模型和计算方法，并考虑两相流体流经孔板的流动过程，提出下述半经验计算法。

1）单相流体孔板计算

单相流体流经孔板时，动量变化很大，如果忽略壁面摩擦损失和上游的动量，则截面 1-1 和截面 2-2 间的动量方程可简化为

$$p_1 A_1 - p_2 A_c = m u_c \tag{5-5-38}$$

式中：A_c 为缩颈截面，是一个未知量；u_c 是对应的单相流体平均流速。通常借助跨越孔板孔口处的压降去近似式（5-5-38），即有

$$(p_1 - p_2) A_0 + F = m u_c \tag{5-5-39}$$

式中：A_0 为孔口的锐边流通截面；F 是考虑孔板迎流面上压力分布变化引起的力。对于单相流体，Jobson 证明 F 值为

$$F = f \frac{m^2 v}{A_0} = \left(\frac{1}{C_D} - \frac{1}{2C_D^2} \right) \frac{m^2 v}{A_0} \tag{5-5-40}$$

式中：$C_D \approx A_c / A_0$，分析两相流体流经孔板的静压降。

2）Chisholm 方法

Chishom 运用这些基本关系式出发，分析两相流体流经孔板的压降。假设：①流经孔板时两相流体为不可压缩流体；②与缩颈处的动量相比，上游侧动量可以略去不计；③流经孔板时流体不发生相变；④与两相之间的界面摩擦相比，可以忽略壁面摩擦；⑤通过孔板时，流体每一相占有的流动截面比例保持不变。

在上述假设基础上，Chishom 在两相界面之间引入剪应力 S_i，运用式（5-5-39），对每一相建立动量方程式

液相

$$(p_1 - p_2)A_{l0} + f \frac{m_l^2 v_l}{A_{l0}} + S_i = m_l u_{lc} \tag{5-5-41}$$

气相

$$(p_1 - p_2)A_{v0} + f \frac{m_v^2 v_v}{A_{v0}} - S_i = m_v u_{vc} \tag{5-5-42}$$

按照流经孔板时流体不发生相变的假设，液相连续方程为 $m_l v_l = A_{lc} u_{lc}$，将液相方程乘以 v_l / A_{l0}，并将式（5-5-40）用于表达液相，经变换整理后得

$$(p_1 - p_2)v_l \left[1 + \frac{S_i C_D}{A_{lc}(p_1 - p_2)} \right] = u_{lc}^2 / 2 \tag{5-5-43}$$

同样的方法得到气相方程为

$$(p_1 - p_2)v_v \left[1 + \frac{S_i C_D}{A_{vc}(p_1 - p_2)} \right] = u_{vc}^2 / 2 \tag{5-5-44}$$

式中：排放系数 $C_D \approx A_c / A_0 \approx A_{lc} / A_{l0}$。令 $S_R = \dfrac{S_i C_D}{A_{vc}(p_1 - p_2)}$，称为剪应力。将上述两式合并和简化后为

$$\Delta p_{TP} = (p_1 - p_2) = \frac{u_{lc}^2}{2 \left(1 + S_R \dfrac{A_{vc}}{A_{lc}} \right) v_l} = \frac{u_{vc}^2}{2(1 - S_R)v_v} \tag{5-5-45}$$

因此

$$\left(\frac{u_{lc}}{u_{vc}} \right)^1 = \frac{(1 - S_R)v_v}{\left(1 + S_R \dfrac{A_{vc}}{A_{lc}} \right) v_l} = \left(\frac{1}{Z} \right)^2 \frac{v_v}{v_l} = S^2 \tag{5-5-46}$$

式中

$$Z = \left[\frac{1 + S_R \dfrac{A_{vc}}{A_{lc}}}{1 - S_R} \right]^{0.5} \tag{5-5-47}$$

整理后有

$$ZS_R = \frac{Z^2 - 1}{Z + \varGamma} \tag{5-5-48}$$

式中

$$\varGamma^2 = X^{-2} = \left(\frac{x}{1-x} \right)^2 \frac{v_v}{v_l} \tag{5-5-49}$$

Chisholm 认为通过孔板流动的两相总压降主要是加速压降，它们分别为

$$\Delta p_l = \frac{m_l^2 v_l}{2 A_c^2} = \frac{m^2 (1-x)^2 v_l}{2 C_D^2 A_0^2} \tag{5-5-50}$$

$$\Delta p_v = \frac{m_v^2 v_v}{2 A_c^2} = \frac{m^2 x^2 v_v}{2 C_D^2 A_0^2} \tag{5-5-51}$$

根据两相乘子定义有

$$\phi_l^2 = \frac{(\Delta p_f)_{TP}}{(\Delta p_f)_l} = \frac{(1 + Z\varGamma)^2}{1 + S_R Z \varGamma} = 1 + \frac{C}{X} + \frac{1}{X^2} \tag{5-5-52}$$

$$C = Z + \frac{1}{Z} = S \left(\frac{v_l}{v_v} \right)^{0.5} + \frac{1}{S} \left(\frac{v_l}{v_v} \right)^{0.5} \tag{5-5-53}$$

按气相单独流动时计算，则有

$$\phi_v^2 = \frac{(\Delta p_f)_{TP}}{(\Delta p_f)_v} = 1 + CX + X^2 \tag{5-5-54}$$

若不计两相之间的剪应力，即 $S_i = 0$。于是 $S_R = 0$，$Z=1$，$C=2$，则有
$$\phi_v^2 = (1 + X)^2 \tag{5-5-55}$$

Murdock 用类似式（5-5-55）的形式，拟合蒸汽-水和气液两相流经孔板的数据，得到关系式为

$$\phi_v^2 = \frac{(\Delta p_f)_{TP}}{(\Delta p_f)_v} = (1 + 1.26X)^2 \tag{5-5-56}$$

Chishom 建议蒸汽-水两相混合物流经孔板时，计算 C 值用下述滑速比修正式：

$$S = \left(\frac{\bar{v}}{v_l} \right)^{0.5}, \quad X \geqslant 1 \tag{5-5-57}$$

$$S = \left(\frac{\bar{v}}{v_l} \right)^{0.25}, \quad X < 1 \tag{5-5-58}$$

式（5-5-57）和式（5-5-58）中：$\bar{v}$ 为均相平均比容。而 Chisholm 早期曾提出过如下经验公式为

$$\frac{(\Delta p_f)_{TP}}{(\Delta p_f)_l} = 1 + 5.3\varGamma + \varGamma^2 \tag{5-5-59}$$

$$\Gamma = \frac{1}{X}\frac{C_1}{C_v} \tag{5-5-60}$$

式中：C_1 与 C_v 分别为液相和气相的收缩系数。

例题 5-5-1　系统压力为 1 MPa，含气率为 5%，质量流量为 0.7 kg/s 的蒸汽-水混合物流经一水平布置的突扩接头，接头尺寸为 $D/d=25\,\text{mm}/50\,\text{mm}$，试计算该接头的静压变化和不可逆压力损失。

解　1 MPa 下混合物介质物性参数：

$$v_1 = 1.127\times10^{-3}\,\text{m}^3/\text{kg}, \quad v_v = 0.194\,3\,\text{m}^3/\text{kg}$$

接头上游流道截面：$A_1 = \dfrac{\pi}{4}\times25^2\times10^{-6} = 4.91\,\text{m}^2$

上游质量流速：$G = 0.7/4.91\,\text{kg}/(\text{m}^2\cdot\text{s})$

上下游流道截面比：$\sigma = 1/4$

$$p_2 - p_1 = \frac{G_1^2\sigma(1-\sigma)(1-x)^2}{\rho_1}\left(1+\frac{C}{X}+\frac{1}{X^2}\right)$$

式中：$C = \left[\lambda+(C_2-\lambda)\left(\dfrac{\rho_v}{\rho_1}\right)^{0.5}\right]\left[\left(\dfrac{\rho_1}{\rho_v}\right)^{0.5}+\left(\dfrac{\rho_v}{\rho_1}\right)^{0.5}\right]$，系数分别取 $\lambda=1$，$C_2=0.5$。

$$C = 0.5\left[(172.4)^{0.5}+\left(\frac{1}{172.4}\right)^{0.5}\right] = 6.603$$

$$X^2 = \frac{\rho_v}{\rho_1}\left(\frac{1-x}{x}\right)^2 = \frac{1}{172.4}\left(\frac{0.95}{0.05}\right)^2 = 2.09$$

$$p_2-p_1 = 1\,425^2\times\frac{1}{4}\times\left(1-\frac{1}{4}\right)\times1.127\times10^{-3}(0.95)^2\left(1+\frac{6.603}{\sqrt{2.09}}+\frac{1}{2.09}\right) = 2.34\,\text{kPa}$$

为压力升高。

不可逆损失为

$$(\Delta p_f)_H = \frac{G_1^2 v(1-\sigma)^2}{2}\left[1+x\left(\frac{v_v}{v_1}-1\right)\right]$$

$$= \frac{1.425^2\times10^6\times0.75^2\times1.127\times10^{-3}}{2}[1+171.4\times0.05] = 6.16\,\text{kPa}$$

在两相流动中，还有其他许多异形元件，如螺旋盘管、波纹管、喷管、文丘利管等。这里不再讨论，有兴趣的读者可以查阅相关文献资料。

综上所述，无论是理论方法或经验公式，没有一种预测压降的方法能适合所有流动情况。一般来说，均相流模型比较简单，在高质量流速情况下也有一定的适用性；而分相流模型则对低质量流速情况较为合适。具体计算需根据实际情况灵活选用合适的计算方法。

习　题　5

1. 含气率为 0.2%，质量流速为 100 kg/（m²·s）的油气混合物流经内径为 50 mm 的水平管路，混合

物介质物性参数为 $\rho_l = 850 \ \text{kg/m}^3$，　$\rho_v = 1.2 \ \text{kg/m}^3$，　$\mu_l = 4.34 \times 10^{-2} \ \text{Pa} \cdot \text{s}$。　$\mu_v = 18 \times 10^{-6} \ \text{Pa} \cdot \text{s}$，试用均相模型计算摩擦压降梯度。

2. 含气率为 80%、质量流速为 2 000 kg/（m²·s）的饱和蒸汽，绝热流经内径为 20 mm 的水平管，系统压力为 10 MPa，试用 Baroczy 方法和 Lockhart-Martinelli 中的 Chisholm 表达式计算两相混合物的摩擦压降梯度。

3. 某实验水回路的垂直圆管实验段长 2 m、内径 10 mm、均匀加热，加热功率为 100 kW 和 200kW，流量 0.1～0.8 kg/s，试验段入口的工质参数为 204 ℃，6.89 MPa，试用下述方法计算试验段压降：（1）均相模型；（2）Martinelli-Nelson 方法；（3）Thom 关系式；（4）Baroczy 关系式。

4. 系统压力为 1 MPa，含气率为 5%。质量流量 0.7 kg/s 的蒸汽-水混合物流经一水平布置的突缩接头，接头尺寸为 $D/d = 50 \ \text{mm}/25 \ \text{mm}$，试计算该接头的静压变化和不可逆压力损失。

5. 蒸汽-水混合物流经内径为 50 mm 的水平管后，经历半径为 25 cm 的 900 弯头，系统压力为 1 MPa，含气率为 5%，质量流量为 0.7 kg/s，计算该弯头的压降。

6. 一个直径为 50 mm 的两相流通道内有一个直径为 5 mm 的孔板。总质量流量为 1 kg/s，压力为 4 MPa，该孔板引起的压降为 4.88 Pa，孔板排放系数 $C_D = 0.6$。求该孔板处的含气率。

7. 一个蒸汽-水混合物容器内的压力为 5.6 MPa，质量含气率为 10%，容器外压力为 5.5 MPa，当容器壁上出现一个面积为 1 cm² 的小孔，设小孔的排放系数 $C_D = 0.6$，求该小孔每小时的漏泄量。

8. 有一个突扩接头，进口直径为 20 mm，出口直径 50 mm，介质为 1 MPa 压力下的蒸汽和饱和水，$x = 5\%$，滑速比 $S = 2$，质量流量 1 kg/s。试计算接头的静压差和不可逆压力损失。

参 考 文 献

[1] 徐济鋆. 沸腾传热和气液两相流[M]. 2 版. 北京: 原子能出版社, 2001.

[2] 陈之航, 曹柏林, 赵在三. 气液双相流动和传热[M]. 北京: 机械工业出版社, 1983.

[3] LOCKHART R W, MARTINELLI R C. Proposed correlation of data for isothermal two-phase two-component flow in pipes[J]. Chemical Engineering and Processing, 1949, 45: 39-48.

[4] 陈文振, 于雷, 郝建立. 核动力装置热工水力[M]. 北京: 中国原子能出版社, 2013.

[5] CHISHOLM D. Pressure gradients due to friction during the flow of evaporating two-phase mixtures in smooth tubes and channels[J]. International Journal of Heat and Mass Transfer, 1973, 16(2): 347-358.

[6] THOM J. Prediction of pressure drop during forced circulation boiling of water[J]. International Journal of Heat and Mass Transfer, 1964, 7(7): 709-724.

[7] ARMAND A, TRESHCHEV G, SYKES J, et al. Investigation of the resistance during the movement of steam-water mixtures in a heated boiler pipe at high pressure[M]. United Kingdom: Atomic Energy Research Establishment, 1959.

[8] 阎昌琪. 气液两相流[M]. 3 版. 哈尔滨: 哈尔滨工程大学出版社, 2010.

[9] FRIEDEL L. Improved friction pressure drop correlations for horizontal and vertical two-phase flow[J]. European Two-Phase Flow Group Meet. Ispra, Italy, 1979, 18(2): 485-491.

[10] GRAND. Thernodynamics of two phase systems applied in industrial design and nudear engineering: Pressure drops in rod bundles[M]. New York Hemisphere/McCraw. Hill, 1981.

[11] GRANT I DR, FINLAY J C, HARRIS D. Flow and presure drop during vertically upward two phase flow past a true bundle with and without bypass leakage[J]. Chernical Engineering Symposium Series, 1974, 38: 11.

第6章 气液两相临界流动

6.1 概　述

　　单相可压缩流体通过喷管、孔口或卸压管道时，其流量一般会随着喷嘴或孔口、管道上下游间压差的增加而增大。但是，当这个压差增加到超过某一临界值后，流动受限而流量不再增大，相应的流量为一个最大可能的临界流量值 G_c（相应的流速为临界流速）。这一现象称为临界流动现象，也称为壅塞流动。发生这种临界流动现象的原因是局部流速随着压差增加而达到压力波在单相流动介质中的传播速度（很多情况下是单相介质的声速），使下游压力降低的扰动不能向上游传播，从而导致流速不能再继续随压差增加而增大。因此，单相流体发生临界流动时，一个重要的特点是流体在截面最小的"喉部"处满足流速等于压力波传播速度（声速）等临界条件。对于单相可压缩流体的临界流动现象与过程，在气体动力学中已有较成熟的理论分析与计算方法[1-3]。

　　由于气液两相混合物是一种可压缩流体，也会发生类似于单相临界流的现象。当气液两相混合物通过喷管或等截面直管时，随着喷管上下游间压差的增大，其流量最终也仅由上游压力决定，不受下游压力的影响。这种两相流体被"壅塞"起来的流动称为两相临界流动，此时流量达到最大值。两相临界流动现象已为大量实验所证实。从物理过程上，喷嘴或直管中的两相流动与单相流动一样，在喷嘴的喉部或直管出口处发生"壅塞"，该截面称为临界截面，截面上的气、液流速、气液混合物质量流速、压力等参数分别称为临界流速、临界质量流速、临界压力等。然而，两相临界流动比单相临界流动要复杂得多，在大多数实际工况中，两相临界流动的临界流速比相应工况下任一相的单相临界流速低得多。

　　在现代动力反应堆的事故进程分析中，常需要量化分析并研究处于高温高压的液体或气液两相混合物向低压下的容器或环境排污（blowdown）时的瞬态过程。在压水反应堆冷却剂丧失事故（loss of coolant accident，LOCA）情况下，一回路承压边界发生断裂、破口，一回路系统中因冷却剂自破口喷放而卸压，喷放过程与喷放流量对于估计事故条件下反应堆系统失压速率、堆芯水位与安全传热、安全壳升压速率、反应堆容器、堆内构件及相应管道、设备的受力载荷等十分关键；冷却剂丧失过程将对堆内传热及堆芯安全带来影响，也影响应急堆芯冷却系统（专设安全设施）的投入情况；同时，在破口处会迅速产生一个膨胀波压力脉冲并向破口上游传播，一定程度上也对一回路管道及设备带来威胁。实验与分析表明，LOCA喷放阶段很大一部分时段处于两相临界流动状态，其临界流量主要受上游工况（即反应堆系统内冷却剂工况）变化所控制，因此研究反应堆冷却剂喷放流失过程中的两相临界流动、估计临界流量、对计算反应堆系统事故响应、进行事故安全分析，以及应急堆芯冷却系统等安全设计非常重要。

此外，两相临界流动现象在电站锅炉、石油化工、航空航天等其他系统中也广泛存在，两相临界流动的研究对诸如化工设备、火箭发动机与冷凝喷射器等的设计也有十分重要的应用价值。

发生两相临界流动时，由于流动的两相之间存在质量、动量与能量的交换，导致两相流动中可能同时呈现相应的压力分布变化、液相闪蒸相变等；而且流体有时由于卸压而较快地"膨胀"，使得这些两相交换与变化过程有显著的动力学与热力学不平衡，即两相速度滑移与传热温差；同时，两相流型与相间界面又十分复杂。这些都使得对两相临界流动过程进行建模与分析研究十分困难。

迄今为止，一些学者发表的关于两相临界流动的解析数学模型，尚不完善，无法准确有效地表达相间的传递过程，难以在实际中得到有效应用。工程设计与分析研究中倾向于发展并使用一些实用的计算模型方法，而理论计算与相应的实验数据，仅在相当有限的条件与范围内能够得到一定程度的符合[1-2]。

6.2　单相临界流动

考虑可压缩的单相流体通过图 6-2-1 的等熵流动的短流道，假设流道很短，可认为流体没有足够时间与外界进行热交换，且流体与流道壁之间没有摩擦，这样流体在流道中的流动可以视为等熵流动，则有

$$s = s_0 = 常数 \qquad (6\text{-}2\text{-}1)$$

式中：s_0 为流道入口的滞止熵。另一方面，由能量方程，即

$$\mathrm{d}\left(h + \frac{u^2}{2}\right) = 0 \qquad (6\text{-}2\text{-}2)$$

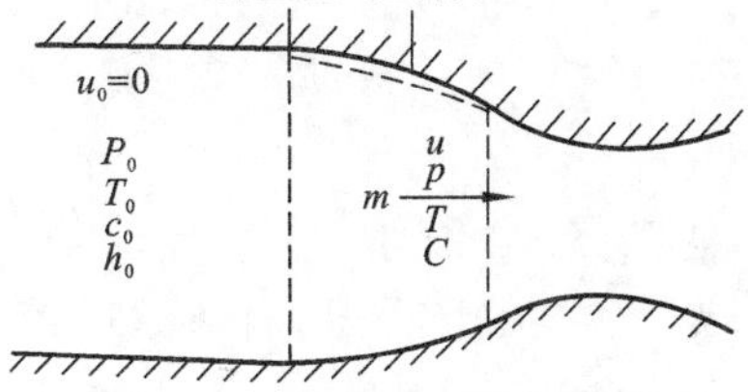

图 6-2-1　等熵流动的短流道

式（6-2-2）也可写为

$$h_0 + \frac{u_0^2}{2} = h + \frac{u^2}{2} \qquad (6\text{-}2\text{-}3)$$

式中：h_0 是上游入口流体的滞止焓，且 $u_0 = 0$；h 与 u 是流道中流体的焓与速度。式（6-2-3）实际上反映流道中流体的焓及其动能之和应该保持不变，并等于其流道入口的滞止焓，于是有

$$u = \sqrt{2(h_0 - h)} \qquad (6\text{-}2\text{-}4)$$

相应地，流体的质量流速为

$$G = \rho u = \sqrt{\frac{2(h_0 - h)}{v^2}} \qquad (6\text{-}2\text{-}5)$$

式中：流体焓 $h = h(s_0, p)$，流体比容 $v = \dfrac{1}{\rho} = v(s_0, p)$。

可见，在已知流道入口滞止状态（如 s_0、h_0……）的情况下，质量流速 G 只是流体局部压力 p 的函数。这样，按照临界流的物理含义，其最大的质量流速，即为临界质量流速 G_{cri}，

应满足:

$$\left.\frac{\mathrm{d}G}{\mathrm{d}p}\right|_{G_{\max}} = 0 \qquad (6\text{-}2\text{-}6)$$

在等熵条件下对式（6-2-5）微分可得

$$\left(\frac{\mathrm{d}G}{\mathrm{d}p}\right)_{s_0} = \frac{1}{2}\left[\frac{2(h_0 - h)}{v^2}\right]^{-1/2}\left[\frac{2\left(-\dfrac{\mathrm{d}h}{\mathrm{d}p}\right)_{s_0} v^2 - 2(h_0 - h)2v\left(\dfrac{\mathrm{d}v}{\mathrm{d}p}\right)_{s_0}}{v^4}\right] = 0 \qquad (6\text{-}2\text{-}7)$$

在流道出口处，等熵条件下，有

$$\left(\frac{\mathrm{d}h}{\mathrm{d}p}\right)_{s_0} = v_{\mathrm{out}} \qquad (6\text{-}2\text{-}8)$$

将式（6-2-8）代入式（6-2-7），可得

$$h_0 - h = -\frac{v^2}{2\left(\dfrac{\mathrm{d}v}{\mathrm{d}p}\right)_{s_0}} \qquad (6\text{-}2\text{-}9)$$

将式（6-2-9）代入式（6-2-5），可以得到流道的临界质量流速为

$$G_{\mathrm{cri}} = \sqrt{-\left(\frac{\mathrm{d}p}{\mathrm{d}v}\right)_{s_0}} = \frac{1}{v}\sqrt{-\frac{v^2}{\left(\dfrac{\mathrm{d}v}{\mathrm{d}p}\right)_{s_0}}} = \sqrt{-\frac{1}{\left(\dfrac{\mathrm{d}v}{\mathrm{d}p}\right)_{s_0}}} = \frac{u_s}{v} \qquad (6\text{-}2\text{-}10)$$

式中

$$u_s = \sqrt{-\frac{v^2}{\left(\dfrac{\mathrm{d}v}{\mathrm{d}p}\right)_{s_0}}} \equiv a_1 \qquad (6\text{-}2\text{-}11)$$

对于单相可压缩流体，流速 u_s 也是声波在流体中的传播速率，即音速 a。特别地，若流体为理想气体，在其从流道入口滞止状态向出口状态的绝热等熵膨胀过程中，那么
$h_0 = c_p T_0$；$h_{\mathrm{out}} = c_p T_{\mathrm{out}}$；$T_{\mathrm{out}}^k p_{\mathrm{out}}^{1-k} = T_0^k p_0^{1-k}$；$p_0 v_0^k = p_{\mathrm{out}} v_{\mathrm{out}}^k$；$p_0 v_0 = RT_0$；$p_{\mathrm{out}} v_{\mathrm{out}} = RT_{\mathrm{out}}$；$c_p = \dfrac{kR}{k-1}$
（其中：k 为绝热指数；R 为理想气体常数；各状态参数的下标 0 表示为入口滞止参数；下标 out 表示为流道出口参数）。因此，可得

$$u_{\mathrm{out}} = \sqrt{2(h_0 - h_{\mathrm{out}})} = \sqrt{2\frac{k}{k-1}p_0 v_0\left[1 - \left(\frac{p_{\mathrm{out}}}{p_0}\right)^{\frac{k-1}{k}}\right]} \qquad (6\text{-}2\text{-}12)$$

$$\frac{1}{v_{\mathrm{out}}} = \left(\frac{1}{v_0}\right)\left(\frac{p_{\mathrm{out}}}{p_0}\right)^{1/k} \qquad (6\text{-}2\text{-}13)$$

这样，

$$G = \rho_{\text{out}} u_{\text{out}} = \frac{u_{\text{out}}}{v_{\text{out}}} = \sqrt{2\frac{k}{k-1}\left(\frac{p_0}{v_0}\right)\left[\left(\frac{p_{\text{out}}}{p_0}\right)^{\frac{2}{k}} - \left(\frac{p_{\text{out}}}{p_0}\right)^{\frac{k+1}{k}}\right]} \qquad (6\text{-}2\text{-}14)$$

设 $\eta = \dfrac{p_{\text{out}}}{p_0}$，并称为压比，于是有

$$G = \sqrt{2\frac{k}{k-1}\left(\frac{p_0}{v_0}\right)\left[\eta^{\frac{2}{k}} - \eta^{\frac{k+1}{k}}\right]} \qquad (6\text{-}2\text{-}15)$$

式（6-2-15）反映气流通过流道时的流动规律，由此可知，G 的大小决定于压比的变化。若 G 是 η 的连续函数，其中有一个 η 值使得 G 为最大，则这个压比称为临界压比 η_{cri}。此时，令 $\dfrac{\mathrm{d}G}{\mathrm{d}\eta} = 0$，可得

$$\eta_{\text{cri}} = \left(\frac{2}{k+1}\right)^{\frac{k}{k-1}} \qquad (6\text{-}2\text{-}16)$$

与 η_{cri} 相对应的质量流速 G 称为临界质量流速 G_{cri}。以 η 为横坐标，G 为纵坐标，根据式（6-2-15）的关系可绘制出 G 与 η 的关系曲线，如图 6-2-2 所示。可以看到，当 η 由 1.0 减小到 η_{cri} 时，G 由零增加到 G_{cri}（图 6-2-2 中的曲线 ab）；当 η 进一步由 η_{cri} 减小到零时，由式（6-2-15）看来 G 应沿曲线 bc 由 G_{cri} 降回至零。然而，实际情况并非如此。事实上，

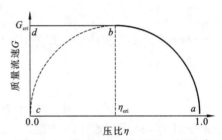

图 6-2-2　质量流速 G 与压比 η 的关系

在 η 由 η_{cri} 减小到零的过程中，G 将保持在 G_{cri} 不变（即图 6-2-2 中的直线 bd）。因此，实际的质量流速 G 随压比 η 的变化曲线应为 abd，在 bd 之间的流动就是临界流。

当压比 η 为临界值 η_{cri} 时，得到临界流速 u_s，亦即声速 a_1 为

$$u_s = a_1 = \sqrt{\frac{2k}{k+1} p_0 v_0} \qquad (6\text{-}2\text{-}17)$$

相应于临界压比 η_{cri} 的临界质量流速为

$$G_{\text{cri}} = \sqrt{\frac{2k}{k+1}\left(\frac{2}{k+1}\right)^{\frac{2}{k-1}} \frac{p_0}{v_0}} \qquad (6\text{-}2\text{-}18)$$

6.3　两相临界流模型

不失一般性，这里从有相变的两相流动控制方程出发来讨论两相临界流动。在稳定两相流动条件下，等截面流道中的气液两相流动动量方程为

$$\rho_1 u_1 \frac{\mathrm{d}u_1}{\mathrm{d}z} = -\frac{\mathrm{d}p}{\mathrm{d}z} - \rho_1 g\cos\theta + \frac{F_{\text{lv}} - F_{\text{wl}}}{1-\alpha} - \frac{1-\eta}{1-\alpha}(u_{\text{v}} - u_1)G\frac{\mathrm{d}x}{\mathrm{d}z} \qquad (6\text{-}3\text{-}1\text{a})$$

$$\rho_v u_v \frac{\mathrm{d}u_v}{\mathrm{d}z} = -\frac{\mathrm{d}p}{\mathrm{d}z} - \rho_v g\cos\theta - \frac{F_{lv}+F_{wv}}{\alpha} - \frac{\eta}{\alpha}(u_v-u_l)G\frac{\mathrm{d}x}{\mathrm{d}z} \tag{6-3-1b}$$

式（6-3-1a）和式（6-3-1b）中：F_{wl} 与 F_{wv} 分别是流道壁作用于液相与气相的单位流体体积上的壁面摩擦力；F_{lv} 为单位流体体积上气液两相之间的相互作用力，且 $F_{lv}=-F_{vl}$；在上面两个方程中，右边最后一项都是因相变而引入的作用力（单位体积流体因相变引起的动量变化），即

$$(u_v-u_l)G\frac{\mathrm{d}x}{\mathrm{d}z} = (u_v-u_l)\frac{m}{A}\frac{\mathrm{d}x}{\mathrm{d}z}$$

可见，即便在稳定流动条件下，每一相由于受到作用力而发生动量改变，这些作用力除了来自外部的压降梯度、体积力、管壁摩擦等作用外，还来自伴随两相流动过程中自身的相变，其大小与相变特征（冷凝或沸腾）、两相之间的作用力 F_{lv} 等有关。由于难以确定各相受到的相变作用力的数值，所以，在两相动量方程中分别假定气相受到 η 分量，液相受到 $(1-\eta)$ 分量。

对于不考虑相变，且不计壁面摩擦效应与体积力作用的两相流动，两相混合物的动量方程可简化为

$$-\frac{\mathrm{d}p}{\mathrm{d}z} = G\frac{\mathrm{d}}{\mathrm{d}z}[xu_v+(1-x)u_l] \tag{6-3-2}$$

在给定的滞止条件下，若认为含气率 x，各相比容 v_v、v_l 仅随当地压力 $p(z)$ 变化，则式（6-3-2）可改写为

$$G = \left\{-\frac{\mathrm{d}^2[xu_v+(1-x)u_l]}{\mathrm{d}p}\right\}^{-1}_{out} \tag{6-3-3}$$

式中：下标 out 表示流道出口处。

由于两相滑速比 $S=u_v/u_l$，且气相速度 $u_v=G[xv_v+S(1-x)v_l]$，则式（6-3-3）变换为

$$G = \left\{-\frac{\mathrm{d}}{\mathrm{d}p}u_v\left[\frac{Sx+(1-x)}{S}\right]\right\}^{-1}_{out} = \left\{-\frac{\mathrm{d}}{\mathrm{d}p}G[xv_v+S(1-x)v_l]\left[\frac{Sx+(1-x)}{S}\right]\right\}^{-1}_{out}$$

$$= \left\{-\frac{\mathrm{d}(GX)}{\mathrm{d}p}\right\}^{-1}_{out} = \left\{-X\frac{\mathrm{d}G}{\mathrm{d}p}-G\frac{\mathrm{d}X}{\mathrm{d}p}\right\}^{-1}_{out}$$

式中：$X=[xv_v+S(1-x)v_l]\left[\dfrac{Sx+(1-x)}{S}\right]$。

将上式整理后得

$$\left(\frac{\mathrm{d}G}{\mathrm{d}p}\right)_{out} = \frac{1+G^2\left(\dfrac{\mathrm{d}X}{\mathrm{d}p}\right)_{out}}{GX}$$

一般地，在临界流动条件下，壁面摩擦力与体积力项之和都可能比惯性力小得多，可略去不计，因而满足式（6-3-2）的假定。

若出现两相临界流，则按照临界流动的发生条件 $(\mathrm{d}G/\mathrm{d}p)_{out}=0$，则有

$$G^2_{cri} = -\left(\frac{\mathrm{d}X}{\mathrm{d}p}\right)^{-1}_{out} = -\left\{\frac{\mathrm{d}}{\mathrm{d}p}\left\{[xv_v+S(1-x)v_l]\cdot\left[\frac{Sx+(1-x)}{S}\right]\right\}\right\}^{-1}_{out} \tag{6-3-4}$$

将式（6-3-4）展开，即得到两相均匀混合物的临界流量（临界质量流速）G_{cri} 的计算式为

$$G_{\text{cri}}^2 = -\left\{ S\left\{ [1+x(S-1)]x\frac{dv_{\text{v}}}{dp} + \{v_{\text{v}}[1+2x(S-1)] + Sv_{\text{l}}[2(x-1)+S(1-2x)]\}\frac{dx}{dp} \right.\right.$$

$$\left.\left. + S[1+x(S-2)-x^2(S-1)]\frac{dv_{\text{l}}}{dp} + x(1-x)\left(Sv_{\text{l}} - \frac{v_{\text{v}}}{S}\right)\frac{dS}{dp} \right\}^{-1} \right\}_{\text{out}} \tag{6-3-5}$$

此式即不考虑相变（$(dx/dz)=0$），且不计壁面摩擦效应与体积力作用情况下，等截面流道中在出口处达到临界流工况时临界流量 G_{cri} 的计算式。式中两相比容 v_{v}、v_{l} 及其随压力变化（dv_{v}/dp）、（dv_{l}/dp）都是在流道出口处的取值；要计算得到 G_{cri}，还需知道含气率 x、滑速比 S，以及它们在出口处随压力的变化率（dx/dp）、（dS/dp）的信息。可见，两相混合物在流道出口处达到临界流动时，其临界流量 G_{cri} 不仅与两相热力、流动状态有关，还与两相之间的质量传递过程（dx/dp）、能量传递过程（dv_{v}/dp 与 dv_{l}/dp），以及动量传递过程（dS/dp）有关系。但遗憾的是，人们至今尚难以深入细致地把握两相混合物中发生的这些相互作用过程。

进一步地，要考虑两相流中发生相变的情况，可把式（6-3-1b）中的气相动量变化项写为

$$\rho_{\text{v}}u_{\text{v}}\frac{du_{\text{v}}}{dz} = u_{\text{v}}\frac{d(\rho_{\text{v}}u_{\text{v}})}{dz} - u_{\text{v}}^2\frac{d\rho_{\text{v}}}{dz} \tag{6-3-6}$$

式中：$d\rho_{\text{v}}/dz = \dfrac{dp}{dz}\Big/\dfrac{\partial p}{\partial \rho_{\text{v}}}$，其值取决于热力过程的性质。若令 $\rho_{\text{v}} = \rho_{\text{v}}(p,s)$，引入假想的气相声速 $c_{\text{v}}^2 = \partial p/\partial \rho_{\text{v}}$，则有

$$\frac{d\rho_{\text{v}}}{dz} = \frac{dp}{dz}\Big/c_{\text{v}}^2$$

由于 $xW = A\alpha\rho_{\text{v}}u_{\text{v}}$，将其对 z 求导后，得到

$$\frac{1}{x}\frac{dx}{dz} = \frac{1}{A}\frac{dA}{dz} + \frac{1}{\alpha}\frac{d\alpha}{dz} + \frac{1}{\rho_{\text{v}}u_{\text{v}}}\frac{d(\rho_{\text{v}}u_{\text{v}})}{dz}$$

解出 $d(\rho_{\text{v}}u_{\text{v}})/dz$ 并代入式（6-3-6），结合式（6-3-1b），可得

$$-\frac{dp}{dz}\frac{1}{\rho_{\text{v}}u_{\text{v}}^2}\left(1-\frac{u_{\text{v}}^2}{c_{\text{v}}^2}\right) = \frac{1}{x}\frac{dx}{dz} - \frac{1}{\alpha}\frac{d\alpha}{dz} - \frac{1}{A}\frac{dA}{dz} + \frac{1}{\rho_{\text{v}}u_{\text{v}}^2}\cdot\left[\rho_{\text{v}}g\cos\theta + \frac{F_{\text{lv}}+F_{\text{wv}}}{\alpha} + \frac{\eta}{\alpha}(u_{\text{v}}-u_{\text{l}})G\frac{dx}{dz}\right] \tag{6-3-7a}$$

类似地，对于液相，若引入假想的液相声速 $c_{\text{l}}^2 = \partial p/\partial \rho_{\text{l}}$，则得到与式（6-3-7a）相对应的方程：

$$-\frac{dp}{dz}\frac{1}{\rho_{\text{l}}u_{\text{l}}^2}\left(1-\frac{u_{\text{l}}^2}{c_{\text{l}}^2}\right) = -\frac{1}{1-x}\frac{dx}{dz} + \frac{1}{1-\alpha}\frac{d\alpha}{dz} - \frac{1}{A}\frac{dA}{dz} + \frac{1}{\rho_{\text{l}}u_{\text{l}}^2}\cdot\left[\rho_{\text{l}}g\cos\theta - \frac{F_{\text{lv}}-F_{\text{wl}}}{1-\alpha} + \frac{1-\eta}{1-\alpha}(u_{\text{v}}-u_{\text{l}})G\frac{dx}{dz}\right] \tag{6-3-7b}$$

联立式（6-3-7a）与式（6-3-7b），消去 $d\alpha/dz$，得

$$-\frac{dp}{dz}\left[\frac{\alpha}{\rho_{\text{v}}u_{\text{v}}^2}\left(1-\frac{u_{\text{v}}^2}{c_{\text{v}}^2}\right) + \frac{1-\alpha}{\rho_{\text{l}}u_{\text{l}}^2}\left(1-\frac{u_{\text{l}}^2}{c_{\text{l}}^2}\right)\right]$$

$$= -\frac{1}{A}\frac{dA}{dz} + g\cos\theta\cdot\left(\frac{\alpha}{u_{\text{v}}^2} + \frac{1-\alpha}{u_{\text{l}}^2}\right) + F_{\text{lv}}\cdot\left(\frac{1}{\rho_{\text{v}}u_{\text{v}}^2} - \frac{1}{\rho_{\text{l}}u_{\text{l}}^2}\right)$$

$$+\frac{F_{wv}}{\rho_v u_v^2}+\frac{F_{wl}}{\rho_l u_l^2}+\left[\frac{\alpha}{x}-\frac{1-\alpha}{1-x}+G(u_v-u_l)\left(\frac{\eta}{\rho_v u_v^2}+\frac{1-\eta}{\rho_l u_l^2}\right)\right]\frac{dx}{dz} \qquad (6\text{-}3\text{-}8)$$

另外，在实际的单组分两相流动下，dx/dz 可能因压力变化而发生相变（如闪蒸、骤冷等），其变化与 dp/dz 有关。对于一定的热力过程，则有

$$\frac{dx}{dz}=\frac{\partial x}{\partial p}\cdot\frac{dp}{dz} \qquad (6\text{-}3\text{-}9)$$

当发生临界流动时，若选用临界流条件 $dp/dz\to\infty$，并将式（6-3-9）代入式（6-3-8），最终可以得到：

$$\frac{\alpha}{\rho_v u_v^2}(1-Ma_v^2)+\frac{1-\alpha}{\rho_l u_l^2}(1-Ma_l^2)=\frac{\partial x}{\partial p}\cdot\left[\frac{\alpha}{x}-\frac{1-\alpha}{1-x}+G(u_v-u_l)\left(\frac{\eta}{\rho_v u_v^2}+\frac{1-\eta}{\rho_l u_l^2}\right)\right] \qquad (6\text{-}3\text{-}10)$$

式中：Ma_v 与 Ma_l 分别是气相与液相的马赫数，且 $Ma_v=u_v/c_v$，$Ma_l=u_l/c_l$。

由式（6-3-10）可知，两相临界流动条件与两相的相份额及其变化（α、x、$\partial x/\partial p$ 等）有关；还跟表征两相之间相变相互作用的量 η 有关，只有当 $\rho_v u_v^2=\rho_l u_l^2$ 时，才与 η 无关。然而，目前对于这些过程因素还知道得较少，难以明确，也缺乏确切反映临界流量的关系式。

由以上分析知，无论考虑相变与否，实际的临界流动都跟两相之间的相互作用过程特征密切相关，且因流型不同而不同。对于这一相互作用过程，目前尚没有一种普遍满意的描述，这也是今后相关学者研究的内容。在工程上，往往求助于实验结果，按一些简单假设，建立相应条件下两相临界流量的经验模型与计算方法。

6.4 两相临界流动的计算

要得到一般性的、确切描述两相临界流动的模型与临界流量计算式，尚存在一定的困难，但结合特定工程条件需要，发展了一些特殊情况下两相临界流动的半经验模型与临界流量的实用计算方法。目前，各种两相临界流动模型计算的关键点都在于如何合理求出反映质量、能量与动量传递的 $\frac{\partial S}{\partial p}$、$\frac{\partial v}{\partial p}$、$\frac{\partial x}{\partial p}$ 等量的变化特性，并考虑它们达到平衡的松弛时间。这主要包括基于均相与分相模型的两类计算方法。

6.4.1 两相临界流动的均相平衡模型计算方法[4]

当流动液体在时间上或空间上出现较大幅度的压力降低时（比如，液体发生突然的卸压，或者液体流经某喷管、节流孔等），在其前后会形成较大压差。如图 6-4-1 所示，在某一喷管流道内，液体局部压力可随流动而降至相应于液体当地温度的饱和压力之下。通常，该当地温度与入口（滞止）温度非常接近，可忽略这部分压差。于是，随着压力进一步降低，将会产生蒸汽，即发生闪蒸（相变）。这样，可直接通过假定流动卸压过程为等熵过程、多变过程或等温过程等，从而由流体的状态方程直接确定这一闪蒸过程。

一旦发生闪蒸，流动成为气液两相流动，就必须对两相之间的相对运动作出一些假设。通常情况下，对于高速流动的闪蒸流，相间的相对运动可以忽略，且相变仅由流体热力学状态决定。这一条件下所得的模型称为均相平衡模型（homogeneous equilibrium model，HEM）。此外，若假设流动过程是等熵膨胀的过程，则模型又称为等熵均相平衡模型（isentropic homogeneous equilibrium model，IHEM）。

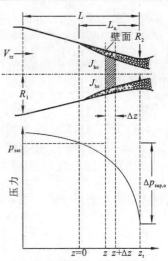

图 6-4-1　流体通过某喷管流道出现大幅压力降低

按照均相平衡模型，将两相混合物的流动视为满足均相平衡假设的赝单相流动，即

（1）各相速度相等：

$$u_1 = u_v = u \qquad (6\text{-}4\text{-}1)$$

则

$$S = 1 \qquad (6\text{-}4\text{-}2)$$

（2）两相间处于热力学平衡：

$$T_1 = T_v \qquad (6\text{-}4\text{-}3)$$

$$x = x_e = (h - h_1)/(h_v - h_1) = (h - h_1)/h_{1v} \qquad (6\text{-}4\text{-}4)$$

对于热力学平衡条件下的等熵过程，还有：

$$x = x_e = (s_0 - s_{le})/(s_{ve} - s_{le}) \qquad (6\text{-}4\text{-}5)$$

式中：s_0 为初始滞止比熵，对等熵过程，有两相混合物的比熵 $s = (1-x_e)s_1 + x_e s_v = s_0$；$s_{le}$、$s_{ve}$ 则分别是液相与气相的平衡（饱和）比熵。

（3）两相混合物物性可按 x 或 α 进行加权平均得到，例如，两相混合物的比容可写为 $v = xv_v + (1-x)v_1$ 等。

这样，将式（6-4-2）代入式（6-3-5），可得

$$G_{\text{cri,HEM}} = \left\{ -\left[x\frac{\mathrm{d}v_v}{\mathrm{d}p} + (v_v - v_1)\frac{\mathrm{d}x}{\mathrm{d}p} + (1-x)\frac{\mathrm{d}v_v}{\mathrm{d}p} \right] \right\}^{-1/2} \qquad (6\text{-}4\text{-}6)$$

当将临界流动过程视为等熵过程时，均相平衡模型按等熵膨胀过程计算临界流动，即

$$G_{\text{cri,HEM},s} = \left\{ -\left[x\frac{\mathrm{d}v_v}{\mathrm{d}p} + (v_v - v_1)\frac{\mathrm{d}x}{\mathrm{d}p} + (1-x)\frac{\mathrm{d}v_1}{\mathrm{d}p} \right]_s \right\}^{-1/2} \qquad (6\text{-}4\text{-}7)$$

式中：{}外的下标 s 表示整个混合物的等熵过程，这时整个混合物与外界无热质交换，但两相之间仍然有可能发生交换。显然，想利用式（6-4-7）计算出两相临界流量，尚需要确定 $(\mathrm{d}v_v/\mathrm{d}p)$、$(\mathrm{d}v_1/\mathrm{d}p)$ 以及 $(\mathrm{d}x/\mathrm{d}p)$ 的值。

若将整个混合物的等熵膨胀按每一项等熵过程处理，可得

$$G_{\text{cri,HEM},s} = \left\{ -\left[x\left(\frac{\mathrm{d}v_v}{\mathrm{d}p}\right)_s + (v_v - v_1)\left(\frac{\mathrm{d}x}{\mathrm{d}p}\right)_s + (1-x)\left(\frac{\mathrm{d}v_1}{\mathrm{d}p}\right)_s \right] \right\}^{-1/2} \qquad (6\text{-}4\text{-}8)$$

同样，在式（6-4-8）中，关键是要确定 $\left(\dfrac{\mathrm{d}v_v}{\mathrm{d}p}\right)_s$、$\left(\dfrac{\mathrm{d}x}{\mathrm{d}p}\right)_s$、$\left(\dfrac{\mathrm{d}v_1}{\mathrm{d}p}\right)_s$，才可计算确定临界流

量。对于等熵过程，则 $\mathrm{d}s = 0$ ，于是有

$$\mathrm{d}s = \left(\frac{\partial s}{\partial p}\right)_x \mathrm{d}p + \left(\frac{\partial s}{\partial x}\right)_p \mathrm{d}x = 0 \tag{6-4-9}$$

由上式可知

$$\left(\frac{\mathrm{d}x}{\mathrm{d}p}\right)_s = -\left[\left(\frac{\partial s}{\partial p}\right)_x \bigg/ \left(\frac{\partial s}{\partial x}\right)_p\right] \tag{6-4-10}$$

将式（6-4-5）等热力平衡条件代入式（6-4-10），可得

$$\left(\frac{\mathrm{d}x}{\mathrm{d}p}\right)_s = \frac{(1-x_e)\dfrac{\mathrm{d}s_l}{\mathrm{d}p} + x_e \dfrac{\mathrm{d}s_v}{\mathrm{d}p}}{s_{ve} - s_{le}} \tag{6-4-11}$$

在式（6-4-11）中，$\dfrac{\mathrm{d}s_l}{\mathrm{d}p}$、$\dfrac{\mathrm{d}s_v}{\mathrm{d}p}$ 及 s_{ve}、s_{le} 都可以通过流动介质的热力性质曲线或查热力学性质图表求得，从而确定 $\left(\dfrac{\mathrm{d}x}{\mathrm{d}p}\right)_s$。此外，$\left(\dfrac{\mathrm{d}v_v}{\mathrm{d}p}\right)_s$、$\left(\dfrac{\mathrm{d}v_l}{\mathrm{d}p}\right)_s$ 也可通过查询热力性质曲线确定，从而通过式（6-4-7）求取均相平衡等熵膨胀过程条件下的两相临界流量。

　　需要说明，对于均相平衡模型，由于其均相假设 $u_l = u_v = u$、$T_l = T_v$ 等，所以此假设下两相之间质量、动量及能量交换速率为无穷大，这一假设是较保守的，依此模型计算得到的两相临界流量一般会偏低，对于低含气率及短管条件下尤其如此；此外，对于低压工况，该模型计算也偏差较大。因此，均相平衡模型一般仅适于长通道、高含气率及压力较高的情况。

6.4.2　两相临界流的分相模型计算方法

　　均相模型对气液两相临界流量的估计常是偏低的，主要是来源于均相假设。事实上，两相速度并不相等；此外，气液之间也常处于热力学不平衡状态。这样，采用将两相分开来考虑的分相模型，通过运用分相守恒方程，加上不同的辅助条件使模型更符合实际情况。

　　分相模型中有一类是考虑气液两相之间存在滑移（$S \neq 1$），但仍然假设两相之间处于热力学平衡状态（$T_l = T_v$），称为滑动平衡模型，这类计算模型中典型的主要有 Moody 滑动平衡模型、Fauske 滑动平衡模型等。

1. Moody 滑动平衡模型[5]

　　Moody 的临界流模型考虑如图 6-4-2 所示的一个理想喷管，喷管进出口流动参数如图 6-4-2 中所标注。模型中对理想喷管主要的假设有以下几点。

　　（1）气液两相在喷管进、出口静压相等，且相间处于热力学平衡态；

　　（2）喷管出口处两相流型为无夹带的环状流；

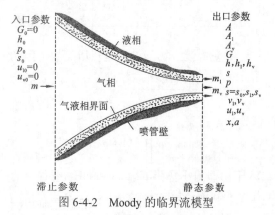

图 6-4-2　Moody 的临界流模型

（3）喷管出口处各相速度均匀；

（4）喷管出口处两相滑速比 S 是一个独立变量；

（5）喷管中两相流动为等熵过程，即有 $s = s_0$。

于是，该两相环状流的连续方程与能量方程可分别写为

$$G = \frac{m}{A} = \frac{\alpha}{x} \cdot \frac{u_v}{v_v} = \frac{1-\alpha}{1-x} \cdot \frac{u_l}{v_l} \tag{6-4-12}$$

$$h_0 = x\left(h_v + \frac{u_v^2}{2}\right) + (1-x)\left(h_l + \frac{u_l^2}{2}\right) \tag{6-4-13}$$

同时，由等熵流动及热力学平衡假设，还有：

$$x = x_e = [s_0 - s_l(p)] / s_{lv} \tag{6-4-14}$$

此外，还考虑如下关系式：

$$\alpha = \frac{1}{1 + S\left(\dfrac{1-x}{x}\right)\left(\dfrac{v_l}{v_v}\right)} \tag{6-4-15}$$

并且认为，沿饱和线的各物性均仅为压力的函数，即

$$v_l = v_l(p), v_v = v_v(p), h_l = h_l(p), h_v = h_v(p), h_{lv} = h_{lv}(p), s_l = s_l(p), s_v = s_v(p), s_{lv} = s_{lv}(p)\cdots \tag{6-4-16}$$

联立式（6-4-12）～式（6-4-16），可得

$$G = \sqrt{\frac{2[h_0 - h_l - (h_{lv}/s_{lv})(s_0 - s_l)]}{\left[\dfrac{S(s_v - s_0)v_l}{s_{lv}} + \dfrac{(s_0 - s_l)v_v}{s_{lv}}\right]^2 \left[\dfrac{s_0 - s_l}{s_{lv}} + \dfrac{s_v - s_0}{S^2 s_{lv}}\right]}} \tag{6-4-17}$$

式（6-4-17）表明，当滞止焓 h_0 与滞止熵 s_0（或滞止压力 p_0）为已知时，两相质量流速 G 就只是滑速比 S 与压力 p 的函数。因此，当 G 达到最大值 G_{cri} 时，应同时满足：

$$\left(\frac{\partial G}{\partial S}\right)_p = 0 \tag{6-4-18}$$

$$\left(\frac{\partial G}{\partial p}\right)_S = 0 \tag{6-4-19}$$

由式（6-4-18）还可以求得，最大质量流速 G_{cri} 处对应的滑速比为

$$S = S_M = (v_v / v_l)^{1/3} \tag{6-4-20}$$

由于 v_v、v_l 的数值均由压力 p 确定，所以，在平衡假设下 S 值也仅由出口处（饱和）压力 p 决定。此外，将式（6-4-20）代入式（6-4-17），再对 p 求导，并满足式（6-4-19），即得到作为上游滞止参数 p_0 与 h_0 函数的临界质量流速 G_{cri} 的表达式。Moody 利用饱和蒸汽与水物性，在当地静压为 0.8～20.7 MPa，当地含气量为 0.01～1.0 的参数范围内，计算得到不同上游滞止比焓 h_0 与上游滞止压力 p_0 条件下对应的出口处两相临界质量流速 G_{cri} 与临界压力 p_{cri} 的图线，分别如图 6-4-3 所示。

同时，联立式（6-4-17）～式（6-4-19），并且结合有关的热力学关系式，也可以求解得到以当地参数（如当地静压 p_c 等）表示的最大质量流速 G_M（即临界质量流速 $G_{cri,Moody}$）的表达式：

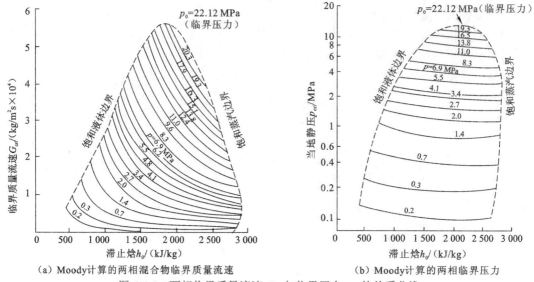

（a）Moody计算的两相混合物临界质量流速　　　　（b）Moody计算的两相临界压力

图 6-4-3　两相临界质量流速 G_{cri} 与临界压力 p_{cri} 的关系曲线

$$G_{cri,\,Moody} = G_M = \sqrt{\dfrac{2c}{a(ad+2be)}} \tag{6-4-21}$$

其中：

$$\begin{cases}
a = S_M v_{l,M} + x_M(v_{v,M} - S_M v_{l,M}) \\[2mm]
b = \dfrac{1}{S_M^2} + x_M\left(1 - \dfrac{1}{S_M^2}\right) \\[2mm]
c = -(v_{l,M} + x_M v_{lv,M}) \\[2mm]
d = \left[\dfrac{s_v'}{S^2 s_{lv}} - \dfrac{s_l'}{s_{lv}} - \dfrac{(s_{lv}S^2)'}{S^4 s_{lv}}\right]_M + x_M\left[\dfrac{(s_{lv}S^2)'}{S^4 s_{lv}} - \dfrac{s_{lv}'}{s_{lv}}\right]_M \\[3mm]
e = \left[s_{lv}\left(\dfrac{Sv_l}{s_{lv}}\right)' + \left(\dfrac{Sv_l}{s_{lv}}\right)s_v' - \left(\dfrac{v_v}{s_{lv}}\right)s_l'\right]_M + x_M\left[s_{lv}\left(\dfrac{v_v}{s_{lv}}\right) - s_{lv}\left(\dfrac{Sv_l}{s_{lv}}\right)'\right]_M
\end{cases} \tag{6-4-22}$$

式中："（ ）′"表示相对于压力 p 的导数。上式中所有参量及其导数均以发生临界流工况时的当地参数为准。

式（6-4-21）也可称为 Moody 滑动平衡模型的临界流量计算式。该模型与许多实验值相比较大致的趋势是：在低干度范围内模型计算相对于实验值有所高估；在高干度范围内则有所低估；而在中等干度范围内，则 Moody 模型计算较为准确。

利用 Moody 模型可以计算压力容器通过管道进行的喷放过程，从而根据管道上游的滞止参数与管道阻力，对管道内气水两相临界流率进行预测。其管道模型如图 6-4-4 所示，喷放管道由入口喷管（管嘴）与等截面直管连接组成。

进行喷放管道内临界流动计算采用的基本假设主要有：管嘴为等熵流动；管嘴后为等截面直管，且管壁绝热；整个流道内为无夹带环状流，仅由液体与壁面接触；液体与蒸汽在管内各处均处于热力学平衡；管道各横截面上气液各相速度均匀，等等。

在喷放管道内，设管道微元段上壁面摩擦 $\tau_{\mathrm{w}} P_{\mathrm{w}} \mathrm{d}l$，并令穿过管道截面的动量流率 $\Omega = [xu_{\mathrm{v}} + (1-x)u_{\mathrm{l}}]GA$，则可得到动量方程：

$$\mathrm{d}\Omega = -A\mathrm{d}p - \tau_{\mathrm{w}} P_{\mathrm{w}} \mathrm{d}l \qquad (6\text{-}4\text{-}23)$$

式中：P_{w} 为管道润湿周长。而壁面剪切力 τ_{w} 则采用 Levy 给出的关系式：

$$\tau_{\mathrm{w}} = \frac{(f_{\mathrm{F}})_{\mathrm{l}}}{2} v_{\mathrm{l}} \left(\frac{1-x}{1-\alpha}\right)^2 G^2 \qquad (6\text{-}4\text{-}24)$$

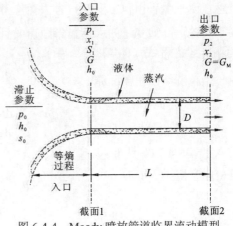

图 6-4-4　Moody 喷放管道临界流动模型

式（6-4-24）主要适用于仅液体与流道壁面接触的环状流型，$(f_{\mathrm{F}})_{\mathrm{l}}$ 为液体与壁面之间的范宁摩擦因子，该因子是液相雷诺数 Re_{l} 的函数，液相雷诺数为

$$Re_{\mathrm{l}} = \frac{DG}{\mu_{\mathrm{l}}}\left(\frac{1-x}{1-\alpha}\right) = \frac{DG}{\mu_{\mathrm{l}}}\left[1 + x\left(\frac{1}{S}\cdot\frac{v_{\mathrm{v}}}{v_{\mathrm{l}}} - 1\right)\right] \qquad (6\text{-}4\text{-}25)$$

同时，喷放管道能量方程为

$$h_0 = x(h_{\mathrm{v}} + u_{\mathrm{v}}^2/2) + (1-x)(h_{\mathrm{l}} + u_{\mathrm{l}}^2/2) \qquad (6\text{-}4\text{-}26)$$

将空泡份额与相速度以滑速比来表示，利用滑速比 S_{M} 关系式，则动量方程与能量方程仅为干度 x 与压力 P 的函数，于是，上面的动量方程与能量方程分别为

$$G^2 \mathrm{d}f_1 = -\mathrm{d}p - f_2 G^2 \mathrm{d}l \qquad (6\text{-}4\text{-}27)$$

$$h_0 = f_3 + G^2 f_4 \qquad (6\text{-}4\text{-}28)$$

其中

$$\begin{cases} f_1 = [S(1-x)v_{\mathrm{l}} + xv_{\mathrm{v}}]\left(x + \dfrac{1-x}{S}\right) \\[2mm] f_2 = \dfrac{P_{\mathrm{w}}}{A}\dfrac{(f_{\mathrm{F}})_{\mathrm{l}}}{2}v_{\mathrm{l}}\left[1 + \left(\dfrac{v_{\mathrm{v}}}{Sv_{\mathrm{l}}} - 1\right)x\right]^2 \\[2mm] f_3 = h_{\mathrm{l}} + xh_{\mathrm{lv}} \\[2mm] f_4 = \dfrac{1}{2}\left[S(1-x)v_{\mathrm{l}} + xv_{\mathrm{v}}\left(x + \dfrac{1-x}{S^2}\right)\right] \end{cases} \qquad (6\text{-}4\text{-}29)$$

此外，Zivi 研究[6]表明，当

$$S_{\mathrm{M}} = \left(\frac{v_{\mathrm{v}}}{v_{\mathrm{l}}}\right)^{1/3} \qquad (6\text{-}4\text{-}30)$$

两相流动中的动能最小，而动能流最小时意味着最小熵产，表征其是一种稳态的热力学过程。为此，Moody 认为基于最小动能（亦即最小熵产）而得到的式（6-4-30）的滑速比也适用于包括管嘴与等截面直管在内的全流道。

考虑到 f_1 仅为 S 与 x 的函数，将 $\mathrm{d}f_1$ 代入动量方程式（6-4-27），可得

$$G^2\left[\left(\frac{\partial f_1}{\partial p}\right)_x \mathrm{d}p + \left(\frac{\partial f_1}{\partial x}\right)_p \mathrm{d}x\right] = -\mathrm{d}p - f_2 G^2 \mathrm{d}l \tag{6-4-31}$$

而由能量方程式（6-4-28），可求得

$$\frac{\mathrm{d}x}{\mathrm{d}p} = -\frac{\left(\frac{\mathrm{d}f_3}{\mathrm{d}p}\right)_x + G^2\left(\frac{\mathrm{d}f_4}{\mathrm{d}p}\right)_x}{\left(\frac{\mathrm{d}f_3}{\mathrm{d}x}\right)_p + G^2\left(\frac{\mathrm{d}f_4}{\mathrm{d}x}\right)_p} \tag{6-4-32}$$

代入式（6-4-31），整理后得

$$\Gamma(p;h_0,G)\mathrm{d}p = \frac{\overline{f}}{D}\mathrm{d}l \tag{6-4-33}$$

式中：$\overline{f}/D = (P_w/A)(f_F)_1$；$\overline{f}$ 为相对于平均液相雷诺数 Re_1 的管道平均 Darcy 摩擦因子；D 为水力直径。而 $\Gamma(p;h_0,G)$ 的表达式为

$$\Gamma(p;h_0,G) = \frac{2G^2\left[\left(\frac{\partial f_1}{\partial x}\right)_p \dfrac{\left(\frac{\partial f_3}{\partial p}\right)_x + G^2\left(\frac{\partial f_4}{\partial p}\right)_x}{\left(\frac{\partial f_3}{\partial x}\right)_p + G^2\left(\frac{\partial f_4}{\partial x}\right)_p} - \left(\frac{\partial f_1}{\partial p}\right)_x\right] - 2}{v_1\left[1 + \left(\frac{1}{S}\cdot\frac{v_v}{v_1} - 1\right)x\right]^2 G^2} \tag{6-4-34}$$

式（6-4-33）即为等截面流道在等焓变化假定下的动量方程微分形式。

对于图 6-4-4 中的直管出口截面 2，利用 Moody 的喷管结果，对应于一定的滞止焓 h_0 与最大质量流速 G_M，完全可以确定该截面处压力 p_2 与干度 x_2。为此，将式（6-4-33）对压力从 p_2 积分至更高的压力 p_1，可得

$$\int_{p_2(h_0,G_M)}^{p_1} \Gamma(p;h_0,G)\,\mathrm{d}p = \frac{\overline{f}L}{D} \tag{6-4-35}$$

由直管能量方程（6-4-28），可以由 p_1、h_0 与 G_M 等唯一地确定 x_1；而截面 1 处参数还可由描述入口管嘴理想等熵过程的另一组计算式求得

$$\begin{cases} s_0 = s_1 \\ s_0 = s_{v0} + \dfrac{s_{lv0}}{h_{lv0}}(h_0 - h_{l0}) \\ s_1 = s_{l1} + x_1 s_{lv0} \end{cases} \tag{6-4-36}$$

这样，结合饱和气/水物性，将式（6-4-35）与式（6-4-36）通过数值方法计算出反映 Moody 喷放管道临界流动中各参数之间对应关系的计算图表（例如图 6-4-3 所示），计算图表所反映的各参数对应函数关系可表示为

$$G_M\left(p_0,h_0,\frac{\overline{f}L}{D}\right) = 0 \tag{6-4-37}$$

$$G_M\left(p_1,h_0,\frac{\overline{f}L}{D}\right) = 0 \tag{6-4-38}$$

Moody 按照不同的滞止压力 p_0、滞止比焓 h_0 与阻力 $\dfrac{\bar{f}L}{D}$ 计算了喷放管道两相临界排放率（最大汽水排放率）G_M 的计算线图，其计算范围涵盖 0.172 5～19.32 MPa 的饱和压力范围。图 6-4-5 给出 Moody 计算的喷放管道两相临界排放率计算线图的几个例图。

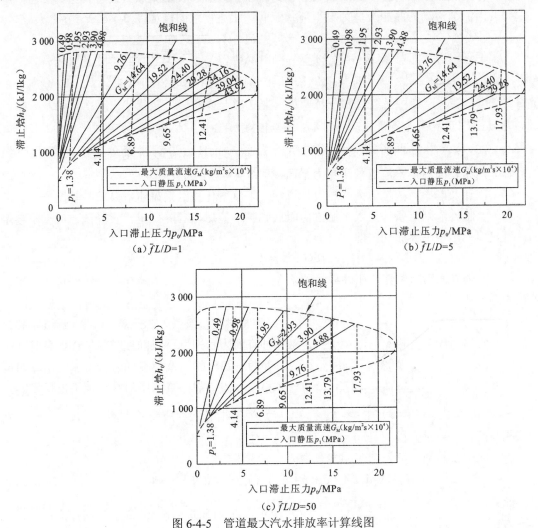

图 6-4-5　管道最大汽水排放率计算线图

利用上述的喷放管道最大汽水排放率的计算线图，还可以计算一个绝热容器的饱和喷放过程。

2. Fauske 滑动平衡模型[7]

针对水平长流道中的两相临界流动，Fauske 认为以均相模型描述单组分两相混合物的流动远不能反映其复杂性，决定其复杂性的相关现象主要有：①气液相变；②两相之间存在滑移；③流动过程中发生流型转变；④可能还会出现液相处于亚稳态延迟蒸发而为过热液体的现象。其中，在发生临界流时，一般气相流速已经很高，两相易发生分层，认为流道中两相流型为环状流与实际情况差异不大；此外，一般认为处于亚稳态而延迟蒸发的现象主要发生于孔口与喷嘴，而在长流道中尚无法验证其会发生。

Fauske 认为水平长流道中的两相临界流中，两相间达到热力平衡，但速度差异甚大，并且应考虑流道壁面摩擦。为了发展其两相临界流模型，Fauske 假定：

（1）沿流道流动的两相流型为典型环状流（环状流物理图像如图 6-4-6 所示）；

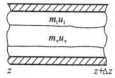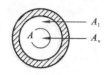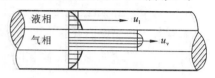

（a）两相环状流相分　　　　　　　　　（b）两相环状流的速度分布

图 6-4-6　环状流的物理图像

（2）两相沿流道流动的平均速度 u_l、u_v 不相等，运动的两相之间存在滑移；

（3）两相之间沿整个流道处于热力平衡，即 $T_l = T_v$；

（4）因计及摩擦，故考虑为两相等熵过程，干度变化按等熵确定；

（5）（临界流判定条件）当下游静压降低到某一值后，若静压进一步降低，流量不再增加，则出口处出现临界流动，即

$$(\mathrm{d}G / \mathrm{d}p) = 0 \qquad (6\text{-}4\text{-}39)$$

（6）（临界流辅助条件）在临界流动条件下，在流量 G 与含气率 x 给定的条件下，出口处压力梯度达到一个有限的最大值，即

$$(\mathrm{d}p / \mathrm{d}z)_{G,x} = \{\text{maximun}\}_{\text{Finite}} \qquad (6\text{-}4\text{-}40)$$

分别写出考虑蒸发相变与摩擦的气、液两相动量方程：

$$-\mathrm{d}(pA_v) + p\mathrm{d}A_v - \mathrm{d}F_{f,v} - \mathrm{d}(u_v m_v) + u_l \mathrm{d}m_v = 0 \qquad (6\text{-}4\text{-}41)$$

$$-\mathrm{d}(pA_l) + p\mathrm{d}A_l - \mathrm{d}F_{f,l} - \mathrm{d}(u_l m_l) + u_l \mathrm{d}m_l = 0 \qquad (6\text{-}4\text{-}42)$$

式（6-4-41）和式（6-4-42）中：$F_{f,v}$、$F_{f,l}$ 分别为气相与液相所受的摩擦力；m_v、m_l 分别为气相与液相的质量流量；$u_l \mathrm{d}m_v$ 或 $u_l \mathrm{d}m_l$ 则是发生蒸发相变引起的气、液相动量变化。

将上面两式相加，可得到两相混合物的动量方程为

$$-[\mathrm{d}F_{f,v} + \mathrm{d}F_{f,l}] - [\mathrm{d}(pA_v) + \mathrm{d}(pA_l)] - [\mathrm{d}(u_v m_v) + \mathrm{d}(u_l m_l)] = 0 \qquad (6\text{-}4\text{-}43)$$

此外，考虑 $A_v + A_l = A$，$m_v + m_l = m$，且有 $\mathrm{d}A_l = -\mathrm{d}A_v$，$\mathrm{d}m_l = -\mathrm{d}m_v$，于是，式（6-4-43）可写为

$$-A\mathrm{d}p - (\mathrm{d}F_{f,v} + \mathrm{d}F_{f,l}) - \mathrm{d}(u_v m_v + u_l m_l) = 0 \qquad (6\text{-}4\text{-}44)$$

记 $\mathrm{d}F_{f,v} + \mathrm{d}F_{f,l} = \mathrm{d}F_f$，$\mathrm{d}F_f$ 为两相混合物所受的摩擦力。则式（6-4-44）又可写为

$$-A\frac{\mathrm{d}p}{\mathrm{d}z} - \frac{\mathrm{d}}{\mathrm{d}z}(m_l u_l + m_v u_v) - \frac{\mathrm{d}F_f}{\mathrm{d}z} = 0 \qquad (6\text{-}4\text{-}45)$$

还需要考虑两相流基本量的关系

$$\begin{cases} u_v = Gx / \alpha\rho_v \\ u_l = G(1-x) / (1-\alpha)\rho_l \\ m_v = xGA \\ m_l = (1-x)GA \end{cases} \qquad (6\text{-}4\text{-}46)$$

以及两相摩擦阻力

$$\mathrm{d}F_f = \frac{fG^2 Av}{2D}\mathrm{d}z \tag{6-4-47}$$

式（6-4-46）和式（6-4-47）中：G 为两相质量流速；f 为两相摩擦系数；v 是特定形式的两相混合物比容；D 则是流道的水力直径。

将式（6-4-46）、式（6-4-47）代入式（6-4-45），可得

$$G^2\left\{\mathrm{d}\left[\frac{x^2 v_v}{\alpha} + \frac{(1-x)^2 v_1}{1-\alpha}\right] + \frac{fv}{2D}\mathrm{d}z\right\} + \mathrm{d}p = 0 \tag{6-4-48}$$

这就是描述两相混合物在水平流道中流动的运动方程。相应地，如果把两相混合物的整体流动视为一种等效的"单相"流动，那么也可以得到如下形式的运动方程。

$$G^2\left\{\mathrm{d}\tilde{v} + \frac{\overline{f}\,\overline{v}}{2D}\mathrm{d}z\right\} + \mathrm{d}\tilde{p} = 0 \tag{6-4-49}$$

式中：上标~表示等效单相流动的相应参数。对比式（6-4-48）和式（6-4-49），可以看到，当式（6-4-48）中的比容 v 取：

$$v = \frac{x^2 v_v}{\alpha} + \frac{(1-x)^2 v_1}{1-\alpha} \tag{6-4-50}$$

则两个流动运动方程完全等价。此等效的比容正是动量比容 v_T，即

$$v_\mathrm{T} = \frac{x^2 v_v}{\alpha} + \frac{(1-x)^2 v_1}{1-\alpha} \tag{6-4-51}$$

于是，分相模型的水平流道混合物动量方程可写为

$$\frac{\mathrm{d}p}{\mathrm{d}z} + G^2\left(\frac{\mathrm{d}v_\mathrm{T}}{\mathrm{d}z} + \frac{fv_\mathrm{T}}{2D}\right) = 0 \tag{6-4-52}$$

沿流道进行积分，则有

$$G^2 = \frac{-\displaystyle\int_{p_{in}}^{p}\frac{\mathrm{d}p}{v_\mathrm{T}}}{\ln\dfrac{v_\mathrm{T}}{(v_\mathrm{T})_{in}}\overline{f}\dfrac{L}{2D}} \tag{6-4-53}$$

式中：下标 in 表示参数是流道入口处的；L 为流道全长；两相平均摩擦系数 $\overline{f} = \dfrac{1}{L}\displaystyle\int_0^L f\mathrm{d}z$。

在流道出口处发生两相临界流动时，应满足临界流判定条件 $(\mathrm{d}G/\mathrm{d}p) = 0$。为此，将式（6-4-53）对 P 求导，结合临界流判定条件，可得

$$2G\frac{\mathrm{d}G}{\mathrm{d}p} = \frac{\dfrac{1}{v_\mathrm{T}}\left[\ln\dfrac{v_\mathrm{T}}{(v_\mathrm{T})_{in}} + \overline{f}\dfrac{L}{2D}\right] - \left[\dfrac{\mathrm{d}}{\mathrm{d}p}\ln\dfrac{v_\mathrm{T}}{(v_\mathrm{T})_{in}} + \dfrac{L}{2D}\dfrac{\mathrm{d}\overline{f}}{\mathrm{d}p}\right]\displaystyle\int_{p_{in}}^{p}\dfrac{\mathrm{d}p}{v_\mathrm{T}}}{\ln\dfrac{v_\mathrm{T}}{(v_\mathrm{T})_{in}} + \overline{f}\dfrac{L}{2D}} = 0$$

于是，两相临界流动的质量流速为

$$G_{cri} = \left[\frac{-\int_{p_{in}}^{p} \dfrac{\mathrm{d}p}{v_T}}{\ln \dfrac{v_T}{(v_T)_{in}} + \overline{f} \dfrac{L}{2D}} \right]^{1/2} = \left\{ \frac{-1}{v_T \left[\dfrac{\mathrm{d}}{\mathrm{d}p} \ln \dfrac{v_T}{(v_T)_{in}} + \dfrac{L\mathrm{d}\overline{f}}{2D\mathrm{d}p} \right]} \right\}^{1/2} \quad (6\text{-}4\text{-}54)$$

由于 $v_T = \dfrac{x^2 v_v}{\alpha} + \dfrac{(1-x)^2 v_l}{1-\alpha}$，$\alpha = \left[1 + S\left(\dfrac{v_l}{v_v} \right)\left(\dfrac{1-x}{x} \right) \right]^{-1}$，所以在一定压力 p 下，v_T 仅为含气 x 率与滑速比 S 的函数。这样，由混合物动量方程式（6-4-52）可知，当 G 与 x 给定时，压降梯度 $\mathrm{d}p/\mathrm{d}z$ 就只跟滑速比 S 有关，这样，考虑前面给出的临界流辅助条件假设式（6-4-40），可得

$$\frac{\partial}{\partial S}\left(\frac{\mathrm{d}p}{\mathrm{d}z} \right) = 0 \quad (6\text{-}4\text{-}55)$$

再结合式（6-4-52），得

$$\frac{\partial}{\partial S}\left(\frac{\mathrm{d}p}{\mathrm{d}z} \right) = -G^2 \left[\frac{\mathrm{d}}{\mathrm{d}z}\left(\frac{\partial v_T}{\partial S} \right) + \frac{f}{2D} \cdot \left(\frac{\partial v_T}{\partial S} \right) + \frac{v_T}{2D}\left(\frac{\partial f}{\partial S} \right) \right] = 0 \quad (6\text{-}4\text{-}56)$$

显然，对于任何给定的 G 与 x 条件下的两相临界流动，式（6-4-56）都应当成立。对于考虑壁面摩擦的非等熵两相流动（此时 $f \neq 0$）的情况，一般滑速比 S 与摩擦系数 f 之间的函数关系并不清楚，因此为了满足式（6-4-56），从而得到 S 的一个封闭解，Fauske 提出下面的特解：

$$\frac{\partial v_T}{\partial S} = 0 \quad (6\text{-}4\text{-}57)$$

$$\frac{\partial f}{\partial S} = 0 \quad (6\text{-}4\text{-}58)$$

当采用两相混合物动量比容定义式（6-4-51）时，上述特解显然都是满足式（6-4-56）的。同时，由

$$\alpha = \frac{1}{1 + \left(\dfrac{1-x}{x} \right)\left(\dfrac{v_l}{v_v} \right) S} \quad 及 \quad v_T = \frac{x^2 v_v}{\alpha} + \frac{(1-x)^2 v_l}{1-\alpha}$$

动量比容 v_T 的表达式也可写为

$$v_T = \frac{[(1-x)v_l S + xv_v][1 + x(S-1)]}{S} \quad (6\text{-}4\text{-}59)$$

将式（6-4-59）代入式（6-4-57），则有

$$\frac{\partial v_T}{\partial S} = (x - x^2)\left(v_l - \frac{v_v}{S^2} \right) = 0 \quad (6\text{-}4\text{-}60)$$

由此可得

$$\begin{cases} S = \left(\dfrac{v_v}{v_l} \right)^{1/2} = F(p), & 0 < x < 1 \\ S = 1, & x = 0 \ 或 \ x = 1 \end{cases} \quad (6\text{-}4\text{-}61)$$

这就是 Fauske 所采用的两相临界流动的滑速比关系式。只要满足该式与式（6-4-58），则判定临界流的辅助条件（6-4-40）也就得以满足。

为了估计临界流量，可将分相模型形式的水平流道混合物动量方程式（6-4-48）对 p 从

p_0 到 p 进行积分，得

$$\int_{p_0}^{p} \frac{1}{v_{\mathrm{T}}} \mathrm{d}p + G^2 \left(\ln \frac{v_{\mathrm{T}}}{v_{\mathrm{T},0}} + \frac{f_{\mathrm{m}}L}{2D} \right) = 0 \qquad (6\text{-}4\text{-}62)$$

式中：$v_{\mathrm{T},0}$ 为两相混合物在 p_0 下时的（动量）比容；v_{T} 则是对应于任意压力 p 下的两相混合物（动量）比容。f_{m} 定义式为

$$f_{\mathrm{m}} = \int_{p_0}^{p} f \frac{\mathrm{d}(z/L)}{\mathrm{d}p} \mathrm{d}p \qquad (6\text{-}4\text{-}63)$$

在式（6-4-62）两边对 p 进行微分，并结合临界流判定条件 $(\mathrm{d}G/\mathrm{d}p)=0$ [式（6-4-39）]，得

$$\frac{1}{v_{\mathrm{T}}} \left(\ln \frac{v_{\mathrm{T}}}{v_{\mathrm{T},0}} + \frac{f_{\mathrm{m}}L}{2D} \right) - \left(\frac{\mathrm{d}\ln v_{\mathrm{T}}}{\mathrm{d}p} + \frac{L}{2D} \frac{\mathrm{d}f_{\mathrm{m}}}{\mathrm{d}p} \right) \int_{p_0}^{p} \frac{1}{v_{\mathrm{T}}} \mathrm{d}p = 0 \qquad (6\text{-}4\text{-}64)$$

联立式（6-4-64）与式（6-4-62），最终求解得到临界流量 G_{cri} 的表达式为

$$G_{\mathrm{cri}} = \left[\frac{-1}{v_{\mathrm{T}} \left(\dfrac{\mathrm{d}\ln v_{\mathrm{T}}}{\mathrm{d}p} + \dfrac{L}{2D} \dfrac{\mathrm{d}f_{\mathrm{m}}}{\mathrm{d}p} \right)} \right]^{1/2} \qquad (6\text{-}4\text{-}65)$$

此外，对于给定 G 与 x 的临界流动，还可以写出

$$\left(\frac{\mathrm{d}f_{\mathrm{m}}}{\mathrm{d}p} \right)_{G_{\mathrm{cri}}, x_{\mathrm{cri}}} = \frac{\partial f_{\mathrm{m}}}{\partial S} \cdot \frac{\mathrm{d}S}{\mathrm{d}p} \qquad (6\text{-}4\text{-}66)$$

而正如 Fauske 所指出的，此时 $\partial f_{\mathrm{m}}/\partial S = 0$，所以有

$$\frac{\mathrm{d}f_{\mathrm{m}}}{\mathrm{d}p} = 0 \qquad (6\text{-}4\text{-}67)$$

这样，两相临界质量流速为

$$G_{\mathrm{cri}} = \left[\frac{-1}{v_{\mathrm{T}} \left(\dfrac{\mathrm{d}\ln v_{\mathrm{T}}}{\mathrm{d}p} \right)} \right]^{1/2} = \left[-\left(\frac{\mathrm{d}v_{\mathrm{T}}}{\mathrm{d}p} \right) \right]^{-1/2} \qquad (6\text{-}4\text{-}68)$$

从形式上看，式（6-4-68）与单相流的临界流速表达式相似，不同之处在于用动量比容 v_{T} 取代了单相流体的比容；或者说，在摩擦因子只跟滑速比有关 [$f = f(S)$] 的假定下，临界流量与忽略摩擦损失的两相混合物临界流量表达式形式相同。

将动量比容 v_{T} 的表达式（6-4-59）代入式（6-4-68），可得

$$G_{\mathrm{cri, Fauske}} = \left\{ \frac{1}{\dfrac{\mathrm{d}}{\mathrm{d}p} \{[(1-x)v_{\mathrm{l}}S + xv_{\mathrm{v}}][1 + x(S-1)]/S\}} \right\}^{1/2}$$

$$= \left\{ \frac{-S}{[(1-x+Sx)x]\dfrac{\mathrm{d}v_{\mathrm{v}}}{\mathrm{d}p} + [v_{\mathrm{v}}(1+2Sx-2x) + v_{\mathrm{l}}(2xS-2S-2xS^2+S^2)]\dfrac{\mathrm{d}x}{\mathrm{d}p} + \{S[1+x(S-2)-x^2(S-1)]\}\dfrac{\mathrm{d}v_{\mathrm{l}}}{\mathrm{d}p}} \right\}^{1/2} \qquad (6\text{-}4\text{-}69)$$

取 $(\mathrm{d}v_1 / \mathrm{d}p) = 0$ （忽略液相压缩性），可有近似式：

$$G_{\mathrm{cri, Fauske}} \approx \left\{ \frac{-S}{[(1-x+Sx)x]\dfrac{\mathrm{d}v_v}{\mathrm{d}p} + [v_v(1+2Sx-2x) + v_1(2xS-2S-2xS^2+S^2)]\dfrac{\mathrm{d}x}{\mathrm{d}p}} \right\}^{1/2} \quad (6\text{-}4\text{-}70)$$

式中：所有的参数均为临界截面处、临界压力下的特性参数。Fauske 认为，流道内向出口流动的气液两相具有一定的相对运动（$S \neq 1$），这是一种不可逆现象，不应当是等熵过程，并假定流动过程中动量变化的影响远小于焓值，可略去不计，故认为其为等焓过程。即 $h_0 = h_1 + x h_{\mathrm{lv}} = $ 常数，从而有

$$\frac{\mathrm{d}x}{\mathrm{d}p} = -\frac{1}{h_{\mathrm{lv}}}\left(\frac{\mathrm{d}h_1}{\mathrm{d}p} + x\frac{\mathrm{d}h_{\mathrm{lv}}}{\mathrm{d}p}\right) \quad (6\text{-}4\text{-}71)$$

这样，在求取临界流量 $G_{\mathrm{cri, Fauske}}$ 时，需要确定 $(\mathrm{d}v_v / \mathrm{d}p)$、$(\mathrm{d}v_1 / \mathrm{d}p)$、$(\mathrm{d}h_1 / \mathrm{d}p)$ 及 $(\mathrm{d}h_{\mathrm{lv}} / \mathrm{d}p)$，这些都可以在图 6-4-7 的水与水蒸气热力参数图中查得。

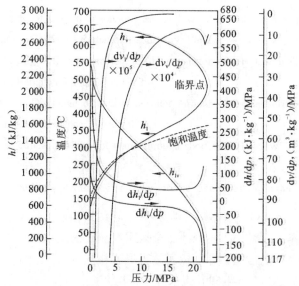

图 6-4-7　$(\mathrm{d}v_v / \mathrm{d}p)$、$(\mathrm{d}v_1 / \mathrm{d}p)$、$(\mathrm{d}h_1 / \mathrm{d}p)$、$(\mathrm{d}h_{\mathrm{lv}} / \mathrm{d}p)$、$h_1$、$h_v$ 及 h_{lv} 的参数曲线

式（6-4-69）或式（6-4-70）中的所有参数均为临界截面处的取值，为了求取临界流量 G_{cri} 还需同时求得临界压力 p_{cri}，因此，可通过试算迭代法进行计算。为了方便，Fauske 已将汽水混合的临界流量计算结果做成曲线图，如图 6-4-8 所示。可以看到，临界流量随压力升高或含气率减少而增加。

在非平衡状态两相流动工况中，临界质量流速受到相间速度差异与温度差异的显著影响。对于有闪蒸的两相临界流动来说，需要有一定的流动长度才能在临界截面处达到热力平衡。

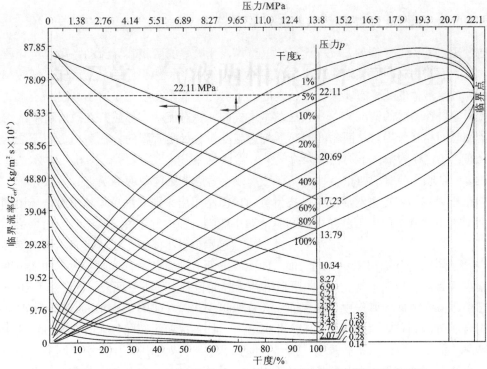

图 6-4-8　由 Fauske 模型计算出口临界压力及两相临界质量流速的线图

　　根据 Fauske 整理的实验数据（流道几何条件范围是 $D=6.35$ mm，$L/D=0$（孔板）～40，流道进口为锐边）可以发现[8]，流道出口截面上发生临界流动时的临界压力 p_{cri} 与上游压力 p_0 之比（即为临界压比 p_{cri}/p_0）只与流道的长径比 L/D 值有关，而与 p_0、D 的大小无关（图 6-4-9）。当 $L/D>12$ 时，p_{cri}/p_0 的值区域为一常数，常数值约为 0.55。通常把 $L/D>12$ 的流道作为长通道；一般认为，只有在 $L/D>12$ 的区域（图 6-4-9 中第 III 区），方可用 Fauske 滑动平衡模型进行计算。

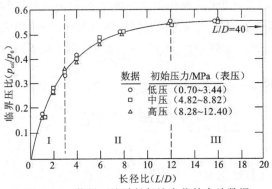

图 6-4-9　临界压比随长径比变化的实验数据

3. Henry-Fauske 热力非平衡临界流模型[9]

通过短直管流道（例如 $L/D < 5$）、短喷管、孔板等的两相临界流动，由于气化核心的匮乏，且表面张力又阻碍气泡生成，以及短通道中来不及传热等原因，常可能出现液相延迟蒸发而为过热液体的亚稳态现象，两相之间处于热力学非平衡状态。对于高温高压水通过短管或孔板等快速喷放的情况，尤其容易发生这样的亚稳态流动。显然，在短通道中两相之间没有足够时间相互作用，从而相间的热质传递与动量交换是有限的，在两相之间无法达到平衡的状态，在这样的条件下两相临界流模型应当计及热力非平衡效应。图 6-4-10 示意性地给出了通过一个收缩喷管的两相临界流动在考虑或不考虑非平衡效应情况下的参数分布。

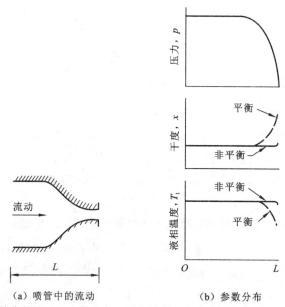

（a）喷管中的流动　　　　　　（b）参数分布

图 6-4-10　喷管中的流动及参数分布（平衡过程与考虑非平衡热质传递过程的对比）

1）短喷管两相临界流

Henry 与 Fauske 发展了一个适用于短喷管的两相临界流模型，该模型是一个半经验的理论模型，考虑了两相之间的热量、质量及动量传递。由通道中两相流动量守恒，可有

$$-A\frac{\partial p}{\partial z} = \frac{\partial}{\partial z}(m_v u_v + m_l u_l) + \frac{\partial F_m}{\partial z} \tag{6-4-72}$$

式中：$\partial F_m / \partial z$ 为通道壁面摩擦压降梯度。考虑在短喷管中的高速流动，压力变化与动量变化都远大于壁面摩擦，故可近似忽略摩擦项 $\mathrm{d}F_m$。此外，在临界截面（喉部）附近，设面积 A 变化率为零。于是，式（6-4-72）可写为

$$-\frac{\partial p}{\partial z} = G\frac{\partial}{\partial z}[xu_v + (1-x)u_l] = G\frac{\partial}{\partial z}[xu_v + (1-x)u_v / S] \tag{6-4-73}$$

由气相连续方程，可得

$$u_v = Gv_v\frac{x}{\alpha} \tag{6-4-74}$$

而空泡份额 α 与干度 x 之间的关系 $\alpha = \dfrac{1}{1+\left(\dfrac{1-x}{x}\right)\left(\dfrac{v_1}{v_v}\right)S}$ 可改写为

$$v_v \frac{x}{\alpha} = xv_v + S(1-x)v_1 \tag{6-4-75}$$

将式（6-4-75）代入式（6-4-74），即

$$u_v = G[xv_v + S(1-x)v_1] \tag{6-4-76}$$

将式（6-4-76）代入动量方程式（6-4-73），整理后得

$$-\frac{\partial p}{\partial z} = G^2 \frac{\partial}{\partial z}\left\{\left[\frac{Sx+(1-x)}{S}\right][xv_v + S(1-x)v_1]\right\} \tag{6-4-77}$$

于是，由临界流条件 $\left(\dfrac{\partial G}{\partial p}\right)_{thr} = 0$（下标 thr 表示临界截面处，对于短喷管该截面处于喷管喉部），可以得到临界质量流速为

$$G_{cri}^2 = -\frac{\partial}{\partial p}\left\{\left[\frac{Sx+(1-x)}{S}\right][xv_v + S(1-x)v_1]\right\}_{thr}^{-1} \tag{6-4-78}$$

进一步地，该临界质量流速表达式还可进一步展开为

$$\begin{aligned}
G_{cri}^2 = -S\Bigg\{&[1+x(S-1)]x\left(\frac{\partial v_v}{\partial p}\right) + \{v_v[1+2x(S-1)] + Sv_1[2(x-1)+S(1-2x)]\}\left(\frac{\partial x}{\partial p}\right)\\
&+ S[1+x(S-2)-x^2(S-1)]\left(\frac{\partial v_1}{\partial p}\right) + x(1-x)\left(Sv_1 - \frac{v_v}{S}\right)\left(\frac{\partial S}{\partial p}\right)\Bigg\}_{thr}^{-1}
\end{aligned} \tag{6-4-79}$$

式中

$$\begin{cases}
\left(\dfrac{\partial v_v}{\partial p}\right)_{thr} = \left(\dfrac{\partial v_v}{\partial z} \Big/ \dfrac{\partial p}{\partial z}\right)_{thr}\\[2mm]
\left(\dfrac{\partial v_1}{\partial p}\right)_{thr} = \left(\dfrac{\partial v_1}{\partial z} \Big/ \dfrac{\partial p}{\partial z}\right)_{thr}\\[2mm]
\left(\dfrac{\partial x}{\partial p}\right)_{thr} = \left(\dfrac{\partial x}{\partial z} \Big/ \dfrac{\partial p}{\partial z}\right)_{thr}\\[2mm]
\left(\dfrac{\partial S}{\partial p}\right)_{thr} = \left(\dfrac{\partial S}{\partial z} \Big/ \dfrac{\partial p}{\partial z}\right)_{thr}
\end{cases} \tag{6-4-80}$$

它们分别代表喷管喉部位置的两相之间的热量、质量及动量传递率。因此，需要由喉部或出口处的各种热力性质及其梯度求得。

考虑到液相的可压缩性一般都非常小，所以，其比容 v_1 可以近似视作常数，这样即有

$$\frac{\partial v_1}{\partial p} = 0 \tag{6-4-81}$$

Henry 与 Fauske 还根据相关实验结果推断：气液传热速率在临界截面附近较大，该处不应是一个绝热过程。因此，他们假设蒸汽在临界截面处的膨胀过程为一个多变过程，即

$$pv_v^n = 常数 \tag{6-4-82}$$

式中：$n = \dfrac{(1-x)c_{l1}/c_{pv}+1}{(1-x)c_{l1}/c_{pv}+1/\gamma}$。于是，由式（6-4-82），可得

$$\left(\frac{\partial v_{\mathrm{v}}}{\partial p}\right)_{\mathrm{thr}} = \left(\frac{v_{\mathrm{v}}}{np}\right)_{\mathrm{thr}} \qquad (6\text{-}4\text{-}83)$$

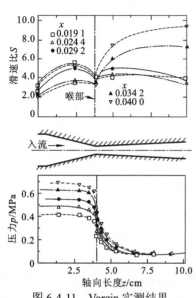

图 6-4-11　Vorgin 实测结果

同时，在临界截面处的 $(\partial S/\partial p)_{\mathrm{thr}}$ 反映该处两相之间的动量传递。Henry 与 Fauske 考察了一些实验数据，Vorgin 分析了低含气率空气-水双组分两相流通过缩放喷管[10]，在喉部发生的两相临界流动实验结果，如图 6-4-11 所示，发现在临界流量条件下，临界截面处滑速比 S 为最小值，即 $(\partial S/\partial z)_{\mathrm{thr}}=0$，而所对应的压降梯度为有限值（$(\partial p/\partial z)_{\mathrm{thr}}\neq 0$）。并且，Henry 与 Fauske 假定这也适用于蒸汽-水两相临界截面。于是，结合式（6-4-80）可以得到：

$$\left(\frac{\partial S}{\partial p}\right)_{\mathrm{thr}} = 0 \qquad (6\text{-}4\text{-}84)$$

此外，临界截面处的质量传递可由 $(\partial x/\partial p)_{\mathrm{thr}}$ 来表征，Henry 与 Fauske 采用了蒸汽-水临界流动在临界截面传质速率的关联式来计算：

$$\left(\frac{\partial x}{\partial p}\right)_{\mathrm{thr}} = -\left[\frac{1-x_0}{s_{v0}-s_{10}}\left(\frac{\partial s_1}{\partial p}\right)_{\mathrm{thr}} + \frac{x_0}{s_{v0}-s_{10}}\left(\frac{\partial s_{\mathrm{v}}}{\partial p}\right)_{\mathrm{thr}}\right] = N\left(\frac{\partial x_{\mathrm{e}}}{\partial p}\right)_{\mathrm{thr}} \qquad (6\text{-}4\text{-}85)$$

其中，为了确定 $\left(\dfrac{\partial s_1}{\partial p}\right)_{\mathrm{thr}}$，尤其是对于低含气率区（$1-x_0\approx 1$），式（6-4-85）可简化为

$$\frac{1}{s_{v0}-s_{10}}\left(\frac{\partial s_1}{\partial p}\right)_{\mathrm{thr}} = N\left[\frac{1}{s_{\mathrm{ve}}-s_{\mathrm{le}}}\left(\frac{\partial s_{\mathrm{le}}}{\partial p}\right)\right]_{\mathrm{thr}} \qquad (6\text{-}4\text{-}86)$$

式中：下标 e 为两相平衡状态；而式中的 N 为 Henry 与 Fauske 引入的非平衡因子，表示过程相对于平衡态的非平衡程度，即

$$N = S\frac{x}{x_{\mathrm{e}}} \qquad (6\text{-}4\text{-}87)$$

Henry 与 Fauske 分析整理 Starkman 等低干度水通过喷管的两相临界流实验结果[11]指出，当 $x_0>0.10$ 时，临界质量流速与均相平衡模型结果相当一致（即 $N=1$），对应于 $x_0=0.10$，临界截面的平衡含气率随压力不同而不同，大致范围是 $0.125\sim 0.155$，取其平均值 0.14。因此，Henry 与 Fauske 给出了如下的非平衡因子估计式：

$$\begin{cases} N = x_{\mathrm{e,thr}}/0.14, & x_{\mathrm{e,thr}}\leqslant 0.14 \\ N = 1, & x_{\mathrm{e,thr}}>0.14 \end{cases} \qquad (6\text{-}4\text{-}88)$$

为了确定 $\left(\dfrac{\partial s_v}{\partial p}\right)_{thr}$，Henry 与 Fauske 考虑热力学关系式 $T_v ds_v = dh_v - v_v dp$，在假设临界截面处蒸汽膨胀过程为理想气体的多变过程并满足式（6-4-82）的基础上，推导得

$$\left(\frac{\partial s_v}{\partial p}\right)_{thr} = -\frac{c_{pv}}{p_{thr}}\left(\frac{1}{n}-\frac{1}{\gamma}\right) \tag{6-4-89}$$

这样，利用式（6-4-79）求取临界质量流速 G_{cri}，可以分别通过式（6-4-81）、式（6-4-83）～式（6-4-89）确定 $\left(\dfrac{\partial v_1}{\partial p}\right)_{thr}$，$\left(\dfrac{\partial v_v}{\partial p}\right)_{thr}$，$\left(\dfrac{\partial s}{\partial p}\right)_{thr}$，$\left(\dfrac{\partial x}{\partial p}\right)_{thr}$ 等微分项，还需知道临界截面处的各种热力学性质。对短喷管、短管等来说，两相流流经的时间非常短，故在从进口到临界截面的极短时间内，流体尚来不及发生相变或与壁面换热，因此，有

$$x_{thr} = x_0, s_{v,thr} = s_{v,0}, s_{1,thr} = s_{1,0}, v_{1,thr} = v_{1,0} \tag{6-4-90}$$

由上式可知，蒸汽从短喷管进口至临界截面（喉部）可视为等熵膨胀过程，则有

$$p_{thr} v_{v,thr}^{\gamma} = p_0 v_{v0}^{\gamma} \tag{6-4-91}$$

至于临界截面处的滑速比 S，对于单组分汽-水两相临界流动，缺少直接的实测结果。但是 Henry 与 Fauske 结合少数空气-水两相临界流动实验的数据，在蒸汽-水两相临界流动参数的趋势分析基础上指出，单组分（如蒸汽-水）两相临界流动临界截面处的滑速比 S 在数值上应比双组分（如空气-水）两相临界流动情况（其真实干度 x 可视为与平衡干度 x_e 相等）要低，而在低干度蒸汽-水流动中 S 随干度 x 降低而降低；且介于"平衡滑速比"与 1.0 之间；对大多数实用情况，流道的 $p_R = p / p_{cr} > 0.05$，因此，Henry 与 Fauske 假设

$$S \cong 1.0 \tag{6-4-92}$$

这一假设在低压时可能不甚合理，但在高压下则勉强可以接受。将式（6-4-81）、式（6-4-83）～式（6-4-85），以及式（6-4-90）与式（6-4-92）代入式（6-4-79），整理得到临界质量流速的表达式

$$G_{cri}^2 = \left\{\frac{x_0 v_0}{np} + (v_v - v_{10})\left[\frac{(1-x_0)N}{s_{ve}-s_{le}}\cdot\left(\frac{\partial s_{le}}{\partial p}\right) - \frac{x_0 c_{pv}(1/n-1/\gamma)}{p(s_{v0}-s_{10})}\right]\right\}_{thr}^{-1} \tag{6-4-93}$$

式中：v_v 与 p 在临界截面处的值 $v_{v,thr}$ 及 p_{thr} 满足式（6-4-91）的关系，但需要一个额外的方程式才能求解临界质量流速。

对于短喷管，Henry 与 Fauske 认为，通道内加速与压降效应主要发生在喉部附近，一般流道很短，流速快，膨胀过程时间极短，两相之间传热传质可忽略，因此有 $x \approx x_0$；同时，除临界截面以外，$T_1 \approx T_{10}$。

这样，在 $x = x_0$，$v_1 = v_{10}$ 及 $u_1 = u_v = u$（即 $S = 1$）的假设下，由通道中两相流动量方程（6-4-73），可有

$$-[(1-x_0)v_{10}+x_0 v_v]dp = d\left(\frac{u^2}{2}\right) \tag{6-4-94}$$

将式（6-4-94）从入口（滞止点）积分至临界截面（喉部），并利用式（6-4-91），可知

$$(1-x_0)v_{10}(p_0-p_{\text{thr}})+\frac{x_0\gamma}{\gamma-1}[p_0v_{v0}-p_{\text{thr}}v_{v,\text{thr}}]$$

$$=\frac{1}{2}[(1-x_0)v_{10}+x_0v_{v,\text{thr}}]^2G_{\text{cri}}^2 \tag{6-4-95}$$

将式（6-4-93）代入式（6-4-95），由此可知关于临界压比的方程为

$$\eta=\frac{p_{\text{thr}}}{p_0}=\left\{\frac{\dfrac{1-\alpha_0}{\alpha_0}(1-\eta)+\dfrac{\gamma}{\gamma-1}}{\dfrac{1}{2\beta\alpha_{\text{thr}}^2}+\dfrac{\gamma}{\gamma-1}}\right\}^{\frac{\gamma}{\gamma-1}} \tag{6-4-96}$$

式中

$$\beta=\left\{\frac{1}{n}+\left(1-\frac{v_{10}}{v_{v,\text{thr}}}\right)\left[\frac{(1-x_0)Np}{x_0(s_{ve}-s_{le})}\cdot\left(\frac{\partial s_{le}}{\partial p}\right)\right]_{\text{thr}}-\frac{c_{pv}(1/n-1/\gamma)}{s_{v0}-s_{10}}\right\} \tag{6-4-97}$$

$$\alpha_0=\frac{x_0v_{v0}}{(1-x_0)v_{10}+x_0v_{v0}} \tag{6-4-98}$$

$$\alpha_{\text{thr}}=\frac{x_0v_{v,\text{thr}}}{(1-x_0)v_{10}+x_0v_{v,\text{thr}}} \tag{6-4-99}$$

$$v_{v,\text{thr}}=v_{v0}\eta^{-\frac{1}{\gamma}} \tag{6-4-100}$$

这样，在给定入口滞止参数 x_0、p_0 的情况下，可通过式（6-4-96）求解得到临界压比 η 及临界截面（喉部）处的压力 p_{thr}，进而代入式（6-4-93），得到临界质量流速 $G_{\text{cri,HF}}$（下标"HF"表示该临界质量流速 G_{cri} 是由上述 Henry-Fauske 模型计算得到）。

针对一定范围的上游滞止压力 p_0 下低干度蒸汽-水的临界流动，图 6-4-12 采用 Henry-Fauske 模型预测结果与 Maneely、Neusen 实验结果相比较[12-13]，模型计算与实验数据在整个实验干度范围内符合得较好。

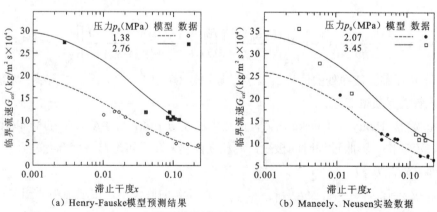

（a）Henry-Fauske模型预测结果　　　　　（b）Maneely、Neusen实验数据

图 6-4-12　Henry-Fauske 模型预测结果与 Maneely、Neusen 实验数据的比较

另外，Henry-Fauske 模型不仅适用于入口为 $x_0=1$ 的饱和蒸汽滞止条件下，以及上游为滞止含气率 $0<x_0<1$ 汽液弥散混合物入口条件下的临界流动，也可用于计算入口为滞止的饱和或欠热液体的临界流动，在此情况下，$x_0=0$。这时，式（6-4-93）可简化为

$$G_{cri}^2 = \left[(v_{ve} - v_{l0}) \frac{N}{s_{ve} - s_{le}} \cdot \left(\frac{\partial s_{le}}{\partial p} \right) \right]_{thr}^{-1} \qquad (6\text{-}4\text{-}101)$$

式（6-4-101）为了估计临界截面处的蒸汽比容，还需引入一个假设，假设临界截面处产生的蒸汽为当地压力下的饱和蒸汽，这个假设在短喷管、短管或孔板流动的情况下是合理的。而非平衡因子 N 可按式（6-4-86）求取，即

$$N = \frac{x_{e,thr}}{0.14} \qquad (6\text{-}4\text{-}102)$$

同时，在入口为滞止饱和或滞止欠热的液体的条件下，临界压比的计算也大大简化，因此可导出

$$\eta = \frac{p_{thr}}{p_0} = 1 - \frac{v_{l0}}{2p_0} G_{cri}^2 \qquad (6\text{-}4\text{-}103)$$

针对初始为饱和或过冷水的两相临界流工况，Henry 与 Fauske 将模型预测与一系列相关的实验数据进行了对比，如图 6-4-13 所示，可以看到模型基本反映了实验结果的趋势，而且对高压与高过冷度的情况预测结果和实验吻合得更好。

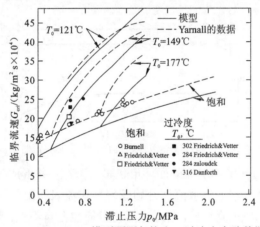

图 6-4-13　Henry-Fauske 模型预测与饱和、过冷水实验数据的比较

2）孔板与短直管

在前面的计算模型推导过程中，尤其是通过式（6-4-86）关联计算传质率时，主要假定上游滞止条件为完全弥散的两相混合物，则在整个膨胀过程中始终保持为完全弥散的两相流动，在这种情况下可采用前述的 Henry-Fauske 模型计算两相临界流动。

但是有很多研究表明，当通过孔板或入口锐边的短直管喷放的流体在入口处为饱和或欠热液体时，却常能观察到分离的两相流型。一般来说，当可压缩流通过锐边孔板时，流动不会有壅塞发生，但质量流速可能渐进地趋于一个最大值。只要压比 $p_B / p_0 < 0.3$（p_B 为下游管外压力，p_0 是上游滞止压力），就可以定义一个可压缩喷放系数

$$C = 实际流量/短喷管临界流量 \qquad (6\text{-}4\text{-}104)$$

将喷放系数 C 引入短喷管的动量积分式（6-4-95），可得到通过孔板的两相可压缩流计算式。从而，相应于短喷管临界压比计算式（6-4-96），得到流经孔板的临界压比关系：

$$\eta = \left\{ \dfrac{\dfrac{1-\alpha_0}{\alpha_0}(1-\eta) + \dfrac{\gamma}{\gamma-1}}{\dfrac{1}{2c^2\beta\alpha_{\mathrm{thr}}^2} + \dfrac{\gamma}{\gamma-1}} \right\}^{\frac{\gamma}{\gamma-1}} \tag{6-4-105}$$

在求解临界压比 η 之后，也可进一步求得流经孔板的最大流量。喷放系数 C 的取值一般为 $0.61\sim0.84$。短直管与孔板的情况相类似。

3）长直管

Henry 总结饱和或略微欠热的液体通过各种锐边入口等截面直管发生临界流时的一系列实验观测结果指出，流动会呈现如图 6-4-14 所示的各种流型。

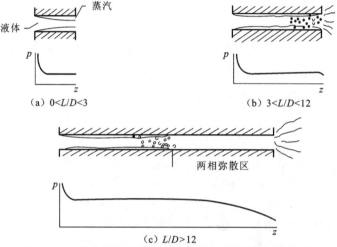

图 6-4-14　饱和或欠热液体通过直管发生临界流时的流型

当 $0<L/D<3$ 时，过热液相射流外面环形包裹着蒸汽，并形成与自由液体射流相应的压力分布；当 $3<L/D<12$ 时，液体射流柱开始破裂，射流表面出现气泡，射流柱内也有蒸汽泡形成，但主要仍类似于环状流形式，管道内压力分布也基本不变；对于 $L/D>12$ 的长直管，流道内液体射流柱自 $L/D\approx12$ 处起完全破碎，两相混合物呈弥散流型，流道内压力分布也在射流柱完全破碎成弥散流的地方开始迅速降落。

Henry 针对入口为锐边、$L/D \geqslant 12$ 的长直管情况，考虑入口滞止状态为饱和或略微欠热的液体，发展其热力非平衡临界流模型。他假设长直管中的流动为绝热流动，且忽略沿程摩擦效应，射流柱的破碎在 $L/D=12$ 的区域内完成，因 $L/D<12$ 区域中主要是环状流型，两相间传界面面积远小于弥散流，故忽略该区域内形成的少量蒸汽，认为在 $0<L/D<12$ 区段，$x\approx0$；而且，直至射流柱破碎前（$L/D<12$）管内的压力基本上是常数值。这样，在 $L/D=12$ 之前的压降主要就是入口损失，即

$$\Delta p_{\mathrm{en}} = \dfrac{G_{\mathrm{cri}}^2 v_{10}}{2C^2} \tag{6-4-106}$$

式中：下标 en 表示入口处；另外，C 为引入的流量收缩系数，可取 $C=0.61$。

在 $L/D>12$ 的区域，弥散流型区域蒸汽产生的相间传质开始显著，管内压力开始明显降落，呈典型两相临界流动。

此外，设蒸汽为饱和状态，液相比容仍为滞止状态值，含气率变化可用等熵平衡过程计算；Henry 还假定液相不可压缩（$\partial v_1 / \partial p = 0$），并且如前假设流动为低干度或高压条件下的流动，接近均相（$S \approx 1$）；进一步地，假定真实含气率 x 与平衡含气率 x_e 之间关系可写为 $x = NSx_e$，因 $S \approx 1$ 及 N 随压力变化不大，假定 $\partial N / \partial p = 0$，这样，前面给出的两相单组分的临界质量流速表达式（6-4-79）可化简为

$$G_{\mathrm{cri}}^2 = -\left[x\left(\frac{\partial v_v}{\partial p}\right) + (v_v - v_{10})\left(\frac{\partial x}{\partial p}\right) \right]_{\mathrm{out}}^{-1} = -\left[x\left(\frac{\partial v_v}{\partial p}\right) + (v_v - v_{10})N\left(\frac{\partial x_e}{\partial p}\right) \right]_{\mathrm{out}}^{-1} \quad (6\text{-}4\text{-}107)$$

式中：下标 out 表示临界截面处，对于直管来说，位于出口处。另外，Henry 根据空泡份额相关实验数据，按如下估计非平衡因子 N：

$$\begin{cases} N = 20x_e, & x < 0.05 \\ N = 1, & x \geqslant 0.05 \end{cases} \quad (6\text{-}4\text{-}108)$$

这意味在高空泡份额下，流动已达热力平衡。而由于 $x_e = \dfrac{s_0 - s_{le}}{s_{ve} - s_{le}}$，则式（6-4-107）中的 $\partial x_e / \partial p$ 可通过下式计算得到。

$$\frac{\partial x_e}{\partial p} = -\frac{(1 - x_e)(\mathrm{d}s_{le} / \mathrm{d}p) + x_e(\mathrm{d}s_{ve} / \mathrm{d}p)}{s_{ve} - s_{le}} \quad (6\text{-}4\text{-}109)$$

式中：下标 e 表示的平衡态是指式中所有的热物性参数及其导数均按当地压力对应的热力学平衡状态给出，且上游的滞止条件维持不变。

当上述关系用于计算流道 $L / D = 12$ 情况的临界流时，假设出口处（$x_{\mathrm{out}} \approx 0$）、蒸汽比容按当地压力下的平衡态取值，以及液相不可压缩（$v_1 = $ 常数 $= v_{10}$）等条件，式（6-4-107）可进一步简化为

$$G_{\mathrm{cri}}^2 = -\left[(v_v - v_{10})N\left(\frac{\partial x_e}{\partial p}\right) \right]_{\mathrm{out}}^{-1} \quad (6\text{-}4\text{-}110)$$

另外，当 $L / D = 12$ 时，由式（6-4-106）可以得到

$$p_0 - p_{\mathrm{out}} = \Delta p_{\mathrm{en}} = \frac{G_{\mathrm{cri}}^2 v_{10}}{2C^2} \quad (6\text{-}4\text{-}111)$$

此时，相应的临界压比为

$$\eta = \frac{p_{\mathrm{out}}}{p_0} = 1 - \frac{G_{\mathrm{cri}}^2 v_{10}}{2C^2 p_0} \quad (6\text{-}4\text{-}112)$$

将式（6-4-110）代入式（6-4-112）即可计算临界压比。对于 $L / D > 12$ 的长直管，两相进一步闪蒸而引起附加的动量压降 Δp_{MF}，因此在计算滞止入口至临界截面之间的压降时应计入这部分附加的压降，如图 6-4-15 所示。同样假定：在这段闪蒸流动区域内，忽略摩擦压降，且滑速比 $S \approx 1$，这部分压降可写为

$$\Delta p_{\mathrm{MF}} = p_{L/D=12} - p_{\mathrm{out}} = G_{\mathrm{cri}}^2 x_{\mathrm{out}}(v_{v,\,\mathrm{out}} - v_{10}) \quad (6\text{-}4\text{-}113)$$

于是，整个长直管的进出口压降为

$$p_0 - p_{\mathrm{out}} = G_{\mathrm{cri}}^2\left[\frac{v_{10}}{2C^2} + x_{\mathrm{out}}(v_{v,\,\mathrm{out}} - v_{10}) \right] \quad (6\text{-}4\text{-}114)$$

相应的长直管临界压比为

$$\eta = 1 - \frac{G_{cri}^2}{p_0}\left[\frac{v_{l0}}{2C^2} + x_{out}(v_{v,out} - v_{l0})\right] \qquad (6\text{-}4\text{-}115)$$

假设式（6-4-108）、式（6-4-109）仍可用于计算 $L/D > 12$ 长直管中临界截面处的两相之间的传质率，只是此时 $x_{out} \neq 0$，这时长直管临界质量流速为

$$G_{cri}^2 = \left[\frac{xv_v}{p} - (v_v - v_{l0})N\left(\frac{\partial x_e}{\partial p}\right)\right]_{out}^{-1} \qquad (6\text{-}4\text{-}116)$$

在式（6-4-116）中，蒸汽压缩项 $(\partial v_v / \partial p)$ 采用了沿等温线的近似，即 $\dfrac{dv_v}{dp} = -\dfrac{v_v}{p}$；并且蒸汽比容 v_v 值近似采用对应于长直管临界截面（出口）处压力的热力学平衡值。

同时，对于 $L/D > 12$ 的长直管，Henry 还假定真实出口含气率 x_{out} 沿管长的增长率正比于 $L/D = 12$ 点之后的管长（$L - 12D$），则从 $x_{L/D=12} = 0$ 变化至 $x_{out} = x_L$，按如下指数关系变化：

$$x_{out} = x_L\{1 - \exp[-B(L/D - 12)]\} \qquad (6\text{-}4\text{-}117)$$

式中：经验值 $B = 0.052$。这样，在已知上游滞止压力 p_0 与滞止温度 T_0 的前提下，对于给定的出口含气率 x_{out}，不断改变出口临界截面处的压力 p_{out}，直到同时满足式（6-4-116）与式（6-4-114）为止，即可迭代计算出对应于该出口干度 x_{out} 的两相临界质量流速 G_{cri}，也可由式（6-4-115）得到相应的临界压比 η。

Henry 将按上述方法计算结果与一系列长管临界流的相应实验结果进行了比较。图 6-4-16 给出与 Uchida 和 Nariai 的饱和与欠热水在长直管中的临界流实验结果[14]的对比，可以看到，总体上符合较好。

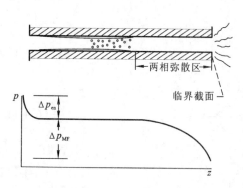

图 6-4-15　$L/D > 12$ 的长直管中的流型变化与压力分布

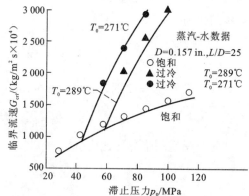

图 6-4-16　长直管中临界质量流速计算结果与 Uchida-Nariai 实验结果的对比

4）几种临界流计算模型的比较

一般认为：若通道较长，出口含气率较高，压力较高时，用均相平衡模型按入口处滞止参数计算临界质量流速较适合；但此时均相平衡模型对出口临界压力的估计仍然偏高。

Moody 模型与 Fauske 模型均属滑动平衡模型：

Moody 模型直接假定滑速比为独立变量，从能量方程出发建立计算模型，并由入口条件计算临界质量流速与临界压力。Moody 模型计算临界质量流速总的来说略偏高，用于水冷反

应堆安全分析时，常作为保守评价模型的一部分进行事故临界喷放估计。例如，RELAP4/MOD7 程序和 RELAP5/MOD3.1 程序中喷放模型就采用了 Moody 两相临界流模型。

Fauske 模型主要用于 $L/D>12$ 的长流道内两相临界流动计算，其认为两相间达到热力平衡，但速度差异甚大，从动量方程出发并计算及管壁摩擦效应，在等焓过程假定下可建立临界质量流速的计算模型。

总体来说，Moody 模型与 Fauske 模型适用于长流道，一般对临界压力的估计较好，但所采用的滑速比 S 数值往往太大。而在很多两相临界流动条件下，滑速比 S 较接近于 1。

Henry-Fauske 热力非平衡临界流模型，在 $0.001<x_0<1$ 的范围内，由于考虑热力不平衡效应，从动量方程出发发展了模型与计算方法，模型对于短直管及短喷管预测与实验数据符合较好，但对于饱和水或欠热水（$x_0=0$）通过孔板、短喷管与短直管的临界流，Henry-Fauske 模型计算值比实验数据稍低；Henry 还进一步扩展至长直管两相临界流动的计算。Henry-Fauske 模型已在 RELAP5/MOD3.2 程序、RELAP5/MOD3.3 等程序中作为两相临界流动的一个最佳估算模型而被采用。

4. 短管、管嘴及孔板中临界流的经验关系

在实际应用中，常将两相临界流动区分为两类，即长通道中的流动及通过短通道的流动。这两种临界流动机制有所不同，在长通道（$L/D>12$）中的流动发展过程通常接近于某一平衡膨胀线；而在流动通过孔板（$L/D\approx0$）、管嘴或短管（$0<L/D<3$）等短通道的情况下，液相往往没有足够的时间进行膨胀，因此有时可能会出现液相过热的亚稳态。对于后一种情况，尽管可采用分相模型，有些模型也一定程度地考虑了非平衡因素，如 Henry-Fauske 模型等，但是相间滑移、相间热力非平衡、相间传质等因素带来的复杂性，仍然使得预测模型与计算方法的通用性往往不是全部令人满意。

Zaloudek 详细研究了液体通过 14 种 $L/D<6$ 短管时的压降 Δp 与质量流速 G 间的关系[15]，给出了如图 6-4-17 所示的流道压差分布与流型示意图。

在图 6-4-17 中，当液相进入喷嘴或短管时，入口为单相液体，液体将在管内闪蒸，从而在出口达到两相临界流工况。当入口液体欠热度大，颈缩截面处压降最大，但该截面上温度仍低于当地饱和温度，管内不发生沸腾，管道出

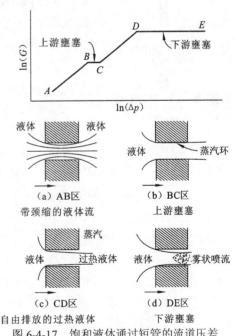

图 6-4-17 饱和液体通过短管的流道压差
分布与流型示意图

口处静压升高，质量流速 G 随压降 Δp 增加而增大，对应于图 6-4-17 中的 AB 区段。

在图 6-4-17 中的 BC 区段，质量流速 G 达到一定值时，从 B 点起，颈缩截面处压力达到

饱和压力，该处液柱表面开始蒸发，当地温度稍高于饱和温度，从而在颈缩段外面形成一个蒸汽环，静压恢复减少。当下游压降进一步减少，仅表面蒸发量增多，静压恢复进一步减缓，图 6-4-17 中呈现 BC "平台" 表明质量流速 G 随着颈缩截面处压降 Δp 增加不再变化，即在不到短管出口处的颈缩截面发生了壅塞，即所谓的上游壅塞（Zaloudek 称图中的 B 点为上游壅塞点）。

一旦颈缩截面处压力降低到液柱饱和压力以下，即进入图 6-4-17 中的 CD 区段，颈缩截面下游流道静压不再恢复，蒸汽形成完整的环状流动。此时，液柱液体处于亚稳态，液柱芯部液体可能有一定的过热，沸腾延迟，蒸发仍然是只在射流液柱表面发生，在此区段，流量随压降增加进一步增大。

随着质量流速 G 与压降 Δp 进一步增加，在图 6-4-17 中的 DE "平台" 区段，处于亚稳态的液柱芯部液体开始蒸发，液芯成雾状流向外喷射，压降继续增大，流量不再增加，最终在通道出口处形成两相壅塞流动，即所谓的下游壅塞。

迄今为止，人们对短通道中两相临界流的解析研究尚不充分，所以针对特定条件下短通道两相临界流参数（临界流量、压力等）的计算，多是通过实验关系求得。

下面介绍上游为液体 $x_0 = 0$ 时短管、管嘴及孔板的临界流的相关经验关系。

1）$L/D \approx 0$ 的孔板

对于孔板来说，孔板厚度 L 与孔的直径 D 之比很小，可以认为 $L/D = 0$。液体通过孔板时，其在孔道中停留时间极短，因此突然发生的气化已位于下游的孔道之外，其流型如图 6-4-18 所示。此时不存在临界压力，也观察不到临界流。可以应用不可压缩流动的孔板方程计算，即

$$G = 0.61\sqrt{\rho_l \Delta p} \qquad (6\text{-}4\text{-}118)$$

式中：Δp 为跨越孔板的总压差。

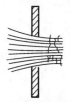

图 6-4-18　通过孔板的两相流型

2）$0 < L/D < 3$ 的短管

对应于图 6-4-9 中 Fauske 实验曲线第 I 区。液体流经锐边进口、$0 < L/D < 3$ 的短管时，液体突然加速形成颈缩，仅在液柱表面发生气化，射流芯部液体处于过热的亚稳态，如图 6-4-19 所示。其临界质量流速可按下式估算：

$$G_{cri} = 0.61\sqrt{2\rho_l(p_0 - p_{cri})} \qquad (6\text{-}4\text{-}119)$$

式中：p_0 为入口滞止压力；p_{cri} 由图 6-4-9 中 Fauske 实验曲线查取。

图 6-4-19　$0 < L/D < 3$ 短管内的两相流型

3）$3 < L/D < 12$ 的短管

对于稍长的、满足 $3 < L/D < 12$ 的短管，对应于图 6-4-9 中 Fauske 实验曲线第 II 区。此时亚稳态液体的射流芯部将在通道下游破碎，如图 6-4-20 所示。造成气化破碎处局部高压脉动，从而形成壅塞，阻碍流体向外流动，尚无合适的模型。若用式（6-4-119）计算可能高估此时的临界质量流速。当短管中出现下游壅塞时，推荐采用 Burnell[16] 发展的半经验关联式计算临界质量流速：

$$G_{cri} = \sqrt{2\rho_l[p_0 - (1-C)p_{sat}]} \qquad (6\text{-}4\text{-}120)$$

式中：压力系数 C 与延迟气化时间有关，是表面张力的函数；C 的值可由图 6-4-21 查取。

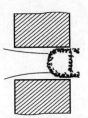
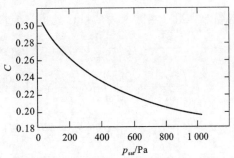

图 6-4-20　$3 < L/D < 12$ 短管内的两相流型　　图 6-4-21　Burnell 临界流关联式中的压力系数 C

需要指出，上述经验关系式是建立在孔板或短管入口为锐边的基础上。如果入口为圆角，过热的亚稳态液体射流与管壁接触较多，分离较少，因此，对于 $0 < L/D < 3$ 的管段，若用式（6-4-119）计算则可能低估临界质量流速，若采用图 6-4-9，也可能低估临界压比；对于 $3 < L/D < 12$ 的短管，圆角入口的影响逐渐变小；对于 $L/D > 12$ 的长管，则可忽略入口圆角的影响，可以采用滑动平衡模型来进行两相临界流动计算。

6.5　流　动　准　则

6.5.1　单相临界流动准则的简要回顾

单相临界流动理论采用下面几个彼此等价的判别准则。

（1）发生流动壅塞时，即判识为出现临界流动。发生壅塞的截面（临界截面）上的流量，就是对应于上游滞止工况的最大流量，临界流量。

（2）发生临界流动时，临界截面的上游工况不再受下游工况变化的影响；下游扰动无法越过该截面到达上游。

（3）发生临界流动时，临界截面上向下游的流动速度等于向上游的扰动传播速度，但两者方向相反。

（4）发生临界流动时，在临界截面上稳态守恒方程组的系数行列式 $\Delta = (1 - Ma) = 0$；或者说，马赫数 $Ma = 1$；或者说流速 $u = a$（这里的 a 为单相声速，也是单相介质中压力扰动的传播速度）。

这 4 个准则中：准则（1）是最基本的，是对临界流动现象的描述，可用于实验判断；准则（2）、准则（3）则是解释单相临界流动现象机理的，可用于获得临界流动的计算式；而准则（4）则来自单相流动模型的分析，作为发生临界流动的判定时则需要借助于线性方程组。

6.5.2　两相临界流动准则

从两相流动的基本数学模型出发来讨论两相临界流动准则。以两流体模型为例，两相流

动一维基本场方程组（实际上为质量、动量、能量守恒方程组）写为

$$\frac{\partial}{\partial \tau}(\alpha_k \rho_k) + \frac{\partial}{\partial z}(\alpha_k \rho_k u_k) + \alpha_k \rho_k u_k \frac{1}{A}\frac{dA}{dz} \mp M = 0 \qquad (6\text{-}5\text{-}1)$$

$$\alpha_k \rho_k \left(\frac{\partial u_k}{\partial \tau} + u_k \frac{\partial u_k}{\partial z} \right) + \alpha_k \frac{\partial p_k}{\partial z} \mp MV \pm Mu_k + \tau_k + \alpha_k \rho_k g \sin\theta = 0 \qquad (6\text{-}5\text{-}2)$$

$$\alpha_k \rho_k \left(\frac{\partial h_k}{\partial \tau} + u_k \frac{\partial h_k}{\partial z} \right) - \alpha_k \left(\frac{\partial p_k}{\partial \tau} + u_k \frac{\partial p_k}{\partial z} \right) \mp MH \pm M\left(h_k - \frac{1}{2}u_k^2 \right) \pm (MV)u_k - u_k\tau_k - q_k = 0 \quad (6\text{-}5\text{-}3)$$

式（6-5-1）～式（6-5-3）中：下标 k 为相标记，k=1，v；M、MV、MH 分别为相界面上质量、动量及能量传递，τ_k、q_k 分别表示相界面应力项与界面热流项，它们都有相应的本构关系式。

上面的场方程组写成矩阵–向量形式为

$$\bar{\bar{A}}(\bar{x},z,\tau)\frac{\partial \bar{x}}{\partial \tau} + \bar{\bar{B}}(\bar{x},z,\tau)\frac{\partial \bar{x}}{\partial z} = \bar{C}(\bar{x},z,\tau) \qquad (6\text{-}5\text{-}4)$$

式中 $\bar{\bar{A}}$、$\bar{\bar{B}}$ 为系数矩阵，$\bar{x}$、$\bar{C}$ 分别为场方程主变量（α_k、u_k、h_k），以及各场方程中相应源项组成的列向量。对于给定的上游工况，方程组（6-5-4）的稳态式为

$$\bar{\bar{B}}(\bar{x},z)\frac{\partial \bar{x}}{\partial z} = \bar{C}(\bar{x},z) \qquad (6\text{-}5\text{-}5)$$

记 $\Delta = \det(\bar{\bar{B}})$，即式（6-5-5）的系数行列式；并且记 N_i 为用列向量 $\bar{C}$ 中第 i 列取代系数行列式 Δ 中相应列得到的新的行列式。方程组（6-5-6）的解可写为

$$\frac{dx_i}{dz} = \frac{N_i}{\Delta} \qquad (6\text{-}5\text{-}6)$$

下面以式（6-5-5）作为讨论两相临界流动准则条件的基本方程。

（1）当 $\Delta \neq 0$ 时，则 $\frac{\partial \bar{x}}{\partial z}$ 有唯一解，此时为非临界流动；

（2）当 $\Delta = 0$ 时，或问题不成立（无解），或方程组有不定解（无穷多个解）。若

$$\Delta = 0 \qquad (6\text{-}5\text{-}7)$$

则有可能对应实际中的两相临界流动。式（6-5-7）可作为发生两相临界流动的判识准则，但该式不是充分条件，只是必要条件。

要完全判识两相临界流动的发生，有时还需考察是否满足相容性条件，即

$$N_i = 0 \quad (当\Delta = 0 时) \qquad (6\text{-}5\text{-}8)$$

一般地，理论上可以依据式（6-5-7）给出两相流动的临界质量流速 G_{cri}，由式（6-5-8）给出流道中发生临界流动的位置（临界截面的位置）。当临界流动发生在流道出口时，临界流动条件只需要由式（6-5-7）确定。

当然，对两相流动来说，如果能够对液相、气相之间的滑移、热力学非平衡过程与状态进行比较好的建模，那么流动传输的基本方程（组）就可以写为式（6-5-4）的形式，也就可以通过式（6-5-7）与式（6-5-8）得到临界质量流速。然而，由于两相流动的复杂性，常很难得到式（6-5-4）的精确形式。因此根据实际应用条件发展了前面述及的各种简化计算方法与模型，如平衡临界流模型、非平衡临界流模型，采用等熵过程描述临界流动的参数演变过程

或演变的热力过程，等等。从这个意义上说，目前两相临界流动的数学解析模型仍然仅具有理论意义。

尽管原则上两相临界流动的数学、物理原理已经比较清楚，但在实用中仍然广泛地采用前所述及的各种简化的模型与实用的临界流动计算方法。在采用的两相临界流动准则方面，常用的仍然是沿用最基本的单相流动准则，然后用实验检验其适宜性，但各种工程计算方法之间结果并不一致。

从本质上讲，气液两相流动整体上作为一种可压缩流体的流动，采用壅塞现象（$(\mathrm{d}G/\mathrm{d}p)_{\mathrm{cri}}=0$）作为临界流动的实验判据与工程准则往往是适合的。实用中常常还运用发生临界流动现象时，临界截面（喷管喉部或流道出口）处压力剧烈变化的特征，即（$(\mathrm{d}p/\mathrm{d}z)_{\mathrm{cri}}\to\infty$，或为一最大有限值）作为一种实用的、辅助的两相临界流动准则。

习　题　6

1. 判断单相临界流动有哪些准则？这些准则有什么联系？可以无条件地用于判断两相临界流动吗？

2. 北方某地同一时段，夏季气温为 20 ℃，冬季气温为-25 ℃，试通过计算比较说明该地夏冬两季哪一季声速高？

3. 两个容器以一个理想接管互相连通的大容器中装有不同压力的空气（初始时，接管上阀门关闭），其中一个容器内空气压力为 2.1 MPa，温度为 300 K；另一个容器内空气压力较低。试问，这个压力较低的容器中空气压力为多少时，打开阀门将得到最大的质量流速，该最大质量流速是多少？

4. 压力容器内的水沿内径为 6.8 mm，长为 3.0 mm 的水平长管道喷放，在出口排出干度为 0.25，压力为 0.65 MPa 的汽水混合物，假设气水两相在水平长直管道中流型为典型环状流，并且在管道中两相之间处于热力平衡；管道中间滑速比较小，最终可忽略；管道中有摩擦，为两相等熔过程，干度按等熔变化；液相压缩性可忽略。并且假定可以采用临界流准则条件式（6-4-39）与式（6-4-40）。试计算其临界质量流速 G_{cri}。

5. 压力容器内装有 5 MPa 的饱和水，通过一个直径 500 mm、长 1 600 mm 的管道排放，试估算排放的临界质量流速。若压力容器内装的是过冷水，试定性判断临界质量流速会大些还是小些？

6. 某压水式反应堆，其一回路运行压力为 15.0 MPa，冷却剂平均温度为 320 ℃，主管道直径为 0.35 m，安全壳内压力为 0.11 MPa。假想发生主管道双端剪切断裂大破口冷却剂丧失事故，破口处距离反应堆压力容器出口 7.5 m，试估算事故初期（主管道断裂瞬间）冷却剂的丧失速率（不考虑破口瞬间冷却剂流动影响）。

参 考 文 献

[1] 鲁钟琪. 两相流与沸腾传热[M]. 北京: 清华大学出版社, 2002.

[2] 徐济鋆. 沸腾传热和气液两相流[M]. 2 版. 北京: 原子能出版社, 2001.

[3] SHAPIRO A H. The dynamics of thermodynamics of compressible fluid flow: Volume I [M]. New York: The Ronald Press Company, 1953.

[4] GINOUX J J. Two-Phase Flow and heat transfer with application to nuclear reactor design problems[M]. New

York: McGraw-Hill Book Company, 1978.

[5] MOODY F J. Maximum flow rate of a single component, two-phase mixture[J]. Journal of Heat Transfer, Transactions of the ASME, 1965, 87: 134-141.

[6] ZIVI S M. Estimation of steady-state steam void-fraction by means of the principle of minimum entropy production[J]. Journal of Heat Transfer, Transactions of the ASME, 1964, 86: 247-251.

[7] FAUSKE H K. Contribution to the theory of two-phase, one-component critical flow[R]. ANL-6633, Argonne National Laboratory, Argonne, Illinois, 1962.

[8] FAUSKE H K. The discharge of saturated water through tubes[J]. Chemical Engineering Progress Symposium Series, 1965, 61(59): 210.

[9] HENRY R E, FAUSKE H K. The two-phase critical flow of one-component mixtures in nozzles, orifices, and short tubes[J]. Journal of Heat Transfer, 1971, 93(2): 179-187.

[10] VOGRIN, JR. J A. An experimental investigation of two-phase two-component flow in a horizontal, converging-diverging nozzle[R]. ANL-6754, Argonne National Laboratory, Argonne, Illinois, 1963.

[11] STARKMAN E S, SCHROCK V E, NEUSEN K F, et al. Expansion of a very low quality two-phase fluid through a convergent-divergent nozzle[J]. Journal of Basic Engineering, 1964, 86(2): 247-254.

[12] MANEELY D J. A study of the expansion process of low quality steam through a de Laval nozzle[R]. UCRL-6230, University of California Radiation Laboratory, 1962.

[13] NENUSEN K F. Optimizing of flow parameters for the expansion of very low quality steam[R]. UCRL-6152, University of California Radiation Laboratory, 1962.

[14] UCHIDA H, NARIAI H. Discharge of saturated water through pipes and orifices[C]. Proc. of the Third International Heat Transfer Conference, 1966, Vol. 5, 1.

[15] ZALOUDEK F R. The critical flow of hot water through short tubes[R]. HW77594, Hanford Laboratories, Richland, Washington, 1963.

[16] BURNELL J G. Flow of boiling water through nozzles, orifices and pipes[J]. Engineering, 1947, 164: 572-576.

第7章　气液两相流动不稳定性

7.1　概　　述

　　两相混合物相对于单相介质来说更不均匀，其状态与流动显然也更容易发生不稳定。一般地，在系统运行于某一稳定状态时，当流道或循环回路内的热工水力参数发生周期性或一次性的变化时，称为发生了流动不稳定现象。

　　两相流的不稳定现象有些是局限在两相界面的，如：Rayleigh-Taylor 不稳定性及 Kelvin-Helmholtz 不稳定性。这两种不稳定性可能导致两相流型的变化，甚至还可能与临界热流密度（critical heat flux density，CHFD）的发生机理有关；而更多、更宏观的两相流动不稳定现象是发生在两相混合物流过的流道或系统时。早在 20 世纪初，人们就发现气液两相混合物在通过流道或者在回路系统中作强制或自然循环流动时，在一定条件下，会发生流动不稳定的现象，此时流道或系统中的速度（流量）、压力（压差）、温度及空泡份额等参数都会发生漂移或振荡，对设备及其安全有可能造成影响。对锅炉、蒸汽发生器、热交换器、水冷反应堆及其他气液两相流动设备来说，流动不稳定不仅会降低其运行效率，还可能带来系统设备的安全问题。例如：持续的不稳定流动可能使设备及部件发生受迫振动，而长期的机械振动与局部热应力周期性变化可能导致设备及部件的疲劳破坏；对于水冷反应堆，冷却剂兼作慢化剂，如某些沸水堆，由于流动失稳可能引起反应性变化耦合的反馈效应，将会引起控制问题，所以两相流动稳定性尤为重要；此外，在某些设备高热流的换热面，失去稳定性的振荡流动还可能会影响局部传热特性，进而导致沸腾危机发生。从设备与系统的安全设计和可靠运行来说，人们一般并不希望任何沸腾、冷凝或其他的两相流动过程中出现流体动力学不稳定性现象，因此需要能够认识各种两相流动不稳定性的发生机理，预测不稳定发生工况参数（稳定阈）的分布规律，考虑可能带来的影响，采取相应的措施去避免或消除流动不稳定性现象[1]。

　　本章首先概述有关两相界面不稳定性的一些情况，然后将讨论与两相混合物通过流道、系统时有关的两相流动不稳定性问题。

7.2　两相界面不稳定性

　　在流道中流动的两相流动常表现为不同的流型，每一种流型对于控制流型的参数组合都只存在于一定的范围内，随着控制参数的变化，流型会互相过渡，这种过渡常常是由界面处流动的不稳定性所触发。而气液两相界面处的不稳定性主要是由两相间的密度差、相对速度、表面张力、加速度等所引起的波的不稳定性，即 Rayleigh-Taylor 不稳定性与 Kelvin-Helmholtz

不稳定性[2-3]。这些不稳定性对诸如气泡、液滴、液膜等的变形与破裂起着重要的作用，是小尺度不稳定性，对流型变化、相分布等十分重要。

　　考察如图 7-2-1 所示的情形，图中是水平无限延伸的两层无黏流体的分层流动，两层流体分别为介质 1 与介质 2，密度分别是 ρ_1 与 ρ_2，两层流体为界面所分隔，均由左至右（沿 x 方向）运动，速度分别是 u_1、u_2。在未受扰动之前两介质以 $z=0$ 为分界面分别占有上、下两个半空间，设该界面在小扰动下发生小的波动，界面在垂直方向（y 方向）上的位移为 η，界面波动在垂直方向的幅值为 η_0。

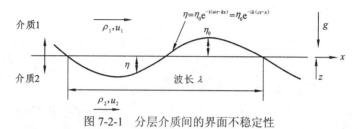

图 7-2-1　分层介质间的界面不稳定性

　　对于任意介质，假设其不可压缩，对二维无旋流动，则由流体连续性，速度势函数 ϕ 满足流动控制方程

$$\frac{\partial^2 \phi}{\partial x^2} + \frac{\partial^2 \phi}{\partial y^2} = 0 \quad 或 \quad \nabla^2 \phi = 0 \qquad (7\text{-}2\text{-}1)$$

　　那么，对于介质 1、介质 2，其流动控制方程为

$$\begin{cases} \nabla^2 \phi_1 = 0, & z > \eta \\ \nabla^2 \phi_2 = 0, & z < \eta \end{cases} \qquad (7\text{-}2\text{-}2)$$

界面方程为

$$z = \eta(x, z, t) \qquad (7\text{-}2\text{-}3)$$

边界条件包括下面几种。
①无穷远处：

$$\begin{cases} \nabla \phi_1 \to u_1, & z \to \infty \\ \nabla \phi_1 \to u_2, & z \to -\infty \end{cases} \qquad (7\text{-}2\text{-}4)$$

②界面的运动学条件（$z = \eta$ 处）

$$\begin{cases} \dfrac{\partial \phi_1}{\partial z} = \dfrac{\partial \eta}{\partial t} + \left(\dfrac{\partial \phi_1}{\partial x}\right)_{z=\eta} \dfrac{\partial \eta}{\partial x} + \left(\dfrac{\partial \phi_1}{\partial y}\right)_{z=\eta} \dfrac{\partial \eta}{\partial y} \\[3mm] \dfrac{\partial \phi_2}{\partial z} = \dfrac{\partial \eta}{\partial t} + \left(\dfrac{\partial \phi_2}{\partial x}\right)_{z=\eta} \dfrac{\partial \eta}{\partial x} + \left(\dfrac{\partial \phi_2}{\partial y}\right)_{z=\eta} \dfrac{\partial \eta}{\partial y} \end{cases} \qquad (7\text{-}2\text{-}5)$$

③界面上的动力学条件（$z = \eta$ 处）
由于界面是一个等压面，即 $p_1 = p_2 = p = $ 常数，则得到界面两侧的非定常伯努利方程为

$$\begin{cases} p = -\rho_1 \left[\dfrac{\partial \phi_1}{\partial t} + \dfrac{1}{2}(\nabla \phi_1)^2 + gz - C_1(t) \right] \\[3mm] p = -\rho_2 \left[\dfrac{\partial \phi_2}{\partial t} + \dfrac{1}{2}(\nabla \phi_2)^2 + gz - C_2(t) \right] \end{cases} \qquad (7\text{-}2\text{-}6)$$

式中：常数 C_1、C_2 不是独立的，可由未受扰动的流动在平界面上满足的动力学边界条件得到，即

$$\rho_1\left(C_1 - \frac{1}{2}u_1^2\right) = \rho_2\left(C_2 - \frac{1}{2}u_2^2\right) \tag{7-2-7}$$

当流场受到小扰动后，将速度势 ϕ_1、ϕ_2 分解为

$$\begin{cases} \phi_1 = u_1 x + \tilde{\phi}_1, \ z > \eta \\ \phi_2 = u_2 x + \tilde{\phi}_2, \ z < \eta \end{cases} \tag{7-2-8}$$

式中：$\tilde{\phi}_1$、$\tilde{\phi}_2$ 为扰动速度势。将式（7-2-8）代入流动控制方程（7-2-2），略去二阶以上的高阶小量，并把界面上的物理量在 $z = 0$ 处进行 Taylor 展开，最后可以得到小扰动速度势的线性化控制方程

$$\begin{cases} \nabla^2 \tilde{\phi}_1 = 0, \ z > 0 \\ \nabla^2 \tilde{\phi}_2 = 0, \ z < 0 \end{cases} \tag{7-2-9}$$

相应地，小扰动速度势的线性化边界条件为
① $z = 0$ 处条件

$$\begin{cases} \nabla \tilde{\phi}_1 \to 0, \quad z \to \infty \\ \nabla \tilde{\phi}_2 \to 0, \quad z \to -\infty \end{cases} \tag{7-2-10}$$

② 运动学条件（$z = 0$ 处）

$$\begin{cases} \dfrac{\partial \tilde{\phi}_1}{\partial z} = \dfrac{\partial \eta}{\partial t} + u_1 \dfrac{\partial \eta}{\partial x} \\ \dfrac{\partial \tilde{\phi}_2}{\partial z} = \dfrac{\partial \eta}{\partial t} + u_2 \dfrac{\partial \eta}{\partial x} \end{cases} \tag{7-2-11}$$

③ 动力学条件（$z = 0$ 处）

$$\rho_1\left(\frac{\partial \tilde{\phi}_1}{\partial t} + u_1 \frac{\partial \tilde{\phi}_1}{\partial x} + g\eta\right) = \rho_2\left(\frac{\partial \tilde{\phi}_2}{\partial t} + u_2 \frac{\partial \tilde{\phi}_2}{\partial x} + g\eta\right) \tag{7-2-12}$$

对于小扰动下产生的小幅简谐振荡波动，记

$$\tilde{\phi}_1 = A_1 e^{kz + i(\omega t - kx)}, \quad \tilde{\phi}_2 = A_2 e^{kz + i(\omega t - kx)} \tag{7-2-13}$$

以及

$$\eta = \eta_0 e^{i(\omega t - kx)} \tag{7-2-14}$$

式（7-2-13）和式（7-2-14）中：ω 为振荡的复频率（$\omega = \omega_r + i\omega_i$）；$k$ 为波数。

将式（7-2-13）、式（7-2-14）代入式（7-2-11）可得

$$i(\omega - ku_1)\eta_0 = -kA_1, \quad i(\omega - ku_2)\eta_0 = -kA_2 \tag{7-2-15}$$

而将式（7-2-13）、式（7-2-14）代入式（7-2-12）得

$$\rho_1\{i(\omega - ku_1)A_1 - g\eta_0\} = \rho_2\{i(\omega - ku_2)A_2 - g\eta_0\} \tag{7-2-16}$$

于是得到

$$\rho_1(\omega - ku_1)^2 + \rho_2(\omega - ku_2)^2 = gk(\rho_1 - \rho_2) \tag{7-2-17}$$

或

$$\omega = \frac{\rho_1 u_1 + \rho_2 u_2}{\rho_1 + \rho_2} k \pm \mathrm{i} k \left[\frac{\rho_1 \rho_2}{(\rho_1 + \rho_2)^2} (u_1 - u_2)^2 + \frac{g}{k} \cdot \frac{\rho_1 - \rho_2}{\rho_1 + \rho_2} \right]^{1/2} \qquad (7\text{-}2\text{-}18)$$

若还考虑将界面上表面张力 σ 的作用包括进去（图 7-2-2），则在界面上的动力学条件式（7-2-6）中计入表面张力 σ 的作用，采用类似上面的小扰动与线性化方法，可以得到

$$\omega = \frac{\rho_1 u_1 + \rho_2 u_2}{\rho_1 + \rho_2} k \pm \mathrm{i} k \left[\frac{\rho_1 \rho_2}{(\rho_1 + \rho_2)^2} (u_1 - u_2)^2 + \frac{g}{k} \cdot \frac{\rho_1 - \rho_2}{\rho_1 + \rho_2} - \frac{\sigma k}{\rho_1 + \rho_2} \right]^{1/2} \qquad (7\text{-}2\text{-}19)$$

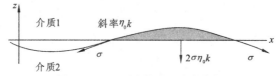

图 7-2-2　界面上的表面张力作用

在式（7-2-18）与式（7-2-19）中，右边第一项中的 $(\rho_1 u_1 + \rho_2 u_2)/(\rho_1 + \rho_2)$ 称为两种介质流层的平均速度。

如果考察上述界面波动运动的关系（7-2-18）、式（7-2-19），那么该界面运动不稳定性的判据为：式（7-2-18）或式（7-2-19）中右边方括号内的部分大于零，即复频率存在虚部，即只要 $\omega_i \neq 0$，则界面是不稳定的。

即不考虑界面上表面张力作用时，当

$$\frac{\rho_1 \rho_2}{(\rho_1 + \rho_2)^2} (u_1 - u_2)^2 + \frac{g}{k} \cdot \frac{\rho_1 - \rho_2}{\rho_1 + \rho_2} > 0 \qquad (7\text{-}2\text{-}20)$$

则界面运动及两介质流动是不稳定的。

考虑界面上表面张力作用时，当

$$\frac{\rho_1 \rho_2}{(\rho_1 + \rho_2)^2} (u_1 - u_2)^2 + \frac{g}{k} \cdot \frac{\rho_1 - \rho_2}{\rho_1 + \rho_2} - \frac{\sigma k}{\rho_1 + \rho_2} > 0 \qquad (7\text{-}2\text{-}21)$$

则界面运动及两介质流动是不稳定的。

当

$$\frac{\rho_1 \rho_2}{(\rho_1 + \rho_2)^2} (u_1 - u_2)^2 + \frac{g}{k} \cdot \frac{\rho_1 - \rho_2}{\rho_1 + \rho_2} - \frac{\sigma k}{\rho_1 + \rho_2} = 0 \qquad (7\text{-}2\text{-}22)$$

流体-界面系统为中心稳定的，亦即此为不稳定性发生点。

由不稳定判据式可以看到：对于介质-界面系统来说，表面张力 σ 的因素总是对界面起到稳定性作用的（σ 越大，系统趋于稳定）；对介质 1、介质 2 之间的密度差 $(\rho_1 - \rho_2)$ 的因素来说，当 $\rho_1 > \rho_2$ 时，则系统稳定性趋于变差；而两种介质之间的相对速度 $|u_1 - u_2|$ 越大，则系统稳定性趋于变差[2-3]。

1. Rayleigh-Taylor 不稳定性

对于气液两相流体-界面系统，考虑介质 2 为气相、介质 1 为液相流体，即重流体（液）在上，轻流体（气）在下，且为静止分层状态（$u_1 = u_2 = 0$）的情形，如图 7-2-3 所示。

图 7-2-3　气相在下，液相在上的静止分层状态

由式（7-2-19）很容易得到

$$c^2 \equiv \left(\frac{\omega}{k}\right)^2 = \frac{\sigma k}{\rho_1 + \rho_v} - \frac{g(\rho_1 - \rho_v)}{(\rho_1 + \rho_v)k} \tag{7-2-23}$$

式中：$\dfrac{\omega}{k} \equiv c$ 称为界面处表面波的传播速度。

显然，若该两相流体-界面系统发生不稳定，则由 $c^2 = 0$，得到

$$\frac{\sigma k}{\rho_1 + \rho_v} - \frac{g(\rho_1 - \rho_v)}{(\rho_1 + \rho_v)k} = 0 \tag{7-2-24}$$

这种界面不稳定性称为 Rayleigh-Taylor 不稳定性。相应地，开始发生 Rayleigh-Taylor 不稳定性时的临界波长称为 Taylor 波长 λ_T，为

$$\lambda_T = \left(\frac{2\pi}{k}\right)_{c^2=0} = 2\pi\sqrt{\frac{\sigma}{g(\rho_1 - \rho_v)}} \tag{7-2-25}$$

显然，当不计表面张力（$\sigma = 0$）时，$\lambda_T = 0$。即对所有波长总存在 $\omega_i > 0$ 的扰动，这样，系统总是 Rayleigh-Taylor 不稳定的。

当存在表面张力时，$\lambda_T \neq 0$。

当 $\lambda < \lambda_T$ 时，流体-界面系统是 Rayleigh-Taylor 稳定的（界面稳定），也就是说界面对小波长的小扰动是稳定的，因为表面张力与加速力相平衡，表面张力抑制了短波波长的扰动，起到致稳的作用；

而当 $\lambda > \lambda_T$ 时，则系统是 Rayleigh-Taylor 不稳定的（界面失稳），对于较大波长的扰动，界面将会发生永久性的变形。

另外，考虑在 Rayleigh-Taylor 失稳条件下，不稳定性增长率最快的情况。当

$$\frac{\mathrm{d}\omega^2}{\mathrm{d}k} = \frac{\mathrm{d}(k^2 c^2)}{\mathrm{d}k} = 0 \tag{7-2-26}$$

时，由

$$\frac{\mathrm{d}}{\mathrm{d}k}\left\{k^2\left[\frac{\sigma k}{\rho_1 + \rho_v} - \frac{g(\rho_1 - \rho_v)}{(\rho_1 + \rho_v)k}\right]\right\} = \frac{3k^2\sigma}{\rho_1 + \rho_v} - \frac{g(\rho_1 - \rho_v)}{\rho_1 + \rho_v} = 0$$

得到

$$\lambda_D = \frac{2\pi}{k_D} = \sqrt{3}\left[2\pi\sqrt{\frac{\sigma}{g(\rho_1 - \rho_v)}}\right] = \sqrt{3}\lambda_T \tag{7-2-27}$$

式中：λ_D 称为 Rayleigh-Taylor "最危险" 波长，即不稳定性增长最快（或放大率最大）的波长。

Rayleigh-Taylor 不稳定性是重力作用下处于静止状态的分层流体的不稳定性。在沸腾加热表面，若加热面附近气膜的上方覆盖有液体，则气膜与液体之间界面就有可能发生这种不

稳定性，而导致气膜破裂。

2. Kelvin-Helmholtz 不稳定性

考虑气液两相流体-界面系统：介质 1 为气相、介质 2 为液相流体，气相流体在上，液相流体在下，且两相流体相对速度 $(u_1 - u_2) \neq 0$，如图 7-2-4 所示。

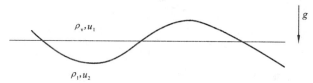

图 7-2-4　气相在上，液相在下，两相相对速度不为零

在上述条件下，由于气液界面处相对速度 $(u_1 - u_2)$ 引起的剪切作用，使两相界面形成波动。结合式（7-2-21），当

$$\frac{\rho_v \rho_1}{(\rho_v + \rho_1)^2}(u_1 - u_2)^2 - \frac{g}{k} \cdot \frac{\rho_1 - \rho_v}{\rho_v + \rho_1} - \frac{\sigma k}{\rho_v + \rho_1} > 0 \tag{7-2-28}$$

时，界面不稳定。相应地，界面不稳定性的发生点满足

$$\frac{\rho_v \rho_1}{(\rho_v + \rho_1)^2}(u_1 - u_2)^2 - \frac{g}{k} \cdot \frac{\rho_1 - \rho_v}{\rho_v + \rho_1} - \frac{\sigma k}{\rho_v + \rho_1} = 0 \tag{7-2-29}$$

即发生界面不稳定时相对速度的临界值 $u_{r,cri}$ 满足

$$u_{r,cri}^2 = (u_1 - u_2)^2 = \frac{\rho_v + \rho_1}{\rho_v \rho_1} \cdot \frac{1}{k} \cdot [\sigma k^2 + g(\rho_1 - \rho_v)] \tag{7-2-30}$$

若不计重力加速力的影响，则有

$$u_{r,cri}^2 = (u_1 - u_2)^2 = \frac{\rho_v + \rho_1}{\rho_v \rho_1} \sigma k \tag{7-2-31}$$

相应地，发生界面不稳定时的临界波数为

$$k_H = \frac{\rho_v \rho_1 (u_1 - u_2)^2}{\sigma (\rho_v + \rho_1)} \tag{7-2-32}$$

发生界面不稳定时的临界波长为

$$\lambda_H = \frac{2\pi}{k_H} = 2\pi \cdot \frac{\rho_v + \rho_1}{\rho_v \rho_1} \cdot \frac{\sigma}{(u_1 - u_2)^2} \tag{7-2-33}$$

对气液两相系统，在正常条件下常认为 $\rho_v \ll \rho_1$，则

$$\lambda_H \approx 2\pi \left[\frac{\sigma}{\rho_v (u_1 - u_2)^2} \right] \tag{7-2-34}$$

这种界面对剪切运动的不稳定性称为 Kelvin-Helmholtz 不稳定性。对于两相流，发生 Kelvin-Helmholtz 不稳定性的结果是由界面处的剪切速度引起的界面振荡，扰动被放大，被放大扰动的波长 λ 以临界波长 λ_H 为下限。

在气液两相流中，Kelvin-Helmholtz 不稳定性对气泡或液滴的形成、相分布，以及一些相关的流型转变有很大影响。例如，当液滴直径大于临界波长 λ_H 时，剪切作用使相界面失稳，液滴破碎成更小的液滴。它证实了液体射流与液滴衰减的韦伯（We）数准则，该经验性准则表明，若以液滴特征长度（如液滴半径 R）形成的 We 超过一定值，即

$$We = \frac{\rho_v \cdot (u_1 - u_2)^2 \cdot R}{\sigma} > C \qquad (7\text{-}2\text{-}35)$$

则液滴就会破碎。

此外，波状分层流与均匀泡状流或液滴流等流型直接与 Kelvin-Helmholtz 不稳定性有关，并采用 We 数准则来描述这些流型的转变。

7.3　两相流动不稳定特性

7.3.1　不稳定性概述

两相流动除了对相的分布十分重要的小尺度界面不稳定性外，还有更基本的能决定有沸腾或凝结等相变的系统中两相流瞬稳态过程的大尺度不稳定性机理，这些不稳定性可能对设备、系统等设计与运行特性带来影响，而且不稳定性边界还约束了设备系统的实际设计与运行准则。近几十年来，人们广泛深入地研究各种类型的单相与两相非绝热流动中的不稳定性问题。这些研究最早是涉及强制循环或自然循环的蒸汽锅炉与蒸汽发生器水力学不稳定行为。随着反应堆系统与核电站的出现，特别是对于采用沸水堆的核电站及采用自然循环的系统，人们越来越重视循环回路的流动稳定性；后来人们又发现系统工作于超临界压力工况及两相冷凝过程时的流动不稳定现象等，并将其作为课题研究。

人们通过大量的实验与分析研究，已经揭示了一些不同类型的不稳定性及其机理，对其进行了研究和不稳定性边界分析（不稳定域分析），建立了不稳定区域内两相流动传输参数随时间变化的行为，以及流动与回路系统设计参数变化对稳定边界的影响。然而，由于不稳定性类型与机理的多样性、循环回路和堆芯通道设计的复杂性，再加上实际应用中热通量往往较高，以及不同不稳定性之间的相互作用，所以两相流动不稳定性的有关现象尚未得到全面充分解析，而且随着实际应用中较高热通量和新循环方案的采用，还可能导致一些未知类型的流动不稳定性的发生，或者出现多种传统类型不稳定性的组合[1]。

对于流动不稳定性的概念，以图 7-3-1 来说明：当流动受到瞬时而扰动进入新的运行工况后，可渐近地回复到原来的运行状态，称为稳定流动，如图 7-3-1（a）、（b）所示；反之，若无法回到原来的稳定状态，则不论是在扰动下迁移至新的稳定状态下运行［图 7-3-1（c）］，还是在新的稳定状态下运行后又因扰动而返回到初始稳定状态，然后受扰又重新回到新的稳定状态……如此循环往复，如图 7-3-1（d）所示，则都是不稳定流动，称为静态不稳定性（static instability）；当然，两相流动系统受到扰动后，如果在流动惯性及其他反馈效应作用下，产生了放大的或者有限等幅的流动振荡［图 7-3-1（e）、（f）］，那么也是一种不稳定流动，称为动态不稳定性（dynamic instability）[2]。

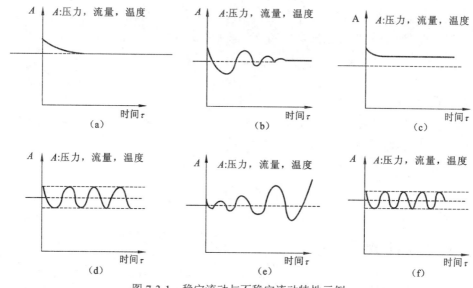

图 7-3-1　稳定流动与不稳定流动特性示例

（a）、（b）为稳定；（c）（d）为静态不稳定；（e）、（f）为动态不稳定

　　两相系统中的流动不稳定性可以是静态不稳定性或者动态不稳定性及耦合。

　　在沸腾（冷凝）两相流道中，常常由于空泡份额变化、浮升力或流体比容的变化而导致流动参数的变迁或振荡，从本质上，这类变迁或振荡的质量流速、压降与空泡和机械系统中的质量、激励-阻尼力、弹簧刚度相类似，依此类比，流量与压降之间的关系（系统的流与力）对流动不稳定性起着重要作用，当然，两相流的不稳定性远比机械系统要复杂。

　　当有一个瞬时扰动使流动工况参数（如流量、压降、空泡等）相对于原来的稳态工况点发生偏移，而且在该初始稳态工况点的邻域内不存在有其他稳态工况点，那么这一扰动就有可能导致流动的静态不稳定性发生，也就是使得流动偏离初始的稳态工况点而向其邻域外的其他稳态工况发生转移。两相流动系统中像这样因为偏离初始稳态工况点而由一个稳态点向另一个稳态点转移的现象就是静态不稳定性。从表现看，静态不稳定性可以是系统由初始稳态点向其他稳态点的"漂移"，也可呈现为"往复于"不同稳态点之间的周期性或不定期的行为。

　　反映两相系统回路的稳定平衡规律的稳态控制方程有多种形式。例如，对于一个有泵驱动、有加热、有冷凝冷却的典型两相强制循环回路系统，如图 7-3-2 所示，其沿回路的压差积分平衡方程可为

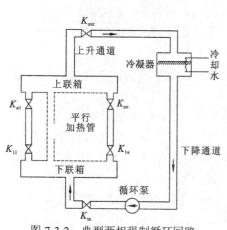

图 7-3-2　典型两相强制循环回路

$$\oint_{\text{loop}} \left[\left(\frac{\mathrm{d}p}{\mathrm{d}z} \right)_f + \left(\frac{\mathrm{d}p}{\mathrm{d}z} \right)_a + \rho_{\mathrm{m}} g \sin\theta \right] \mathrm{d}z - \sum_{\text{loop}} (\Delta p)_{\text{pump}} \quad\quad (7\text{-}3\text{-}1)$$

$$= F(G_{\mathrm{m}}, x(z), \rho_{\mathrm{m}}(z), z_{\mathrm{h}}, z_{\mathrm{c}}, z_{\mathrm{a}}, q_{\mathrm{h}}(z), (\Delta p)_{\text{pump}} \cdots) = 0$$

式中：z 为沿回路的长度坐标；p 表示回路各处压力；$\left(\dfrac{\mathrm{d}p}{\mathrm{d}z} \right)_f$、$\left(\dfrac{\mathrm{d}p}{\mathrm{d}z} \right)_a$、$\rho_{\mathrm{m}} g \sin\theta$ 分别为回路各处单相/两相摩擦压降梯度、加速压降梯度与重力压降梯度；$(\Delta p)_{\text{pump}}$ 为回路中泵的驱动压头。

若整个回路的压降可以用回路中单相流体/两相混合物的质量流速 G_{m}、质量含气率 $x(z)$、单相流体/两相混合物的密度 $\rho_{\mathrm{m}}(z)$、加热段长度 z_{h}、冷凝冷却段长度 z_{c}、绝热段长度 z_{a}、加热段热流 $q_{\mathrm{h}}(z)$、泵驱动压头 $(\Delta p)_{\text{pump}}$ 等参数的函数 F 表示，那么，该两相循环回路的一种稳态控制方程可写为

$$F(G_{\mathrm{m}}, x(z), \rho_{\mathrm{m}}(z), z_{\mathrm{h}}, z_{\mathrm{c}}, z_{\mathrm{a}}, q_{\mathrm{h}}(z), (\Delta p)_{\text{pump}} \cdots) = 0 \quad\quad (7\text{-}3\text{-}2)$$

两相系统中发生静态不稳定性的原因是稳态控制方程［如方程（7-3-2）］在某一独立变量（如质量流速）受到小的外部扰动时失去稳定性，从而使得相应的系统变量（系统参数）由此而发生大的改变。这只有在稳态控制方程有多个稳态解的情况下，才能发生由一个稳态解向另一个稳态解的"漂移"或者"往返于"不同稳态解之间的静态不稳定性行为。因此，也只有利用反映系统稳定运行规律的稳态控制方程才能预测静态不稳定性的阈值。

当惯性和其他反馈效应在流动过程中起着重要作用，如两相流动中非平衡传输的松弛效应、空泡-压降反馈、压震传播、流动结构变迁和传播等因素与扰动构成复杂相互作用时，进而引起流动参数的不稳定振荡，以及参数振荡的时滞或频率相位差效应等，此时的两相流动系统行为就像一个伺服机构，呈现围绕稳定工况点的周期性自持振荡，甚至为发散的振荡，这就是动态流动不稳定性。理论上，对于两相动态不稳定性行为及阈值预测，仅依靠稳态平衡流动规律（稳态控制方程）是不够的，更需要借助于描述系统的动态流动规律（非稳态系统控制方程）。

Bouré 等对已经实验观测并广泛研究的各种典型两相不稳定性模式进行了分类总结[4-5]，如表 7-3-1 所示。总体上各种两相流动不稳定性可分为静态、动态不稳定性两类；这两类不稳定性又分为几个子类。其中：可以对引起不稳定性的物理机理进行分解研究的现象称为基本不稳定性；几种机理彼此耦合在一起而导致不稳定性，无法分解研究系统不稳定性行为的称为复合不稳定性；而对于某种不稳定性现象的发生，必须以另一种不稳定性现象发生为前提的情况，则称前者为二次现象，后者为一次现象。

表 7-3-1　两相流动不稳定性分类

类型	子类	不稳定性种类	机理或条件	基本特征
静态不稳定性	基本静态不稳定性	流量漂移、水动力不稳定性	$\left(\dfrac{\partial \Delta p}{\partial G} \right)_{\text{内部}} \leqslant \left(\dfrac{\partial \Delta p}{\partial G} \right)_{\text{外部}}$	流动突然发生漂移，至新的稳定工作点运行
		沸腾危机不稳定性	传热系数急剧降低，不能有效自加热面带走热量	壁面温度骤然增加，并可能导致流量振荡

续表

类型	子类	不稳定性种类	机理或条件	基本特征
静态不稳定性	基本松弛不稳定性	流型变迁不稳定性	泡状流空泡份额比环状流低，但压降 Δp 较高，冷凝率与流型有关	周期性的流型变迁与流量变化
	复合松弛不稳定性	碰撞、喷泉、蒸汽爆发喷流等非稳定的蒸汽产生过程	通常因气化核心的缺乏而周期性地进行亚稳态的调整	间歇性或周期性的液体过热与蒸汽急剧蒸发过程，并可能伴以冷却剂的排出与再注入
		冷凝嚓嘎振荡	气泡生长与凝结，伴以（蒸汽排放管中的）液体涌出	由于蒸汽凝结及液体从下降管向上涌入，造成蒸汽排放的周期性中断
动态不稳定性	基本动态不稳定性	声学振荡	压力波的共振	与压力波在系统中传播所需时间有关的高频压力振荡（10～100 Hz）
		密度波振荡	流量、密度、压降之间的延迟与反馈效应	与连续波传输时间有关的低频振荡（～1 Hz）
	复合动态不稳定性	热力振荡	传热系数变化与流动动态之间的相互作用	在接近膜态沸腾时发生
		沸水堆不稳定性	空泡反应性与流体动态及传热之间的耦合相互作用	仅在燃料时间常数小及压力低的情况下较显著
		并行流道不稳定性	在少量并行流道之间的相互作用	各种模式的动态流动再分布
		冷凝振荡	直接接触凝结中界面与池内对流间的相互作用	发生在向抑压水池注入蒸汽的过程中
	作为二次现象的复合动态不稳定性	压降振荡	流量漂移引发通道与可压缩容积之间的动态相互作用	极低频（0.1 Hz）的周期性振荡过程

7.3.2　典型两相流动不稳定性机理与特征

1. 静态不稳定性

两相流动中较常见的静态不稳定性包括流量漂移、沸腾危机、流型变迁，以及碰撞声、喷泉声、蒸汽爆发喷流、冷凝嚓嘎振荡等不稳定性类型。

1）流量漂移

流量漂移（flow excursion）又称 Ledinegg 不稳定性，是一种典型的两相水动力不稳定性。1938 年，Ledinegg 在强制循环和自然循环的锅炉传热管两相流动过程中最早研究了这种不稳定性的现象与机理。以单根沸腾加热管装置中的流动特性实验为例，讨论流量漂移不稳定性的机理。图 7-3-3 给出的是通过循环泵将液体从液体储存箱（液池）输送至加热段中的情况。假定加热段管中加热热流 q 是一个恒定值，那么，加热段总的流动压降 Δp_F 将随质量流速 G 变化而改变，其变化规律即为加热段内流动压降特性，或称流道内部特性，如图 7-3-4 中实曲线所示。若流体在整个加热管内完全是单相过冷液体，那么管内压降 Δp_F 近似正比于 G^2/ρ_l，如图 7-3-4 中的全液相压降曲线（液相线为实线）；若其中全部是单相过热蒸汽，则管内压降 Δp_F 近似正比于 G^2/ρ_v，如图 7-3-4 中的全气相压降曲线（蒸汽线为虚线）。然而，当加热管内为沸腾汽液两相流动状态时，流动总压降 Δp_F 与流量 G 在一定工况范围内，可能会出现相依变化关系。

图 7-3-3　不稳定性的单沸腾加热管实验装置（部分）

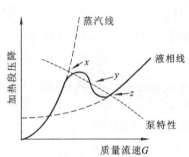

图 7-3-4　流量漂移不稳定性的特性曲线

在恒定加热热流的条件下，一方面管内两相流动含气率随着流量的增加而降低，从而使管内阻力压降有降低的趋势；同时，流量 G 增加又一定程度上有使摩擦压降增加的趋势，但该增加趋势相对于降低趋势要缓慢。此时加热管内总体上两相流动压降 Δp_F 就可能随流量 G 增加而降低，其内部特性曲线中会有图 7-3-4 中一段"负斜率"区域，在该区域内

$$\left(\frac{\partial \Delta p}{\partial G}\right)_F < 0$$

在"负斜率"区之外的两相流动区域，管内或因流量 G 较低，含气率较大而接近全汽相；或因流量 G 较高，含气率较小而接近全液相。加热管内部流动特性曲线在这两个区域内的斜率仍正值，其与负斜率区有两个拐点，也就是说，加热管在一定的流动与加热条件下，内部流动特性将有可能呈现图 7-3-5 中所示的两个拐点的"N 形"曲线。

当然，在有些情况，如系统压力较高、加热管入口处局部阻力较大或加热热流较低等条件下，加热管内部特性曲线中也可能不再有"负斜率"段，

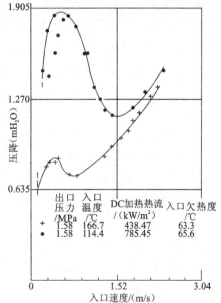

	出口压力/MPa	入口温度/℃	DC加热热流/(kW/m²)	入口欠热度/℃
+	1.58	166.7	438.47	63.3
●	1.58	114.4	785.45	65.6

图 7-3-5　不同压力、入口温度及加热热流下加热管中的压降-入口流速实验曲线[10]

从而整个内部特性曲线在整个流量变化范围内斜率均为正值。图 7-3-5 给出在（出口）不同压力、入口温度，以及加热热流下，过冷水通过加热管时实测得到的压降特性曲线。由此可知，只有在满足一定的条件加热管内部特性曲线中才会出现"负斜率"区。

　　另一方面，加热管内的水流是通过一定扬程（压差）的泵提供的，实际泵所提供的驱动压差 Δp_D 是随着质量流速 G 而变化（Δp_D 一般随着流量增大而降低，也是"负斜率"），泵特性 Δp_D-G 又称为流道外部特性，如图 7-3-4 中细虚线所示。在图 7-3-4 中，流道外部特性曲线负斜率变化绝对值小于内部特性曲线负斜率变化绝对值，即

$$\left|\left(\frac{\partial \Delta p}{\partial G}\right)_\mathrm{D}\right| < \left|\left(\frac{\partial \Delta p}{\partial G}\right)_\mathrm{F}\right| \tag{7-3-3}$$

　　系统可能的运行点就是加热管道内部特性曲线与外部特性曲线的 3 个交点 x、y、z，如图 7-3-4 所示。

　　处于图 7-3-4 中内部特性曲线正斜率区的 x、z 点都是稳定的运行点。以 x 点为例，x 点处于内部特性呈正斜率变化，而外部特性仍为负斜率变化。当在 x 点稳定运行时，若因小扰动而流量有一个增大时，管内压降增大，泵的驱动压头反而下降。这时，因驱动压力不足将迫使流量回到原来的运行点 x；若因小扰动而流量有一个减少时，管内压降降低，而泵的驱动压头增加，富余的泵驱动压头将使得流量重新增加回到原来的运行点 x。可见，在外部特性曲线正斜率区内的运行点 x 是静态稳定的。同理，运行点 z 也是静态稳定的。图 7-3-4 中处于"负斜率"区的 y 点则是一个不稳定的运行点。如果系统运行于 y 点，而质量流速 G 因小扰动而增加或降低。这时，在 y 点处任意一个流量降低的小扰动都将导致管内流动压降增加，而此时泵提供的驱动压头虽有增加，但比管内流动压降增加要少，即泵的驱动压头增量不足，从而迫使流量继续降低，直至运行点 x 处才能稳定。这种流量降低的漂移会对沸腾加热管带来烧毁的风险，危害较大。反之，y 点处任意一个小的流量增加扰动，则管内流动压降降低，同时泵提供的驱动压头也降低，但比管内流动压降降低得少，泵驱动压头有富余，从而使得流量增加，至运行点 z 处稳定。这种流量漂移虽不一定会对沸腾加热管及系统带来安全问题，但也不希望发生。

　　综上所述，当流量变化时，若存在回路压降损失随流量增加而降低的区域，且压降损失变化大于外加驱动压头（通常是泵的驱动压头或自然循环驱动压头）变化，也就是说，管路内部特性曲线存在负斜率区，且在此区域内部特性曲线负斜率变化绝对值大于外部特性曲线负斜率变化绝对值[见式（7-3-3）]，则会出现流量漂移静态流动不稳定性。

　　当很多平行沸腾管位于两个公共联箱之间时，公共联箱使得每一单根管道两端具有不变的压降，即外部特性曲线斜率几乎为零。对于单根沸腾管来说也可能发生类似的静态流动不稳定，为了防止一根或部分通道出现流量漂移两相流动不稳定性，造成部分平行沸腾管之间出现热差，甚至发生管子烧毁，也应考虑避免 Ledinegg 不稳定性并作为有公共联箱的大量平行管系统设计运行的一个限制条件。此外，向下流动的两相平行通道系统中还有可能出现稍微不同的流量漂移不稳定性现象，如不稳定发生时，在有些通道中还会出现倒流。

2）沸腾危机不稳定性

在实验中可以观察到（如 Mathisen 的实验研究[6]），沸腾流道内发生沸腾危机也可同时出现流动突然变化，甚至振荡，并且伴随着加热壁温突然升高。发生沸腾危机时，由于沸腾传热机理发生变化，此时若加热壁面不再与液相直接接触，则传热量将比核态沸腾或液膜蒸发时要低许多，相应地也引起流态的过渡。有学者（如 Kutateladze and Leont'ev[7]；Tong[8] 等）认为高热流条件下相当于近壁处边界层发生分离，使得边界层下液相滞止并蒸发，进而发生沸腾危机，然而这种假设并未得到有力的实验证据。

这种从沸腾危机前一种不稳定运行点向另一种稳定运行点（沸腾危机）过渡所引起的流态变化，也是一种静态不稳定性。尽管具体机理尚不清晰，但是发生沸腾危机时，它和传热工况变化密切相关的水力学特性转变是形成这种静态不稳定的直接原因。

3）流型变迁不稳定性

当两相流动处于泡状-环状流之间的过渡区域内时，会发生流型变迁的不稳定性。这是一种基本松弛不稳定性。沸腾两相流动处于泡状、弹状流工况下，若气泡数因流量的随机降低而增多，流型将转变为环状流动。环状流空泡份额较大，但流动阻力压降较小，此时驱动压头将会过剩，过剩的驱动压头会使流量重新增大。随着流量增加，壁面加热所产生的蒸汽量又不足以维持流道内的环状流动，便又回复到泡状流、弹状流，阻力压降又开始增大，又使流量减少，如此循环重新开始。流量增大（加速效应）与流量减小（减速效应）相对于流型过渡与变迁有一定的延迟效应，从而引起周期性的松弛振荡。这种松弛现象表现在一种流型因条件改变而向另一种流型过渡过程中，流动发生与流型变迁相适应的具有一定延时的变化；当流型呈现往复变迁状态时，流动随之表现为具有延迟的振荡现象。然而，流型往复变迁与两相流动的密度波振荡或压降振荡变化孰因孰果，尚不清楚，抑或可互为因果。

由于尚无合适的确定流型变迁条件方法，所以分析这类不稳定性适用的模型与方法也难以得到。

4）碰撞声、喷泉声、蒸汽爆发喷流不稳定性

碰撞声、喷泉声与蒸汽爆发喷流等现象往往跟一种重复却不一定周期性发生的沸腾工况有关：加热面温度在沸腾与自然对流工况之间往返交替，都包含有一种欠热液体突然沸腾的过程，从而因工况条件不同表现为不同的不规则循环过程。

低压下的液态碱金属（如液态钠等）因其不同于常规非金属液体（如水等）的物性，如润湿性好，导热性好等，导致液体能很好地润湿加热面，气化核心较少，其发生沸腾所需要的过热度远大于常规非金属液体，加热面附近温度分布、沸腾时气泡生长脱离运动，以及其他沸腾特性都大不同于常规液体，常常形成液体的"爆发性气化"，由于蒸汽很快占据大量空间，附近液体趋于被"甩离"加热面与流道，随后随着液体的重新涌入又重新回复到单相自然对流换热状态；沸腾与自然对流在加热面上交替进行，导致气泡间歇性地生长与破裂形成碰撞效应。当压力升高或加热热流增加后，沸腾趋于稳定，这类碰撞现象便逐渐消失。

喷泉现象典型的如各种底端封闭且底部加热的垂直液柱类系统中（注意，在较低加热功率的两相自然循环系统中喷泉现象也时有所见），系统在低压条件下，若热流足够高，底部开始沸腾。由于静压头因沸腾进展而降低到一定值时，沸腾液柱内蒸发量突然急剧增加，往

往自流道内喷出蒸汽流。然后流体又重新充满流道，回复到初始过冷的非沸腾工况，循环重新开始。Griffith[9]的实验观察到，这类喷泉周期约为 10～1 000 s。需要指出，在低压欠热两相自然循环系统中，较长的上升段中也可能发生这种喷泉或闪蒸现象。

蒸汽爆发式喷流的不稳定性发生时有一个显著的特征：加热面过热度较高，同时液相中会突然产生蒸汽并且蒸汽量迅速增长。当液体工质为液态碱金属及氟碳化合物液体时就会发生这一现象。由于这些工质对工程表面的润湿性好，润湿表面的接触角极小（～0°），较大的表面空穴几乎全部被液体所填充，使得加热表面核化液体过热度较高，处于均匀高过热状态的液体，可能会突然产生蒸汽，气泡一旦产生便迅速增长，并伴随着将流体喷出流道，从而导致蒸汽爆发喷流不稳定性。Ford 等[11]观察氟利昂-113 的实验指出，可以出现一次性或周期性地喷出液体，之后，液块在重力作用下减速，并重新流入流道。

碰撞声、喷泉声与蒸汽爆发喷流这类静态不稳定性常常耦合在一起，呈现一种重复却不一定呈周期性的行为。

5）冷凝嚓嘎振荡

冷凝嚓嘎振荡是一种将通道中冷却剂周期性地逐出循环往复的现象。冷却剂的逐出可能表现为进出口两端流量的简单短暂变化，也可能是从进出口两端同时有大量冷却剂的急剧喷射；冷凝嚓嘎振荡通常在蒸汽排放管中发生，此时，蒸汽流周期性地为冷凝及冷却水向下降段涌入所阻断；在核电厂反应堆事故中，为限制反应堆事故超压而将空气及蒸汽通入水池内，便可能有此现象的发生。

冷凝嚓嘎振荡与碰撞声、喷泉声及蒸汽爆发喷流等不稳定性过程相似，一个循环中通常包含有孕育、核化、流体逐出与流体回流阶段。在沸水堆核电厂中为了限制事故条件下超压而向弛压水池中排放蒸汽与气体时就可能观察到此类不稳定性。

2. 动态不稳定性

两相流动混合物相界面之间的热力-流体动力相互作用形成相界面波的传播，基本的两相动态不稳定性主要与扰动在两相流中的传播有关，而在两相流中的扰动主要通过两类波来传播，这两类波动即压力波（或声波）与密度波（或空泡波）。在实际的两相流动系统中，这两类波/扰动往往是相互作用的。一般来说，它们的传播速度差 1～2 个数量级，因此可以通过传播速度来区别主要基于不同波的传播所形成的两种基本类型的动态不稳定性现象。

在两相流动系统中，常见的动态不稳定性类型主要有：声波不稳定性、密度波不稳定性、热力振荡、沸水堆不稳定性、并行通道不稳定性、冷凝振荡，以及压降振荡等。下面就其典型机理与特征作简要介绍。

1）声波不稳定性

流体系统因受到压力扰动可能发生声波（或压力波）振荡，其一个主要特点是声波（或压力波）振荡频率较高（可达 10～100 Hz），振荡周期与压力波通过系统流道所需的时间为同一量级。习惯上将这种属于声频范围的压力波传播引起的流动不稳定性称为声波不稳定性。

实验观察到的声波不稳定性可发生在欠热沸腾区、整体沸腾区与膜态沸腾区。在亚临界或超临界条件下受迫流动的低温流体被加热到膜态沸腾，以及低温系统受到迅速加热等工况，均观察到了声波频率的流量及压力振荡。这种振荡是因蒸汽膜受到压力波扰动引起的。当压力波的压缩波通过加热面时，气膜厚度受到压缩，通过气膜热导的改善，传入热量增加，使蒸汽产生率增大；当压力波的膨胀波通过加热表面时，气膜膨胀，气膜热导减少，传热率降低，蒸汽产生率也随着减少。这一过程反复循环，导致不稳定性发生。例如，声波振荡频率大于 5 Hz。在高欠热沸腾下，振荡频率处于 10～100 Hz，压降的振荡幅度较大。

一般来说，声波不稳定性不会形成破坏性压力脉动或流动脉动。然而，人们仍不希望系统维持运行在高频率的压力振荡条件下。目前，虽有一些分析声波不稳定性的方法，但由于受到测量限制，实测与预测有一定差距，仍需进一步的研究。

2）密度波不稳定性

沸腾两相流道中最常见的脉动是密度波型脉动，其稳定性类型当属密度波不稳定性。其典型特征是随着流量的周期性变化，高密度流体与低密度流体交替地通过系统，而两相混合物的密度是空泡份额的函数，因而它与空泡波密切相关。对于沸腾两相流来说，密度波型脉动通常发生在中、低干度、功率-流量比值较高的工况范围；而在流道水动力（压降-流量特性）曲线上，密度波不稳定性的发生点常位于曲线的正斜率区。

沸腾流道受到扰动后，若蒸发率发生周期性变化，即空泡份额发生周期性变化，导致两相混合物的密度发生周期性变化。随着流体流动，形成周期性变化的两相混合物密度波动传播，称为密度波（或空泡波）不稳定性，也称为流量-空泡反馈不稳定性。沸腾流道内空泡份额变化，影响到提升、加速与摩擦压降及传热性能。不变的外加驱动压头影响流道进口流量，形成反馈作用。流量、空泡（或流体的密度）与压降三者配合不当，便会引起流量、密度与压降振荡，一般发生在沸腾流道的内部特性曲线的正斜率区和入口液体密度与出口两相混合物密度相差很大的工况。

现以受恒定热流加热、出口具有恒定压降的集中节流阻力件的沸腾流道为例，说明密度波不稳定性的现象及特征：受恒定热流加热的流道，蒸汽产生率为定值。通过阻力件的流体体积流量与两相混合物的密度以一定的幂次成反比（即 $W \sim \rho^{-n}$）。若通过流道的是单相液体，则体积流量较小，出口流速也小，在流道中停留时间长，蒸汽产生量大；当液块通过阻力件，密度低的两相混合物或蒸汽到达时，则流速增加，伴随流入并通过沸腾流道的流体也加快速度，故蒸发量小。当低密度混合物通过阻力件后，高密度的液块又到达阻力件，循环重新开始。流体密度周期性变化是形成密度波不稳定性的主要原因。需说明，无集中阻力件的两相流动系统也有可能发生这种不稳定性。

密度波不稳定性的振荡周期与流体流经加热通道的时间有关，约为其 1～2 倍，一般为较低频率的振荡。加热通道中入口流量的瞬时减少将会使流道进出口焓升增加，从而降低平均密度。这种扰动不仅影响压降，也影响传热行为。在特定运行条件（如流道几何条件、加热壁物性、流量、入口流体焓，以及加热热流等）下，甚至可能使这种入口流量扰动与出口处压力脉动之间的相位差达到 180° 反相，而这一压力脉动又立即传输反馈至流道入口流量……从而形成自持振荡。在沸腾系统中，这种振荡是由于流量、蒸发率和压降之间的多重反馈引起的，所以密度波不稳定性也称为"流量-空泡反馈不稳定性"。同时，密度波传播时间与流体流经加热通道时间之间的差异，可能使得加热流道压降与入口流量间的振荡变化发生延迟效应与时间滞后效应。由于扰动传输的延迟对系统稳定性至关重要，所以也将密度波振荡称为"时滞振荡"。

对一定几何条件、系统压力、入口流量及入口欠热度的加热流道，随着加热功率（热流）增加到一定值时，密度波振荡就开始了，而且流量脉动的幅度随着加热热流的增加而增加，也就是说，增加加热热流将导致稳定性裕度降低，直至密度波不稳定性。一般来说，由于流道内压降与入口流量振荡是同相位，并起到抑制流量波动作用，所以加热流道液相区内摩擦压降的增加有一定稳定作用；而两相区内压降增加（比如对加热流道出口增加阻力进行限流等）则常使流动趋于失稳，这是因为波在流道内、两相介质中传播时间是有限的，使压降与入口流量发生相位偏移的趋势。另外，在一定的流道几何条件下，如果增加入口流量，流道中两相区的范围及沸腾引起的流体密度变化都显著减少，所以提高流速是有利于稳定的。

3）热力振荡

热力振荡与干涸后工况下加热壁的热力响应有关，是一种复合的动态流动不稳定性。它是指在流动的膜态沸腾工况下，当流体受到扰动时，壁面上蒸汽膜的传热性能发生变化，从而使壁面温度发生周期性变化的不稳定性工况。

以受到恒定热流加热的沸腾流道为例，当其工作于膜态沸腾工况时，传热性能差，壁温高，受扰动后转变为过渡沸腾，传热性能变好，流体接受热量增加，壁温又降低。显然，这是某一给定工作点下，流动在膜态沸腾与过渡沸腾工况之间振荡变化的情形，同时伴随着流道壁面温度的大幅振荡。这种不稳定性工况常与密度波振荡相互作用，而较高频的密度波往往在其中起着破坏膜态沸腾的扰动源作用。相关研究表明，热力振荡循环必然伴有密度波振荡，但密度波振荡不一定会引起这种产生大幅壁温变化的热力振荡。Stenning 和 Vizeroglu[12]在其带有 2 mm 壁厚的镍加热器的氟利昂-11 实验系统中，观测到周期约 80 s 的热力振荡现象；对于高温高压下汽水混合物发生干涸时，热力振荡是一种常见的现象，Gandiosi 等[13]测出在干涸点下游的壁温振荡可达几百度，振荡周期在 2～20 s 不等。这是不稳定性（甚或实验回路系统压力的小幅波动）使干涸点来回移动造成的。另外，液态金属加热的直流蒸汽发生器传热管中，在一定条件下也可能发生这种干涸点来回移动的热力振荡不稳定性，对蒸汽发生器传热管有疲劳与腐蚀损坏的风险。

4）沸水堆不稳定性

在沸水堆堆芯中，可能包括两方面的不稳定性机制：①反应堆功率与蒸汽空泡间反馈引起的反应性不稳定变化；②定功率下流量与空泡间反馈引起的流体动力学不稳定性（主要是密度波振荡）。这两种机制可能相互关联作用，在特定条件下，引起堆芯内两相流体动力不稳定性的流量-空泡反馈，也可在空泡-反应性反馈不稳定性中起主导作用，从而导致沸水堆不稳定性。因此，这种不稳定性是指沸水堆堆芯通道中固有的空泡反应性-功率相耦合的反馈效应带来的流动不稳定性，较为复杂。

在流动振荡的时间常数与反应性变化-燃料元件温度变化的时间常数量值接近时，反馈效应较为显著，此时容易引发强烈的、与核反应性相耦合的热工及水力学的不稳定性。不过，相较于采用金属铀燃料（燃料时间常数较小）的早期的沸水式反应堆或实验性沸水堆（experimental boiling water reactor，EBWR）而言，现代沸水堆运行压力达 6.9 MPa，采用二氧化铀燃料，其时间常数达 10 s 量级，因此其正常运行时发生此类沸水堆不稳定性的可能性也大大降低。但在一些事故条件下（如再循环泵跳闸后）仍有可能发生这类空泡反应性-功率反馈耦合引起的流动不稳定性，有时幅度还比较大，应引起安全分析关注。

5）并行流道不稳定性

对于有许多并联的加热平行流道，且两端分别与共同的联箱连接的系统，在总流量不变及联箱两端压降不变的前提下，部分流道之间可能因流体密度的不同而引起周期性的流量波动，这种现象称为并行流道的流动不稳定性。当一部分流道的流量增大时，与之并联的另一部分流道的流量则减小，两部分之间的流量脉动恰成 180° 的相位差。同时，流量小的流道，其出口蒸汽量大；流量大的流道，出口蒸汽量小；进口流量最小时，出口蒸汽量最大。因此，脉动流道的进口流量的脉动与其出口蒸汽量的脉动也成 180° 的相位差。

压水堆在发生失水事故时，堆芯再淹没速率受到注入堆芯的应急堆芯冷却剂驱动压头与堆芯上腔室背压的控制。模拟与实验表明，在再次淹没阶段堆芯平行子通道内会发生流量振荡，而且在再次淹没阶段初期，这种振荡现象尤其激烈。

6）冷凝振荡

蒸汽注入水池后，在发生直接接触凝结的过程中形成的压力振荡，称为冷凝振荡。在向反应堆弛压水池排入蒸汽以控制压力的过程中，常可能发生这种振荡。在伸入弛压水池的下降管出口处，高蒸汽流量与低欠热度池水相遇，在出口周围处的气液相交界面的运动状态跟蒸汽流量、池水欠热度等因素有关，若蒸汽突然凝结，便可导致池内压力振荡。而冷凝振荡是由在下降管出口处相交界面的复杂运动造成的。相交界面的运动将使冷凝面积与相交界面温度发生变化，蒸汽凝结速率也振荡变化，进而由于下降管中蒸汽瞬变流动而引起压力振荡。Okazaki[14]研究了下降管向弛压水池排放蒸汽时引起的冷凝振荡不稳定性。冷凝振荡循环特性有：①凝结率较低时，下降管内蒸汽压力增加；②蒸汽压力增加使得下降管出口处气泡体积增大（气液交界面向外膨胀）；③相交界面膨胀，促使池水对流，冷池水到达相交界面；④较冷的池水诱发快速凝结，又导致管内压力降低，气泡体积减小；⑤出口处池水升温，相交界面处的滞止池水回复至低凝结率的状态，循环重新开始。这种冷凝振荡可能会导致下降管中出现非常显著的间歇性压力脉冲。当下降管出口为半球形相交界面时，压力振荡最为严重。此外，研究指出，当蒸汽向一个较小的弛压水池排放时，这种压力与流量脉冲幅值将会非常大，而增加排放管数目，则这一脉冲的压力峰幅值将会减小。

7）压降振荡

压降振荡常常是由于系统有发生静态流量漂移的趋势而引发。出现这种不稳定性的流体系统，在加热流道内，或者在其上游一般会有一个可压缩容积（如波动箱），而且加热流道运行在压降-流量内部特性曲线的负斜率区。

例如，图 7-3-6 所示为一个沸腾加热流道上游带有一可压缩容积（波动箱）的两相流动系统，具有可压缩容积的波动箱为下游提供质量流量调节，箱内的压力变化与加热流道的流量 Q_2 呈三次曲线。若波动箱与加热流道系统的外加压头 Δp 不变，若没有波动箱，则当流道运行在负斜率区时，一旦受到扰动，就有可能发生流量漂移，出现 Ledinegg 不稳定性。现在加热道的入口上游处布置了波动箱，当加热段入口流量因扰动而减少，则蒸发率增加，两相摩擦增大，流量会继续减少，由于总动压头 Δp 不变，迫使部分流量进入波动箱。波动箱内气体容积受压缩，压力升高，按波动箱压力与加热流道流量的三次曲线变化。与此同时，由于阻力增大，系统总流量 Q_1 也减少，但其减少量低于加热流道流量的减少量，且其相应发生延迟，两者之间无法平衡，于是产生动态相互作用。一旦低密度的两相混合物离开加热流道后，流动阻力减少，在波动箱压力与外加驱动压头联合作用下，大量流体进入加热流道，流动漂移到 N 形曲线的右正斜率区，流量突然增高，阻力增大，流量又沿该曲线下降，接着发生与上述相反的过程，从而出现压降振荡。可见，正是由于有了波动箱，它就像一个缓冲箱，使得流体系统发生流量变化的趋势变缓直至停止，从而避免流量漂移的发生，而呈现压降振荡这种复合动态不稳定性现象。

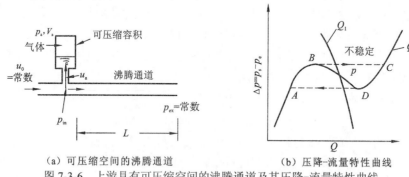

（a）可压缩空间的沸腾通道　　　（b）压降-流量特性曲线
图 7-3-6　上游具有可压缩空间的沸腾通道及其压降-流量特性曲线

p_a、V_a 为可压缩容积内的压力和体积；u_0 表示管道入口的速度；p_{in} 表示进入容器位置上的压力；
u_a 为表示进入容器的速度；p_{ex} 表示出口的压力

需要说明，实验研究表明[15]，对于加热沸腾流道上游有可压缩容积的流体系统来说，可压缩容积并不要很大就足以发生压降振荡不稳定性。所以，在实际的两相热力设备与系统中，加热沸腾流道并不一定需要有上游波动箱，有时管路系统本身就可以是一个足够大的可压缩容积；另外，对于管道内可压缩的两相流，同样也会起到波动箱的作用。

7.4　两相流动不稳定性分析

一般要定量预测特定的两相流动不稳定性现象，就需要对系统进行建模分析。只要有了针对相应两相流动系统建立的数学模型及其边界条件，就可以通过各种分析的方法研究两相流动不稳定问题。这里给出一些典型的两相流动不稳定性分析的例子。

7.4.1　静态不稳定性分析

各种静态不稳定性主要是由一些基本现象机理所引起，因此可通过一些稳态的准则或关联预测静态不稳定性的阈值。而这些关于静态稳定性阈值的预测可以通过准静态分析的方法得到。

研究含有一个沸腾流道的系统，其稳态压降为 Δp_f，流道受到的外界驱动压头为 Δp_D，则流道内的动力平衡条件为

$$L\frac{dG}{d\tau} = \Delta p_D - \Delta p_f \qquad (7\text{-}4\text{-}1)$$

式中：G 为质量流速；L 为流道长度。

在稳态条件下，$\dfrac{\mathrm{d}G}{\mathrm{d}\tau}=0$，则有

$$G = G_{\mathrm{m}} \tag{7-4-2}$$

$$\Delta p_{\mathrm{D}} = \Delta p_f = (\Delta p)_{\mathrm{m}} \tag{7-4-3}$$

这对应于该沸腾流道的一个静态工作点。

在此静态工作点附近引入小扰动，令

$$G = G_{\mathrm{m}} + \delta G$$

$$\Delta p_{\mathrm{D}} = (\Delta p)_{\mathrm{m}} + \delta(\Delta p_{\mathrm{D}}) = (\Delta p)_{\mathrm{m}} + \frac{\partial(\Delta p_{\mathrm{D}})}{\partial G}\delta G$$

$$\Delta p_f = (\Delta p)_{\mathrm{m}} + \delta(\Delta p_f) = (\Delta p)_{\mathrm{m}} + \frac{\partial(\Delta p_f)}{\partial G}\delta G$$

代入式（7-4-1），得到增量方程

$$L\frac{\mathrm{d}(\delta G)}{\mathrm{d}\tau} + \left[\frac{\partial(\Delta p_f)}{\partial G} - \frac{\partial(\Delta p_{\mathrm{D}})}{\partial G}\right]\delta G = 0 \tag{7-4-4}$$

其解为

$$G(\tau) = C\exp\left\{-\left[\frac{\partial(\Delta p_f)}{\partial G} - \frac{\partial(\Delta p_{\mathrm{D}})}{\partial G}\right]\cdot\frac{\tau}{L}\right\} \tag{7-4-5}$$

显然，系统静态稳定，当流量解 $G(\tau)$ 收敛，即 $\dfrac{\partial(\Delta p_f)}{\partial G} - \dfrac{\partial(\Delta p_{\mathrm{D}})}{\partial G} \geqslant 0$。因此，流量漂移不稳定性（Ledinegg 不稳定性）准则为

$$\frac{\partial(\Delta p_{\mathrm{D}})}{\partial G} \leqslant \frac{\partial(\Delta p_f)}{\partial G} \tag{7-4-6}$$

事实上，如同前面定性分析，流量漂移不稳定性准则一般地，应为

$$\left|\frac{\partial(\Delta p_{\mathrm{D}})}{\partial G}\right| \leqslant \left|\frac{\partial(\Delta p_f)}{\partial G}\right| \tag{7-4-7}$$

该式表示沸腾流道的压降-流量内部特性曲线的斜率应比外加驱动系统（如泵或者其他压力源）的特性曲线斜率大。

具体以一个长为 L，管径为 D 的均匀加热的水平沸腾流道为例，如图 7-4-1 所示。假设流道进口流入的是焓值为 h_{in}、比容为 v_{in} 的欠热水，质量流量是 m（相应的质量流速为 G），出口含气率为 x。那么，该加热的沸腾流道内可看成是由单相段与两相段两个区域组成。

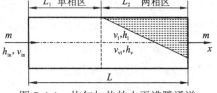

图 7-4-1　均匀加热的水平沸腾通道
的流动示意图

若忽略进出口形阻压降与加速压降，并且设：单相段长为 L_1，其间摩擦压降为 Δp_1；两相段长为 L_2，其间两相摩擦压降为 Δp_2，则流道总摩擦压降为

$$\Delta p_f = \Delta p_1 + \Delta p_2 \tag{7-4-8}$$

采用均相模型计算两相段内沿程摩擦压降，则有

$$\Delta p = \Delta p_f = \frac{32 fm^2}{\pi^2 D^2}(L_1 \bar{v}_1 + L_2 \bar{v}_2) \qquad (7\text{-}4\text{-}9)$$

式中：加热流道总长 $L = L_1 + L_2$；单相段平均比容 $\bar{v}_1 = (v_1 + v_{in})/2$；两相段平均比容 $\bar{v}_2 = x(v_v - v_1)/2 + v_1$；$v_1$、$v_v$ 分别为饱和液态与饱和蒸气的比容。

令加热线功率为 q，则有

$$L_1 = m(h_f - h_{in})/q \qquad (7\text{-}4\text{-}10)$$

$$L_2 = L - m(h_f - h_{in})/q \qquad (7\text{-}4\text{-}11)$$

且出口含气率 x 为

$$x = \frac{q}{mh_{lv}}[L - m(h_f - h_{in})/q] \qquad (7\text{-}4\text{-}12)$$

将式（7-4-10）～ 式 （7-4-12）代入压降式（7-4-9），可得

$$\Delta p_f = Am^3 - Bm^2 + Cm \qquad (7\text{-}4\text{-}13)$$

其中

$$A = \frac{32 f(h_1 - h_{in})}{\pi^2 D^5 q}\left[\frac{h_1 - h_{in}}{2h_{lv}}(v_v - v_1) - \frac{v_1 - v_{in}}{2}\right]$$

$$B = \frac{32 fL}{\pi^2 D^5}\left[\frac{h_1 - h_{in}}{h_{lv}}(v_v - v_1) - v_v\right]$$

$$C = \frac{16 f^2 L^2 q}{\pi^2 D^5 h_{lv}}(v_v - v_1)$$

若沸腾出口为过热蒸汽，则式（7-4-13）形式不变，但系数 A、B、C 变为

$$A = \frac{16 f}{\pi^2 D^5 q}[(h_1 - h_{in})(v_1 + v_{in}) + (h_v - h_1)(v_v + v_1) - (h_v - h_{in})(v_v + v_{sup})]$$

$$B = \frac{16 fL}{\pi^2 D^5}(v_v + v_{sup})$$

$$C = 0$$

式中：v_{sup} 为出口过热蒸汽的比容。

由式（7-4-13）可知，该均匀加热的水平沸腾流道内流动压降关系曲线（即内部特性曲线）是流量的三次曲线，在一定的参数条件下，可能呈现为一个"N"形曲线。如果该内部特性曲线与一个单调变化的外部特性曲线有交点（即内外部特性关系联立方程组的根，以及同一压降Δp下对应的流量 m 解的个数），可以有 3 个交点（对应于 3 个实根），也可以仅有 1 个交点（切点，对应于 1 个实根，2 个虚根）。交点（根）的特性表明，若仅存在 1 个实根，即 1 个压降下仅对应 1 个流量值，则系统是稳定的；若为 3 个实根，则会发生流量漂移，系统可能发生静态流量不稳定性或 Ledinegg 不稳定性。

应指出，这里仅以均匀加热的水平沸腾流道讨论其流量压降内部特性关系（也称水动力特性），对于垂直沸腾管或其他形式两相加热流道，也有类似形式的内部特性关系。其静态稳定性分析也是类似的。

仍然考虑均匀加热的等截面水平沸腾流道这一典型的情况。由前面得到的流量漂移不稳

定性准则式，即 $\left|\dfrac{\partial(\Delta p_{\mathrm{D}})}{\partial G}\right| \leqslant \left|\dfrac{\partial(\Delta p_f)}{\partial G}\right|$，可知，对于等截面均匀加热流道，该准则也可写为

$$\left|\frac{\sigma(\Delta p_{\mathrm{D}})}{\partial m}\right| \leqslant \left|\frac{\partial(\Delta p_f)}{\partial m}\right| = \left|3Am^2 - 2Bm\right| \tag{7-4-14}$$

7.4.2　动态不稳定性的线性分析

一般地，描述不同运行工况条件下两相流动系统的模型控制方程或多或少地都是非线性的。研究系统的稳定性有线性与非线性的稳定性分析方法。

线性稳定性分析是基于小扰动假设，将原来的非线性模型方程线性化，再结合线性稳定性理论与方法分析其稳定性。通常是将线性化的模型方程经过拉普拉斯变换，方程式由时域变换至频域，再结合两相系统压降为常数（对于两相回路系统，压降为零）的条件推导得到系统特征方程式，由特征方程式分析即可确定系统的稳定性图谱——确定系统在何种工况条件下为稳定，而在另一种工况条件下为不稳定的，从而确定系统的稳定域。由于这种线性稳定性分析是在频域上进行的，所以也常被称为频域法。线性稳定性分析方法简单且直接，但却只能用于确定系统是否稳定，对于两相流动系统在不稳定区域内的振荡行为是怎样的则完全无法回答。

对于两相系统动态稳定性分析的非线性分析则经常是在时域上进行，称为时域法。一般是直接利用非线性的时域模型方程来探讨系统的稳定性。非线性分析可以利用 Hopf 分岔方法、Lyapunov 方法、谐波（拟）线性化方法，以及混沌理论等一些解析或近似解析的方法，但其应用还不太成熟，实施起来困难也比较多，迄今也只有一些很有限的理论分析，各种方法都给出非线性系统性质的重要但仅是部分的信息，还需要进行很多进一步的工作，包括实验与理论的分析。目前时域方法分析两相系统的动态稳定性更多的是直接将时域模型方程化为差分方程，再以数值的方法探讨系统在特定运行工况下的稳定性特性；也可通过工况参数敏感性计算了解系统的稳定域。这种方法较为直接，但数值模拟与分析处理较复杂，代价也稍大。

1. 沸腾两相流道系统密度波不稳定性分析[16]

密度波振荡是一种动态的两相流动不稳定性，需要通过瞬态模型方程式来预测。下面以一个竖直向上流动的沸腾加热流道中发生的密度波振荡这一动态不稳定性为例，对其进行线性稳定性分析。

如图 7-4-2 所示，假设在稳态时，长度为 L，流通截面为 A（水力直径为 D，热周为 P_{H}）的均匀加热流道中，液相介质的入口质量流速、欠热度及压力分别是 G_0、$\Delta h_{\mathrm{sub,in,0}}$、$p_{\mathrm{in}}$；流道壁面加热热流为 q。

沿着加热流道流动，入口液相经加热而沸腾，流道内形成长为 λ 的单相液体区（1ϕ）与长度是 $L-\lambda$ 的沸腾两相区（2ϕ），流道出口压力为 p_{ex}。

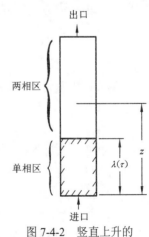

图 7-4-2　竖直上升的
均匀加热沸腾流道

1）稳定性分析的控制方程

为了简化分析（而不失结论的典型性），这里假定气、液两相均不可压缩，不考虑欠热沸腾，且采用一维均相模型。

（1）单相液体区的控制方程。

质量方程

$$\frac{\partial G}{\partial z} = 0 \tag{7-4-15}$$

动量方程

$$\frac{\partial G}{\partial \tau} + \frac{1}{\rho_l}\frac{\partial (G^2)}{\partial z} = -\frac{\partial p}{\partial z} - \left[\frac{f}{D} + \sum_{i=1}^{n} K_i \delta(z - z_i)\right]\frac{G^2}{2\rho_l} - \rho_l g \tag{7-4-16a}$$

由式（7-4-15）知左边第二项为零，即

$$\frac{\partial G}{\partial \tau} = -\frac{\partial p}{\partial z} - \left[\frac{f}{D} + \sum_{i=1}^{n} K_i \delta(z - z_i)\right]\frac{G^2}{2\rho_l} - \rho_l g \tag{7-4-16b}$$

能量方程（焓方程）

$$\rho_l \frac{\partial h_l}{\partial \tau} + G\frac{\partial h_l}{\partial z} = \frac{qP_H}{A} \tag{7-4-17}$$

（2）沸腾两相区的控制方程。

质量方程

$$\frac{\partial \rho_H}{\partial \tau} + \frac{\partial G}{\partial z} = 0 \tag{7-4-18}$$

动量方程

$$\frac{\partial G}{\partial \tau} + \frac{\partial}{\partial z}\left(\frac{G^2}{\rho_H}\right) = -\frac{\partial P}{\partial z} - \left[\frac{f}{D} + \sum_{i=1}^{n} K_i \delta(z - z_i)\right]\frac{G^2}{2\rho_H} - \rho_H g \tag{7-4-19}$$

能量方程

$$\frac{\partial (\rho_H h_H)}{\partial \tau} + \frac{\partial (G h_H)}{\partial z} = \frac{qP_H}{A} \tag{7-4-20}$$

此外，由于流道内气液两相混合物体积流通量沿管长方向的变化梯度来自沸腾蒸发率，所以有

$$\frac{\partial j}{\partial z} = \Gamma v_{lg} = \Omega \tag{7-4-21}$$

式中：单位体积蒸发率 Γ 满足

$$\Gamma = \frac{qP_H}{A h_{lg}} \tag{7-4-22}$$

为了后续分析方便，两相区动量方程可作进一步改写。

首先，动量方程（7-4-19）左边第二项为对流加速度项可改写为

$$\frac{\partial}{\partial z}\left(\frac{G^2}{\rho_H}\right) = \frac{\partial}{\partial z}\left(\frac{G\rho_H j}{\rho_H}\right) = \frac{\partial}{\partial z}(Gj) = \left(\frac{\partial G}{\partial z}\right)j + G\left(\frac{\partial j}{\partial z}\right) \tag{7-4-23}$$

然后，将式（7-4-18）、式（7-4-21）代入式（7-4-23），得

$$\frac{\partial}{\partial z}\left(\frac{G^2}{\rho_H}\right) = -j\frac{\partial \rho_H}{\partial \tau} + G\Omega \tag{7-4-24}$$

再将式（7-4-24）代入式（7-4-19）并整理可得到两相区的动量方程式为

$$-\frac{\partial p}{\partial z} = \rho_{\mathrm{H}}\frac{\delta j}{\partial \tau} + G\varOmega + \left[\frac{f}{D} + \sum_{i=1}^{n}K_i\delta(z-z_i)\right]\frac{G^2}{2\rho_{\mathrm{H}}} + \rho_{\mathrm{H}}g \tag{7-4-25}$$

2）系统的稳态工作点参数的确定

设流道系统处于稳态时的入口液体流速为 $j_{\mathrm{in},0}$，则入口稳态质量流速可写为

$$G_0 = \rho_1 j_{\mathrm{in},0} \tag{7-4-26}$$

稳态的单相液体区长度 λ_0（即沸腾边界）可由单相区能量平衡确定

$$\lambda_0 = \frac{G_0 A\Delta h_{\mathrm{sub,in},0}}{qP_{\mathrm{H}}} \tag{7-4-27}$$

在两相沸腾区，对式（7-4-21）积分可以得到

$$j_0(z) = j_{\mathrm{in},0} + \varOmega_0(z-\lambda_0) \tag{7-4-28}$$

式中

$$\varOmega_0 \equiv \varGamma_0 v_{\mathrm{lg}} = \frac{qP_{\mathrm{H}}}{Ah_{\mathrm{lg}}}v_{\mathrm{lg}} \tag{7-4-29}$$

则稳态时两相沸腾区两相混合物密度为

$$\rho_{\mathrm{H},0}(z) = \frac{G_0}{j_0(z)} = \frac{G_0}{j_{\mathrm{in},0} + \varOmega_0(z-\lambda_0)} \tag{7-4-30}$$

3）单相区与两相区压降的小扰动

设对于该沸腾流道系统输入的独立小扰动分别是：入口流速扰动 δj_{in}、加热热流扰动 δq，以及入口液体欠热度（焓）的扰动 $\delta\Delta h_{\mathrm{sub,in}}$；相应的拉普拉斯变换分别记为 $\delta\tilde{j}_{\mathrm{in}}$、$\delta\tilde{q}$、$\delta\Delta\tilde{h}_{\mathrm{sub,in}}$。

单相液体区的压降可由单相区压力梯度积分得到

$$\Delta p_{1\phi} = p_{\mathrm{in}} - p(\lambda) = -\int_0^{\lambda}\left(\frac{\partial p}{\partial z}\right)_{1\phi}\mathrm{d}z \tag{7-4-31}$$

对入口（$z=0$）至沸腾边界处（$z=\lambda_0$）的单相区压降作扰动，有

$$\delta(\Delta p_{1\phi}) = -\int_0^{\lambda_0}\left(\frac{\partial}{\partial z}\delta p\right)_{1\phi}\mathrm{d}z - \left(\frac{\partial p}{\theta z}\right)_{1\phi,\lambda_0}\delta\lambda \tag{7-4-32}$$

式（7-4-32）中的拉普拉斯变换式表示为

$$\delta(\Delta\tilde{p}_{1\phi}) = -\int_0^{\lambda_0}\left(\frac{\partial}{\partial z}\delta\tilde{p}\right)_{1\phi}\mathrm{d}z - \left(\frac{\partial p}{\partial z}\right)_{1\phi,\lambda_0}\delta\tilde{\lambda} \tag{7-4-33}$$

由单相区动量方程式（7-4-16b）作扰动，可有该区域压力梯度的扰动式

$$-\left(\frac{\partial}{\partial z}\delta p\right)_{1\phi} = \rho_1\frac{\partial}{\partial \tau}\delta j_{\mathrm{in}} + \left[\frac{f}{D} + \sum_{i=1}^{n}K_i\delta(z-z_i)\right]G_0\delta j_{\mathrm{in}} \tag{7-4-34}$$

此式的拉普拉斯变换式为

$$-\left(\frac{\partial}{\partial z}\delta\tilde{p}\right)_{1\phi} = \rho_1 s\delta\tilde{j}_{\mathrm{in}} + \left[\frac{f}{D} + \sum_{i=1}^{n}K_i\delta(z-z_i)\right]G_0\delta\tilde{j}_{\mathrm{in}} \tag{7-4-35}$$

同时，再次考察单相区动量方程式（7-4-16b）：在稳态时，$G = G_0$，且时变项 $\frac{\partial G}{\partial \tau} = 0$；

从入口（$z=0$）至沸腾边界处（$z=\lambda_0$），局部阻力 $\sum\limits_{i=1}^{n}K_i\delta(z-z_i)=0$，于是有

$$-\left(\frac{\partial p}{\partial z}\right)_{1\phi,\lambda_0}=\frac{f}{D}\frac{G_0^2}{2\rho_1}+\rho_1 g \tag{7-4-36}$$

将式（7-4-35）、式（7-4-36）代入式（7-4-33），并从入口（$z=0$）积分到沸腾边界处（$z=\lambda_0$），得到

$$\delta(\Delta\tilde{p}_{1\phi})=\left\{\rho_1\lambda_0 s+\left[\frac{f\lambda_0}{D}+\sum_{i\in L_{1\phi}}K_i\right]_0\right\}\delta\tilde{j}_{\text{in}}+\left(\frac{f}{D}\frac{G_0^2}{2\rho_1}+\rho_1 g\right)\delta\tilde{\lambda} \tag{7-4-37}$$

可见，欲求得 $\delta(\Delta\tilde{p}_{1\phi})$，需知道入口平均速度的扰动 $\delta\tilde{j}_{\text{in}}$，以及单相区段长度（或者沸腾边界位置）的扰动 $\delta\tilde{\lambda}$。

同样地，对于沸腾两相区，其间压降为

$$\Delta p_{2\phi}=P(\lambda)-p_{\text{out}}=-\int_{\lambda}^{L}\left(\frac{\partial p}{\partial z}\right)_{2\phi}\mathrm{d}z \tag{7-4-38}$$

对从沸腾边界处（$z=\lambda_0$）至流道出口（$z=L$）的两相区压降作扰动，有

$$\delta(\Delta p_{2\phi})=-\int_{\lambda_0}^{L}\left(\frac{\partial}{\partial z}\delta p\right)_{2\phi}\mathrm{d}z+\left(\frac{\partial p}{\partial z}\right)_{2\phi,\lambda_0}\delta\lambda \tag{7-4-39}$$

进而可以得到两相区压降扰动的拉普拉斯变换式

$$\delta(\Delta\tilde{p}_{2\phi})=-\int_{\lambda_0}^{L}\left(\frac{\partial}{\partial z}\delta\tilde{P}\right)_{2\phi}\mathrm{d}z+\left(\frac{\partial p}{\partial z}\right)_{2\phi,\lambda_0}\delta\tilde{\lambda} \tag{7-4-40}$$

在稳态时，两相区在沸腾边界处的压降梯度，可由两相区动量方程式（7-4-25），结合相应的稳态参数得到（此时 $z=\lambda_0$，$\frac{\partial j}{\partial\tau}=0$，$G=G_0$，$\Omega=\Omega_0$，$\rho_{\text{H}}=\rho_1$），即

$$-\left(\frac{\partial p}{\partial z}\right)_{2\phi,\lambda_0}=G_0\Omega_0+\frac{f}{D}\frac{G_0^2}{2\rho_1}+\rho_1 g \tag{7-4-41}$$

另外，由两相区动量方程式（7-4-25），也可得到两相区内压降梯度的扰动式为

$$-\left(\frac{\partial}{\partial z}\delta p\right)_{2\phi}=\rho_{\text{H},0}\frac{\partial}{\partial\tau}\delta j+G_0\delta\Omega+\Omega_0\delta G+\left[\frac{f}{D}+\sum_{i=1}^{n}K_i\delta(z-z_i)\right]\left(\frac{G_0\delta G}{\rho_{\text{H},0}}-\frac{G_0^2}{2\rho_{\text{H},0}^2}\delta\rho_{\text{H}}\right)+\delta\rho_{\text{H}}g \tag{7-4-42}$$

对这个两相区压降梯度扰动式作拉普拉斯变换，得到

$$
\begin{aligned}
-\left(\frac{\partial}{\partial z}\delta\tilde{p}\right)_{2\phi}=&\ \rho_{\text{H},0}s\delta\tilde{j}+G_0\delta\tilde{\Omega}+\Omega_0(\rho_{\text{H},0}\delta\tilde{j}+j_0\delta\tilde{\rho}_{\text{H}})\\
&+\left[\frac{f}{D}+\sum_{i=1}^{n}K_i\delta(z-z_i)\right]\left[\frac{G_0}{\rho_{\text{H},0}}(\rho_{\text{H},0}\delta\tilde{j}+j_0\delta\tilde{\rho}_{\text{H}})-\frac{1}{2}j_0^2\delta\tilde{\rho}_{\text{H}}\right]+\delta\tilde{\rho}_{\text{H}}g\\
=&\left(s\rho_{\text{H},0}+\Omega_0\rho_{\text{H},0}+\frac{fG_0}{D}\right)\delta\tilde{j}+\left(\Omega_0 j_0+\frac{fj_0^2}{2D}+g\right)\delta\tilde{\rho}_{\text{H}}\\
&+G_0\delta\tilde{\Omega}+\sum_{i=1}^{n}K_i\delta(z-z_i)\left(G_0\delta\tilde{j}+\frac{1}{2}j_0^2\delta\tilde{\rho}_{\text{H}}\right)
\end{aligned} \tag{7-4-43}
$$

将式（7-4-43）、式（7-4-41）代入式（7-4-40），可得到两相区压降扰动的拉普拉斯变换式

$$\delta(\Delta \tilde{p}_{2\phi}) = \int_{\lambda_0}^{L} \left\{ \left[(s+\Omega_0)\rho_{H,0}(z) + \frac{fG_0}{D} \right] \delta \tilde{j} + \left[\Omega_0 j_0(z) + \frac{f j_0^2(z)}{2D} + g \right] \delta \tilde{\rho}_H + G_0 \delta \tilde{\Omega} \right\} dz$$

$$+ \sum_{i \in L_{1\phi}} K_i \left[G_0 \delta \tilde{j}(z_i) + \frac{1}{2} j_0^2(z_i) \delta \tilde{\rho}_H(z_i) \right] - \left[G_0 \Omega_0 + \frac{f}{2D} G_0 j_{in,0} + \rho_l g \right] \delta \tilde{\lambda}$$

（7-4-44）

可见，欲求得 $\delta(\Delta \tilde{p}_{2\phi})$，需知道两相区的 $\delta \tilde{j}$、$\delta \tilde{\rho}_H$、$\delta \tilde{\Omega}$，以及 $\delta \tilde{\lambda}$。

由上述的分析推导可知，单相、两相区的压降梯度的扰动是 $\delta \tilde{j}$、$\delta \tilde{\rho}_H$、$\tilde{\Omega}$，以及 $\delta \tilde{\lambda}$ 等的函数，然而对沸腾流道系统来说，独立的扰动是外界给系统输入的扰动，分别是：入口流速、加热热流，以及入口液体欠热度的扰动，也就是 $\delta \tilde{j}_{in}$、$\delta \tilde{q}$，以及 $\delta \tilde{h}_{sub,in}$。为此，还需进一步将前面得到的单相区与两相区压降梯度扰动表示成这些独立扰动的函数形式。

对式（7-4-21）进行积分，可得

$$j(z,t) = \Omega(z,t)[z-\lambda(t)] + j_{in}(t) \tag{7-4-45}$$

取式（7-4-45）的小扰动并作拉普拉斯变换可得

$$\delta \tilde{j} = (z-\lambda_0)\delta \tilde{\Omega} - \Omega_0 \delta \tilde{\lambda} + \delta \tilde{j}_{in} \tag{7-4-46}$$

因此，$\delta \tilde{j}$ 是 $\delta \tilde{\Omega}$、$\delta \tilde{\lambda}$、$\delta \tilde{j}_{in}$ 的函数，其中入口平均速度的扰动 $\delta \tilde{j}_{in}$ 属于外界给系统输入的扰动，为独立扰动。

沸腾边界的扰动 $\delta \tilde{\lambda}$ 主要受流道入口单相液体热焓的扰动影响。若入口液体热焓增加，则沸腾边界前移，$\delta \tilde{\lambda}$ 为负；反之，则 $\delta \tilde{\lambda}$ 为正。因此可以有如下关系

$$\delta \tilde{\lambda} = -\frac{\delta \tilde{h}_l(\lambda_0)}{\left[\dfrac{dh_l(\lambda_0)}{dz} \right]_0} = -\frac{G_0 A}{q_0 P_H} \delta \tilde{h}_l(\lambda_0) = -\frac{\lambda_0}{\Delta h_{sub,in,0}} \delta \tilde{h}_l(\lambda_0) \tag{7-4-47}$$

式中：$\delta \tilde{h}_l(\lambda_0)$ 为液体焓在稳态沸腾边界扰动的拉普拉斯变换，其可由单相区液体能量方程（7-4-17）进行小扰动并取拉普拉斯变换后为

$$\rho_l s \delta \tilde{h}_l + \frac{q_0 P_H}{G_0 A} \rho_l \delta \tilde{j}_{in} + G_0 \frac{d}{dz} \delta \tilde{h}_l = \frac{P_H}{A} \delta \tilde{q}$$

即

$$\frac{d}{dz} \delta \tilde{h}_l + \frac{s}{j_{in,0}} \delta \tilde{h}_l = \frac{q_0 P_H}{G_0 A} \left(\frac{\delta \tilde{q}}{q_0} - \frac{\delta \tilde{j}_{in}}{j_{in,0}} \right) \tag{7-4-48}$$

式中：$\delta \tilde{q}$ 为流道壁热流扰动的拉普拉斯变换。考虑流道加热壁的热平衡（集总参数法）

$$(\rho c_p A)_w \frac{dT_w}{d\tau} = \dot{q} A_w - q P_H \tag{7-4-49}$$

式中：$\dot{q}$ 为流道壁体积释热率；A_w 是加热壁的截面积；T_w 为加热壁温。对上式作小扰动并拉普拉斯变换，有

$$\delta \tilde{T}_w = Z_1(s) \delta \tilde{q} + Z_2(s) \delta \tilde{\dot{q}} \tag{7-4-50}$$

其中

$$\begin{cases} Z_1(s) = -\dfrac{P_H}{(\rho c_p A)_w s} \\[3mm] Z_2(s) = -\dfrac{1}{(\rho c_p)_w s} \end{cases} \tag{7-4-51}$$

对于单相液体而言

$$q = \alpha_{10}(T_w - T_1) \tag{7-4-52}$$

这里，α_{10} 为单相液体对流换热系数，由 Dittus-Boelter 经验式可知，$\alpha_{10} \propto j_{in}^m$ $(m = 0.8)$。于是，对式（7-4-52）进行小扰动并取拉普拉斯变换，得到

$$\delta \tilde{q} = \alpha_{10}\left[\delta \tilde{T}_w - \frac{\delta h_1}{(c_p)_1}\right] + q_0 m \frac{\delta \tilde{j}_{in}}{j_{in,0}} \tag{7-4-53a}$$

或者

$$\delta \tilde{T}_w = \left[\left(\delta \tilde{q} - q_0 m \frac{\delta \tilde{j}_{in}}{j_{in,0}}\right)\Big/\alpha_{10}\right] + \frac{\delta \tilde{h}_1}{(c_p)_1} \tag{7-4-53b}$$

将（7-4-53b）代入（7-4-50）并整理，可得

$$\delta \tilde{q} = \frac{\alpha_{10} z_2(s)}{1 - \alpha_{10} z_1(s)}\delta \tilde{q} + \frac{m q_0}{1 - \alpha_{10} z_1(s)}\frac{\delta \tilde{j}_{in}}{j_{in,0}} - \frac{\alpha_{10}}{[1 - \alpha_{10} z_1(s)](c_p)_1}\delta \tilde{h}_1 \tag{7-4-54}$$

再将式（7-4-54）代入式（7-4-48），并整理得到 $\delta \tilde{h}_1(z)$ 的微分方程式为

$$\frac{\mathrm{d}\delta \tilde{h}_1(z)}{\mathrm{d}z} + I_1(s)\delta \tilde{h}_1(z) = I_2(s)\frac{\delta \tilde{j}_{in}}{j_{in,0}} + I_3(s)\frac{\delta \tilde{q}}{\dot{q}_0} \tag{7-4-55}$$

式中

$$I_1(s) = \frac{s}{j_{in,0}} + \frac{\alpha_{10} P_H}{G_0 A(c_p)_1[1 - \alpha_{10} Z_1(s)]}$$

$$I_2(s) = \frac{P_H q_0}{G_0 A}\left[\frac{m}{s - \alpha_{10} Z_1(s)} - 1\right]$$

$$I_3(s) = \frac{P_H q_0}{G_0 A}\left[\frac{\alpha_{10} Z_2(s)}{1 - \alpha_{10} Z_1(s)}\right]$$

积分式（7-4-54）并取在进口处的条件为 $\delta \tilde{h}_1(z=0, s) = \delta \tilde{h}_{1,in}(s)$，可得

$$\delta \tilde{h}_1(\lambda_0) = \exp[-I_1(s)\lambda_0]\delta \tilde{h}_{1,in} + \frac{1}{I_2(s)}\{1 - \exp[-I_1(s)\lambda_0]\} \cdot \left[I_2(s)\frac{\delta \tilde{j}_{in}}{j_{in,0}} + I_3(s)\frac{\delta \tilde{q}}{\dot{q}_0}\right] \tag{7-4-56}$$

将式（7-4-56）代入式（7-4-47），可得到沸腾边界的扰动为

$$\delta \tilde{\lambda} = \Lambda_1(s)\delta \tilde{j}_{in} + \Lambda_2(s)\delta \tilde{q} + \Lambda_3(s)\delta \tilde{h}_{1,in} \tag{7-4-57}$$

其中

$$\Lambda_1(s) = -\frac{\lambda_0}{\Delta h_{sub,in,0} j_{in,0}}\frac{I_2(s)}{I_1(s)}\{1 - \exp[-I_1(s)\lambda_0]\} \tag{7-4-58a}$$

$$\Lambda_2(s) = -\frac{\lambda_0}{\Delta h_{sub,in,0} \dot{q}_0}\frac{I_3(s)}{I_1(s)}\{1 - \exp[-I_1(s)\lambda_0]\} \tag{7-4-58b}$$

$$\Lambda_3(s) = -\frac{\lambda_0}{\Delta h_{\mathrm{sub,in,0}}} \exp[-I_1(s)\lambda_0] \tag{7-4-58c}$$

$\delta\tilde\Omega$ 与加热热流扰动 $\delta\tilde q$ 之间的关系为

$$\delta\tilde\Omega = \frac{P_{\mathrm{H}} v_{\mathrm{lv}}}{A h_{\mathrm{lv}}} \delta\tilde q \tag{7-4-59}$$

在沸腾两相区，假设换热热流与壁面过热度的指数成正比，即

$$q \propto (T_{\mathrm{w}} - T_{\mathrm{sat}})^n \tag{7-4-60}$$

对上式进行小扰动并取拉普拉斯变换可得

$$\delta\tilde q = \frac{n q_0}{(T_{\mathrm{w}} - T_{\mathrm{sat}})_0} \delta\tilde T_{\mathrm{w}} \tag{7-4-61}$$

或者

$$\delta\tilde T_{\mathrm{w}}(s) = Z_3(s)\delta\tilde q \tag{7-4-62}$$

其中

$$Z_3(s) = \frac{(T_{\mathrm{w}} - T_{\mathrm{sat}})_0}{n q_0} \tag{7-4-63}$$

将式（7-4-62）代入式（7-4-50），经整理得到两相区加热热流扰动式的拉普拉斯变换为

$$\delta\tilde q = \frac{Z_2(s)}{Z_3(s) - Z_1(s)} \delta\tilde{\tilde q} \tag{7-4-64}$$

再将式（7-4-64）代入式（7-4-59），可得

$$\delta\tilde\Omega = Z_4(s)\delta\tilde{\tilde q} \tag{7-4-65}$$

其中

$$Z_4(s) = \frac{Z_2(s)}{Z_3(s) - Z_1(s)} \cdot \frac{P_{\mathrm{H}} v_{\mathrm{lv}}}{A h_{\mathrm{lv}}} \tag{7-4-66}$$

将式（7-4-57）及式（7-4-65）代入式（7-4-46），可以得到 $\delta\tilde j$ 的计算式

$$\delta\tilde j = [1 - \Omega_0\Lambda_1(s)]\delta\tilde j_{\mathrm{in}} + [(z - \lambda_0)Z_4(s) - \Omega_0\Lambda_2(s)]\delta\tilde{\tilde q} - \Omega_0\Lambda_3(s)\delta\tilde h_{\mathrm{l,in}} \tag{7-4-67}$$

唯一尚未确定的是两相区内两相混合物（均相）密度的扰动。由沸腾两相区内质量方程式（7-4-18），可有

$$\frac{\partial\rho_{\mathrm{H}}}{\partial\tau} + \frac{\partial G}{\partial z} = \frac{\partial\rho_{\mathrm{H}}}{\partial\tau} + j\frac{\partial\rho_{\mathrm{H}}}{\partial z} + \rho_{\mathrm{H}}\frac{\partial j}{\partial z} = \frac{\partial\rho_{\mathrm{H}}}{\partial\tau} + j\frac{\partial\rho_{\mathrm{H}}}{\partial z} + \rho_{\mathrm{H}}\Omega = 0 \tag{7-4-68}$$

对该式做小扰动并取拉普拉斯变换，得到

$$\frac{\mathrm{d}\delta\tilde\rho_{\mathrm{H}}}{\mathrm{d}z} + \frac{s + \Omega_0}{j_0(z)}\delta\tilde\rho_{\mathrm{H}} = \frac{\rho_{\mathrm{H,0}}(z)\Omega_0}{j_0(z)}\frac{\delta\tilde j}{j_0(z)} - \frac{\rho_{\mathrm{H,0}}(z)}{j_0(z)}Z_4(s)\delta\tilde{\tilde q} \tag{7-4-69}$$

将 $j_0(z)$ 及 $\rho_{\mathrm{H,0}}(z)$ 的计算式（7-4-28）与式（7-4-30）代入式（7-4-69），整理可得

$$\frac{\mathrm{d}\delta\tilde\rho_{\mathrm{H}}}{\mathrm{d}z} + \frac{s/\Omega_0 + 1}{z - \lambda_0 + j_{\mathrm{in,0}}/\Omega_0}\delta\tilde\rho_{\mathrm{H}} = \frac{G_0}{\Omega_0^2}\frac{\delta\tilde j}{(z - \lambda_0 + j_{\mathrm{in,0}}/\Omega_0)^3} - \frac{G_0}{\Omega_0^2}\frac{Z_4(s)\delta\tilde{\tilde q}}{(z - \lambda_0 + j_{\mathrm{in,0}}/\Omega_0)^2} \tag{7-4-70}$$

$\delta\tilde\rho_{\mathrm{H}}$ 在 λ_0 的边界条件可以由两相区质量方程（7-4-18），从 λ_0 积分到 λ 再做小扰动并取拉普拉斯变换，最终得到

$$\delta\tilde\rho_{\mathrm{H}} = \frac{\rho_1}{j_{\mathrm{in,0}}}\Omega_0\delta\tilde\lambda \tag{7-4-71}$$

积分式（7-4-70），并且以式（7-4-71）为边界条件，就可以得到两相区内两相混合物的（均相）密度扰动的拉普拉斯变换如下：

$$
\begin{aligned}
\delta\tilde{\rho}_H(z,s) = & \left\{ s\left[\frac{j_{in,0}}{j_0(z)} \right]^{(s/\Omega_0-1)} - \Omega_0 \right\}\left(\frac{\Omega_0}{s-\Omega_0} \right)\left[\frac{G_0}{j_0^2(z)} \right]\delta\tilde{\lambda}(s) \\
& + \left[1-\left(\frac{j_{in,0}}{j_0(z)} \right)^{(s/\Omega_0-1)} \right]\left(\frac{\Omega_0}{s-\Omega_0} \right)\left(\frac{G_0}{j_0^2(z)} \right)\delta\tilde{j}_{in} \\
& - \left\{ 1-\left(\frac{j_{in,0}}{j_0(z)} \right)^{(s/\Omega_0-1)} \right\}\left(\frac{Z_4(s)}{s-\Omega_0} \right)\left(\frac{G_0 j_{in,0}}{j_0^2(z)} \right)\delta\tilde{q}
\end{aligned}
\tag{7-4-72}
$$

至此，将沸腾边界的扰动式（7-4-57）代入单相区压降的扰动式（7-4-37）中，并假设流道只有在进口处有局阻（K_{in}），可得到单相区压降扰动的拉普拉斯变换式如下：

$$
\begin{aligned}
\delta\Delta\tilde{p}_{1\phi} = & \left[\rho_1\lambda_0 s+\left(f\frac{\lambda_0}{D}+K_{in} \right)G_0+\left(\frac{G_0^2 f}{2\rho_1 D}+\rho_1 g \right)\Lambda_1(s) \right]\delta\tilde{j}_{in}+\left(\frac{G_0^2 f}{2\rho_1 D}+\rho_1 g \right)\Lambda_2(s)\delta\tilde{q} \\
& +\left(\frac{G_0^2 f}{2\rho_1 D}+\rho_1 g \right)\Lambda_3(s)\delta\Delta\tilde{h}_{sub,in} \\
= & \Gamma_1(s)\delta\tilde{j}_{in}+\Gamma_2(s)\delta\tilde{q}+\Gamma_3(s)\delta\Delta\tilde{h}_{sub,in}
\end{aligned}
\tag{7-4-73}
$$

其中

$$
\begin{cases}
\Gamma_1(s) = \rho_1\lambda_0 s+G_0\left(f\frac{\lambda_0}{D}+K_{in} \right)+\left(\frac{G_0^2 f}{2\rho_1 D}+\rho_1 g \right)\Lambda_1(s) \\
\Gamma_2(s) = \left(\frac{G_0^2 f}{2\rho_1 D}+\rho_1 g \right)\Lambda_2(s) \\
\Gamma_3(s) = \left(\frac{G_0^2 f}{2\rho_1 D}+\rho_1 g \right)\Lambda_3(s)
\end{cases}
\tag{7-4-74}
$$

同样地，将前面得到的两相区内 $\delta\tilde{j}$、$\delta\tilde{\rho}_H$、$\delta\tilde{\Omega}$，以及 $\delta\tilde{\lambda}$ 的扰动式代入两相区压降扰动的计算式（7-4-44），积分并假设仅流道出口有局阻（K_{out}），则最终可得到沸腾两相区压降扰动的拉普拉斯变换式如下：

$$
\delta\Delta\tilde{p}_{2\phi} = \pi_1(s)\delta\tilde{j}_{in}+\pi_2(s)\delta\tilde{q}+\pi_3(s)\delta\Delta\tilde{h}_{sub,in}
\tag{7-4-75}
$$

式中

$$
\begin{cases}
\pi_1(s) = G_0[F_1(s)-F_2(s)\Lambda_1(s)] \\
\pi_2(s) = -G_0[F_2(s)\Lambda_2(s)-F_3(s)] \\
\pi_3(s) = -G_0 F_2(s)\Lambda_3(s)
\end{cases}
\tag{7-4-76}
$$

$$
\begin{aligned}
F_1(s) = & \frac{s^2\tau_e}{s-\Omega_0}+\frac{f(L-\lambda_0)(2s-\Omega_0)}{2D(s-\Omega_0)}+\frac{\Omega_0^2}{(s-\Omega_0)^2}\{\exp[(\Omega_0-s)\tau_e]-1\} \\
& +\frac{fj_{in,0}}{2D}\frac{\Omega_0}{(s-\Omega_0)(s-2\Omega_0)}\{\exp[(2\Omega_0-s)\tau_e]-1\}
\end{aligned}
$$

$$+\frac{g}{j_{\text{in},0}}\frac{1}{s-\varOmega_0}\left\{1-\exp(-\varOmega_0\tau_e)+\frac{\varOmega_0}{s}[\exp(-s\tau_e)-1]\right\}$$

$$+K_{\text{out}}\left\{1+\frac{\varOmega_0}{2(s-\varOmega_0)}\{1-\exp[(\varOmega_0-s)\tau_e]\}\right\}$$

（7-4-77）

$$F_2(s)=\frac{\varOmega_0 s^2\tau_e}{s-\varOmega_0}+\frac{f(L-\lambda_0)\varOmega_0(2s-\varOmega_0)}{2D(s-\varOmega_0)}+\frac{\varOmega_0^2 s}{(s-\varOmega_0)^2}\{\exp[(\varOmega_0-s)\tau_e]-1\}$$

$$+\frac{fj_{\text{in},0}}{2D}\frac{\varOmega_0 s}{(s-\varOmega_0)(s-2\varOmega_0)}\{\exp[(2\varOmega_0-s)\tau_e]-1\}$$

$$+\frac{g}{j_{\text{in},0}}\frac{\varOmega_0}{s-\varOmega_0}[\exp(-s\tau_e)-\exp(-\varOmega_0\tau_e)]+\varOmega_0+\frac{fj_{\text{in},0}}{2D}+\frac{g}{j_{\text{in},0}}$$

（7-4-78）

$$-K_{\text{out}}\varOmega_0\left\{\frac{1}{2}\exp[(\varOmega_0 s)\tau_e]-1-\frac{\varOmega_0}{2(s-\varOmega_0)}\{1-\exp[(\varOmega_0-s)\tau_e]\}\right\}$$

$$F_3(s)=\left\{\frac{(s+2\varOmega_0)}{\varOmega_0}(L-\lambda_0)-\frac{s^2}{(s-\varOmega_0)\varOmega_0}j_{\text{in},0}\tau_e-\frac{\varOmega_0 j_{\text{in},0}}{(s-\varOmega_0)^2}[\exp(\varOmega_0-s)\tau_e-1]\right.$$

$$+\frac{f}{2D}\left[(L-\lambda_0)^2-\frac{j_{\text{in},0}}{s-\varOmega_0}(L-\lambda_0)-\frac{j_{\text{in},0}^2\{\exp[(2\varOmega_0-s)\tau_e]-1\}}{(s-\varOmega_0)(s-2\varOmega_0)}\right]$$

（7-4-79）

$$-\frac{g}{s-\varOmega_0}\left\{\frac{1}{\varOmega_0}[1-\exp(-\varOmega_0\tau_e)]-\frac{1}{s}[1-\exp(-s\tau_e)]\right\}$$

$$+\left[(L-\lambda_0)-\frac{j_{\text{in},0}}{2(s-\varOmega_0)}\{1-\exp[(\varOmega_0-s)\tau_e]\}\right]K_{\text{out}}\right\}Z_4(s)$$

$$\tau_e=\frac{1}{\varOmega_0}\ln\left[1+\frac{\varOmega_0(L-\lambda_0)}{j_{\text{in},0}}\right]$$

（7-4-80）

4）系统特征方程与不稳定性判识

如前所述，密度波振荡是一种密度波以有
限速度前进所导致的时间延迟与系统反馈机制
所产生的一种自持的流动不稳定性振荡。其系
统动力学机制如图 7-4-3 所示。系统包含一个
前向环路，设传递函数为 $G(s)$（其中 $s=j\omega$ 为
拉普拉斯变换的变量，$\omega=2\pi f$，f 为频率）；

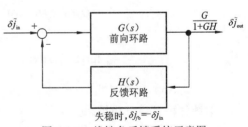

图 7-4-3　线性负反馈系统示意图

系统还有一个反馈环路，设其传递函数为 $H(s)$。根据图 7-4-3 可知，其闭环传递函数为
$G(s)/[1+G(s)H(s)]$。如果系统不稳定，也就是说系统发生自持的振荡，则反馈至输入点的
扰动必须等于外加的扰动而取代之（$\delta\tilde{j}_{fb}=-\delta\tilde{j}_{\text{in}}$），亦即

$$-\delta j_{\text{in}}[G(s)H(s)]=\delta j_{\text{in}}$$

（7-4-81a）

$$\delta j_{\text{in}}[1+G(s)H(s)]=0$$

（7-4-81b）

$$1+G(s)H(s)=0$$

（7-4-81c）

式（7-4-81c）为本线性系统的特征方程，可据此判断系统是否稳定。而 $G(s)H(s)$ 则为其
开环传递函数。当方程（7-4-81c）满足时，即开环传递函数等于-1，而闭环传递函数为无穷

大时，系统发生不稳定。

　　具体针对沸腾加热流道两相流动系统，因为系统的总压降要维持不变，所以本沸腾流道系统中单相区压降的扰动加上沸腾两相区压降的扰动应等于零，即

$$\delta\Delta\tilde{p}_{1\phi} + \delta\Delta\tilde{p}_{2\phi} = [\Gamma_1(s) + \pi_1(s)]\delta\tilde{j}_{in} + [\Gamma_2(s) + \pi_2(s)]\delta\tilde{q} + [\Gamma_3(s) + \pi_3(s)] = 0 \qquad (7\text{-}4\text{-}82)$$

　　这里仅讨论一种简单的情况：假设加热壁体积释热率及入口欠热度均无扰动，而仅有入口流速扰动 $\delta\tilde{j}_{in}$，则此时式（7-4-82）写为

$$\Gamma_1(s) + \pi_1(s) = 0 \qquad\qquad (7\text{-}4\text{-}83a)$$

或者

$$1 + \frac{\pi_1(s)}{\Gamma_1(s)} = 0 \qquad\qquad (7\text{-}4\text{-}83b)$$

　　式（7-4-83b）即为系统的特征方程式。利用特征方程式，再结合 Nyquist 理论可判断系统在某一运行工况点是否稳定。Nyquist 理论表明，一个线性系统不稳定的必要条件是开环传递函数（这里是 $\dfrac{\pi_1(s)}{\Gamma_1(s)}$）在复平面上的轨迹图通过或包含实轴的点：-1，如图 7-4-4 所示。

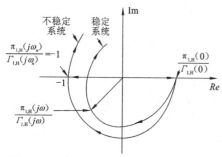

图 7-4-4　Nyquist 理论判识稳定性示意图

　　以不同工况条件参数代入，搜寻并判别可能的运行工况点上两相流动的稳定性状态，就可实现对该两相流动动态稳定性的稳定性边界及稳定域判识。

　　当然，应用 Nyquist 理论也有缺点，针对每一运行工况条件都需要在开环传递函数的复平面上改变频率，画出轨迹图，从而考察轨迹图是否会通过或包含(-1,0)坐标点，这有些烦琐。较直接的方法是直接通过数值方法求解特征方程，也就是联立求解下面的方程：

$$Re[G(j\omega)H(j\omega)] = Re\left[\frac{\pi_1(j\omega)}{\Gamma_1(j\omega)}\right] = -1 \qquad (7\text{-}4\text{-}84)$$

$$Im[G(j\omega)H(j\omega)] = Im\left[\frac{\pi_1(j\omega)}{\Gamma_1(j\omega)}\right] = 0 \qquad (7\text{-}4\text{-}85)$$

　　式（7-4-84）和式（7-4-85）的联立求解即可获得完整的稳定性图谱。

5）线性稳定性分析结果

　　对于特定的沸腾两相加热流道系统，采用上述线性稳定性分析可以得到动态稳定性图谱，也可以得到不稳定性振荡起始的稳定性边界（即对应于流动振荡起始时的各运行工况参数形成的稳定性曲面，该曲面将运行工况参数空间分隔为稳定域与不稳定域）。

　　Ishii 和 Zuber[17]在一维两相流模型的基础上，提出了一般情况下沸腾加热流道系统中重要的无量纲准则数（雷诺数 Re、弗劳德数 Fr、漂移数 N_D、相变数 N_{pch} 与欠热数 N_{sub} 等），并建议可将两相沸腾加热流道系统稳定性边界近似地"映射"到一个典型的二维 N_{pch}-N_{sub} 平面（亦称稳定性平面）上，如图 7-4-5 所示。其中，横坐标为相变数 N_{pch}，其定义式为

$$N_{pch} = \frac{Q_0 v_{lg}}{W h_{lg} v_1} \qquad\qquad (7\text{-}4\text{-}86)$$

纵坐标为欠热数 N_{sub}，其定义为

$$N_{sub} = \frac{\Delta h_{sub,in} v_{lg}}{h_{lg} v_l} \qquad (7\text{-}4\text{-}87)$$

一般情况下，相变数 N_{pch} 与欠热数 N_{sub} 间的关系为

$$N_{sub} = N_{pch} - x_e \left(\frac{\Delta \rho_{lv}}{\rho_v} \right) \qquad (7\text{-}4\text{-}88)$$

而且，相变数 N_{pch} 与流道加热功率 Q_0（以及加热热流 q）成正比，与流道质量流量 W 及入口流速 j_{in} 成反比；欠热数 N_{sub} 与入口欠热度 $\Delta h_{sub,in}$ 成正比。由此可知，N_{pch}-N_{sub} 稳定性平面涵盖了密度波不稳定性的主要影响因素。

Saha 等采用氟利昂-113 实验，控制在不同工况条件下，进行了沸腾两相流道中密度波振荡发生的实验研究[18]。图 7-4-6 给出的是实验中不断增加加热功率时所测得的不同脉动幅值的入口流量时间序列。在实验中，当加热功率不断增加，到某一特定功率发生流量脉动幅值迅速增加时，即认为发生了流量振荡动态不稳定性，如图 7-4-7 所示。由此得到不同工况条件下的稳定性边界。

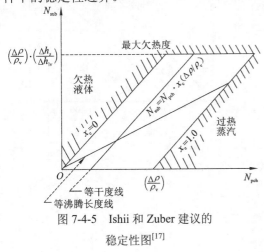

图 7-4-5　Ishii 和 Zuber 建议的
稳定性图[17]

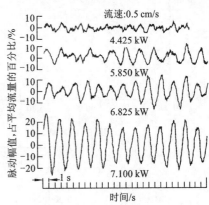

图 7-4-6　脉动幅值随加热功率增加而变化
的一组典型的入口流量测量结果[18]
（ $\Delta h_{sub,in} = 2.44 \times 10^4\ \text{J/kg}$ ）

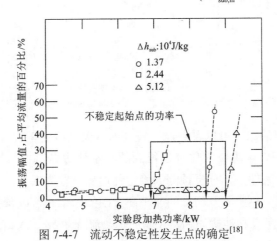

图 7-4-7　流动不稳定性发生点的确定[18]

图 7-4-8 给出了采用前述基于均相模型的简化的密度波不稳定性的线性分析得到稳定性边界跟 Saha 等各组实验数据的比较[18]。

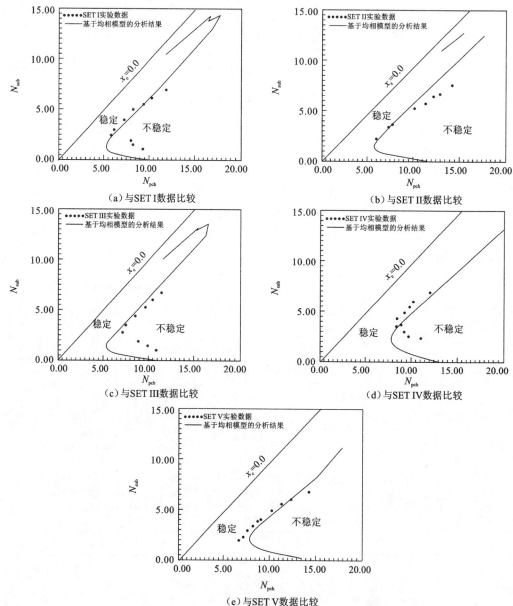

（a）与 SET I 数据比较　　　　　（b）与 SET II 数据比较
（c）与 SET III 数据比较　　　　　（d）与 SET IV 数据比较
（e）与 SET V 数据比较

图 7-4-8　基于均相模型预测的稳定性边界与 Saha 实验数据[18]的比较

由预测与实验数据的比较可以看到，在较高入口欠热度的工况（$N_{sub} > 2$），采用前述基于均相模型且不考虑欠热沸腾简化分析得到的稳定性边界结果与实验数据皆有合理的吻合；而在低入口欠热度条件下，分析预测的稳定性边界则较为保守，则不稳定区域较大。这可能是模型中未能考虑欠热沸腾及相应的非平衡效应的结果。可以预见，更细致地考虑欠热沸腾及其非平衡效应、考虑其他扰动因素（如加热热流扰动 $\delta\tilde{q}$、入口欠热度扰动 $\delta\Delta\tilde{h}_{sub,in}$ 等）

及耦合影响、考虑采用更准确适宜的两相流模型（如适用的漂移流模型、两流体模型等）将有助于更精准预测两相沸腾通道的动态稳定性行为。

6）参数影响

图 7-4-5 可以说是强制对流沸腾流道典型的稳定性图谱。两相流动的稳定区域位于稳定性边界与直线 $N_{pch}=N_{sub}$ 之间，在直线 $N_{pch}=N_{sub}$ 上，流道出口的热力学平衡干度 $x_e=0$。

从图 7-4-5 中各工况条件下的稳定性图谱，还可定性地了解运行参数对两相沸腾流道的稳定性影响规律，主要有：①由较高欠热度区的稳定性边界走向可以看到，在给定加热功率与质量流速的条件下，流道内两相流动的稳定度随入口欠热度增加而增加；②在低入口欠热度区，降低入口欠热度也有助于增加稳定度；③在固定欠热度的情况下，降低加热功率或增加质量流速均可使流道稳定性增强。

此外，参见图 7-4-9 其他的参数分析与实验研究还表明：①工作压力增加，有利于提高稳定性；②稳定性区域随着流道进口局阻 k_i 增加而增加；③两相的出口局阻 k_e 的增加，将会使得流道系统区域不稳定等。

2. 并行通道不稳定性分析[19]

在前面对单个沸腾两相流道系统不稳定性分析的基础上，考察一个多通道系统，该系统由多个平行的沸腾两相流道组成，并且具有公共的进口与出口联箱。图 7-4-10 给出了作为整个回路一部分的并行沸腾通道组成的多通道系统。由于各通道运行工况有可能存在差异，所以其中一个通道必定是最（或最接近）不稳定的。然而，所有并行的通道都须满足等压降边界条件，即

$$\delta(\Delta\tilde{p}) = \delta(\Delta\tilde{p}_{1\phi}) + \delta(\Delta\tilde{p}_{2\phi}) = 0 \tag{7-4-89}$$

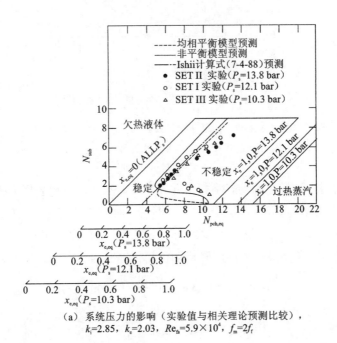

（a）系统压力的影响（实验值与相关理论预测比较），
$k_i=2.85$，$k_e=2.03$，$Re_{fs}=5.9\times10^4$，$f_m=2f_f$

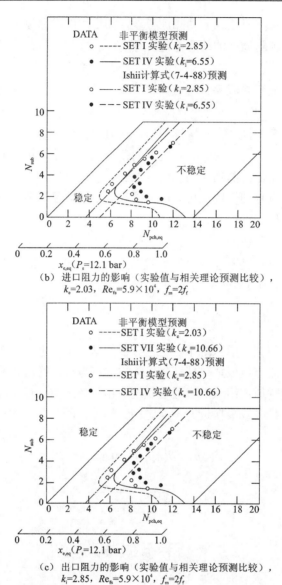

（b）进口阻力的影响（实验值与相关理论预测比较），
$k_e=2.03$，$Re_{fs}=5.9\times10^4$，$f_m=2f_f$

（c）出口阻力的影响（实验值与相关理论预测比较），
$k_i=2.85$，$Re_{fs}=5.9\times10^4$，$f_m=2f_f$

图 7-4-9　强制对流沸腾流动不稳定性的参数影响（以 Saha 等的 SET 系列实验数据

及相应的模型、Ishii 关系式计算结果为例）

1 bar = 10^5 Pa = 1 dN/mm^2

在并行的各通道中所发生的动态不稳定性属密度波振荡，主要表现为因单相与两相区压降扰动反馈而引起的流道入口流速 j_{in} 出现自持振荡，而加热通道的体积释热率 $\dot{q}$（或流道加热热流 q），以及冷却剂入口焓 h_{in}（入口欠热度 $\Delta h_{sub,in}$）往往可视为不变，即 $\delta\tilde{q}=0$，$\delta\Delta\tilde{h}_{sub,in}=0$。因此流道单相及两相区压降扰动可简化地写为

$$\delta(\Delta\tilde{p}_{1\phi})=\Gamma_1(s)\delta\tilde{j}_{in}=\frac{1}{\rho_1 A}\Gamma_1(s)\delta\tilde{w}_{in} \tag{7-4-90}$$

$$\delta(\Delta\tilde{p}_{2\phi})=\pi_1(s)\delta\tilde{j}_{in}=\frac{1}{\rho_1 A}\pi_1(s)\delta\tilde{w}_{in} \tag{7-4-91}$$

如果并行通道的数目（N）很大，而且只有一个通道达到不稳定阈值，那么此单通道中的振荡效应将不会影响到其他通道的稳定运行。这样，对平行通道不稳定性发生的研究，就可在恒定压降边界条件下只考察最不稳定的那个通道。

如果组件只包括较少数目（N）的并行通道，那么不稳定性发生条件就会发生变化。在此情况下，各通道公共压降不可视为恒定，因此每一通道中的质量流率 w_i（$w_i = \rho_H A j_i$）并不是一个独立变量。实际上，即使是整个沸腾回路总流率近乎不变，但是随着各通道中流率的变化，多通道系统仍可能是不稳定的。此类不稳定性称为通道–通道不稳定性（管间脉动）。可通过分析各个通道入口流率对回路总流率外部扰动的响应来研究其稳定性。

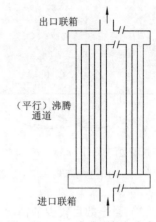

图 7-4-10　一个典型的包含有并行沸腾通道的多通道系统

下面分别讨论这两种情况下并行通道系统中的动态不稳定性。

1）通道数目很大的情况

假设加热器功率恒定，并忽略下联箱温度变化，则并行通道压降扰动可由前面关于单通道的式（7-4-73）与式（7-4-75）得到，即

$$\delta(\Delta \tilde{p}) = \delta(\Delta \tilde{p}_{1\phi}) + \delta(\Delta \tilde{p}_{2\phi}) = \frac{1}{\rho_1 A}[\Gamma_1(s) + \pi_1(s)]\delta \tilde{w}_{in} \tag{7-4-92}$$

或写为

$$\delta(\Delta \tilde{p}) = G(s)\delta \tilde{w}_{in} \tag{7-4-93}$$

若 $\delta(\Delta \tilde{p}) = 0$，则式（7-4-92）对 $\delta \tilde{w}_{in}$ 总是有解，其中一个解即稳态解 $\delta \tilde{w}_{in} = 0$；另外，只要满足

$$G(s) = \Gamma_1(s) + \pi_1(s) = 0 \tag{7-4-94}$$

则式（7-4-93）也存在一个非零的周期解（$s = j\omega \neq 0$）。这时，该通道内会发生角频率为 ω 的自持周期振荡，式（7-4-94）就是该沸腾两相通道在恒定压降边界条件下的特征方程。图 7-4-11 为其相应的方框图（其中 $\delta \tilde{j}_{in,ext}$ 表示外界输入对入口流速的扰动，$\delta \tilde{j}_{in,fb}$ 则表示流道内由于压降扰动反馈而对入口流速的扰动）。

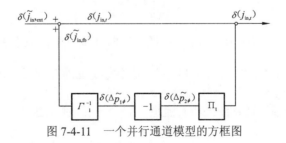

图 7-4-11　一个并行通道模型的方框图

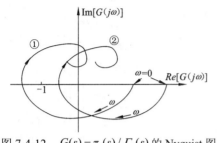

图 7-4-12　　$G(s) = \pi_1(s) / \Gamma_1(s)$ 的 Nyquist 图
①不稳定通道；②稳定通道

结合 Nyquist 理论就可判断某一运行工况点的稳定性状态。图 7-4-12 给出了两个判别工况稳定性的 Nyquist 图示例。其中轨迹线①随着 ω 从 0 增大到∞环绕了原点，说明该通道是不稳定的。但增加了该通道入口局阻系数 K_{in} 后（而其他参数不变），该通道就成为一稳定通道了，图中的轨迹线②就随着 ω 增大环绕了 $(-1, 0)$ 点。另外，与增大 K_{in} 类似，降低通道加热热流 q 或增加通道入口流速 j_{in} 也都起到增强该通道稳定性的效果。

2）通道数目较少的情况

通道-i 的传递函数定义为

$$H_i(s) = \frac{\delta \tilde{m}_i}{\delta \tilde{m}_t} \tag{7-4-95}$$

式中：$\delta \tilde{m}_i$ 为通道-i 进口流率扰动的拉普拉斯变换；$\delta \tilde{m}_t$ 为整个回路流率扰动的拉普拉斯变换。

采用下面的边界条件：

$$\delta(\Delta \tilde{p}) = \delta(\Delta \tilde{p}_j) = \delta(\Delta \tilde{p}_i) \quad (i, j = 1, \cdots N) \tag{7-4-96}$$

$$\delta \tilde{m}_t = \sum_{i=1}^{N} \delta \tilde{m}_i \tag{7-4-97}$$

式中

$$\delta(\Delta \tilde{p}_i) = G_i(s) \delta \tilde{m}_i \tag{7-4-98}$$

从而得到如下的 $H_i(s)$ 表达式

$$H_i(s) = \frac{\prod\limits_{j \neq i}^{N} G_j(s)}{\sum\limits_{j \neq i}^{N} \left[\prod\limits_{k \neq j}^{N} G_k(s) \right]} \tag{7-4-99}$$

若传递函数 $H_i(s)$ 在右半复平面中有一个不可去奇点，则式（7-4-99）所代表的系统中的通道就会变得不稳定。

而当整个回路完全稳定，当 $\delta \tilde{m}_t = 0$ 时，则由式（7-4-95）与式（7-4-99）得到特征方程

$$\sum_{j \neq i}^{N} \left[\prod_{k \neq j}^{N} G_k(s) \right] = 0 \tag{7-4-100}$$

若画成 Nyquist 图，$1 / H(\omega)$ 在 Nyquist 图上逆时针绕复平面原点 K 次（$K = \sum\limits_{i=1}^{N_Z} Z_i$，其中 Z_i 为传递函数 $G_i(s)$ 带正实部零点的数目，N_Z 是不稳定的通道数目），则整个多通道系统就还是稳定的。

当然，如果组成该多通道系统的所有流道都完全一样，那么由式（7-4-96）～式（7-4-98），得到

$$\delta(\Delta \tilde{p}) = \delta(\Delta \tilde{p}_i) = G_i(s) H_i(s) \delta \tilde{m}_t = \left[\frac{G_i(s)}{N} \right] \delta \tilde{m}_t = G(s) \delta \tilde{m}_{in} \tag{7-4-101}$$

这正好与式（7-4-93）完全一样，整个多通道系统就表现为一个经典平行通道的稳定性行为。

对于由两根不同的管道组成的平行通道系统，特征方程（7-4-100）变为

$$G_1(s) + G_2(s) = 0 \qquad (7\text{-}4\text{-}102)$$

显然，此双管的平行通道系统的稳定性由 $G_1 + G_2$ 的根在复平面中的位置决定。只要是 $G_1 + G_2$ 的 Nyquist 图包围了原点，则系统是不稳定的（G_1、G_2 在均无正实部极点时），否则系统是稳定的。

若两个通道均为不稳定的，则 $G_1 + G_2$ 至少顺时针包围了原点一次，这样此双通道是不稳定的；若两个通道都是稳定的，则它们的 Nyquist 轨迹不会包围原点，那么 $G_1 + G_2$ 也不会环绕原点，此时该双通道系统也是稳定的；同样地，如果两个通道中其一稳定而另一不稳定，而 $G_1 + G_2$ 环绕了原点，那么系统将是不稳定的。

采用上述的线性稳定性分析模型，Podowski 等[19]对 Aritomi 等做的对 2 根向上强制对流沸腾并行管的流动不稳定性实验[20]进行了预测，并与其实验结果做比较。其中，在两相控制方程（7-4-18）～方程（7-4-20）中代入实验中的几何参数、系统压力，以及入口温度等，最终得到形如式（7-4-102）的系统特征方程。对于通道均匀加热的各热流值，以入口速度为参数计算并评估相应的 $G(j\omega) = G_1(j\omega) + G_2(j\omega)$ 的 Nyquist 轨迹（稳定性判别）。然后，根据 Nyquist 轨迹在 $\mathrm{Im}\,G(j\omega) - Re G(j\omega)$ 平面穿过包围原点的情况，将不同稳定特性所对应的加热热流与入口速度值绘制成稳定阈图，并与实验测量值进行比较，比较结果如图 7-4-13 所示。可以看到，基于上述稳定性分析模型，对并行双沸腾通道系统的预测结果与实验结果吻合较好。

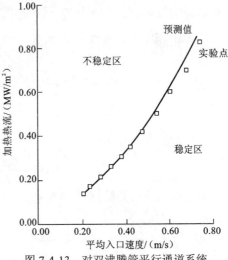

图 7-4-13　对双沸腾管平行通道系统
稳定性预测与实验结果的比较

3）平行通道数目对系统不稳定特性的影响

考察一个由 $N-1$ 个完全相同的通道与一个不同的通道（i_0）组成的平行通道组。由于

$$\delta(\Delta\tilde{p}) = \delta(\Delta\tilde{p}_i) = \delta(\Delta\tilde{p}_{i_0}) = G_{i_0}(s)\delta\tilde{m}_{i_0} = G_i(s)\delta\tilde{m}_i \quad (i \neq i_0) \qquad (7\text{-}4\text{-}103)$$

且

$$\delta\tilde{m}_t = \delta\tilde{m}_{i_0} + \sum_{i=1}^{N-1}\delta\tilde{m}_i \quad (i \neq i_0) \qquad (7\text{-}4\text{-}104)$$

那么，容易得到

$$\delta\tilde{m}_t = \sum_{i=1}^{N}\frac{G_{i0}(s)}{G_i(s)}\delta\tilde{m}_{i_0} = \left[1 + (N-1)\frac{G_{i0}(s)}{G_i(s)}\right]\delta\tilde{m}_{i_0} \qquad (7\text{-}4\text{-}105)$$

式中：$G_i(s) = G_1(s)\,(i \neq i_0)$。

讨论两种情况：① 通道 $-i_0$ 不稳定，而其他通道都稳定。记

$$G_{i_0} \equiv G_{un}, \quad G_1 \equiv G_{st} \tag{7-4-106}$$

则式（7-4-105）即成为

$$\delta\tilde{m}_t = \left[1 + (N-1)\frac{G_{un}}{G_{st}}\right]\delta\tilde{m}_{un} \tag{7-4-107}$$

相应于式（7-4-107）的特征方程为

$$1 + (N-1)\frac{G_{un}}{G_{st}} = 0 \tag{7-4-108}$$

由于传递函数 G_{st} 所对应的是稳定通道，所以其带有正实部，且既无极点又无零点，则式（7-4-108）又等价于

$$G(s) \equiv \frac{N-1}{N}G_{un}(s) + \frac{1}{N}G_{st}(s) = 0 \tag{7-4-109}$$

式中以通道数 N 作为归一化因子，即以 $\frac{1}{N}\delta\tilde{m}_t$ 代替 $\delta\tilde{m}_t$。

随着相同通道的数目 $N-1$ 增加，则式（7-4-109）渐进地趋于

$$G_{un}(s) = 0 \tag{7-4-110}$$

② 一个通道稳定，而其余 $N-1$ 个通道不稳定，则由式（7-4-105）可以得到

$$\delta\tilde{m}_t = \left[(N-1) + \frac{G_{un}(s)}{G_{sn}(s)}\right]\delta\tilde{m}_{un} \tag{7-4-111}$$

相应的特征方程为

$$G(s) = \frac{N-1}{N}G_{st}(s) + \frac{1}{N}G_{un}(s) \tag{7-4-112}$$

如果相同通道的数目 $N-1$ 增加，则式（7-4-112）即趋于

$$G_{st}(s) = 0 \tag{7-4-113}$$

这表明，如果不稳定通道数目足够大，那么通道-通道之间的不稳定振荡就不会发生。整个管束就表现得像一根不稳定通道一样。这样，只要回路不稳定，整个沸腾回路就只表现为一种可能的密度波不稳定性模式。

需要说明，目前的分析假定只有入口总流率这个唯一的外部扰动。若各个通道上有多个外部扰动作用（例如，通道上还加有加热功率或入口压损等其他扰动），则还是可能发生通道-通道不稳定性振荡的。

再考察由 3 个加热管道组成的并行通道。对各通道 $-i,\ j$ 以及整个并行通道组件，有

$$\delta(\Delta\tilde{p})_H = \delta(\Delta\tilde{p}_j) = \delta(\Delta\tilde{p}_i) \quad (i,j = 1,\cdots,3) \tag{7-4-114}$$

以及

$$\delta\tilde{m}_t = \sum_{i=1}^{3}\delta\tilde{m}_i \tag{7-4-115}$$

而

$$\delta(\Delta\tilde{p}_i) = G_i(s)\delta\tilde{m}_i \quad (i,j = 1,\cdots,3) \tag{7-4-116}$$

将式（7-4-116）分别代入式（7-4-114）、式（7-4-115），得到

$$G_j(s)\delta\tilde{m}_j = G_i(s)\delta\tilde{m}_i \quad (i,j = 1,\cdots,3) \tag{7-4-117}$$

$$\delta \tilde{m}_t = \sum_{j=1}^{3} \frac{G_i(s)}{G_j(s)} \delta \tilde{m}_i = G_i(s) \left[\sum_{j=1}^{3} \frac{1}{G_j(s)} \right] \delta \tilde{m}_i = \frac{\sum_{j=1}^{3} \left[\prod_{k \neq j}^{3} G_k(s) \right]}{\prod_{j \neq i}^{3} G_j(s)} \delta \tilde{m}_i \qquad (7\text{-}4\text{-}118)$$

　　理论上，当组成系统的三个通道在几何尺寸、加热功率（加热热流）、流量及入口温度等都完全一样时，如果外部扰动是在入口处总流率的一个小扰动，那么所有三个通道的响应都是同步（同相位振荡）的，不会由通道-通道间的振荡发生。但是，如果初始扰动是各个通道的入口流率变化，或者是当通道对称性发生变化（如入口局部阻力系数稍出现差异等）时，就可能出现通道-通道间的不稳定振荡。当然，如果各通道几何尺寸和/或运行条件之间也有差别，也会出现通道-通道间不稳定振荡，而并行通道系统中出现的不稳定振荡模式则要取决于哪一种非对称影响起主导。

　　应用拉普拉斯逆变换的数值算法将并行通道系统中通道入口流率与总流率之间的频域关系式（7-4-118）变换至时域，通过数值实验来了解这样一个三通道系统对各种脉冲扰动的响应。

　　设初始时三个通道完全一样，且各运行于其稳定性阈值上，在计算过程中，令三个通道加热热流不同，分别为 126.2 W/cm^2、116.7 W/cm^2、107.3 W/cm^2，图 7-4-14 给出了计算得到的三个通道在入口欠热度不同时对通道入口流率脉冲扰动的响应结果。

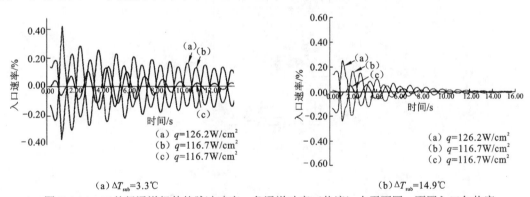

(a) ΔT_{sub}=3.3℃　　　　　　　　　　　　　(b) ΔT_{sub}=14.9℃

图 7-4-14　三并行通道组件的脉冲响应：各通道功率（热流）水平不同；不同入口欠热度

　　可以看到，不论入口欠热度为 3.3℃还是 14.9℃的情况，"最热"通道（q=126.2 W/cm^2）的振荡总是与其他两个通道反相的，而另两个通道振荡则几乎同相位。此外，加热热流最低的那一个通道振荡幅值总是显著低于加热热流中等与高热流的通道。同时，图中还反映了入口欠热度对流量振荡具有一定的稳定效果。

　　图 7-4-15 给出了三并行通道组件中一个通道加热水平不同于另两个（加热水平相同）时，三个通道对通道入口流率脉冲扰动的响应。正如预想的一样，两个相同加热水平的通道振荡完全同相。

4）外部回路的影响

　　考察如图 7-4-16 所示的典型沸腾-冷凝回路中，外部回路对并行沸腾通道动态特性的影响。外部回路"L"包括的各部件有：上联箱"UP"、上升通道"R"、冷凝器"C"、循环泵"P"、下降通道"DC"，以及下联箱"LP"。

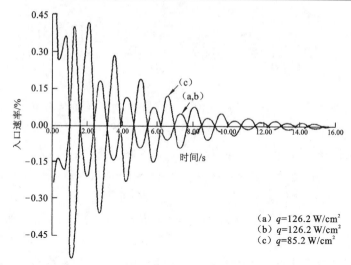

图 7-4-15 三并行通道组件的脉冲响应：两个通道相同，另一通道加热热流较低

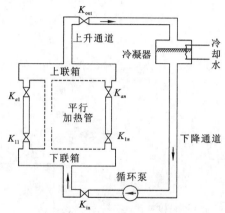

图 7-4-16 典型沸腾-冷凝回路

动量方程沿外部回路积分，有

$$\delta(\Delta\tilde{p})_L = \delta(\Delta\tilde{p})_{UP} + \delta(\Delta\tilde{p})_R + \delta(\Delta\tilde{p})_C + \delta(\Delta\tilde{p})_P + \delta(\Delta\tilde{p})_{DC} + \delta(\Delta\tilde{p})_{LP} \quad (7\text{-}4\text{-}119)$$

外部回路中单相区段对应的各压降扰动项只与总流率 m_T 的扰动有关，即

$$\delta(\Delta\tilde{p})_P = G_P(s)\delta\tilde{m}_T \quad (7\text{-}4\text{-}120)$$

$$\delta(\Delta\tilde{p})_{DC} = G_{DC}(s)\delta\tilde{m}_T \quad (7\text{-}4\text{-}121)$$

$$\delta(\Delta\tilde{p})_{LP} = G_{LP}(s)\delta\tilde{m}_T \quad (7\text{-}4\text{-}122)$$

式（7-4-119）中各两相区段的各压降扰动项跟这些区段中的流率与焓的扰动有关，即

$$\delta(\Delta\tilde{p})_{UP} = G_{UP}(s)\delta\tilde{m}_{UP} + J_{UP}(s)\delta\tilde{h}_{UP} \quad (7\text{-}4\text{-}123)$$

$$\delta(\Delta\tilde{p})_R = G_R(s)\delta\tilde{m}_R + J_R(s)\delta\tilde{h}_R \quad (7\text{-}4\text{-}124)$$

$$\delta(\Delta\tilde{p})_C = G_C(s)\delta\tilde{m}_C + J_C(s)\delta\tilde{h}_C \quad (7\text{-}4\text{-}125)$$

其中，$\delta\tilde{m}_k$、$\delta\tilde{h}_k$ 表示各部件-k(k=UP, R, C, P, DC, CP)入口处流率与焓的扰动，而 $\delta\tilde{m}_k$、$\delta\tilde{h}_k$ 又与两相混合物在各沸腾加热通道出口处的总流率扰动 $\delta\tilde{m}_{ex}$ 及平均焓扰动 $\delta\tilde{h}_{ex}$ 有关。进一步地，m_{ex} 与 h_{ex} 又是由各通道相应的流率、焓来表示，即

$$m_{\mathrm{ex}} = \sum_{j=1}^{N} m_{\mathrm{ex},\,j} \tag{7-4-126}$$

$$h_{\mathrm{ex}} = \frac{1}{m_{\mathrm{ex}}} \sum_{j=1}^{N} m_{\mathrm{ex},\,j} h_{\mathrm{ex},j} \tag{7-4-127}$$

由于各通道出口流率与出口焓的扰动可以用相应通道的入口流率来表示,则式(7-4-119)的右边各压降扰动项可直接写为以各通道入口流率扰动表示的式子,即

$$\delta(\Delta \tilde{p})_{\mathrm{L}} = L_1(s)\delta \tilde{m}_1 + L_2(s)\delta \tilde{m}_2 + \cdots + L_N(s)\delta \tilde{m}_N \tag{7-4-128}$$

采用压力边界条件扰动式(7-4-96)与流量边界条件扰动式(7-4-97),也可将回路压降扰动表示为单相区部分总流率扰动的函数形式。

$$\delta(\Delta \tilde{p})_{\mathrm{L}} = \sum_{j=1}^{N} \frac{L_i(s)}{G_i(s)} \delta(\Delta \tilde{p})_{\mathrm{H}} \tag{7-4-129}$$

由于并行通道的压降是由外部回路压降所"平衡"的,所以

$$\delta(\Delta \tilde{p})_{\mathrm{L}} + \delta(\Delta \tilde{p})_{\mathrm{H}} = 0 \tag{7-4-130}$$

将式(7-4-129)代入式(7-4-130),可以得到

$$\sum_{j=1}^{N} \frac{L_i(s)}{G_i(s)} + 1 = 0 \tag{7-4-131}$$

方程(7-4-131)给出了与外部回路耦合在一起的平行通道系统的特征方程。现在将传递函数 $L_i(s)$ 重写一下,即

$$L_i(s) = L_0 + L_i'(s) \tag{7-4-132}$$

式中: L_0 表示外部回路中单相区段的摩擦与局部压降损失。特别地, L_0 可以写为

$$L_0 = K_{1\phi} m_{T,0} / (A_{x-s}^2 \rho_f) \tag{7-4-133}$$

式中: $K_{1\phi}$ 为外部回路单相区段,因摩擦与局部阻力所致的有效损失系数; $m_{T,0}$ 为稳态总流率; A_{x-s} 是通道总流通截面积。

类似地,传递函数 $G_i(s)$ 也可写为

$$G_i(s) = G_{0,i} + G_i'(s) \tag{7-4-134}$$

这里, $G_{0,i}$ 代表并行通道之一——通道-i 中单相/入口损失(以常数表示)。

将式(7-4-132)与式(7-4-134)代入式(7-4-131),得到

$$1 + \sum_{i=1}^{N} \frac{L_0 + L_i'(s)}{G_{0,i} + G_i'(s)} = 0 \tag{7-4-135}$$

如果外部回路有效损失系数很大($K_{1\phi} \gg 1$)很稳定,那么 L_0 就成为式(7-4-135)中的主导项,即

$$\frac{\left| L_i'(s) \right|}{L_0} < \varepsilon \tag{7-4-136}$$

于是,忽略式(7-4-135)中的 $L_i'(s)$,得到

$$L_0 \left[\sum_{i=1}^{N} \frac{1}{G_i(s)} + \frac{1}{L_0} \right] = 0 \tag{7-4-137}$$

若 L_0 足够大,则式(7-4-137)可近似写为

$$\sum_{i=1}^{N} \frac{1}{G_i(s)} = 0 \tag{7-4-138}$$

此外，若所有通道都稳定，则 $G_i(s)$ 可近似视为常数 $G_{0,i}$，即式（7-4-131）写为

$$1 + \sum_{i=1}^{N} \frac{L_i(s)}{G_{0,i}} = 0 \tag{7-4-139}$$

这样，回路的动力学行为占主导地位，则只有当外部回路不稳定时，那些平行通道才会发生同相的振荡。显然，我们也可以通过增加平行通道的 $G_{0,i}$（例如提高各平行通道的入口局部阻力系数）来提高整个回路的稳定性。

再通过计算实例考察一下外部回路水力学特性对一个双并行通道组件的管间脉动的影响，如图 7-4-17（a）～（d）所示。在图 7-4-17（a）中，整个外部回路非常稳定（ K_{in} 值很大），而双并行通道组件则处于边缘稳定状态，两个通道的流速脉动的相位不相同，但正如式（7-4-138）所示，这并不影响整个外部回路的流动稳定性。另外，当外部回路流量扰动很小时（即 $|\delta m_t| \ll m_{t,0}$ 时），由下式（仅当 K_{in} 值很大时才成立）可知，通道内仍然会有明显的压降振荡。

$$\frac{\delta(\Delta \tilde{p})_H}{m_{t,0}^2 / \rho_f A_{x-s}^2} = -\frac{\delta(\Delta \tilde{p})_L}{m_{t,0}^2 / \rho_f A_{x-s}^2} \approx K_{in} \frac{\delta \tilde{m}_t}{m_{t,0}} \tag{7-4-140}$$

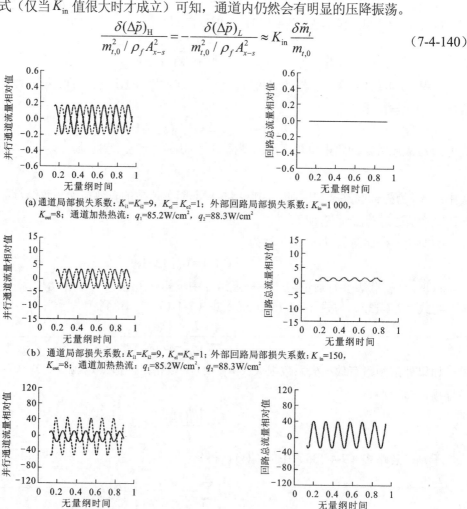

(a) 通道局部损失系数： $K_{i1}=K_{i2}=9$， $K_{e1}=K_{e2}=1$；外部回路局部损失系数： $K_{in}=1\,000$，
　　 $K_{out}=8$；通道加热热流： $q_1=85.2W/cm^2$， $q_2=88.3W/cm^2$

(b) 通道局部损失系数： $K_{i1}=K_{i2}=9$， $K_{e1}=K_{e2}=1$；外部回路局部损失系数： $K_{in}=150$，
　　 $K_{out}=8$；通道加热热流： $q_1=85.2W/cm^2$， $q_2=88.3W/cm^2$

(c) 通道局部损失系数： $K_{i1}=K_{i2}=9$， $K_{e1}=K_{e2}=1$；外部回路局部损失系数： $K_{in}=20$，
　　 $K_{out}=8$；通道加热热流： $q_1=85.2W/cm^2$， $q_2=88.3W/cm^2$

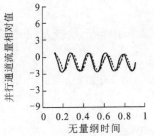 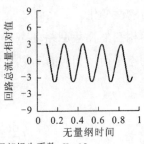

(d) 通道局部损失系数：$K_{i1}=K_{i2}=11$，$K_{e1}=K_{e2}=1$；外部回路局部损失系数：$K_{in}=15$，
$K_{out}=8$；通道加热热流：$q_1=85.2\text{W/cm}^2$，$q_2=88.3\text{W/cm}^2$

图 7-4-17　双并行通道组件与外部回路的不稳定性相互作用

在图 7-4-17（b）中，入口局部损失系数有所降低，此时可以观察到通道间脉动还可见一定的相差，但整个外部回路基本是稳定的，只是受两个不稳定通道影响呈现一定受迫振荡；在图 7-4-17（c）中，外部回路局部损失系数进一步降低，回路仍基本稳定，但回路中受迫振荡进一步增加，而且两个并行通道中的一个通道的振荡幅值要大于另一个，显然出现了更为复杂的振荡模式。在图 7-4-17（d）中，外部回路的入口局部损失系数降得更低，而每一个通道入口损失系数的增加增强了各并行通道的稳定性，此时整个回路处于边缘稳定状态，而两并行通道反而稳定一些，振荡也基本上同相。还可以注意到，由于管间相互作用，管间脉动之间的仅有轻微的相移，管间振荡反相的趋势大大减弱。

3. 两相自然循环不稳定性

由两相上升通道与单相下降通道之间的密度差形成浮升驱动压头，以此克服回路循环阻力，在系统中建立定向的自然循环流动。在两相自然循环系统中，动量及能量方程紧密耦合的控制下，驱动力、阻力、流体质量流速三者之间彼此相依。在发生自然循环不稳定性动态过程时，浮升驱动头因空泡份额动态变化造成上升与下降通道间密度差动态改变而呈现周期性变化，使得循环流量亦发生振荡；而浮升力变化与空泡份额变化相比又存在时间延迟，反过来空泡及其分布的变化又会影响并耦合加热率、冷却率及流量的动态行为，因此，流动动态稳定性特性比较复杂。两相自然循环的动态不稳定性是一种与静压头脉动相关的流动不稳定性，所以又称为热虹吸振荡。

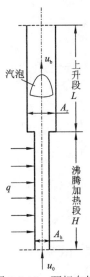

图 7-4-18　两相自然循环回路中沸腾加热段与上升段模型

下面简要分析一个典型的两相自然循环回路中的流动不稳定性特性。

回路中沸腾加热段及上升段的简单模型如图 7-4-18 所示。其中，加热段中沸腾起始位置为 $Y=u_0\tau_b$，其中，u_0 是加热段单相入口速度，τ_b 为入口流体在加热段中单相加热区内的停留时间。加热段与上升段长度分别为 H、L，加热热流密度均匀，且为 q。

假设构成回路的每一管段压降远小于系统压力，故分析中可忽略压缩性与物性变化。

整个两相自然循环回路动态行为机理考虑为回路中加速项 A_C、摩擦力项 F 跟浮升力项 B 之间的动态平衡,相应的动力学平衡式即

$$A_C + F - B = 0 \tag{7-4-141}$$

又

$$I\frac{\mathrm{d}u_0}{\mathrm{d}\tau} + f(u_0) - \frac{V_v}{A_r}(\rho_l - \rho_v) = 0 \tag{7-4-142}$$

式中: $I = \rho_0 A_0 \sum (L_i / A_i)$,即为回路中当量惯性,这里的下标 "$i$" 表示回路各段的标号,下标 "0" 表示加热段入口,下标若为 "r" 则表示上升段; V_v 为上升段中的蒸汽体积,且有

$$V_v = \int_{\tau - T_r}^{\tau} Q_v(\tau')\mathrm{d}\tau' \tag{7-4-143}$$

式中: T_r 为蒸汽通过上升段的停留时间; Q_v 是上升段内的蒸汽体积流量(即加热段出口处的蒸汽体积流量)。

当入口流速有一个小扰动 δu_0 时,式(7-4-142)的扰动式,即

$$I\frac{\mathrm{d}\delta u_0}{\mathrm{d}\tau} + \frac{\partial f}{\partial u_0}\delta u_0 - \frac{1}{A_r}(\rho_l - \rho_v)\delta V_v = 0 \tag{7-4-144}$$

加热段出口处的蒸汽体积流量为

$$Q_v = \frac{v_v a_0}{v_{lv}}(H - u_0\tau_b)A_h \tag{7-4-145}$$

这里, $a_0 = (P_h q v_{lv}) / (A_h h_{lv})$,反映加热段体积产气率($\mathrm{m^3 / m^3}$), P_h 为加热周长。

相应地,加热段出口处的液相体积流量为

$$Q_l = m_0 v_l - Q_v = \left[m_0 - \frac{A_h a_0}{v_{lv}}(H - u_0\tau_b)\right]v_v \tag{7-4-146}$$

假定上升段内的气相速度为

$$u_v = u_b + (Q_v + Q_l) / A_r = u_b + a_0 H\frac{A_h}{A_r} + u_0\frac{A_h}{A_r}(1 - a_0\tau_b) \tag{7-4-147}$$

另外,上升段长度为

$$L = \int_{\tau - T_r}^{\tau} u_v(\tau')\,\mathrm{d}\tau' \tag{7-4-148}$$

在定态下, u_0、u_v 均为常数,即 $\mathrm{d}u_0 / \mathrm{d}\tau = 0$, $\mathrm{d}u_v / \mathrm{d}\tau = 0$。积分上式,有

$$L = T_r\left[u_b + a_0 H\frac{A_h}{A_r} + u_0\frac{A_h}{A_r}(1 - a_0\tau_b)\right], \quad V_v = \int_{\tau - T_r}^{\tau}\frac{A_h a_0 v_v}{v_{lv}}(H - u_0\tau_b)\mathrm{d}\tau$$

于是,得到 L 与 V_v 的扰动项:

$$\delta L = 0 = \delta T_r u_v + \frac{A_h}{A_r}(1 - a_0\tau_b)\int_{\tau - T_r}^{\tau}\delta u_0\mathrm{d}\tau' \tag{7-4-149}$$

$$\delta V_v = \delta T_r\left[\frac{a_0 v_v}{v_{lv}}(H - u_0\tau_b)A_h\right] - \int_{\tau - T_r}^{\tau}\frac{a_0 v_v}{v_{lv}}\tau_b A_h\delta u_0\mathrm{d}\tau' \tag{7-4-150}$$

联立式（7-4-149）、式（7-4-150），消去其中的 δT_r，得到扰动 δV_v 的具体表达式，代入式（7-4-144），得到如下形式的回路动力学扰动方程式

$$I\frac{\mathrm{d}\delta u_0}{\mathrm{d}\tau} + \frac{\partial f}{\partial u_0}\delta u_0 + \beta\int_{\tau-T_r}^{\tau}\delta u_0\mathrm{d}\tau' = 0 \tag{7-4-151}$$

式中，$\beta = \dfrac{\rho_1 - \rho_v}{A_r}\left[\dfrac{a_0 v_0(H - u_0\tau_b)A_h^2(1 - a_0\tau_b)}{v_{lv}A_r u_0} + \dfrac{a_0 v_v}{v_{lv}}\tau_b A_h\right]$。

式（7-4-151）即为讨论两相自然循环不稳定性的小扰动基本方程。

若令流速 u_0 的小扰动为 $\delta u_0 = \varepsilon \mathrm{e}^{s\tau}$，则得到

$$\left[Is + \frac{\partial f}{\partial u_0} + \frac{\beta}{s}(1 - \mathrm{e}^{-s\tau})\right]\varepsilon\mathrm{e}^{s\tau} = 0 \tag{7-4-152}$$

结合此特征方程根 s 的情况，两相自然循环系统可有如下几种稳定性状态。

（1）若特征方程的根 s 都含有负实部，则对于小的扰动脉冲，系统参数收敛于原来的平衡工作点，自然循环系统在此工作点是稳定的。

（2）若此特征方程含有正实部的根 s，则对于小的扰动脉冲，系统参数的脉冲响应将趋于发散或振荡放大，自然循环回路系统在此工作点不稳定。

（3）若特征方程具有一个或一个以上无实部的根 s，或者 s 为纯虚数，其他根 s 均具有负实部，则此时的自然循环系统对参数脉冲扰动的响应或趋于常数，或趋于等幅振荡，为中心稳定（临界稳定），自然循环系统在此工作点处于稳定性边界上，即处于稳定与不稳定的临界状态。

对于两相自然循环的稳定性分析与实验表明，常在循环回路系统的加热段高出口干度条件下呈现密度波不稳定性；另外在加热段低功率下出口为低干度时，还存在一个所谓的第一型不稳定区域，在该区域自然循环回路压降以重位压降为主。一般地，在第一型不稳定区出现的流动振荡频率远低于密度波振荡区。直观地理解，这主要是因为在该第一型不稳定区域内，加热热流较低，处于欠热状态的液相进入加热通道后需更长的时间达到沸腾再形成不稳定振荡，从而造成较低的振荡频率。

本节仅择要对几种典型的两相流动的动态不稳定性现象进行了分析，就分析方法而言，主要还限于线性分析，即讨论两相系统在微小扰动下于某一平衡工作点附近是否仍能维持稳定。事实上，对各类典型的两相流动不稳定现象，因条件及简化方法不同，而有多种分析方法，此处不做更多介绍。

7.4.3 两相流动不稳定性的非线性分析[16]

以两相流系统中密度波的发展与传播为例来简要讨论更为一般的两相流动不稳定性非线性现象与本质。

密度波的传播受水动力和热力现象联合控制，同时还可与加热壁热惯性、核反应堆中子动力学等其他效应耦合，这些现象本质上是高度非线性的。

非线性效应决定了两相系统的各种稳态与瞬态特性，包括振荡的振幅与频率等。由于多

数沸腾-凝结系统都是条件稳定的，所以受扰系统的响应强烈地受到初始外部扰动大小的影响，图 7-4-19 给出：一个沸腾通道系统在初始稳态运行工作点处，压力 p_1 受到一个稍小的压力阶跃降低扰动至 p_2，或者受到一个稍大的压力阶跃降低扰动至 p_2'；图 7-4-19 的情况（a）给出分别基于线性与非线性分析为（线性）稳定的一个沸腾通道的系统响应（以 α 或 x 响应为例），图 7-4-19 的情况（b）则给出（线性）不稳定的一个沸腾通道对扰动的线性与非线性响应。可以看到，对于同样的压力扰动，由于非线性因素影响，原来线性稳定的系统可能成为不稳定；而原来线性不稳定系统中发散振荡，非线性响应却有可能是等幅的振荡。特别地，当受到足够小的扰动后，系统可能会回复到其初始的稳定运行点；然而，对增大的扰动幅度，系统响应却可能出现发散现象。甚至于即便受扰系统响应最终能够收敛到某一个平衡运行点，但其振荡幅度有时候还是可能使其短时超出系统的热极限（比如，当沸腾系统的两相流量受扰离开安全运行点，最终收敛达到一个更低流量，却诱导了临界热流密度（critical heat flux，CHF）发生）。

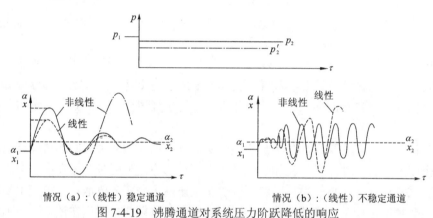

图 7-4-19　沸腾通道对系统压力阶跃降低的响应

　　线性稳定性分析也可应用于非线性两相系统，用于预测系统经过一个微小扰动后是否仍能够保持稳定，只要扰动足够小，它就可以用来描述这些系统在稳态工作点附近的行为。过去对于工业系统的稳定性分析有许多就是倚重这种线性分析方法。然而，这种方法却没有能力预测其他一些重要的系统性质，比如，线性分析方法不能预测要维持条件稳定系统稳定运行模式所需的各种外部参数扰动幅度（如进入系统流体的流量与温度、系统压力、热功率等）；当达到不稳定模式时，它也不能用于预测系统在不稳定状态下的振荡行为，包括振荡的幅度与模态等。

　　当沸腾系统的运行参数超出其稳定极限时，系统响应的稳定性质变化可能有两种基本的不稳定模式——超临界分岔或亚临界分岔，如图 7-4-20 所示。

　　对图 7-4-20（b）中亚临界分岔，即使系统是线性稳定的，但只要外部扰动幅度足够大，也会出现不稳定。显然，这是一种有潜在风险的情况。而对于图 7-4-20（a）中超临界分岔（亦即极限环）则发生于超过线性不稳定性阈值的时候。理论分析表明，这两种分岔在沸腾通道中都有可能发生，而且在实际沸腾系统中（不论是在用两个电加热平行通道进行管间脉动不稳定性的小规模实验中，还是在运行的沸水堆电厂中——因空泡反应性反馈显著影响系统而引发耦合中子动态的密度波不稳定性）均观测到这两种不稳定模式。

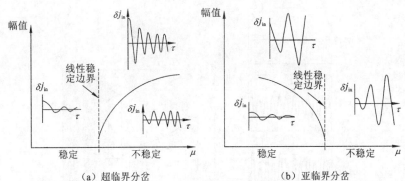

（a）超临界分岔　　　　　　　　　　　　　（b）亚临界分岔

图 7-4-20　典型稳定性边界（对（a）极限环、（b）有限振幅边界的幅值响应）

可见，微小扰动假设使得线性稳定性分析没有能力预测两相系统受到一个较大扰动后的行为。这种情况值得注意，因为当线性稳定性分析预测系统在某一运行条件下是稳定的，然而如果扰动较大，却可能由于其非线性本质而导致系统呈现不可预测的行为。非线性分析可克服线性稳定性分析这些困难与限制。

非线性稳定性分析方法的发展远滞后于线性方法，在多数情况下，对于非绝热两相系统非线性模型的分析还是基于系统方程的时域数值解。尽管已经采用一些复杂的计算机程序进行模拟，而且在某些情况下也与实验数据取得了合理的一致性，但由于模型的复杂性，以及（直接数值积分）方法本身的特点，将此时域法应用于系统稳定性特征的一般性研究还是有一些困难。非线性稳定性分析的各种理论方法也开始应用于两相系统稳定性研究。几种主要的方法包括：分岔 Hopf 方法、Lyapunov 方法、谐波拟线性化（描述函数法）、混沌理论（以分形维表征奇异吸引子的测度）等。

迄今为止，基于 Hopf bifurcation 分岔理论的稳定性分析方法还仅仅是用在一些简单情况（如沸腾单通道，均匀与恒定热流、恒定的入口温度等）下的模型分析中。只要振荡的幅值一直维持较小，采用该方法可以确定系统是处于哪一种不稳定模式（亚临界分岔还是超临界分岔），并估计振幅的大小。虽然原始的 Lyapunov 方法也很难应用于更复杂的沸腾系统模型，但其最新的发展使其不仅为一大类非线性系统提供了有效的稳定性准则，而且还能给出关于受扰系统轨迹性质的附加信息。这种新方法本身可用于研究与亚临界分岔相关的不稳定性（即如果系统是条件稳定的），并可确定稳态运行点的吸引域，根据各种初始扰动的幅度来估计受扰系统轨迹的大小。谐波拟线性化方法是经典描述函数法的拓展，已成功用于预测某一沸腾通道中各极限环振荡的幅值与周期。Hopf 法、Lyapunov 方法及描述函数方法都能够给出非线性系统特性随参数 μ 变化而演化的过程中一部分（而不是全部）重要信息。

两相系统中非线性效应分析一个最引人注意的问题是所谓的倍周期分岔现象，非线性系统通过倍周期分岔可能导致混沌振荡。图 7-4-21 给出了倍周期分岔直至形成混沌振荡的示例。

下面以恒定压降边界条件下一个均匀加热的沸腾通道为例来说明这些非线性分析方法的应用。采用均相模型，其集总参数的质量、动量方程如下给出：

质量方程：

$$L\frac{\mathrm{d}\overline{\rho}}{\mathrm{d}\tau} = G_1 - G_2 \tag{7-4-153}$$

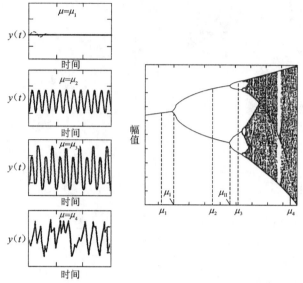

图 7-4-21　倍周期分岔及混沌振荡的形成

动量方程:

$$L\frac{\mathrm{d}\overline{G}}{\mathrm{d}\tau}=\Delta p+\left(1-\frac{f}{2D_{\mathrm{H}}}\lambda\right)\frac{G_1^2}{\rho_1}-\frac{G_2^2}{\rho_2}-\frac{f}{2D_{\mathrm{H}}}\left(\frac{G^2}{\rho}\right)_{2\phi}(L-\lambda) \quad (7\text{-}4\text{-}154)$$

式（7-4-153）和式（7-4-154）中：下标"1""2""2ϕ"分别表示通道入口（单相液体）、通道出口（两相混合物），以及通道的两相区。$\overline{\rho}$、$\overline{G}$ 分别为沿通道的平均密度与平均质量流速。λ 是通道内非沸腾段长度，$\lambda=vG_1/\rho_1$（v 为流体流过非沸腾段的停留时间，视为常数）。

考虑到

$$\frac{\mathrm{d}\overline{\rho}}{\mathrm{d}\tau}=\frac{\mathrm{d}}{\mathrm{d}\tau}\left(\frac{\rho_1+\rho_2}{2}\right)=\frac{1}{2}\frac{\mathrm{d}\rho_2}{\mathrm{d}\tau}=\frac{1}{2\varOmega L}\frac{\mathrm{d}G_2}{\mathrm{d}\tau}$$

$$\left(\frac{G^2}{\rho}\right)_{2\phi}=\frac{1}{2}\left(\frac{G_1^2}{\rho_1}-\frac{G_2^2}{\rho_2}\right)$$

$$\overline{G}=\frac{1}{2}(G_1+G_2)$$

式中：$\varOmega=(qu_{\mathrm{lv}})/(Ah_{\mathrm{lv}})$ 为沸腾通道内单位时间的（体积）气化量（气化率）。

由上述各式，重新整理式（7-4-153）、式（7-4-154），得到

$$\frac{\mathrm{d}G_2}{\mathrm{d}\tau}=-\varOmega(G_2-G_1) \quad (7\text{-}4\text{-}155)$$

$$\frac{\mathrm{d}(G_2-G_1)}{\mathrm{d}\tau}=-2\varOmega(G_2-G_1)-\frac{2}{L}\left\{\Delta p+\left[1-\frac{f}{4D_{\mathrm{H}}}\left(L+\frac{v}{\rho_1}G_1\right)\right]\frac{G_1^2}{\rho_1}\right.$$

$$\left.-\left[1+\frac{f}{4D_{\mathrm{H}}}\left(L-\frac{v}{\rho_1}G_1\right)\right]\left(\frac{1-\varOmega v}{\rho_1}+\varOmega L\right)G_2\right\} \quad (7\text{-}4\text{-}156)$$

如果令 $x_1 = \Omega(G_2 - G_1)$，$x_2 = G_2 - G_0$（G_0 为稳态质量流速），分别以此作为沸腾通道系统的状态变量，那么式（7-4-155）、式（7-4-156）状态方程形式可写为

$$\dot{x}_1 = \mu x_1 + \omega^2 x_2 + F(x_1, x_2) \tag{7-4-157}$$

$$\dot{x}_2 = -x_1 \tag{7-4-158}$$

式（7-4-157）中，$F(x_1, x_2)$ 是一个三次多项式，包含有 x_1、x_2 的二次与三次项，多项式的系数由运行工况条件与通道的几何条件确定。特别地，通过系数的选取，可以有如下特殊形式的非线性状态方程（组）：

$$\dot{x}_1 = \mu x_1 + \omega^2 x_2 - \gamma x_1^3 \tag{7-4-159a}$$

$$\dot{x}_2 = -x_1 \tag{7-4-159b}$$

沸腾通道的非线性动态行为则可以通过考察上述非线性状态方程组的性态得以了解。

容易看到，当参数 $\mu < 0$ 时，方程组 [7-4-159（a）（b）] 是线性稳定的（$\gamma = 0$ 时）；反之，当 $\mu > 0$ 时则为不稳定的。

而对描述系统的整个非线性方程组的解的性质来说，由 Hopf 分岔定理及其推论，可以得到：若 μ 与 γ 都很小，且 $\gamma \mu > 0$，则状态方程组有一个非零的周期解（极限环振荡），即 $x^*(\tau) = \{x_1^*, x_2^*\}$。图 7-4-22 给出了一个稳定极限环的示例。

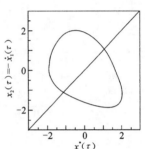

图 7-4-22　状态方程组的
非零周期解 $x^*(\tau)$（极限环）

进一步地，如果参数 $\mu > 0$，即超临界情况，该周期解是稳定的，并且对于初值为 $x(0)$ 的解，其在相平面上的轨迹表现为相对于 $x^*(0)$ 的渐近特征，即初始偏离 $x^*(0)$ 的解 $x(\tau)$ 将随着 $\tau \to \infty$ 而渐近地趋向于 $x^*(\tau)$（但不会重合）；另外，如果参数 $\mu > 0$，即亚临界情况，周期解是不稳定的，即只要解 x 偏离 x^*，随着 $\tau \to \infty$，解 $x(\tau)$ 将逐渐远离 $x^*(\tau)$，即无法满足 $\lim_{\tau \to \infty}[x(\tau) - x^*(\tau)] = 0$。图 7-4-23 分别给出了在参数 μ、γ 不同的取值下，在解性态为超临界与亚临界情况时沸腾通道中流量振荡模式的例子（此为采用时域法数值模拟计算得到的结果）。

也可运用 Lyapunov 方法研究方程组（7-4-159）另外一些方面的解的特性。该方法基于下面的 Lyapunov 函数

$$V = x_1^2 + \omega^2 x_2^2 \tag{7-4-160}$$

$$\dot{V} \equiv \frac{\partial V}{\partial x_1}\dot{x}_1 + \frac{\partial V}{\partial x_2}\dot{x}_2 = \mu\left(1 - \frac{\gamma}{\mu}x_1^2\right)x_1^2 \tag{7-4-161}$$

从而得到

（1）若 $\mu > 0$，则方程组（7-4-159）给出的非线性系统的解 $x(\tau)$ 是不稳定的；

（2）若 $\mu > 0$，则解 $x(\tau)$ 为渐近稳定的，并且：

①当 $\gamma > 0$ 时，所有非零轨迹随着 $\tau \to \infty$ 而渐近地趋于零解；

②当 $\gamma < 0$ 时，系统仅为条件稳定，且有

$$D_0 = \{(x_1(0), x_2(0)) \mid x_1^2(0) + \omega^2 x_2^2(0) < \gamma\}$$

集位于原点的吸引域；

③任何渐近地趋向零的解与零稳态最大偏离的估计，可通过将其作为初始条件的函数由下式得到

$$x_1^2(\tau) + \omega^2 x_2^2(\tau) < x_1^2(0) + \omega^2 x_2^2(0)$$

如果方程组（7-4-159）有周期解（极限环），就可通过谐波拟线性方法来近似地估计。为此，方程组（7-4-159）可以变换为一个关于 $y = -x_2(\tau)$ 的二阶方程

$$\ddot{y} - \mu\dot{y} + \omega^2 y + \gamma(\dot{y})^3 = 0 \tag{7-4-162}$$

可以看到，该方程是一个经典非线性方程——Van der Pol equation 方程的一般形式。假设

$$y = A'\sin(\omega^*\tau) \tag{7-4-163}$$

于是得到

$$\dot{y} = x_1 = A'\omega^*\cos(\omega^*\tau) = A\cos(\omega^*\tau) \tag{7-4-164}$$

$$(\dot{y})^3 = A^3\left[\frac{3}{4}\cos(\omega^*\tau) + \frac{1}{4}\cos(3\omega^*\tau)\right] \tag{7-4-165}$$

忽略式（7-4-165）中的高阶项（3 阶项），得到方程（7-4-162）的拟线性形式，即

$$\ddot{y} - \mu\left(1 - \frac{3}{4}A^2\frac{\gamma}{\mu}\right)\dot{y} + \omega^2 y = 0 \tag{7-4-166}$$

假设 $\mu\gamma > 0$，将方程（7-4-163）代入方程（7-4-166），得到

$$x_1(\tau) = \sqrt{\frac{4\mu}{3\gamma}}\cos(\omega\tau) \tag{7-4-167}$$

$$x_2(\tau) = -\sqrt{\frac{4\mu}{3\gamma}}\frac{1}{\omega}\sin(\omega\tau) \tag{7-4-168}$$

此即方程组（7-4-159）的极限环解。值得注意的是，由式（7-4-167）给出的极限环振荡的幅值大小

$$A = \sqrt{\frac{4\mu}{3r'}}\ (\mu\gamma > 0) \tag{7-4-169}$$

仅由 μ/γ 确定，也就是说，只要 μ 与 γ 成比例变化，那么对于不同的（小）μ，振幅 A 就保持不变。

将上述理论预测结果与图 7-4-23 中采用时域法数值模拟计算的结果（$\mu/\gamma = 3$，$\mu = \pm0.1$，$\omega = 1$）相比较，可以看到：

当 $\mu = 0.1 > 0$ 时，存在一个稳定的极限环，如图 7-4-23（a）、（b）所示。上述理论预测结果的幅值（$A = 2$）与角频率（$\omega^* = 1$）跟数值计算得到的相应值符合得很好；而且在此工况下零解显然是不稳定的。

当 $\mu = -0.1 < 0$ 时，理论预测的不稳定极限环在图 7-4-23（c）、（d）中并未明确显示出来，但很容易从给出的两个振荡解（一个发散，另一个收敛）推断出来。此时，零解是渐近稳定的，其理论估计的吸引域应包含所有的初始条件，即 $x_1^2(0) + x_2^2(0) < 3$；而图 7-4-23（c）的振荡的时域结果是对于 $x_1(0) = -0.8$，$x_2(0) = 1.5$ 得到的，而相应的，$x_1^2(0) + x_2^2(0) = 2.89$。

若 $x_2(0) = 0$，则基于上述理论计算得到的保证 $x(\tau)$ 收敛至零的 x_1 初值的最大值是 $x_1(0) = 1.73$。而实际的保证收敛至零的初值大小要稍高一点，但最多不会超出 15%（因为当

初值 $x_1(0)=2$，$x_2(0)=0$ 时，就已经产生极限环解）。在本例中，分别由理论预测得到 $x_1(\tau)$ 的最大值与数值计算所得值（即图 7-4-23（c）中第一个波峰，$x_{1,\max}=1.7$）吻合得非常好。

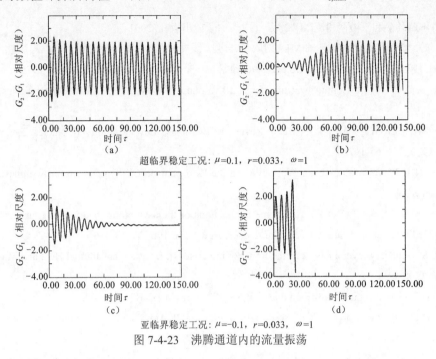

超临界稳定工况：$\mu=0.1$，$r=0.033$，$\omega=1$

亚临界稳定工况：$\mu=-0.1$，$r=0.033$，$\omega=1$

图 7-4-23　沸腾通道内的流量振荡

习　题　7

1. 流量漂移静态不稳定性的发生机理与发生条件是什么？防止流量漂移不稳定性发生的措施有哪些？

2. 密度波不稳定性与压降不稳定性的发生机理与发生区域有什么不同？防止发生密度波不稳定性一般有哪些措施？

3. 若某一直流蒸发器的管道尺寸及工作参数为：工作压力 $p=3.2\,\mathrm{MPa}$；管内径 $D=1.0\,\mathrm{cm}$；预热段线功率密度 $q_1=11.63\,\mathrm{kW/m}$；蒸发段线功率密度 $q_2=18.6\,\mathrm{kW/m}$；管长 $L=4.5\,\mathrm{m}$；水入口温度为 $T_{\mathrm{in}}=180\,\text{℃}$，试求该直流蒸发管的内部特性曲线。

4. 在一个总压降为常数的加热流道中，有欠热的水自入口进入，加热沸腾后，出口为气液两相流动。试基于线性稳定性分析方法写出该加热流道流动发生不稳定的必要条件。

5. 对于强制对流沸腾流道，两相流动的稳定区域位于图 7-4-5 的典型的稳定性图中稳定性边界与直线 $N_{\mathrm{pch}}=N_{\mathrm{sub}}$ 之间。针对稳定性边界，Ishii 结合相间热力平衡假设提出了一个稍保守的简化关系：

$$N_{\mathrm{pch}} \leqslant N_{\mathrm{sub}} \cdot S = N_{\mathrm{sub}} \cdot \{2[K_{\mathrm{in}}+(fL/2D_{\mathrm{e}})+K_{\mathrm{out}}]/[K_{\mathrm{in}}+0.5(fL/2D_{\mathrm{e}})+K_{\mathrm{out}}]\}$$

式中：K_{in}、K_{out} 分别为流道入口与出口的局阻系数；f 为流道中两相摩擦乘子；D_{e} 是流道水力当量直径，L 是沸腾段长度。现有一个运行于 7.25 MPa 的沸水堆，堆芯入口温度 $T_{\mathrm{in}}=278\,\text{℃}$，出口温度（饱和温度）$T_{\mathrm{out}}=T_{\mathrm{sat}}=288\,\text{℃}$，堆芯中一个子通道周长 $P_{\mathrm{H}}=35.3\,\mathrm{mm}$，加热段长 $L_{\mathrm{H}}=4\,\mathrm{m}$，该子通道内平均热流 $q_0=1\,000\,\mathrm{kW/m^2}$，质量流量 $m=0.175\,\mathrm{kg/s}$。假定两相阻力情况使得 S 约为 3.2，堆芯内气相与液相平均密度分别按 $\rho_{\mathrm{v}}=38\,\mathrm{kg/m^3}$、$\rho_{\mathrm{l}}=735.3\,\mathrm{kg/m^3}$ 计。试问：对于 Ishii 的稳定性边界关系来说，该子通道内的沸腾两相流动是否稳定？

参 考 文 献

[1] 徐济鋆. 沸腾传热和气液两相流[M]. 2 版. 北京: 原子能出版社, 2001.

[2] 欧特尔, 等. 普朗特流体力学基础[M]. 11 版. 朱自强, 钱翼稷, 李宗瑞, 译. 北京: 科学出版社, 2008.

[3] LAMB H. Hydrodynamics[M]. The United States of America: Cambridge University Press, 1975.

[4] TONG L S, TANG Y S. Boiling heat transfer and two-phase flow[M]. The United States: Taylor & Francis, 1997.

[5] BOURÉ J A, BERGLES A E, TONG L S. Review of two-phase flow instability[J]. Nuclear Engineering and Design, 1973, 25: 165-192.

[6] MATHISEN R P. Out of pile channel instability in the loop Skalvan[C]. Symposium on two-phase dynamics, Eindhoven, 1967.

[7] KUTATELADZE S S, LEONT'EV A I. Some applications of the asymptotic theory of the turbulent boundary layer[C]. 3rd International Heat Transfer Conference, New York, 1966 Vol. 3, 1-6.

[8] TONG L S. Boundary layer analysis of the flow boiling crisis[J]. International Journal Heat and Mass Transfer, 1968, 11: 1208-1211.

[9] GRIFFITH P. Geysering in liquid-filled lines[C]. ASME Paper No. 62-HT-39, 1962.

[10] WEISS D H. Pressure drop in two-phase flow[R]. AECU-2180, Atomic Energy Commission, Washington, DC, 1952.

[11] FORD W D, FAUSKE H K, BANKOFF S G. Slug expulsion of freon-113 by rapid depressurization of a vertical tube[J]. International Heat and Mass Transfer, 1971, 14: 133-140.

[12] STENNING A H, VEZIROGLU T N. Flow oscillations modes in forced convection boiling[C]. 1965 Heat Transfer and Fluid Mech. Inst. , Stanford University Press, Palo Alto, 1965, CA. 301- 316.

[13] GANDIOSI G. Experimental Results on the Dependence of Transition Boiling Heat Transfer on Loop Flow Disturbances[R]. GEAP-4725, General Electric, San Jose, CA. 1965.

[14] OKAZAKI M. Analysis for pressure oscillation phenomena induced by steam condensation in containment with pressure suppression system, (I)[J]. Journal of Nuclear Science and Technology, 1979, 16(1): 30-42.

[15] DALEAS R S, BERGLES A E. Effects of upstream compressibility on subcooled critical heat flux[C]. ASME Paper No. 65-HT-67, National Heat Transfer Conf. , Los Angeles, 1965.

[16] LAHEY RT, JR, PODOWSKI M Z. On the analysis of various instabilities in two-phase flows[J]. Multiphase Science and Technology, 1989, 4: 183-370.

[17] ISHII M, ZUBER N. Thermally induced flow instabilities in two-phase mixtures[C]. Proc. 4th International Heat Transfer Conference, Paris, 1970.

[18] SAHA P, ISHII M, ZUBER N. An experimental investigation of thermally induced flow oscillations in two-phase systems[J]. Journal of Heat Transfer, 1976, 98: 616-622.

[19] PODOWSKI M Z, LAHEY R T, JR, CLAUSSE A, et al. Modeling and analysis of channel-to-channel instabilities in boiling systems[J]. Chemical Engineering Communications, 1990, 93(1): 75-92.

[20] ARITOMI A, AOKI S, INOUE A. Instabilities in parallel channel of forced-convection boiling upflow system, (II), Experiment results[J]. Journal of Nuclear Science and Technology, 1977, 14(2): 88-96.

第8章　倒 U 形传热管内两相倒流分析

8.1　概　述

立式倒 U 形传热管自然循环蒸汽发生器的倒 U 形传热管内的倒流现象属于静态流动不稳定性范畴[1]，又称 Ledinegg 流量漂移。Sander[2]，Jeong 等[3]认为：出现该现象的原因是倒 U 形传热管内流体的全水动力特性曲线存在负斜率区，工作在负斜率区的 U 形传热管内流体由于流动阻力压降与驱动力压降随流量的变化规律不匹配，导致无法维持正常的流动。

1982 年，Loomis 等在 SEMISCALE 台架开展的单相自然循环实验中，观察到低流量条件下倒 U 形传热管内的倒流现象，并且在边界条件和初始参数都相同的重复性实验当中，传热管内的流动情况也是有一定差异的，Loomis 等认为倒 U 形传热管束内可能发生了倒流的流动不稳定现象[4]。

1986 年，De Santi 等在 LOBI-MOD2 热工水力实验台架上也发现了上述现象指出，部分倒 U 形传热管内流体的温度与二次侧壁面温度十分接近，没有热的流体进入这些倒 U 形传热管，他们猜测可能是倒 U 形传热管内出现了滞流或者倒流的现象。经过进一步测量进出口腔室的压差和进口腔室的温度变化，确定了倒 U 形传热管内存在倒流[5]。

1988 年，Kukita 等在 LSTF 台架上，开展水装量减少过程的几组自然循环实验。在实验前期的单相与两相自然循环条件下，测量到相当数量的倒 U 形传热管内出现了倒流现象。并且在高冷却剂装量条件下，长管首先倒流，在低冷却剂装量条件下，也是长管首先排空。Kukita 等认为，虽然实验结果表明倒流现象对 LSTF 台架的传热性能没有明显的影响，但是从理论研究和安全分析的角度考虑，应该对这一现象进行更深入的研究，因为当时的系统分析程序并没有包含考虑倒流的理论模型，甚至将所有并联倒 U 形传热管等效为相同性质的一组管，并不能准确模拟自然循环的真实系统响应[6]。

2004 年，Jeong 等在上述理论模型的基础上，进一步完善了倒 U 形传热管内的单相倒流分析模型，并基于均相流模型，建立了倒 U 形传热管内两相流的压降与质量流量计算关系式，将单相倒流现象理论研究初步扩展到了两相。Jeong 等指出，单相与两相倒流发生的原因是倒 U 形传热管进出口压降随质量流量变化曲线在较低的流量范围内存在负斜率区，工作在负斜率区时，管内的流动是不稳定的，因此可以通过计算曲线拐点的位置获得倒流的判断准则。Jeong 等引入了一些假设条件[3]，例如：倒 U 形传热管的管内外换热系数沿管程都是均匀的；两相流在倒 U 形传热管上升段就已经被充分冷凝；二次侧流体处于整体饱和沸腾等。基于上述理论和假设，推导出简化的倒 U 形传热管内单相与两相倒流的临界流量和临界压降显式表达式，当倒 U 形传热管内实际流量或者进出口压降低于临界流量或临界压降时，倒流就有可能发生。结果表明，长管的临界压降较高，且先于短管发生倒流，倒流的 U 形传热管没有起到从一次侧向二次侧传递热量的作用，因此，没有考虑倒流现象的计算模型将使得到的倒 U 形传热管传热量偏高。

此后，针对倒 U 形传热管内的单相倒流现象，国内外学者已经开展了大量的理论分析、数值模拟和实验研究[1, 7]。对于单相倒流现象的发生机理、发展过程、影响因素等研究已经形成了较为完善的研究体系和较成熟的研究结论。但是当一回路发生小破口失水事故（small break loss of coolant accident，SBLOCA）时，破口带走的热量远小于堆芯的衰变热，由于一回路压力的降低，热管段的单相水可能出现闪蒸，加上事故进程中可能出现堆芯水位下降，使得堆芯出口、热管段和蒸汽发生器（steam generator，SG）的进口腔室内出现一定含气率的两相流[7]。当反应堆停堆以后，若能动的余热排出系统无法投入，堆芯的衰变热将先后通过单相自然循环、两相自然循环和回流冷凝三种流动模式传递给 SG 二次侧[8]。

目前，两相自然循环条件下 SG 倒 U 形传热管内流动不稳定现象的研究还十分缺乏。两相倒流现象与单相倒流具有一定的差异，且复杂得多，主要体现在：①发生的背景不同，边界条件不同。对于运行中的压水反应堆，两相自然循环大多在 SBLOCA 中发生，相比于正常的单相自然循环运行，其压力和流量明显要更低[9]；②气液两相流动与传热特性相比单相流动要更复杂，两相流动除气相和液相各自会单独呈现单相的层流与湍流外，还包括组合在一起流动所呈现的流型，如泡状流、弹状流和环状流等，不同的两相流流型也有不同的流动与传热特性；③倒 U 形传热管内两相静态流动不稳定现象与单相静态流动不稳定现象有一定的区别，管内单相流压降随流量的变化曲线通常只有一个拐点，而两相流压降随流量的变化曲线可能存在两个拐点。本章简要介绍质量流速较低的倒 U 形传热管内两相流动的倒流特性。

8.2　倒 U 形传热管内倒流特性分析模型

进行倒 U 形传热管内倒流特性分析，首先需要建立管内流体流动的压降-质量流量特性曲线关系。而倒 U 形传热管内压降主要由沿程摩擦压降、重力压降、加速压降和弯管段局部阻力压降组成，因此，需要先对各个压降进行分析求解，下面加以介绍。

8.2.1　摩擦压降计算

我们把倒 U 形传热管内流动称为一次侧流动，管外流动称为二次侧流动。研究倒 U 形传热管内倒流问题的首要工作是要准确计算其进出口压降。当蒸汽-水两相流体由流入倒 U 形传热管后，蒸汽相可能在倒 U 形传热管内被逐渐冷凝为单相水，也可能未被充分冷凝而导致倒 U 形传热管出口仍具有一定含气率的两相流。因此倒 U 形传热管进出口压降的计算需要同时考虑单相和两相流压降的计算，由单相和两相流动的控制方程可知，管内压降主要包括单相和两相沿程摩擦压降、重力压降、加速压降和弯管段局部阻力压降，其中最难确定的是两相流的摩擦压降。虽然目前对于两相流摩擦压降开展了大量的实验与理论研究，但是由于其影响因素众多，很难有一个精确的计算式能够包含所有因素，最常用的不同计算方法，我们在第 5 章已经做了较为详细的介绍，可以根据不同的流型选用不同的计算公式。空泡份额的公式选取涉及流型的判断，为此作下面假设。

（1）根据第 4 章的空泡份额计算结果与对比，综合考虑质量流速的影响，当 $G \leqslant 200 \text{ kg/}(\text{m}^2 \cdot \text{s})$ 时，选用 Миропольский 公式，当 $G > 200 \text{ kg/}(\text{m}^2 \cdot \text{s})$ 时，选用 Thom 公式[10]。

（2）以核动力装置的一回路发生 SBLOCA 中的两相自然循环为背景[9]，根据事故进程中压水反应堆（pressurized water reactor，PWR）一回路的压力范围及第 2 章的流型过渡准则，选用式（2-8-9）表示的 Taitel-Dukler 准则作为倒 U 形传热管中环状流消失的条件。由于搅拌流只存在于大孔径绝热通道，所以可以认为在有热量输出且内径较小的倒 U 形传热管内，不存在搅拌流、弹状流或泡状流向环状流直接过渡。另外考虑到弹状流与泡状流的本质区别仅是气泡大小与形状，因此不对泡状流和弹状流进行区分，将它们看成一类流型，选取相同的摩擦压降公式进行计算。

对于直径为 d_i 的倒 U 形传热管内单相液体的摩擦压降梯度，可以采用下式计算：

$$-\left(\frac{\mathrm{d}p_f}{\mathrm{d}s}\right)_{\text{sp}} = \frac{f_{\text{sp}} G^2}{2 \rho_{\text{sp}} d_i} \tag{8-2-1}$$

式中：ρ_{sp} 为单相流密度，kg/m^3；f_{sp} 为单相摩擦阻力系数，采用 Blasius 公式计算[1]：

$$f_{\text{sp}} = 0.316\,4\left(\frac{G d_i}{\mu_{\text{sp}}}\right)^{-0.25} \tag{8-2-2}$$

式中：μ_{sp} 为单相液体动力黏度，$\text{kg/}(\text{m} \cdot \text{s})$。

计算泡状流或弹状流摩擦压降则利用两相摩擦乘子乘以单相摩擦压降来获得。对于倒 U 形传热管内两相流为泡状流或弹状流时，两相摩擦乘子有多种的计算公式，根据第 5 章分析的结果，由于 Cook 和 Hoglund 自然循环实验所处的工况与这里所分析的倒 U 形传热管内压力与质量流速范围最为接近，因此采用考虑质量流速效应的 Friedel 公式（5-4-17）计算两相摩擦乘子。

当 $G \approx 400 \text{ kg/}(\text{m}^2 \cdot \text{s})$ 时，$x > 0.2$ 的两相流就基本呈现环状流流型，而在更高的质量流速范围 $G > 600 \text{ kg/}(\text{m}^2 \cdot \text{s})$ 时，环状流的质量含气率范围会更宽。对于倒 U 形传热管内环状两相流，摩擦乘子则采用第 4 章中介绍的较为成熟的考虑中间气芯夹带一定液相的环雾状流解析计算公式（4-8-35）。

8.2.2　重力压降计算

由第 5 章可知，倒 U 形传热管内单相流与两相流（均匀模型和分相模型）的重力压降梯度均可以表示为

$$-\frac{\mathrm{d}p_g}{\mathrm{d}z} = \rho g \sin \theta \tag{8-2-3}$$

式中：ρ 为管内流体密度，kg/m^3；θ 为流体微元 $\mathrm{d}s$ 的水平夹角。

由式（8-2-3）可知，求倒 U 形传热管内流体重力压降的关键是求流体密度。由于入口含气率一定的两相流体进入倒 U 形传热管后被逐渐冷却，倒 U 形传热管内既存在两相流，也可能存在单相流，所以需要分别求得单相和两相流体密度沿管程的表达式。

1. 倒 U 形传热管内流体密度

当倒 U 形传热管的入口含气率较高时，管内可能出现不同的流型，两相流的流动情况也会更加复杂。由第 3 章的分析可知，分相流模型的使用范围比均相流的大，且更接近两相的真实流动情况。在分相流的重力压降计算式中，两相流的真实密度采用下式计算：

$$\rho_{tp} = \alpha\rho_v + (1-\alpha)\rho_l \tag{8-2-4}$$

若假设两相流处于热力学平衡状态，气相和液相处于当地压力下的饱和温度，已知饱和蒸气密度 ρ_v 和饱和水密度 ρ_l，求两相流真实密度的关键在于获得沿管程的空泡份额。根据热平衡假设，倒 U 形传热管内两相流体的热力学含气率沿管程 z 的表达式为

$$x(z) = \frac{h(z)-h_l}{h_{lv}} \tag{8-2-5}$$

式中：h_l 为饱和水比焓；h 为两相流总比焓；h_{lv} 为汽化潜热，$h_{lv}=h_v-h_l$；h_v 为饱和蒸气比焓，单位均为 J/kg。

管内两相流体能量守恒方程为

$$-GA\frac{dh}{dz} = P\alpha_{tp}\Delta T \tag{8-2-6}$$

式中：A 为流通面积，m^2；P 为湿周，m；ΔT 为管内两相流体与管外流体温差，K；若假设二次侧流体处于整体饱和沸腾状态，则 $\Delta T = T_{s1}-T_{s2}$，T_{s1} 和 T_{s2} 分别为一次侧和二次侧饱和温度，K；α_{tp} 为管内两相流体与倒 U 形传热管二次侧流体的总传热系数，W/（m^2·K），采用下式计算

$$\alpha_{tp} = \frac{1}{\dfrac{1}{\alpha_{i,tp}} + \dfrac{d_i}{2\lambda_w}\ln\dfrac{d_0}{d_i} + \dfrac{d_i}{\alpha_0 d_0}} \tag{8-2-7}$$

式中：$\alpha_{i,tp}$ 为管内两相流体与管壁的对流换热系数，W/（m^2·K）；λ_w 为管壁导热系数，W/（m·K）；d_0 为倒 U 形传热管外直径，m；α_0 为管外流体与管壁对热换热系数，W/（m^2·K），采用 Rohsenow 大空间池式沸腾传热系数公式计算[1]：

$$\frac{c_{pl2}(T_{w0}-T_{s2})}{h_{lv2}} = 0.013\left[\frac{q''}{\mu_{l2}h_{lv2}}\sqrt{\frac{\sigma_2}{g(\rho_{l2}-\rho_{v2})}}\right]^{0.33}Pr_{l2} \tag{8-2-8}$$

式中：T_{w0} 为管外壁面温度，K；q'' 为热流密度，W/m^2；c_{pl2} 为二次侧液相定压比热容，J/（kg·K）；ρ_{l2} 为二次侧饱和液相密度，kg/m^3；Pr_{l2} 为二次侧饱和液相普朗特数；μ_{l2} 为二次侧饱和液相动力黏度，kg/（m·s）；h_{lv2} 为二次侧汽化潜热，J/kg；σ_2 为二次侧表面张力系数，N/m^2；ρ_{v2} 为二次侧饱和蒸汽密度，kg/m^3。

热流密度与传热温差的关系为

$$q'' = \alpha_0(T_{w0}-T_{s2}) \tag{8-2-9}$$

将式（8-2-9）代入式（8-2-8）得到管外流体与管壁的对流换热系数

$$\alpha_0 = \frac{\mu_{l2} c_{pl2}^3 (T_{w0} - T_{s2})^2}{2.197 \times 10^{-6} h_{lv2}^2 Pr_{l2}^3} \sqrt{\frac{g(\rho_{l2} - \rho_{v2})}{\sigma_2}} \tag{8-2-10}$$

管内两相流体与管壁的对流换热系数 $\alpha_{i,tp}$ 采用 Shah 推荐的两相流平均冷凝换热系数公式计算[11]：

$$\alpha_{i,tp} = 0.023 \frac{\lambda_1}{d_i} Re_1^{0.8} Pr_1^{0.4} \left[(1-x)^{0.8} + \frac{3.8(1-x)^{0.04} x^{0.76}}{(p/p_{cr})^{0.38}} \right] \tag{8-2-11}$$

式中：Pr_1 为一次侧饱和水普朗特数；Re_1 为一次侧分液相雷诺数。

将式（8-2-6）沿管程积分，积分下限为倒 U 形传热管入口处（$z=0$，$h=h_{in}$），积分上限为 $z \leqslant L_{tp}$ 的任意一点，L_{tp} 为两相段的长度，有

$$h(z) = h_{in} - \frac{P \alpha_{tp} \Delta T}{AG} z \tag{8-2-12}$$

将式（8-2-2）代入式（8-2-5）可得

$$x(z) = x_{in} - \frac{\xi_2 \Delta T}{G} z \tag{8-2-13}$$

式中：$\xi_2 = \dfrac{P \alpha_{tp}}{A h_{lv}}$。令 $x(z) = 0$，即可求得两相段的长度 L_{tp} 为

$$L_{tp} = \frac{x_{in} G}{\xi_2 \Delta T} \tag{8-2-14}$$

根据式（8-2-13），可以求得两相流质量含气率的沿程分布，若已知倒 U 形传热管内流体的质量流速和一次侧压力，可以根据第 4 章分析的结果，选用合适的空泡份额计算式。已知空泡份额的分布后，由于饱和水的密度和饱和蒸气的密度已知，就可以根据式（8-2-4）求得两相流密度的沿程变化。

假设两相流冷凝为单相流之后，流体的密度变化仅由温度变化决定，流体的轴向导热可忽略，则在一维稳态条件下，根据 Oberbeck-Boussinesq 方程，倒 U 形传热管内单相流体的密度可以表示为

$$\rho_{sp} = \rho_0 [1 - \beta(T - T_{s2})] \tag{8-2-15}$$

式中：ρ_{sp} 为单相流体密度，kg/m^3；ρ_0 为参考密度，计算中选取一次侧压力、二次侧温度下的冷却剂密度，$\rho_0 = \rho(T_{s2})$；β 为热膨胀系数，K^{-1}，可将 $T = T_{s1}$ 代入式（8-2-15）确定其具体数值：

$$\beta = \frac{\rho(T_{s2}) - \rho(T_{s1})}{(T_{s1} - T_{s2}) \rho(T_{s2})} \tag{8-2-16}$$

由式（8-2-15）可知，求单相流体密度沿程变化的关键是求单相流温度的沿程变化。忽略管内流体的轴向导热，稳态条件下，倒 U 形传热管内单相流体的能量守恒方程为[12]

$$\frac{\partial T}{\partial z} = -\frac{P \alpha_{sp} (T - T_{s2})}{AGc_p} \tag{8-2-17}$$

式中：c_p 为管内单相流体定压比热，$J/(kg \cdot K)$；α_{sp} 为管内单相流体与二次侧总传热系数，$W/(m^2 \cdot K)$，采用下式计算：

$$\alpha_{\text{sp}} = \frac{1}{\dfrac{1}{\alpha_{\text{i,sp}}} + \dfrac{d_{\text{i}}}{2\lambda_{\text{w}}}\ln\dfrac{d_0}{d_{\text{i}}} + \dfrac{d_{\text{i}}}{\alpha_0 d_0}} \tag{8-2-18}$$

式中：α_0 仍采用式（8-2-10）计算；$\alpha_{\text{i,sp}}$ 为管内单相流体与管壁的对流换热系数，W/（m²·K）；采用 Dittus-Boelter 推荐的单相流体被冷却的对流换热系数公式计算

$$\alpha_{\text{i,sp}} = 0.023 \frac{\lambda_{\text{i,sp}}}{d_{\text{i}}} Re_{\text{i,sp}}^{0.8} Pr_{\text{i,sp}}^{0.3} \tag{8-2-19}$$

式中：$\lambda_{\text{i,sp}}$、$Re_{\text{i, sp}}$ 和 $Pr_{\text{i, sp}}$ 分别为一次侧单相过冷流体的导热系数、雷诺数和普朗特数。

将式（8-2-17）沿管程进行积分，积分下限为单相流起始点（$z=L_{\text{tp}}$，$T=T_{\text{s1}}$），积分上限为 $z>L_{\text{tp}}$ 的任意一点，可得单相流体温度的沿程变化：

$$T(z) = T_{\text{s2}} + (T_{\text{s1}} - T_{\text{s2}})\,\mathrm{e}^{-\frac{\xi_1}{G}(z - L_{\text{tp}})} \tag{8-2-20}$$

式中：$\xi_1 = \dfrac{P\alpha_{\text{sp}}}{Ac_p}$。

将式（8-2-20）代入式（8-2-15）即可得单相流体密度的沿程变化：

$$\rho_{\text{sp}}(z) = \rho_0 - \beta\rho_0(T_{\text{s1}} - T_{\text{s2}})\,\mathrm{e}^{-\frac{\xi_1}{G}(z - L_{\text{tp}})} \tag{8-2-21}$$

2. 二次侧水位对管内流体密度的影响

上述分析假设了二次侧流体处于运行压力下的整体饱和沸腾状态，管外流体与壁面间的对流换热系数 α_0 可采用式（8-2-10）计算，但是当二次侧水位降低时（例如 SBLOCA 进程中，停堆信号可能导致倒 U 形传热管二次侧给水停止，投入辅机进行耗气也是排出堆芯余热的重要手段，此时二次侧水位将面临持续降低），该假设会使管内外单相与两相总传热系数的计算产生较大误差，从而影响管内流体密度与重力压降的计算。为此，假设二次侧水位为 H_{w}，在水位以下的二次侧仍采用 Rohsenow 公式计算大空间池式沸腾的对流换热系数，水位以上主要为较高干度的湿蒸汽与管壁的对流换热，蒸汽在管束间流速很低（由于辅机耗汽量很小），换热主要由自然对流主导，可以采用等温表面的自然对流换热系数公式计算：

$$\alpha_0 = 0.59 \frac{\lambda_{0,\text{sp}}}{D_{\text{e}}} (Gr_{0,\text{sp}} \cdot Pr_{0,\text{sp}})^{1/4} \tag{8-2-22}$$

式中：$\lambda_{0,\text{sp}}$、$Gr_{0,\text{sp}}$ 和 $Pr_{0,\text{sp}}$ 分别为二次侧湿蒸汽的导热系数、格拉晓夫数和普朗特数，定性温度取湿蒸汽温度与倒 U 形传热管外壁面温度的算术平均值；D_{e} 为二次侧管束间流道的当量直径，m。

通过对某型实际装置的倒 U 形传热管的计算，图 8-2-1～图 8-2-4 依次给出不同二次侧水位下倒 U 形传热管内质量含气率、空泡份额、流体温度和密度沿管程的变化。其中，入口含气率 $x_{\text{in}}=0.8$，一次侧压力 $p_1=8$ MPa，二次侧压力 $p_{\text{s}}=3$ MPa，质量流速 $G=200$ kg/（m²·s）。由图 8-2-1～图 8-2-4 可知，二次侧水位对一次侧参数具有重要影响，随着二次侧水位的降低，一次侧两相段的长度变长（$x>0$），出口温度升高，出口密度降低，当水位足够低时（$H_{\text{w}}=1$ m），倒 U 形传热管出口可能仍然是两相流。当一次侧流体的垂直高度低于二次侧水位时，一次侧

质量含气率、空泡份额和密度等参数变化较快，高于二次侧水位时，则变化较慢，这是由于二次侧湿蒸汽与管壁的自然对流换热量非常有限。所以在进行一次侧的传热计算时，必须考虑倒 U 形传热管二次侧水位的影响。

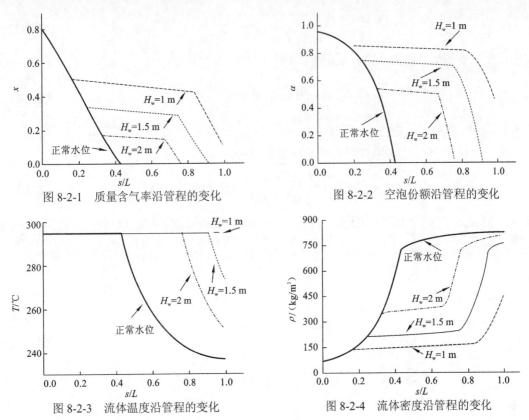

图 8-2-1　质量含气率沿管程的变化　　　　图 8-2-2　空泡份额沿管程的变化

图 8-2-3　流体温度沿管程的变化　　　　图 8-2-4　流体密度沿管程的变化

8.2.3　加速压降与局部压降计算

由第 5 章知，等截面通道两相流加速压降只与管段进出口含气率和空泡份额有关，若倒 U 形传热管出口仍为两相流（$x_{out}>0$），此时管内分相流模型的加速压降可以采用下式计算：

$$\Delta p_a = G^2 \left\{ \left[\frac{(1-x_{out})^2}{\rho_l(1-\alpha_{out})} + \frac{x_{out}^2}{\rho_v \alpha_{out}} \right] - \left[\frac{(1-x_{in})^2}{\rho_l(1-\alpha_{in})} + \frac{x_{in}^2}{\rho_v \alpha_{in}} \right] \right\} \tag{8-2-23}$$

式中：下标 in 表示倒 U 形传热管入口；下标 out 表示倒 U 形传热管出口。若倒 U 形传热管出口为单相液体（$x_{out}=0$），则总加速压降包含单相和两相加速压降两部分。

$$\Delta p_{a,tp} = G^2 \left\{ \frac{1}{\rho_l} - \left[\frac{(1-x_{in})^2}{\rho_l(1-\alpha_{in})} + \frac{x_{in}^2}{\rho_v \alpha_{in}} \right] \right\} \tag{8-2-24}$$

$$\Delta p_{a,sp} = \frac{G^2}{2} \left\{ \frac{1}{\rho_{out}} - \frac{1}{\rho_l} \right\} \tag{8-2-25}$$

以上两式相加，得到总的加速压降表达式：

$$\Delta p_a = G^2 \left\{ \frac{1}{2\rho_{\text{out}}} + \frac{1}{2\rho_1} - \left[\frac{(1-x_{\text{in}})^2}{\rho_1(1-\alpha_{\text{in}})} + \frac{x_{\text{in}}^2}{\rho_v \alpha_{\text{in}}} \right] \right\} \qquad (8\text{-}2\text{-}26)$$

单相流通过倒 U 形传热管弯头时的局部阻力压降为

$$\Delta p_{r,\text{sp}} = K \frac{G^2}{2\rho_{\text{sp}}} \qquad (8\text{-}2\text{-}27)$$

式中：K 为单相形状阻力系数。采用下式计算：

$$K = \left[0.262 + 0.326 \left(\frac{d_i}{R_{\text{u}}} \right)^{3.5} \right] \frac{\varphi}{\pi} \qquad (8\text{-}2\text{-}28)$$

式中：φ 为弯曲角度，rad。

两相流通过倒 U 形传热管弯头时的局部阻力压降为

$$\Delta p_{r,\text{tp}} = \Delta p_{r,\text{l0}} \left\{ 1 + \left(\frac{\rho_1}{\rho_v} - 1 \right) \left[\frac{2}{K} x(1-x) \Delta \left(\frac{1}{S} \right) + x \right] \right\} \qquad (8\text{-}2\text{-}29)$$

式中：$\Delta p_{r,\text{l0}}$ 为全液相局部阻力压降，表示与两相流总质量流速相同的单相液体通过弯头时的局部阻力压降，Pa；$\Delta \left(\dfrac{1}{S} \right)$ 为滑速比增量，采用第 5 章介绍 Chisholm 推荐的实验拟合关系式计算：

$$\Delta \left(\frac{1}{S} \right) = \frac{1.1}{2 + R_{\text{u}} / d_i} \qquad (8\text{-}2\text{-}30)$$

8.3　倒 U 形传热管倒流特性的计算

图 8-3-1 为典型的倒 U 形传热管两相流动示意图，将倒 U 形传热管一次侧划分为若干控制体，控制体长度为 Δs。由于 $d_i \ll L$，假设倒 U 形传热管内的工质为一维流动，每个控制体内工质的状态参数只沿管道轴向变化，沿径向不变，忽略二次侧工质和倒 U 形传热管壁的轴向导热。当 SG 二次侧水位正常时，可以假设二次侧流体处于整体饱和沸腾状态，流体温度为相应压力下的饱和温度，二次侧流体与外壁面间的平均对流换热系数采用式（8-2-10）计算；当 SG 二次侧水位降低时，水位以下的工质为整体沸腾，工质与外壁面间换热系数仍采用式（8-2-10）计算，水位以上湿蒸汽与外壁面间平均换热系数采用式（8-2-22）计算。一次侧控制体内的传热计算也需要根据控制体的竖直高度确定相应的传热机制[7, 13]。

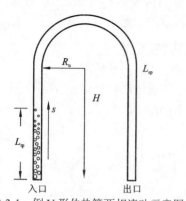

图 8-3-1　倒 U 形传热管两相流动示意图

图 8-3-2 为倒 U 形传热管一次侧的两相流动控制体示意图，控制体内的含气率采用进出口含气率

的平均值：

$$\bar{x}_i = \frac{x_{i,\text{in}} + x_{i,\text{out}}}{2} \tag{8-3-1}$$

式中：$\bar{x}_i$、$x_{i,\text{in}}$ 和 $x_{i,\text{out}}$ 分别为第 i 个控制体的平均含气率、进口含气率和出口含气率。第 1 个两相控制体的进口含气率为倒 U 形传热管进口含气率：$x_{1,\text{in}} = x_{\text{in}}$；第 i 个控制体的进口含气率为第 $i-1$ 个控制体的出口含气率：$x_{i,\text{in}} = x_{i-1,\text{out}}$。

两相控制体内的平均空泡份额根据质量流速的大小选用不同的空泡份额公式计算，根据 8.2 节中的假设，当 $G \leqslant 200 \text{ kg/ } (\text{m}^2 \cdot \text{s})$ 时，选用 Миропольский 公式；当 $G > 200 \text{ kg/ } (\text{m}^2 \cdot \text{s})$ 时，选用 Thom 公式；而两相密度则根据平均空泡份额采用式（8-2-4）计算。另外，根据热平衡假设，控制体内水和蒸汽的温度均为一次侧压力下的饱和温度 T_{sat}，饱和水和饱和蒸汽的物性参数，如密度、动力黏度、导热系数、定压比热等由程序根据一次侧压力直接调用水和蒸汽性质国际协会发布的基于 IAPWS-IF97 标准的动态链接数据库得出。

当 $\bar{x}_i = 0$ 时，控制体内为单相流，图 8-3-3 为倒 U 形传热管一次侧的单相控制体示意图。第 1 个单相控制体的进口温度等于饱和温度；单相控制体的平均温度为进出口温度的平均值

$$\bar{T}_i = (T_{i,\text{in}} + T_{i,\text{out}}) / 2 \tag{8-3-2}$$

式中：$\bar{T}_i$、$T_{i,\text{in}}$ 和 $T_{i,\text{out}}$ 分别为第 i 个控制体的平均温度、进口温度和出口温度。单相水的平均密度、动力黏度、导热系数、定压比热等参数均根据一次侧压力和控制体平均温度调用 IAPWS-IF97 标准动态链接数据库得出。

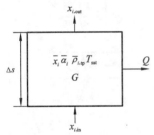 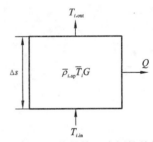

图 8-3-2　倒 U 形传热管一次侧两相流动的控制体　　　　图 8-3-3　倒 U 形传热管一次侧的单相控制体

求得每个控制体内的流动参数后，就可以根据 8.2 节的压降计算模型求得控制体的进出口压降，其中，控制体摩擦压降 $\Delta p_{i,\text{f}}$ 及重力压降 $\Delta p_{i,\text{g}}$ 的计算流程图如图 8-3-4 所示[7, 14]。

根据出口含气率的数值，倒 U 形传热管进出口加速压降采用式（8-2-23）或式（8-2-26）计算。上升和下降直管段控制体内的局部阻力压降为 0，弯管段内，若控制体内为单相流，结合式（8-2-27），局部阻力压降为

$$\Delta p_{i,\text{r}} = \frac{K_i G^2}{2 \bar{\rho}_{i,\text{sp}}} \tag{8-3-3}$$

式中：$\bar{\rho}_{i,\text{sp}}$ 为单相控制体平均密度，由式（8-2-28），控制体内的局部阻力系数 K_i 为

$$K_i = \left[0.262 + 0.326 \left(\frac{d_i}{R_\text{u}} \right)^{3.5} \right] \frac{\Delta s}{\pi R_\text{u}} \tag{8-3-4}$$

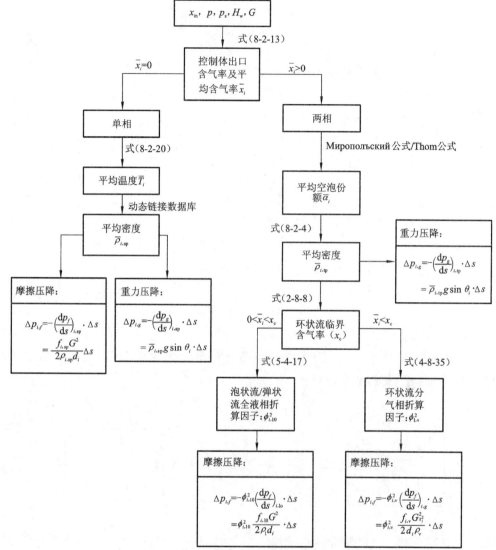

图 8-3-4　控制体内摩擦压降和重力压降计算流程图

若控制体内为两相流,结合式(8-2-29),则局部阻力压降为

$$\Delta p_{i,r} = \frac{K_i G^2}{2\rho_1}\left\{1 + \left(\frac{\rho_1}{\rho_v} - 1\right)\left[\frac{2.2\bar{x}_i(1 - \bar{x}_i)}{K_i(2 + R_u/d_i)} + \bar{x}_i\right]\right\} \tag{8-3-5}$$

倒 U 形传热管进出口总压降为

$$\Delta p = \Delta p_f + \Delta p_g + \Delta p_r + \Delta p_a = \Delta p_a + \sum_{i=1}^{L/\Delta s}(\Delta p_{i,f} + \Delta p_{i,g} + \Delta p_{i,r}) \tag{8-3-6}$$

根据以上计算流程图和相关的计算式,经过控制体长度的敏感性分析后,确定 $\Delta s = 0.0001\,\mathrm{m}$,就可计算出倒 U 形传热管两相流进出口总压降 Δp、摩擦压降 Δp_f、重力压降 Δp_g、局部阻力压降 Δp_r 和加速压降 Δp_a 随质量流速的变化,如图 8-3-5 所示,其中倒 U 形传热管一、二次侧压力分别为 8 MPa 和 4 MPa,倒 U 形传热管入口的含气率为 0.5、二次侧水位正常[7, 14]。

由图 8-3-5 可以看出，随着质量流速的增大，摩擦压降逐渐增大，局部阻力压降变化很小，两者始终为正值，沿程摩擦阻力为两相流动的主要流动阻力；加速压降和重力压降则始终为负值，两者提供两相流动的驱动力，其中重力压降为最主要的驱动力。但是重力压降的数值随着质量流速的增大先逐渐减小，后缓慢增大，因此驱动力随着质量流速的增大先增大，后减小。所有压降项叠加得到的总压降并不是质量流速的单调函数，曲线存在拐点（O 点），在负斜率段（AO）段，管内流动是不稳定的。假定工作在（AO）段的倒 U 形传热管内发生小的流量扰动，若质量流速减少，则流动阻力和驱动力同时减少，但驱动力的减少量大于流动阻力的减少量，过剩的流动阻力将导致质量流速的进一步减少，直至发生倒流；若质量流速增大，则流动阻力和驱动力同时增大，而驱动力的增量大于流动阻力的增量，过剩的驱动力导致质量流速进一步增大，直至到达稳定的流动区域（OB）[7,15]。

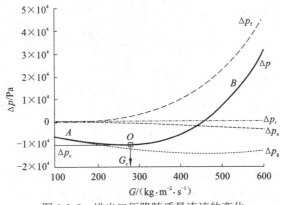

图 8-3-5　进出口压降随质量流速的变化

在自然循环条件下，倒 U 形传热管内流量较低，部分倒 U 形传热管很可能工作于曲线的 AO 段，因此倒流较容易在这些倒 U 形传热管内发生。当 SG 的总流量不变时，倒流使得正流倒 U 形传热管的流量会相应增大，并且远离负斜率工作区域，这样倒 U 形传热管束会处于部分正流、部分倒流的相对稳定工作状态[7,15]。

定义：倒 U 形传热管总压降-质量流速曲线的拐点（O 点）对应的质量流速和压降分别为倒流临界质量流速 G_c 和临界压降 Δp_c，如图 8-3-5 所示。当倒 U 形传热管内实际质量流速低于其倒流临界质量流速 G_c 时，管内的流动是不稳定的，有可能发生倒流。假设倒 U 形传热管存在倒流现象之前，所有并联倒 U 形传热管束具有相同的进出口压降，则随着倒 U 形传热管一次侧入口流量的降低，临界压降较高的倒 U 形传热管将首先到达其倒流临界压降 Δp_c 并且首先发生倒流[7,16]。因此，G_c 和 Δp_c 是倒 U 形传热管内倒流特性研究的重要参数，后面还将针对上述两个参数的影响进行探讨。

8.4　倒流影响因素分析

根据以上的分析模型和计算，不难看到，两相自然循环条件下倒 U 形传热管内倒流特性受管长、管内径、入口质量含气率、倒 U 形传热管一二次侧压力和二次侧水位等因素的影响[7, 16]。为此，下面将分别对 A、B 两种型号蒸汽发生器所对应的倒 U 形传热管尺寸及工作条件下的倒流做进一步分析，倒 U 形传热管具体参数如表 8-4-1 所示[17]。

表 8-4-1　倒 U 形传热管参数

参数	数值	
	A 型	B 型
直管长度/m	H_0 3～4	9.44～10.644
弯管半径/mm	R_{u0} 200～1 000	51～311
内径/mm	d_{i0} 16	19.6
外径/mm	d_{o0} 18	25.4
一次侧工作压力/MPa	14～16	15.6
二次侧工作压力/MPa	p_{s0} 4～5	6.5

1. 管长

保持倒 U 形传热管入口质量含气率和一二次侧压力不变，分别改变倒 U 形传热管的直管段长度和弯管半径，研究直管长度和弯管段长度对于倒 U 形传热管内两相倒流特性的影响。其中，二次侧为正常水位情况。图 8-4-1 为弯管半径一定，直管长度分别为 2 m、5 m 和 10 m 时，倒 U 形传热管的两相流进出口压降随质量流速的变化曲线。图 8-4-2 为直管长度一定，弯管半径分别为 0.1 m、0.4 m 和 0.7 m 时，倒 U 形传热管两相流进出口压降随质量流速的变化曲线。由图 8-4-1 可以看出，直管长度为 10 m 时，曲线的拐点最高，即倒流临界压降最大，而当直管长度为 5 m 时，曲线的拐点最低，倒流的临界压降最小。因此，两相倒流临界压降随直管长度的变化并不是单调的。由图 8-4-2 可以看出，弯管半径较小的倒 U 形传热管倒流临界压降最高，弯管半径较大的倒 U 形传热管临界压降最低。

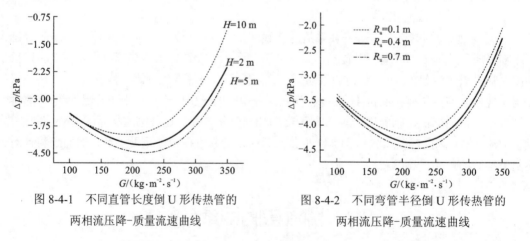

图 8-4-1　不同直管长度倒 U 形传热管的
两相流压降-质量流速曲线

图 8-4-2　不同弯管半径倒 U 形传热管的
两相流压降-质量流速曲线

图 8-4-3 给出了倒 U 形传热管入口分别为单相流和两相流时，倒流的临界压降和临界质量流速随直管长度的变化，其中，两相流的入口质量含气率为 0.5，单相流则是入口含气率为

0 的情况，即倒 U 形传热管入口为饱和水。由图 8-4-3（a）可以看出，无论倒 U 形传热管入口为单相流还是两相流，随着直管长度的增大，临界压降先减小，后增大。由图 8-4-3（b）可以看出，随着直管长度的增大，倒 U 形传热管倒流临界质量流速则先增大后减小。当直管长度在 3m 左右时，临界压降达到最小值，临界质量流速达到最大值，由前面分析可知，此时对于同一 SG 内的单根倒 U 形传热管而言，由于临界压降较低，与其余并联倒 U 形传热管相比，倒流最不容易发生，但是对于不同的 SG 而言，若其内部倒 U 形传热管束的直管长度均在这一长度附近，则由于临界质量流速较大，流动不稳定边界较宽，发生倒流的可能性增大，在较大的质量流速范围内，SG 内部都会存在这一现象。上述结论看似矛盾，其实相互统一。对于常用的立式倒 U 形传热管结构的 SG 而言，倒 U 形传热管束间流动阻力压降和重力驱动力压降不匹配的变化规律，在较低质量流速范围内，倒流普遍存在，倒 U 形传热管束整体直管长度决定了这一范围的大小，而在不同长度的倒 U 形传热管之间，则是临界压降较高的倒 U 形传热管首先发生倒流。临界质量流速用于判断 SG 内是否存在倒流（或流动不稳定边界），临界压降则用于判断倒 U 形传热管内发生倒流的先后次序（或倒流的空间分布）。

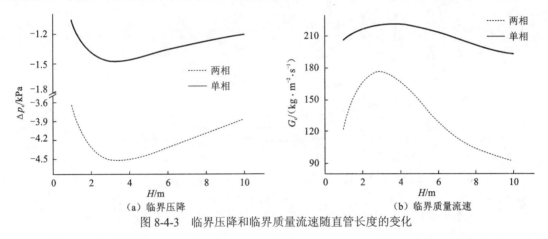

（a）临界压降　　　　　　　　　　　　　（b）临界质量流速

图 8-4-3　临界压降和临界质量流速随直管长度的变化

　　图 8-4-4（a）和图 8-4-4（b）为入口分别为两相和单相条件下，不同直管长度倒 U 形传热管的倒流临界压降随弯管半径的变化。

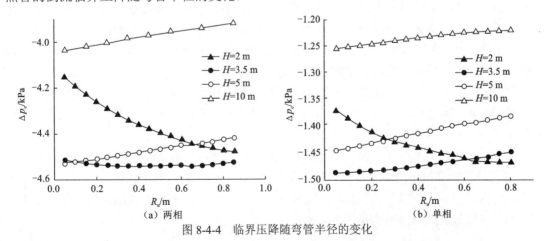

（a）两相　　　　　　　　　　　　　（b）单相

图 8-4-4　临界压降随弯管半径的变化

由图 8-4-4（a）和图 8-4-4（b）可以看出，当直管长度较短时，临界压降随着弯管半径的增大而减小，与图 8-4-2 得出的结论相符，因此对于小型的 A 型 SG，由于直管长度较短，倒流将首先发生在临界压降较大、弯管半径较小的倒 U 形传热管内。而对于直管长度较长的 B 型 SG，倒 U 形传热管临界压降则随着弯管半径的增大而增大，倒流将首先发生在临界压降较大、弯管半径较大的倒 U 形传热管内。

结合图 8-4-3 与图 8-4-4 可知：无论倒 U 形传热管入口为单相流还是两相流，管长对倒流临界压降和临界质量流速的影响规律相同，但在相同管长条件下，两相倒流临界压降始终小于单相临界压降，两相倒流临界质量流速则始终大于单相临界质量流速。

2. 管内径

以 A 型 SG 为对象，改变倒 U 形传热管内径的大小（$0.8d_{i0}$～$1.2d_{i0}$），保持倒 U 形传热管入口质量含气率和一二次侧工作压力不变，利用程序计算得到了两相流进出口压降随质量流速的变化曲线，如图 8-4-5 所示，其中 d_{i0} 为倒 U 形传热管参考内径。

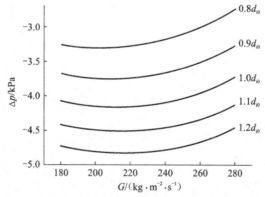

图 8-4-5　不同内径倒 U 形传热管的两相流压降-质量流速曲线

由图 8-4-5 可以看出，随着管内径的增大，曲线拐点逐渐降低，因此对于连接在同一进出口腔室的倒 U 形传热管束，内径较小的倒 U 形传热管临界压降较大，将更容易发生倒流。当质量流速不变、管内径增大时，倒 U 形传热管内流体与内壁面换热面积增大，管内流体平均密度增大。一方面，平均密度与内径的增大共同导致摩擦阻力压降的减小；另一方面，换热面积的增大导致重力驱动力的上升和重力压降在数值上的减小。摩擦阻力压降和重力压降的减小导致了总压降随着管内径的增大而降低。

A、B 两型 SG 中，倒 U 形传热管倒流临界压降和临界质量流速随管内径的变化关系分别示于图 8-4-6 和图 8-4-7 中。由图 8-4-6 和图 8-4-7 可以看出，对于两型 SG 中的倒 U 形传热管而言，单相与两相倒流临界压降及临界质量流速与管内径都近似呈线性关系。其中，临界压降随着管内径的增大线性减小，临界质量流速随着管内径的增大线性增大，两种型号 SG 倒 U 形传热管计算得出的倒流特性参数变化规律一致。无论倒 U 形传热管入口为单相还是两相流，管内径对临界压降与临界质量流速的影响规律相同，但两相倒流临界压降明显小于单相，两相倒流临界质量流速明显大于单相。

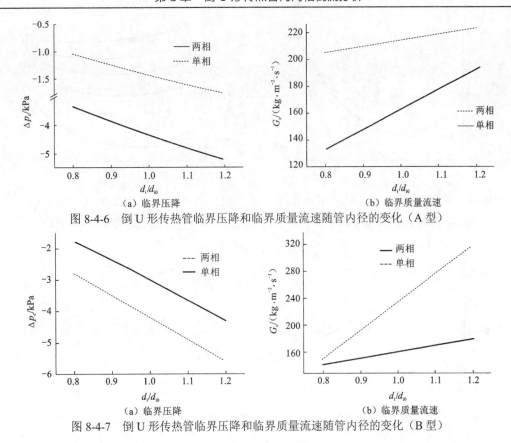

图 8-4-6　倒 U 形传热管临界压降和临界质量流速随管内径的变化（A 型）

图 8-4-7　倒 U 形传热管临界压降和临界质量流速随管内径的变化（B 型）

3. 二次侧压力

SG 二次侧工作压力决定了二次侧流体的饱和温度，当假设二次侧水位以下处于整体饱和沸腾状态时，二次侧压力则影响着管内外流体的换热。在正常运行工况下，SG 二次侧压力基本保持不变，但是在 SBLOCA 中的两相自然循环条件下，二次侧压力可能产生较大幅度的改变。因此研究二次侧压力对倒 U 形传热管内两相倒流现象的影响是十分必要的。

通过改变二次侧工作压力，利用倒流特性分析程序计算可以得到 A 型和 B 型 SG 倒 U 形传热管两相流进出口压降随质量流速的变化曲线，分别如图 8-4-8 与 8-4-9 所示，其中 p_{s0} 为正常运行条件下的二次侧压力。由此可知，对于两种型号蒸汽发生器的倒 U 形传热管，倒流的临界压降均随着二次侧压力的升高而减小，当管内质量流速较低时，二次侧压力的变化对进出压降的影响更加明显，而当质量流速较高时，不同二次侧压力条件下的倒 U 形传热管进出口压降差值减小。

图 8-4-10 为 A 型 SG 中不同弯管半径倒 U 形传热管的倒流临界压降随二次侧压力的变化，图 8-4-11 为 B 型 SG 中弯管半径为 51 mm 的倒 U 形传热管倒流临界压降随二次侧压力的变化。

由图 8-4-10 可以看出，A 型 SG 倒 U 形传热管临界压降随着二次侧压力的升高近似线性地减小，由图 8-4-11 可以看出，B 型 SG 倒 U 形传热管的临界压降虽然也是随着二次侧压力的升高而减小，但两者近似呈二次函数关系，其拟合关系式如下：

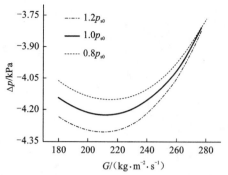
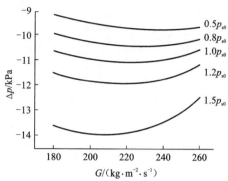

图 8-4-8　不同二次侧压力下倒 U 形传热管的
压降-质量流速曲线（A 型 SG）

图 8-4-9　不同二次侧压力下倒 U 形传热管
的压降-质量流速曲线（B 型 SG）

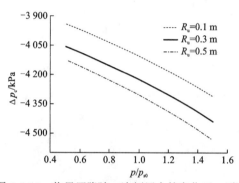

图 8-4-10　临界压降随二次侧压力的变化（A 型）　图 8-4-11　临界压降随二次侧压力的变化（B 型）

$$\Delta p_c = -10.303\,7 + 2.427\,0\frac{p}{p_{s0}} - 3.204\,0\left(\frac{p}{p_{s0}}\right)^2 \qquad (8\text{-}4\text{-}1)$$

Δp_c 的单位为 kPa，式中的拟合系数 $R^2 = 0.997\,8$。

　　A、B 两型 SG 的倒 U 形传热管倒流临界质量流速随二次侧压力的变化关系分别如图 8-4-12 和图 8-4-13 所示。由两图可以得出，两种型号 SG 的倒 U 形传热管临界质量流速均随着二次侧压力的升高而近似线性地减小。因此，当 SG 二次侧压力升高而一次侧实际流量不变时，倒 U 形传热管束间发生倒流的可能性会降低，SG 的流动不稳定边界变窄。

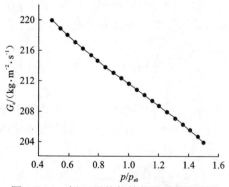
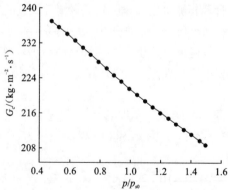

图 8-4-12　倒 U 形传热管临界质量流速随
二次侧压力的变化（A 型）

图 8-4-13　倒 U 形传热管临界质量流速随
二次侧压力的变化（B 型）

4. 入口质量含气率

倒 U 形传热管入口质量含气率是影响管内两相流压降的重要因素,其必然也会对管内倒流特性产生比较明显的影响。当入口为泡状流或弹状流时,倒 U 形传热管内可能包含泡状流或弹状流及单相流;当倒 U 形传热管入口为环状流时,倒 U 形传热管内可能包含环状流、泡状流或弹状流及单相流。由于计算中考虑了环状流和泡状流摩擦压降计算方式的不同,所以对倒 U 形传热管入口含气率较低和入口含气率较高这两种情况分别进行研究。

当入口质量含气率较低时（定义 $x_{in} \leqslant 0.15$ 为低含气率条件）,A、B 两型 SG 倒 U 形传热管进出口压降随质量流速的变化曲线分别如图 8-4-14 和图 8-4-15 所示;当入口质量含气率较高时,A、B 两型 SG 倒 U 形传热管的进出口压降随质量流速的变化曲线分别如图 8-4-16 和图 8-4-17 所示。由图 8-4-14～图 8-4-17 可知,无论入口质量含气率高低,两种型号 SG 倒 U 形传热管的临界压降均随着质量含气率的增大而减小。这是由于含气率的增大导致倒 U 形传热管上升段和下降段的平均密度均减小,但是上升段平均密度减小的比下降段的多,所以重力压降减小;而含气率的变化对摩擦压降的影响则与流型或者含气率所处范围有关。但是在较低质量流速条件下,重力压降的减小起主导作用,摩擦压降的变化起次要作用,因此最后总压降会减小。进一步分析可知:入口质量含气率越高,倒 U 形传热管倒流临界压降越大,假设其他条件相同,但是入口腔室的两相流并不均匀,则入口含气率低的倒 U 形传热管将首先发生倒流。

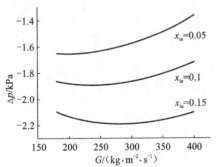

图 8-4-14　较低入口含气率条件下倒 U 形传热管
的压降-质量流速曲线（A 型）

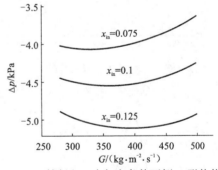

图 8-4-15　较低入口含气率条件下倒 U 形传热管
的压降-质量流速曲线（B 型）

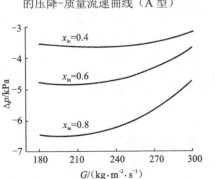

图 8-4-16　较高入口含气率条件下倒 U 形传热管
的压降-质量流速曲线（A 型）

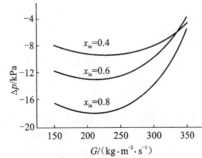

图 8-4-17　较高入口含气率条件下倒 U 形传热管
的压降-质量流速曲线（B 型）

由图 8-4-14～图 8-4-15 可知，当倒 U 形传热管入口含气率较低时，质量流速越低，入口含气率对进出口压降的影响越小；而由图 8-4-16～图 8-4-17 还可知，当倒 U 形传热管入口含气率较高时，质量流速越高，入口含气率对进出口压降的影响越小。上述差异可能造成临界质量流速与临界压降随入口含气率变化规律在不同含气率范围内不相同，下面对此展开进一步说明。

图 8-4-18～图 8-4-21 给出较大入口含气率范围在 0～0.8，倒流临界压降和临界质量流速随入口含气率的变化曲线。由图 8-4-18 和图 8-4-19 可知，临界压降随入口含气率的增大而近似线性地降低。由图 8-4-20 和图 8-4-21 可知，临界质量流速随着入口含气率的增大先上升后下降。在上升段，临界质量流速随着入口含气率的增大线性上升；在下降段，临界质量流速则随着入口含气率的增大呈指数函数规律下降。由此判断：在较低入口含气率范围内，随着入口含气率的增大，SG 的流动不稳定边界拓宽，在较大质量流速范围内都可能存在倒流；而在较高的入口含气率范围内，入口含气率越高，SG 的流动不稳定边界越窄，倒流只存在于较低的入口质量流速条件下。

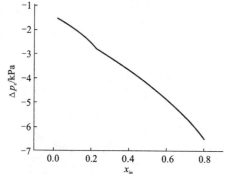

图 8-4-18　倒 U 形传热管临界压降随入口含气率的变化（A 型）

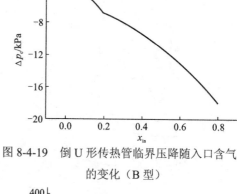

图 8-4-19　倒 U 形传热管临界压降随入口含气率的变化（B 型）

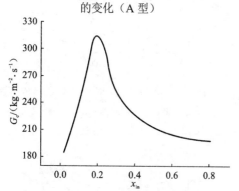

图 8-4-20　倒 U 形传热管临界质量流速随入口含气率的变化（A 型）

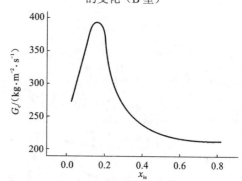

图 8-4-21　倒 U 形传热管临界质量流速随入口含气率的变化（B 型）

对于 A 型 SG，临界质量流速与入口质量含气率的关系可以拟合成下列函数：

$$G_c = 158.423\,3 + 852.406\,0 x_{in} \quad (x_{in} \leqslant 0.21) \tag{8-4-2}$$

$$G_c = 202.652\,9 + 1\,615.748\,3 \times (6.844\,1 \times 10^{-6})^{x_{in}} \quad (x_{in} > 0.21) \tag{8-4-3}$$

式（8-4-2）中的拟合系数 $R^2 = 0.990\,4$；式（8-4-3）中的拟合系数 $R^2 = 0.994\,9$。

对于 B 型 SG，临界质量流速与入口质量含气率的关系可以拟合成下列函数。

$$G_c = 242.714\,3 + 1\,200.549\,5x_{in} \qquad (x_{in} \leqslant 0.16) \qquad (8\text{-}4\text{-}4)$$

$$G_c = 215.392\,6 + 1\,629.271\,3 \times (4.308\,7 \times 10^{-6})^{x_{in}} \qquad (x_{in} > 0.16) \qquad (8\text{-}4\text{-}5)$$

式（8-4-4）中的拟合系数 $R^2 = 0.996\,9$；式（8-4-5）中的拟合系数 $R^2 = 0.997\,9$。

5. 一次侧压力

随着 SBLOCA 的发展，一回路压力会不断降低，压力对倒 U 形传热管内两相流的饱和温度、空泡份额、物性参数等有明显的影响。因此，有必要研究一次侧压力对两相倒流特性的影响。利用倒流特性分析程序，计算得到在较高一次侧压力和较低一次侧压力条件下，A、B 两型 SG 倒 U 形传热管内两相流（$x_{in} = 0.5$）进出口压降随质量流速的变化曲线，如图 8-4-22～图 8-4-25 所示，p_0 为一次侧正常工作压力，本节定义 $p \leqslant 0.6p_0$ 为低压条件。

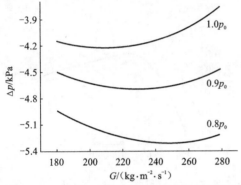

图 8-4-22　较高一次侧压力下倒 U 形传热管的
压降-质量流速曲线（A 型）

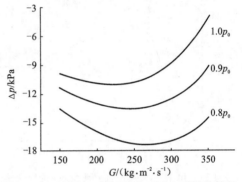

图 8-4-23　较高一次侧压力下倒 U 形传热管的
压降-质量流速曲线（B 型）

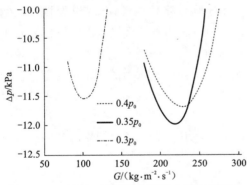

图 8-4-24　较低一次侧压力下倒 U 形传热管的
压降-质量流速曲线（A 型）

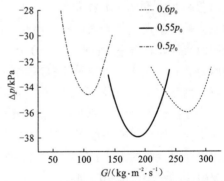

图 8-4-25　较低一次侧压力下倒 U 形传热管的
压降-质量流速曲线（B 型）

由图 8-4-22 和图 8-4-23 可知，当 $x_{in} = 0.5$ 时，在高压与低压条件下，临界压降与临界质量流速随着压力的降低表现出不同的变化规律。为了进一步分析倒流特性关键参数（G_c 与 Δp_c）在较大压力范围内的连续变化规律，利用倒流特性分析程序计算得到入口质量含气率分别为 0.05（较低）和 0.5（较高）时，A、B 两型 SG 倒 U 形传热管临界压降与临界质量流速随一次侧压力的变化曲线，结果如图 8-4-26～图 8-4-29 所示。

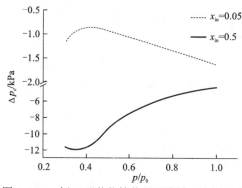

图 8-4-26　倒 U 形传热管临界压降随一次侧压力
的变化（A 型）

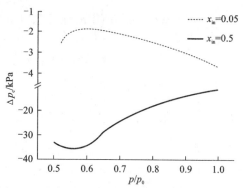

图 8-4-27　倒 U 形传热管临界压降随一次侧压力
的变化（B 型）

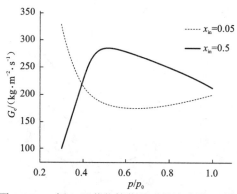

图 8-4-28　倒 U 形传热管临界质量流速随一次侧
压力的变化（A 型）

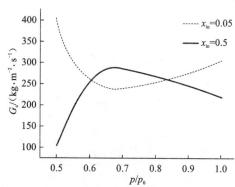

图 8-4-29　倒 U 形传热管临界质量流速随一次侧
压力的变化（B 型）

由图 8-4-26 和图 8-4-27 可知，对于 A、B 两型 SG 倒 U 形传热管，临界压降随一次侧压力的变化是非单调的，当入口含气率较高时（$x_{in}=0.5$），其随着一次侧压力的降低先减小后增大；而当入口含气率较低时（$x_{in}=0.05$），其随一次侧压力的降低而先增大后减小。随着一次侧压力的继续降低，两种型号 SG 的倒 U 形传热管临界压降随压力的变化曲线都存在一个极值点。因此，当入口含气率较低时，存在使临界压降最大的一次侧压力，而当入口含气率较高时，存在使临界压降最小的一次侧压力。

在不同入口含气率条件下，A、B 两型 SG 的倒 U 形传热管倒流临界压降随一次侧压力的变化可以拟合成如下关系式：

A 型（$x_{in}=0.5$，$R^2=0.994\,3$）：

$$\Delta p_c = 18.974\,5 - 238.942\,8\frac{p}{p_0} + 628.664\,5\left(\frac{p}{p_0}\right)^2 - 647.593\,8\left(\frac{p}{p_0}\right)^3 + 234.836\,7\left(\frac{p}{p_0}\right)^4 \quad (8\text{-}4\text{-}6)$$

B 型（$x_{in}=0.5$，$R^2=0.992\,5$）：

$$\Delta p_c = 1189.787\,3 - 6\,769.274\,2\frac{p}{p_0} + 13\,585.640\,4\left(\frac{p}{p_0}\right)^2 - 11\,740.541\,8\left(\frac{p}{p_0}\right)^3 + 3\,723.741\,1\left(\frac{p}{p_0}\right)^4$$

$$(8\text{-}4\text{-}7)$$

A 型（$x_{in}=0.05$，$R^2=0.988\,1$）：

$$\Delta p_c = -6.501\,5 + 36.070\,4\frac{p}{p_0} - 81.521\,4\left(\frac{p}{p_0}\right)^2 + 76.904\,1\left(\frac{p}{p_0}\right)^3 - 26.591\,8\left(\frac{p}{p_0}\right)^4 \qquad (8\text{-}4\text{-}8)$$

B 型（$x_{in}=0.05$，$R^2=0.984\,12$）：

$$\Delta p_c = -107.958\,0 + 549.185\,4\frac{p}{p_0} - 1\,045.717\,3\left(\frac{p}{p_0}\right)^2 + 870.835\,4\left(\frac{p}{p_0}\right)^3 - 270.021\,2\left(\frac{p}{p_0}\right)^4 \qquad (8\text{-}4\text{-}9)$$

式中：临界压降 Δp_c 的单位为 kPa。

由图 8-4-28 和图 8-4-29 可知，临界质量流速与一次侧压力的关系也是非单调的，当入口含气率较高时，存在使临界质量流速最大的压力值，即倒流在 SG 内最容易发生；相反，当入口含气率较低时，存在使临界质量流速最小的一次侧压力，使得倒流在 SG 内最不容易发生。

在不同入口含气率条件下，A、B 两型 SG 的倒 U 形传热管倒流临界质量流速随一次侧压力的变化可以拟合成如下关系式：

A 型（$x_{in}=0.5$，$R^2=0.982\,6$）：

$$G_c = -1\,472.557\,7 + 9\,610.762\,3\frac{p}{p_0} - 19\,019.066\,8\left(\frac{p}{p_0}\right)^2 + 16\,194.064\,2\left(\frac{p}{p_0}\right)^3 - 5\,101.647\,6\left(\frac{p}{p_0}\right)^4$$
$$(8\text{-}4\text{-}10)$$

B 型（$x_{in}=0.5$，$R^2=0.985\,3$）：

$$G_c = -7\,961.979\,0 + 39\,200.672\,1\frac{p}{p_0} - 69\,034.848\,5\left(\frac{p}{p_0}\right)^2 + 53\,540.015\,5\left(\frac{p}{p_0}\right)^3 - 15\,524.475\,5\left(\frac{p}{p_0}\right)^4$$
$$(8\text{-}4\text{-}11)$$

A 型（$x_{in}=0.05$，$R^2=0.989\,6$）：

$$G_c = 1\,660.617\,4 - 8\,414.440\,2\frac{p}{p_0} + 17\,522.929\,3\left(\frac{p}{p_0}\right)^2 - 15\,927.453\,1\left(\frac{p}{p_0}\right)^3 + 5\,360.808\,6\left(\frac{p}{p_0}\right)^4$$
$$(8\text{-}4\text{-}12)$$

B 型（$x_{in}=0.05$，$R^2=0.985\,2$）：

$$G_c = 10\,454.053\,6 - 50\,991.942\,5\frac{p}{p_0} + 94\,386.713\,3\left(\frac{p}{p_0}\right)^2 - 76\,947.941\,0\left(\frac{p}{p_0}\right)^3 + 23\,403.263\,4\left(\frac{p}{p_0}\right)^4$$
$$(8\text{-}4\text{-}13)$$

6. 二次侧水位

由前面分析可知，倒流临界压降和临界质量流速随管长、入口质量含气率和一次侧压力的变化曲线是非单调的，而随着管内径及二次侧压力的变化曲线是单调的。在某些 SBLOCA 进程中，SG 的二次侧水位可能发生明显变化。因此以 A 型 SG 的中等长度倒 U 形传热管（$R_u=6.3R_{u0}$）为对象，分析二次侧水位的变化对倒 U 形传热管内两相倒流特性的影响，研究分别针对 4 种工况开展：①较低的一次侧压力与较低的入口质量含气率；②较低的一次侧压力与较高的入口质量含气率；③较高的一次侧压力与较低的入口质量含气率；④较高的一次侧压力与较高的入口质量含气率。其中，当 $x_{in}\leq0.15$ 时为低含气率条件，当 $p\leq0.6p_0$ 时为低压条件。计算得到了以上四种工况下倒 U 形传热管进出口压降随质量流速的变化曲线，分别如图 8-4-30～图 8-4-33 所示，图中 H 为倒 U 形传热管直管长度。

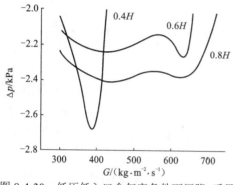

图 8-4-30　低压低入口含气率条件下压降-质量流速曲线（$p=0.35p_0$，$x_{in}=0.1$）

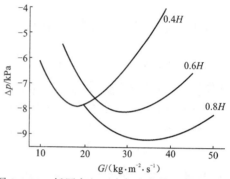

图 8-4-31　低压高入口含气率条件下压降-质量流速曲线（$p=0.35p_0$，$x_{in}=0.8$）

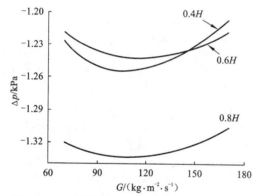

图 8-4-32　高压低入口含气率条件下压降-质量流速曲线（$p=0.7p_0$，$x_{in}=0.1$）

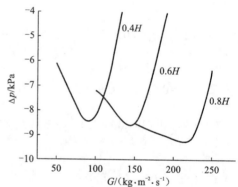

图 8-4-33　高压高入口含气率条件下压降-质量流速曲线（$p=0.7p_0$，$x_{in}=0.8$）

　　由图 8-4-30 可知，当一次侧压力和倒 U 形传热管入口含气率较低时，倒 U 形传热管压降随质量流速变化曲线在不同的二次侧水位下呈现出明显不同的形状，曲线在水位由 $0.6H$ 降至 $0.4H$ 的过程中，发生了明显的改变。二次侧水位为 $0.6H$ 和 $0.8H$ 时，曲线形状类似于直管加热通道内两相流的压降特性曲线，出现了两个拐点，因此可能发生正流流量漂移，这一现象将在 8.5 节中分析。由于两相自然循环条件下倒 U 形传热管内质量流速较低，对于倒流现象，其临界点应该是曲线在较低质量流速下的拐点，当倒 U 形传热管内质量流速和进出口压降低于此拐点对应的数值时，管内才会发生倒流。所以图 8-4-30 中 $H_w=0.6H$ 和 $H_w=0.8H$ 曲线的左边一个拐点才是倒流发生的临界点，其对应的压降与质量流速为倒流的临界压降和临界质量流速。

　　由图 8-4-31 和图 8-4-33 可知，当倒 U 形传热管入口含气率较高时，不论一次侧压力的高低，随着二次侧水位的降低，压降曲线整体向坐标轴的左上方迁移，表明了临界压降的增大和临界质量流速的减小，但是这两个参数在更大水位范围内的连续变化规律还需要进一步分析。由图 8-4-32 则可知，当一次侧压力较高，而倒 U 形传热管入口含气率较低时，压降曲线在二次侧水位发生改变时也有较明显的变化,变化发生在水位由 $0.8H$ 降至 $0.6H$ 的过程中。

由以上分析可知,二次侧水位对倒 U 形传热管内两相倒流特性的影响规律与一次侧压力和入口质量含气率有很大的关系。下面将这 4 种工况的压力、含气率和二次侧水位扩大到更大的范围,研究临界压降与临界质量流速随二次侧水位的连续变化规律。

图 8-4-34 和图 8-4-35 分别为在一次侧压力较低 ($p=0.4p_0\sim0.5p_0$) 和入口含气率较低 ($x_{in}=0.05\sim0.1$) 条件下,临界压降与临界质量流速随二次侧水位的变化。

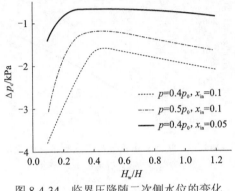 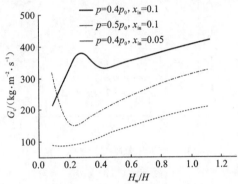

图 8-4-34 临界压降随二次侧水位的变化 （低压低入口含气率）　　图 8-4-35 临界质量流速随二次侧水位的变化 （低压低入口含气率）

由图 8-4-34 可知,临界压降随着水位的降低而先增大,后减小,且增大的速率比较缓慢,减小的速率却很快。由图 8-4-35 可知,临界质量流速则随着二次侧水位的下降先减小,减小到一定的数值后可能会发生一个跃升,跃升点对应的水位与压力和入口含气率有密切的关系。

图 8-4-36 和图 8-4-37 分别示出了在一次侧压力较低 ($p=0.4p_0\sim0.5p_0$) 和入口含气率较高 ($x_{in}=0.6\sim0.8$) 条件下,临界压降与临界质量流速随二次侧水位的变化。由图 8-4-36 可知,临界压降也是随着二次侧水位的降低而先增大后减小,但是增大的速率远高于减小的速率。再由图 8-4-37 可知,临界质量流速与二次侧水位的变化关系是单调的,其随着二次侧水位的降低而逐渐减小。

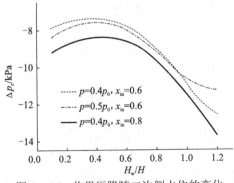 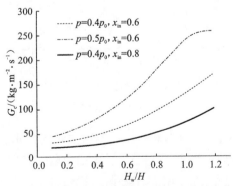

图 8-4-36 临界压降随二次侧水位的变化 （低压高入口含气率）　　图 8-4-37 临界质量流速随二次侧水位的变化 （低压高入口含气率）

　　图 8-4-38 和图 8-4-39 分别为在一次侧压力较高（$p=0.7p_0\sim0.8p_0$）和入口含气率较低（$x_{in}=0.05\sim0.1$）条件下，临界压降与临界质量流速随二次侧水位的变化。由图 8-4-38 可知，临界压降同样随着二次侧水位的降低而先增大后减小。再由图 8-4-39 可知，临界质量流速随二次侧水位的降低而单调递减。

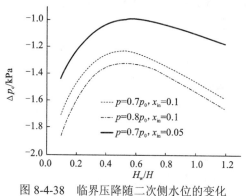

图 8-4-38　临界压降随二次侧水位的变化
（高压低入口含气率）

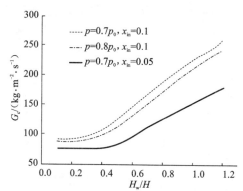

图 8-4-39　临界质量流速随二次侧水位的变化
（高压低入口含气率）

　　图 8-4-40 和图 8-4-41 分别为在一次侧压力较高（$p=0.7p_0\sim0.8p_0$）和入口含气率较高（$x_{in}=0.6\sim0.8$）条件下，临界压降与临界质量流速随二次侧水位的变化。由图 8-4-40 可知，随着水位的降低，临界压降仍然是先增大后减小。再由图 8-4-41 可知，当 $x_{in}=0.6$ 时，临界质量流速与水位的关系是非单调的，其随着水位的降低先减小，后产生较大幅度的跃升，然后继续减小。当 $x_{in}=0.8$ 时，质量流速与水位的关系是单调的，其随着水位的降低而逐渐减小。

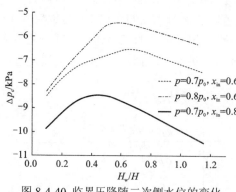

图 8-4-40　临界压降随二次侧水位的变化
（高压高入口含气率）

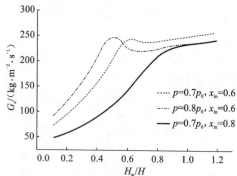

图 8-4-41　临界质量流速随二次侧水位的变化
（高压高入口含气率）

　　总结上述分析，二次侧水位对倒 U 形传热管内两相倒流特性的影响，有以下规律。
　　（1）无论一次侧压力和入口质量含气率处于什么样的范围，临界压降总是随着二次侧水位的降低而先增大后减小。临界压降存在着一个最大值，该最大值对应的水位与一次侧压力和入口含气率有关。
　　（2）在低压低入口含气率和高压高入口含气率条件下，临界质量流速与二次侧水位的关系可能是非单调的，临界质量流速随着水位的降低整体呈现减小的趋势，但中间可能会产生一个跃升点。

（3）在高压低入口含气率和低压高入口含气率条件下，临界质量流速与二次侧水位的关系是单调的，临界质量流速随着水位的降低而减小，因此，在其他条件相同时，SG 二次侧水位越低，其一次侧流动不稳定边界越窄，倒流越不容易发生。

8.5　正流流量漂移现象

在分析二次侧水位对倒 U 形传热管倒流特性的影响时，发现低压低入口含气率和高压高入口含气率的条件下，倒 U 形传热管倒流临界质量流速与二次侧水位的关系是非单调的，在某些情况下，总压降曲线甚至出现了两个拐点。因此，倒 U 形传热管束间可能会出现除了倒流现象以外的流量漂移现象，将会造成管束间正流流量的不均匀分布，由于这种流量漂移发生在正流倒 U 形传热管，所以称为正流流量漂移。下面对该现象的机理、判断准则及特性进行研究[7]。

1. 现象分析

首先针对低压低入口含气率条件下，二次侧水位变化造成总压降曲线形状改变的原因进行研究。当一次侧压力为 $0.4p_0$，入口含气率为 0.1，二次侧水位分别为 $0.3H$ 与 $0.4H$ 时，计算得到倒 U 形传热管的进出口总压降曲线，如图 8-5-1 所示。图 8-5-2 则为上述工况下的流动阻力压降 Δp_{fr}（包含摩擦压降和局部阻力压降）、加速压降 Δp_a 和重力压降 Δp_g 的变化曲线。

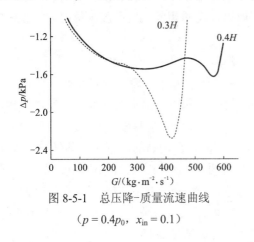

图 8-5-1　总压降-质量流速曲线
（$p = 0.4p_0$，$x_{in} = 0.1$）

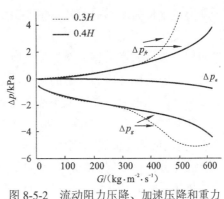

图 8-5-2　流动阻力压降、加速压降和重力
压降曲线（$p = 0.4p_0$，$x_{in} = 0.1$）

由图 8-5-1 可知，二次侧水位为 $0.4H$ 时，曲线存在两个拐点，当水位下降到 $0.3H$ 时，曲线只存在一个拐点，且拐点位置大大降低。再由图 8-5-2 可知，当水位由 $0.4H$ 降低到 $0.3H$ 时，在 $G = 300\ \mathrm{kg \cdot m^{-2} \cdot s^{-1}}$ 附近，流动阻力压降出现了快速增大的变化，而重力压降出现了快速减小的变化，两种水位条件下的加速压降则变化不大。

图 8-5-3 为不同二次侧水位条件下（$0.3H$ 与 $0.4H$），倒 U 形传热管内两相段长度随质量

流速的变化曲线,图 8-5-4 则为上述两种条件下,倒 U 形传热管上升段与水位高度相等处 ($s=H_w$) 的质量含气率随质量流速的变化。由图 8-5-3 可知,在 $G=200\sim300\,\mathrm{kg\cdot m^{-2}\cdot s^{-1}}$ 的范围内,不同二次侧水位的倒 U 形传热管内两相段长度出现了差异,二次侧水位较低的倒 U 形传热管其两相段长度在这一质量流速范围内开始大于水位较高的倒 U 形传热管。

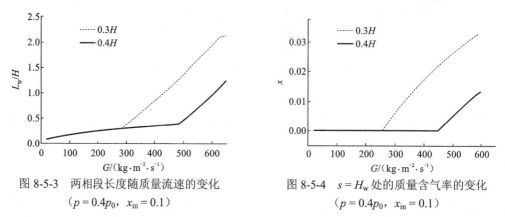

图 8-5-3　两相段长度随质量流速的变化　　　　　图 8-5-4　$s=H_w$ 处的质量含气率的变化
　　　　($p=0.4p_0$, $x_{in}=0.1$)　　　　　　　　　　　　($p=0.4p_0$, $x_{in}=0.1$)

对比图 8-5-4 可以发现,当质量流速较低时,在 $s=H_w$ 处,两种水位倒 U 形传热管内的含气率均为 0,意味着管内流体在 $s<H_w$ 段均已经被充分冷凝为单相水,随着质量流速的增大,$s=H_w$ 处的含气率之后也开始不断增大,即倒 U 形传热管两相段长度开始高于二次侧水位($L_{tp}>H_w$)。在水位较低的倒 U 形传热管内(0.3H),发生这一现象对应的质量流速要低于水位较高的倒 U 形传热管(0.4H)。

由于在水位高度以上,倒 U 形传热管外为二次侧湿蒸汽与管壁的对流换热,管内外流体的总传热量大大减小,导致出现 $L_{tp}>H_w$ 后,若质量流速继续增大,两相段长度增大的速率将远大于其突破水位高度以前,如图 8-5-3 所示。所以,在两相段长度突破水位前后,管内的压降特性将发生重要变化。

当两相段长度的增大速率突然加快时($L_{tp}>H_w$ 后),由于两相流的摩擦压降大于单相流,将会导致流动阻力压降增大速率的加快,同时两相段长度增大将会导致倒 U 形传热管上升段密度的减小,因此重力压降的减小速率也会加快,这一现象也可以在图 8-5-2 中发现。相比于水位为 0.3H 的倒 U 形传热管,水位为 0.4H 的倒 U 形传热管其两相段长度 L_{tp} 突破水位高度 H_w 需要更高的质量流速,因此其压降的突然变化也需要在较高的质量流速条件下发生。

综合上述分析可以得出结论,当倒 U 形传热管内两相段的长度跃过水位高度后,由于管内外流体传热系数的变化,将会对管内流体的压降特性产生一定的影响,表现在压降曲线上就是流动阻力压降增大速率和重力压降减小速率的加快。但是两者的变化速率可能并不匹配,导致总压降也会出现突然的改变,这就为正流流量漂移创造了条件。

下面针对高压高入口含气率条件下,二次侧水位变化对总压降曲线形状改变的原因进行研究。当 $p=0.8p_0$, $x_{in}=0.6$ 时,计算得到倒 U 形传热管在不同二次侧水位条件下的进出口总压降随质量流速的变化曲线,如图 8-5-5 所示,流动阻力压降、加速压降和重力压降的变化曲线则示于图 8-5-6 中,两相段长度和 $s=H_w$ 处的管内含气率曲线分别所示在图 8-5-7 和图 8-5-8 中。

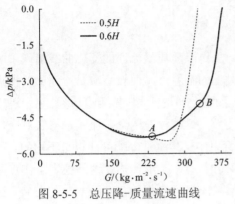

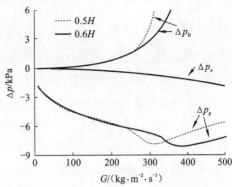

图 8-5-5　总压降-质量流速曲线
（$p = 0.8p_0$，$x_{in} = 0.6$）

图 8-5-6　流动阻力压降、加速压降和重力
压降曲线（$p = 0.8p_0$，$x_{in} = 0.6$）

由图 8-5-7～图 8-5-8 可以看出，当水位分别为 0.5H 和 0.6H 时，倒 U 形传热管内两相段长度分别在 $G = 200\ \text{kg} \cdot \text{m}^{-2} \cdot \text{s}^{-1}$ 和 $G = 300\ \text{kg} \cdot \text{m}^{-2} \cdot \text{s}^{-1}$ 附近时开始大于水位高度，导致图 8-5-6 中重力压降的减小速率和流动阻力压降增大速率突然加快，但是在图 8-5-5 中，只有水位为 0.5H 的总压降曲线出现了明显的变化（A 点处），水位为 0.6H 的总压降曲线虽然出现了较小幅度的变化（B 点处），但并不明显，曲线的总体趋势并没有改变。

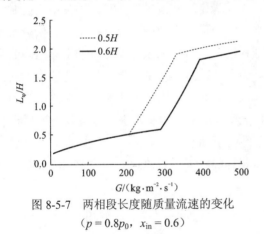

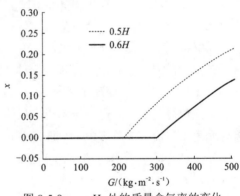

图 8-5-7　两相段长度随质量流速的变化
（$p = 0.8p_0$，$x_{in} = 0.6$）

图 8-5-8　$s = H_w$ 处的质量含气率的变化
（$p = 0.8p_0$，$x_{in} = 0.6$）

由此可以判断，倒 U 形传热管内两相段长度突破水位高度对总压降曲线的影响程度与水位的高低有关系，当水位较高时，上述现象的发生需要在较高的质量流速条件下，而此时流动阻力压降可能在总压降当中已经占据主导作用，导致总的压降变化趋势与流动阻力压降相同。例如图 8-5-5 的 B 点处，由于质量流速相对较高，流动阻力压降占据主导作用，此时两相段长度大于水位高度对总压降带来的影响与对流动阻力压降的影响一致，使得总压降曲线加快上升；而在 A 点处，由于质量流速相对较低，重力压降占据主导作用，此时，两相段长度大于水位高度这一变化对总压降带来的影响与对重力压降的影响一致，使得总压降曲线有明显的下降。

不同水位条件下倒 U 形传热管内总压降曲线形状的改变使得倒流临界压降和临界质量流速可能发生明显的突变或跃升，这也解释了 8.4 节中临界压降或临界质量流速与水位呈现非单调变化的现象。

2. 判断准则

在图 8-5-1 中，当二次侧水位在 $H_w = 0.4H$ 时，总压降随质量流速的变化曲线出现了两个拐点，其中，较低质量流速条件下的拐点为倒流发生的临界点，而较高质量流速下的拐点为倒 U 形传热管束正流流量的多值特性创造了条件，因为此时对于相同的倒 U 形传热管进出口压降，在倒 U 形传热管的稳定工作区域（正斜率区），可能存在两个正流流量与之对应，使得工作条件与几何参数都相同的正流倒 U 形传热管束中，其流量分配可能也是不均匀。如图 8-5-9 所示，当倒 U 形传热管进出口压降为 -1.5 kPa 时，倒 U 形传热管内的稳定工作点可能为 C 点，也可能为 D 点，两者都为正流状态，但质量流速可能相差 200 kg·m^{-2}·s^{-1} 左右。这种现象类似于加热通道间的流量漂移，均是压降随质量流量变化曲线的多值特性造成的。

随着质量流速的增大，倒 U 形传热管内两相流长度逐渐变长，当两相段长度突破水位高度时，加速压降曲线基本不会产生较大变化，但是流动阻力压降和重力压降的变化速率会突然加快，导致总压降也会产生相应的变化。当这一现象发生在图 8-3-5 中倒 U 形传热管不稳定工作区域的 AO 段时，由于管内重力压降此时占据主导作用，该现象使得总压降突然减小，再加上本来总压降就处于负斜率区，导致其减小的速率更快，就产生了图 8-5-1 中水位为 $0.3H$ 的曲线。当这一现象发生在图 8-3-5 中倒 U 形传热管稳定工作区域的 OB 段时，由于此时流动阻力压降占据主导作用，该现象发生后，总压降的变化分为两种情况：一是随着质量流速的增大而继续增大（图 8-5-5 中水位为 $0.6H$ 的曲线），这是由于该现象对流动阻力压降的影响大于对重力压降的影响，不足以改变曲线原有的上升趋势；二是随着质量流速的增大而减小（图 8-5-1 中水位为 $0.4H$ 的曲线），这是由于该现象对重力压降的影响大于对流动阻力压降的影响，使得曲线在渡过倒流临界点后又开始下降，出现新的负斜率区。所以，倒 U 形传热管内发生正流流量漂移现象的判断准则可以总结为下面几点：

（1）倒 U 形传热管内两相段长度与水位高度相等的临界质量流速 G_{cw} 大于倒流的临界质量流速 G_c：$G_{cw} > G_c$。

（2）在 $G > G_{cw}$ 的区域，总压降曲线存在两个拐点，使得 $\dfrac{\partial \Delta p}{\partial G} = 0$，如图 8-5-10 所示。

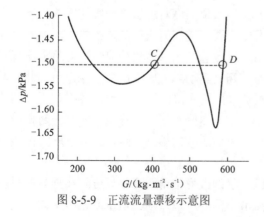

图 8-5-9　正流流量漂移示意图

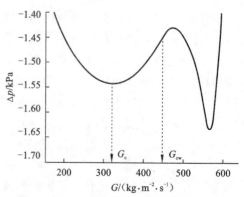

图 8-5-10　正流流量漂移判断准则示意图

3. 正流流量漂移边界

由 8.4 节分析可知，在低压低入口含气率和高压高入口含气率条件下，临界质量流速随二次侧水位的变化可能是非单调的。压降随质量流速的变化曲线可能存在一个以上的拐点，当倒 U 形传热管束都处于正流时，也可能存在流量分配不均匀现象。本节研究了在不同一次侧压力和入口含气率的条件下，倒 U 形传热管内存在正流流量漂移现象的二次侧水位范围，结果示于表 8-5-1 和表 8-5-2 中，其中，H 为倒 U 形传热管直管长度。

表 8-5-1　发生正流流量漂移的二次侧水位范围（低压低入口含气率）

x_{in}	$p/p_0 = 0.3$	$p/p_0 = 0.4$	$p/p_0 = 0.5$	$p/p_0 = 0.6$
0.05	$0.28H \sim 0.41H$	$0.09H \sim 0.14H$	—	—
0.075	$0.45H \sim 0.67H$	$0.19H \sim 0.31H$	$0.1H \sim 0.18H$	$0.05H \sim 0.06H$
0.1	$0.75H \sim 1.1H$	$0.32H \sim 0.52H$	$0.15H \sim 0.27H$	$0.1H \sim 0.15H$

表 8-5-2　发生正流流量漂移的二次侧水位范围（高压高入口含气率）

x_{in}	$p/p_0 = 0.7$	$p/p_0 = 0.8$	$p/p_0 = 0.9$
0.6	$0.618H \sim 0.652H$	$0.493H \sim 0.513H$	$0.394H \sim 0.396H$
0.7	$0.722H \sim 0.759H$	$0.575H \sim 0.601H$	$0.464H \sim 0.477H$
0.8	$0.829H \sim 0.874H$	$0.675H \sim 0.708H$	$0.544H \sim 0.571H$

由表 8-5-1 和表 8-5-2 可以看出，随着一次侧压力的上升，发生正流流量漂移的二次侧水位上下限逐渐降低，且范围越来越窄；而随着入口含气率的上升，发生正流流量漂移的二次侧水位上下限逐渐增大，范围也越来越宽。低压和低入口含气率条件下发生正流流量漂移的二次侧水位范围整体高于高压和高入口含气率条件。在表 8-5-1 和表 8-5-2 中，发生正流流量漂移的二次侧水位范围最大值出现在 $p=0.3p_0$ 和 $x_{in}=0.1$ 时。

在低压和高入口含气率、高压和低入口含气率条件下，倒 U 形传热管内未出现正流流量漂移现象，同时根据 8.4 节分析可知，在以上两种条件下，临界质量流速与二次侧水位的关系也是单调的。

习　题　8

1. 试分别推导倒 U 形传热管内单相和两相流体密度沿管程的表达式。

2. 什么是倒流临界质量流速和临界压降？如何利用它们来判断管内的流动是稳定或不稳定的？

3. 管长与弯管半径是如何影响倒 U 形传热管内出现的倒流现象？对于直管长度较长的蒸汽发生器，倒流将首先发生哪些倒 U 形传热管内？

4. 对于连接在同一进出口腔室的倒 U 形传热管束，内径较小还是较大的倒 U 形传热管内流体将更容易发生倒流？为什么？

5. 试分析在入口含气率对倒 U 形传热管发生倒流的影响。

6. 一次侧压力对两相倒流特性的影响是什么？

7. 二次侧水位对倒 U 形传热管内两相倒流特性的影响有哪些规律？

8. 什么叫正流流量漂移？倒 U 形传热管内发生正流流量漂移现象的判断准则是什么？

参 考 文 献

[1] 陈文振, 于雷, 郝建立. 核动力装置热工水力[M]. 北京: 中国原子能出版社, 2013.

[2] SANDERS J. Stability of single-phase natural circulation with inverted U-tube steam generators[J]. Journal of Heat Transfer, 1988, 110: 735-742.

[3] JEONG J J, HWANG M, LEE Y J, et al. Nonuniform flow distribution in the steam generator U-tubes of a pressurized water reactor plant during single and two-phase natural circulations[J]. Nuclear Engineering and Design, 2004, 231: 303-314.

[4] LOOMIS G G, SODA K. Results of semiscale MOD-2A natural circulation experiments[R]. NRC, NUREG/CR-2335, EGG-2200, 1982.

[5] DE SANTI G F, PIPLIES L, SANDERS J. Mass flow instabilities in LOBI steam generator U-tubes array under natural circulation conditions[C]. Proceedings of Second International Topical Meeting on Nuclear Power Plant Thermal Hydraulics and Operations, Tokyo, 1986, 158-165.

[6] KUKITA Y, NAKAMURA H, TASAKA K. Nonuniform steam generator U-tube flow distribution during natural circulation tests in ROSA-IV Large Scale Test Facility[J]. Nuclear Science and Engineering, 1988, 99: 289-298.

[7] 储玺. 两相自然循环条件下蒸汽发生器倒流特性研究[D]. 武汉: 海军工程大学, 2018.

[8] KOUHIA V, RIIKONEN V, KAUPPINEN O P, et al. Benchmark exercise on SBLOCA experiment of PWR PACTEL facility[J]. Annals of Nuclear Energy, 2013, 59: 149-156.

[9] LI MR, HAO JL, CHEN WZ, et al. Study on NC in primary loop and reverse flow in SG during SBO combining with SBLOCA[J]. Progress in Nuclear Energy, 2021, 141: 103983.

[10] THOM J R S. Prediction of pressure drop during forced circulation boiling of water[J]. International Journal of Heat and Mass Transfer, 1964, 7(7): 709-724.

[11] SHAH M M. A general correlation for heat transfer during film condensation inside pipes[J]. International Journal of Heat and Mass Transfer, 1979, 22: 547-556.

[12] HAO JL, LI MR, CHEN WZ, et al. Theoretical investigation on the solution of the single-phase flow instability among parallel U-tubes[J]. Annals of Nuclear Energy, 2021, 160:108406.

[13] 储玺, 陈文振, 郝建立, 等. 蒸汽发生器 U 型管低含气率两相倒流现象研究[J]. 原子能科学技术, 2018, 52(7): 1276-1281.

[14] CHU X, CHEN WZ, HAO J L, et al. Investigation on reverse flow phenomena in UTSGs under two-phase natural circulation with low steam quality[J]. Annals of Nuclear Energy, 2018, 119: 1-6.

[15] CHU X, CHEN WZ, SHANG YL, et al. CFD investigation on reverse flow characteristics in U-tubes under two phase natural circulation[J]. Progress in Nuclear Energy, 2019, 114: 145-154.

[16] CHU X, LI MR, CHEN WZ, et al. Investigation on reverse flow characteristics in U-tubes under two-phase natural circulation[J]. Nuclear Engineering and Technology, 2020, 52:889-896.

[17] HAO J L, CHEN WZ, WANG SM. Scaling modeling analysis of flow instability in U-tubes of steam generator under natural circulation[J]. Annals of Nuclear Energy, 2014, 64: 295-300.

第9章 水下运动体外部的空泡流动

9.1 概 述

物体外部的空泡流动也是气液两相流动,它与许多工程实际问题相关,比如螺旋桨空蚀、鱼雷空泡噪声、超空泡水中兵器等,掌握空泡形成机理、危害,以及利用超空泡流动实现航行体的大幅减阻,具有重要的理论和实际意义。

9.1.1 空泡形成机理及其危害

1. 空泡形成机理

在一个大气压环境中,水在 100 ℃时沸腾,水分子从液态转化为气态,整个水体内部不断涌现大量气泡逸出水面。在常温(20 ℃)下,如果使压力降低到水的饱和蒸汽压强 2.3 kPa(绝对压力)以下时,水也会沸腾,通常将这种现象称为空化(cavitation),以示与"沸腾"区别。水中的气泡称为空泡(cavity),通常又称为空穴[1]。

空化现象早已受到科学家们的关注。最早发现空化对船舶螺旋桨造成破坏作用的是英国著名造船工程师、模型实验的倡导者弗劳德;最早试图解释空化现象的是英国物理学家雷诺;英国工程师帕森斯,蒸汽涡轮机发明人,为研究空化现象制造了世界上第一座实验水洞。

空化的产生主要取决于流动条件,空化总是在流动压力最低的地方首先发生。根据伯努利方程,压力最低的地方应对应于流速最大的地方,或者根据连续性方程,压力最低的地方则应对应于流道截面积最小的地方。例如管道的收缩段、水泵、涡轮机和螺旋桨的叶片、水翼和水下高速航行体的表面等。当空化发生后,流场的动力学特性将发生改变,并产生一系列后续效应。以螺旋桨为例,螺旋桨在水中高速旋转时,叶梢产生的大量空泡使螺旋桨的推进效率降低,并发出宽频带的噪声,称为空化噪声;空化引起的液体压力脉动使螺旋桨及船体发生振动,最为严重的是空泡的溃灭可造成材料的剥蚀,使螺旋桨表面遭到破坏而失去作用。

通常用空泡(化)数来描述空泡的状态,空泡数越小,越容易形成空泡。空泡数用 σ 表示为

$$\sigma = \frac{p_\infty - p}{0.5\rho v_\infty^2} \tag{9-1-1}$$

式中: p_∞、v_∞ 分别为来流的参考压力和速度; p 为局部压力或所讨论点的空泡内的压力; ρ 为流体的密度。

根据空泡数的大小，空泡形态大致分为三类。

（1）初生空泡。气泡状态，伴随有强烈的气泡破裂噪声，对材料表面如螺旋桨、泵、发动机的叶片有破坏作用，如图 9-1-1（a）所示。

（2）局部空泡。出现的空泡包围部分物体，最大特点是空泡极度不稳定，如图 9-1-1（b）所示。

（3）完全空泡。空泡长度接近或完全超过物体长度，也称超空泡（supercavity），如图 9-1-1（c）所示。

当螺旋桨高速旋转时，叶梢在水中产生的大量空泡通常称为涡空泡，如图 9-1-1（d）所示。

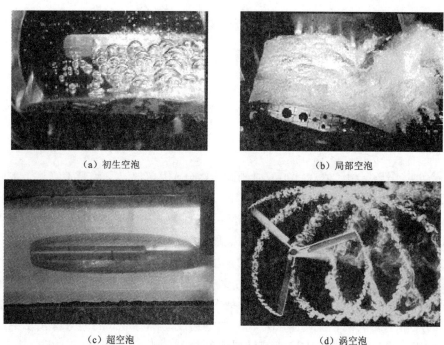

（a）初生空泡　　　　　　　　　（b）局部空泡

（c）超空泡　　　　　　　　　（d）涡空泡

图 9-1-1　不同类型的空泡

2. 空泡的危害

船用螺旋桨、舵、水翼、水中兵器、水泵、水轮机等都会遇到空泡问题，产生振动与噪声，并造成效率降低，材料剥蚀。对军用舰艇而言，螺旋桨的空泡噪声会使舰艇自身失去隐蔽性，并为敌方的鱼雷、水雷攻击提供目标特性。对鱼雷而言，高速流体在其表面产生的空泡噪声将可能干扰鱼雷的制导系统，从而丢失攻击目标，贻误战机。

空蚀是运动物体受到空泡冲击后表面出现的变形与材料剥蚀现象。当流场低压区产生的空泡运动到高压区时，或者局部流场由低压周期性地转变为高压时，空泡将发生溃灭。用高速摄影方法证实空泡溃灭的时间仅是毫秒量级，空泡在溃灭时形成一股微射流，当空泡离壁面较近时，这种微射流像锤击一般连续打击壁面，造成直接损伤。另外，空泡溃灭形成的冲击波同时冲击壁面，无数空泡溃灭造成的连续冲击将引起壁面材料的疲劳破坏。这两种作用对壁面造成的破坏称为空蚀。有人估算微射流的直径仅 3 μm，微射流对壁面的冲击压力可达

到 8 000 个大气压，冲击频率达到上千赫兹。长期的
空蚀作用使壁面材料受到持续性侵害，初期壁面变得
粗糙，中期发展成麻点坑，后期成为海绵状蜂窝结构，
最后在流体冲刷下脱落。因空泡引起的螺旋桨空蚀如
图 9-1-2 所示。

图 9-1-2　由于空泡引起的螺旋桨空蚀

当舰艇高速航行时，螺旋桨会产生强烈振动与噪
声，并造成效率降低。1893 年英国的"勇敢"号舰艇
首次碰到螺旋桨空泡问题，几年后的"透平尼亚"号
舰艇也碰到同样的"故障"，先后更换了七种螺旋桨都未解决问题，直到用三个小螺旋桨取代
原来的一个大螺旋桨才达到预期的航速。1902 年在英国驱逐舰"Cobra"号螺旋桨上最先发
现空泡引起的空蚀现象。水力机械中的桨叶是空蚀破坏严重的部件。我国的水轮机以前通常
使用 1～2 年需要停机检修，水泵使用 1 000 h 后将出现严重空蚀，例如，快速船用螺旋桨由
于空蚀破坏其使用寿命也不到 2 年。为减小空蚀破坏，延长水力机械的使用寿命，通常采取
下面措施：设计抗蚀性能好的叶型；改变运行条件（包括增高水头、降低转速、减小流量等）；
用抗空蚀性能强的金属材料制造桨叶，并提高加工精度；向空蚀区适量补气也能减轻空蚀程
度等。

在水工建筑中，水坝是受空蚀破坏严重的建筑物，当水流速度超过 15 m/s 时将发生泄水
面的空蚀破坏，当坝高从 50 m 增加至 100 m 时，空蚀强度可增大 6 倍～8 倍。目前我国的大
型水电站的水坝坝高均超过 100 m，最大泄流速度可达 40 m/s 以上，防止和减小空蚀破坏面
临严重挑战。水坝面的空蚀破坏主要表现在下游段形成大片空蚀坑，面积达数十上千平方
米，深度可达 1 m～10 m，严重影响水坝的正常运行和安全。可采取的防范措施包括：设计
水流空化数较大的坝体，控制合理的运行条件，用抗空蚀性能好的建筑材料铺设坝面，提高
坝面的平整度及向水流内部充气等。

除了桨叶和大坝外，在大流量水管的狭窄部弯曲部、阀门壳体、水利工程中的消能池、
高速涵洞和闸门槽、水下高速兵器、液体火箭和核电站等工程中也存在空化空蚀问题。由此
可见空化、空蚀现象非常普遍，对工程设备和建筑的质量和寿命造成严重威胁。随着这些工
程的大型化和高速化，这种影响日趋突出。各国集中了大量人力物力，耗费大量资金，建造
昂贵设备对空化空蚀问题进行积极探索，寻找对策，可见，空化、空蚀问题对流体力学带来
巨大挑战。

9.1.2　超空泡现象及其应用

1. 超空泡现象

根据伯努利方程可知，当鱼雷高速航行时，除鱼雷头部驻点附近外，绝大部分的表面将
会出现流速增加、压力减小的现象，当鱼雷表面流体压力小于水的饱和蒸气压力时，就会出
现局部空泡或超空泡现象。超空泡是指物体表面的空泡区域接近或超过航行体长度时，包裹
该航行体的蒸汽空泡称为超空泡。

舰船、兵器、动力、水利等方面的工程师经常要与制造"麻烦"的空泡打交道，并试图

避免出现空泡现象。因此如何避免或限制空泡的出现，试图减少空泡出现伴随的剥蚀、噪声和推力损失等不良现象一直被作为人们研究的重点。但当高速物体表面上的空泡现象不可避免时，使空泡充分发展成为超空泡，这是一种因势利导、变害为利的方法。在超空泡阶段时，高速航行的物体周围完全被气体包络，使液体对物体表面的浸湿面积减少，降低摩擦阻力，因而可提高航行体的速度和航程。例如，常规鱼雷在水中运动时，需要克服与水的摩擦所造成的黏性阻力，这种阻力大约是空气阻力的 800 倍。当鱼雷运动速度超过 70 m/s 时，航行体头部之后会自然形成超空泡，此时鱼雷运动的阻力将比全沾湿鱼雷的阻力下降一个数量级左右。由于阻力减小，所以超空泡鱼雷航速和航程可以大大提高。借助超空泡高效减阻效应，超空泡鱼雷速度可达 100 m/s 的量级，而超高速水下射弹的速度可达 1 000 m/s 量级。超空泡理论的发展导致了超空泡高速水下航行技术的大量出现，并为未来水中兵器高航速、远航程和智能化发展提供了保障。

目前，各国对超空泡研究的内容较为广泛。运用超空泡理论发展的武器能够用于对付水雷、自导鱼雷、小型船舶、高速反舰导弹，甚至低空飞行的飞机和直升机，预计利用超空泡技术，还可能研制出小型超高速水面舰艇、能使整个航母战斗群失效的水下核导弹，以及用于潜艇战的中程无制导摧毁性武器等。此外，超空泡武器更可能是对抗导弹防御系统的"撒手锏"——如安装核弹头的远程多级超空泡鱼雷和导弹，能够在海洋中快速航行数十海里接近目标，而空基或天基的任何防御手段对它们都无可奈何。因此有专家认为，超空泡高速航行体技术的出现将会改变传统的海上作战模式，是目前各世界强国争相研究的热点问题。

2. 国外超空泡武器简介

目前，各国都已注意到超空泡高速水下航行技术的发展前景，正在广泛开展有关超空泡流动与超空泡高速水下航行技术的基础研究和应用开发，发展创新的高速潜艇、超空泡鱼雷和超空泡射弹。

俄罗斯海军是最早掌握超空泡技术的国家，早在 1977 年就研制装备火箭推进的"暴风雪"超空泡鱼雷，如图 9-1-3 所示。

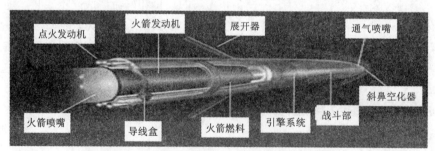

图 9-1-3　俄罗斯"暴风雪"超空泡高速鱼雷结构图

"暴风雪"超空泡鱼雷由潜艇携带发射后航行在超空泡流场中，速度可达 370 km/h（约 200 节），航程约 10 km，主要用于反潜艇及反舰艇。该雷速度之快，堪称世界之最，成为打击水面、水下运动目标及摧毁水下设施难以防御的水下导弹，它的出现引起世界各主要海军国家的震惊与关注。"暴风雪"超空泡鱼雷主要由俄罗斯莫斯科国家科研生产联合企业列吉昂研制,其主要技术指标:直径 534 mm;长度约 8 m;重量约 2 600 kg;航速约 200 节(100 m/s);航程约 10 000 m;航深 4～400 m;战斗部装药约 250 kg。此外,俄罗斯还在不断改进提高超高速鱼雷的性能,这说明俄罗斯在超空泡理论与技术、空泡流体动力学应用及其控制技术领域及大比率水反应燃料技术处于世界领先水平。

美国受"暴风雪"超空泡鱼雷研发成功的影响,目前主要发展两类超空泡武器:超空泡射弹和超空泡鱼雷。美国在水下超空泡射弹研究方面研制出机载快速灭雷系统(RAMICS),如图 9-1-4 所示。该系统水下射弹速度可达 1 400 m/s 以上,射程可达 90 m。目前美国海军还在研究水面舰艇近程防御用的自适应高速水下弹药(AHSUM,即超空泡"动能"杀伤弹)系统。该系统可装备在潜艇、水面舰艇的水下部分,为舰艇构筑起水下防线,构成水下"密集阵"系统,用来拦截来袭鱼雷、攻击反潜直升机甚至掠海飞行的战斗机和巡航导弹。最近,美国海军制定的新目标是将超空泡射弹在水中的速度提高到空气中炮弹的速度(2 500 m/s)。超空泡射弹水下航行效果如图 9-1-5 所示。

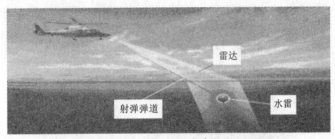

图 9-1-4　美国机载快速灭雷系统(RAMICS)

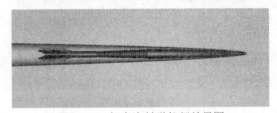

图 9-1-5　超空泡射弹航行效果图

美国海军的另一项超空泡技术是最大速度 200 节(与俄罗斯的"暴风雪"相似)的鱼雷,其研究工作主要集中在发射、流体动力学、声学、制导和控制及动力装置领域,由于还存在许多技术难题,迄今为止未见报道研制成功超空泡鱼雷。法国对超空泡技术也一直有兴趣,正在实施"空泡协调行动"计划,进行一种机载反水雷超空泡弹的试验;德国与美国海军研究部门合作,就新型空泡发生器设计和鱼雷自导系统建模开展一项联合计划,并完成了一种超空泡鱼雷样机。

超空泡鱼雷和超空泡射弹是超空泡武器研究的主要方向,这两类武器都利用超空泡原理实现高效减阻,速度快,能有效地打击目标,但两者有明显的区别。超空泡射弹是小尺度武器,长约 0.1～0.4 m,速度在 1 000 m/s 量级,依靠射弹前端空化器形成自然超空泡,水中弹道笔直且稳定,依靠自身动能击毁目标。超空泡鱼雷是大尺度武器,长约 8～9 m,速度在 100 m/s 量级,发射后逐渐加速直至巡航段,有推力,带控制面,鱼雷头部布置有空化器,鱼雷在低速段和加速段航行时需要依靠人工通气形成超空泡。

9.2　亚声速细长锥型射弹超空泡形态分析

超空泡射弹可用于拦截鱼雷、击毁水雷、破除水下障碍和对付敌方蛙人等。对高速射弹超空泡流场的理论研究主要采用黏流和势流两种方法：前者通过求解多相流纳维-斯托克斯方程组，发展了一套数值模拟超空泡流的计算流体动力学（computational fluid dynamics，CFD）方法，但计算条件要求较高；后者针对理想流体无旋运动，从拉普拉斯方程和能量方程出发，通过边界元方法求解细长超空泡外形的渐近解。

半球形弹头和普通制式手枪弹丸的入水空泡呈"藕节"型，弹丸速度衰减快[2]。球形、半球形弹头和普通制式弹丸不利于形成细长超空泡，水中运动阻力大，弹道难于保持稳定。能否形成包裹射弹的细长超空泡对减阻效果至关重要，细长的超空泡还有利于降低射弹的"尾拍弹跳"幅度从而使弹道变得稳定。为实现形成细长超空泡的目的，通常在射弹前端采用空化器诱导形成超空泡，空化器有盘状和细长锥形两种。Kirschner、Vlasenko 等学者采用细长锥形射弹分别进行入水实验，形成了稳定而且细长的超空泡。图 9-2-1 为 Kirschner 实验所用的锥形射弹及射弹所形成的超空泡，射弹实验速度为 1 200 m/s。实验结果表明，这种细长锥形的超空泡射弹具有运动阻力小、射程远、弹道稳定的特点。

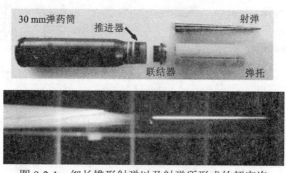

图 9-2-1　细长锥形射弹以及射弹所形成的超空泡

本节针对细长锥形的超空泡射弹，考虑高速冲击条件下流体的可压缩性，基于细长体小扰动势流理论，建立描述细长锥形射弹超空泡流动的积分微分方程，采用匹配渐近展开法，求解计及压缩性效应的超空泡形态二阶近似解，并分析流体压缩性对高速射弹超空泡形态和特征参数的影响[3]，计算结果可用于预报水下亚声速条件下细长锥形射弹的超空泡形态，进一步可为射弹外形优化、结构强度设计和水中弹道预报提供基础。

9.2.1　水下亚声速射弹可压缩超空泡流动数学模型

超空泡射弹一般采用细长锥形，射弹长细比（弹体全长/弹体尾部最大直径）一般在 10 左右甚至达到 16。因此，对此类细长锥形超空泡射弹，在无攻角时可以假定其引起的流场为小扰动，并采用细长体小扰动理论进行研究。在细长锥形射弹底部建立柱坐标系如图 9-2-2 所示。设射弹绕流为理想可压缩流体无旋定常运动，为避免尾部空泡回注射流形成的数学奇异性，采用 Riabushinsky 空泡闭合方式（即空泡以与射弹对称的形式闭合）。射弹形状给定：$r = r_1(x)$，超空泡形状 $r = R(x)$ 待定，在射弹和超空泡表面上均需满足流体不可穿透条件。l 为射弹长度，L 为超空泡长度，射弹速度为 U_∞，引起的流场扰动速度势为 φ，流场的总速度势为 $\phi = U_\infty x + \varphi$。

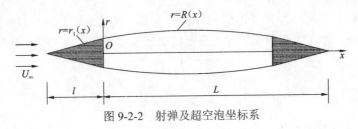

图 9-2-2　射弹及超空泡坐标系

描述亚声速（$Ma_\infty < 1$）超空泡流动的数学方程如下。

在流场内

$$(1 - Ma_\infty^2)\frac{\partial^2 \varphi}{\partial x^2} + \frac{\partial^2 \varphi}{\partial r^2} + \frac{\partial \varphi}{r \partial r} = 0 \tag{9-2-1}$$

在物面 $r = r_1(x)$ 和超空泡表面 $r = R(x)$ 上：

$$\frac{\partial \varphi}{\partial r} = \left(U_\infty + \frac{\partial \varphi}{\partial x}\right)\frac{\mathrm{d}r}{\mathrm{d}x} \tag{9-2-2}$$

扰动衰减条件

$$\nabla \varphi_{(r,x)\to\infty} \to 0 \tag{9-2-3}$$

流动衔接条件

$$[r_1 = R]_{x=0}, \quad \left[\frac{\mathrm{d}r_1}{\mathrm{d}x} = \frac{\mathrm{d}R}{\mathrm{d}x}\right]_{x=0} \tag{9-2-4}$$

式中：$Ma_\infty = U_\infty / a_\infty$ 为无穷远处来流马赫数；a_∞ 为无穷远处来流声速。

在射弹高速冲击条件下，视水为可压缩流体，压力和密度关系采用 Tait 状态方程描述：

$$\frac{p + B}{p_\infty + B} = \left(\frac{\rho}{\rho_\infty}\right)^n \quad (n = 7.15, \ B = 2.98 \times 10^8 \ \text{Pa}) \tag{9-2-5}$$

该方程适用于 $p \leqslant 3 \times 10^3 \text{MPa}$。其中：$p_\infty$、$\rho_\infty$ 为无穷远处来流压力和密度；p、ρ 为流场中某点压力和密度。

在等熵条件下，忽略质量力的能量方程为

$$\frac{U^2}{2} + \frac{a^2}{n-1} = \frac{U_\infty^2}{2} + \frac{a_\infty^2}{n-1} \tag{9-2-6}$$

式中：U、a 为流场中某点流速和声速。

利用式（9-2-5）和式（9-2-6）导出流场的压力系数为

$$C_p = \frac{p - p_\infty}{0.5\rho_\infty U_\infty^2} = \frac{2}{nMa_\infty^2}\left\{\left[1 + \frac{n-1}{2}Ma_\infty^2\left(1 - \frac{U^2}{U_\infty^2}\right)\right]^{\frac{n}{n-1}} - 1\right\} \tag{9-2-7}$$

在细长体小扰动条件下，略去三阶以上高阶小量，式（9-2-7）可进一步简化为

$$C_p = -\left[\frac{2}{U_\infty}\frac{\partial \varphi}{\partial x} + \frac{m^2}{U_\infty^2}\left(\frac{\partial \varphi}{\partial x}\right)^2 + \frac{1}{U_\infty^2}\left(\frac{\partial \varphi}{\partial r}\right)^2\right] \qquad (9\text{-}2\text{-}8)$$

式中：$m = \sqrt{|1 - Ma_\infty^2|}$。

对 r 很小的细长锥形射弹及其形成的细长超空泡，扰动速度势沿 x 方向的变化率要比沿 r 方向的变化率小，即在物面和超空泡表面上扰动速度分量 $\partial \varphi / \partial x < \partial \varphi / \partial r$，忽略式（9-2-8）右端第二项，近似取

$$C_p(x,r) = -\frac{2}{U_\infty}\frac{\partial \varphi}{\partial x} - \frac{1}{U_\infty^2}\left(\frac{\partial \varphi}{\partial r}\right)^2 \quad (-l \leqslant x \leqslant L) \qquad (9\text{-}2\text{-}9)$$

式（9-2-9）为可压缩流体压力系数的近似表达式。

9.2.2　水下亚声速射弹超空泡形态近似解

对于细长体（即细长锥形射弹及其超空泡），可用在其对称轴上连续分布的源汇来代替。对式（9-2-1）作 Prandtl-Glauert 变换可寻求基本解，通过叠加得到所有源汇对流场 (x,r) 点产生的扰动速度势为

$$\varphi(x,r) = -\int_{-l}^{L} \frac{q(\xi)\mathrm{d}\xi}{4\pi\sqrt{(x-\xi)^2 + (mr)^2}} \qquad (9\text{-}2\text{-}10)$$

式中：$q(\xi) = U_\infty \left.\dfrac{\mathrm{d}S}{\mathrm{d}x}\right|_{x=\xi}$ 为源强分布密度，$S = \pi r^2$ 为细长体横截面面积。

对于细长体，当 r 很小时，式（9-2-10）可近似展开成

$$\varphi(x,r) = \frac{U_\infty}{2\pi}\frac{\mathrm{d}S}{\mathrm{d}x}\ln r + \frac{U_\infty}{4\pi}\frac{\mathrm{d}S}{\mathrm{d}x}\ln\frac{m^2}{4(x+l)(L-x)} - \frac{U_\infty}{4\pi}\int_{-l}^{L}\frac{\left(\left.\dfrac{\mathrm{d}S}{\mathrm{d}x}\right|_{x=\xi} - \dfrac{\mathrm{d}S}{\mathrm{d}x}\right)\mathrm{d}\xi}{|x-\xi|} \qquad (9\text{-}2\text{-}11)$$

在超空泡边界上（$r = R(x), 0 \leqslant x \leqslant L$）：

$$C_p = \frac{p_v - p_\infty}{0.5\rho_\infty U_\infty^2} = -\sigma$$

式中：σ 为空化数；p_v 为水的饱和蒸汽压，当水温为 20 ℃时，取 $p_v = 2\,350\,\mathrm{Pa}$。

将式（9-2-11）代入式（9-2-9），可得

$$\left.\frac{\mathrm{d}R^2}{\mathrm{d}x}\right|_{x=L}\frac{1}{L-x} - \left.\frac{\mathrm{d}r^2}{\mathrm{d}x}\right|_{x=-l}\frac{1}{x+l} + \frac{\mathrm{d}^2R^2}{\mathrm{d}x^2}\ln\frac{m^2R^2}{4(x+l)(L-x)} - \int_{-l}^{L}\frac{\left(\left.\dfrac{\mathrm{d}^2r^2}{\mathrm{d}x^2}\right|_{x=\xi} - \dfrac{\mathrm{d}^2R^2}{\mathrm{d}x^2}\right)\mathrm{d}\xi}{|x-\xi|} + \frac{\left(\dfrac{\mathrm{d}R^2}{\mathrm{d}x}\right)^2}{2R^2} = 2\sigma$$

$$(9\text{-}2\text{-}12)$$

在超空泡分离点 $x = 0$ 处要求：

$$r_1^2(0) = R^2(0), \qquad \left.\frac{\mathrm{d}r_1^2(x)}{\mathrm{d}x}\right|_{x=0} = \left.\frac{\mathrm{d}R^2(x)}{\mathrm{d}x}\right|_{x=0}$$

由于假定超空泡采用 Riabushinsky 闭合方式，所以在超空泡尾端要求 $R^2(L)=0$。在射弹形状和空泡数已知时，通过数值求解积分微分方程式（9-2-12），可以确定超空泡半径 R 随 x 的变化规律。

下面通过匹配渐近展开法求出超空泡半径的一阶和二阶近似解。取弹体小参数 $\varepsilon = R_n / l$，其中 R_n 为锥形射弹底部截面半径。锥形射弹半径表达式为 $r = r_1(x) = \varepsilon(x+l)$。对超空泡半径和空化数按小参数 ε 作摄动函数展开

$$R^2 = \varepsilon^2\left[R_0^2 + R_{-1}^2\left(\ln\frac{1}{m^2\varepsilon^2}\right)^{-1} + R_{-2}^2\left(\ln\frac{1}{m^2\varepsilon^2}\right)^{-2} + \cdots\right] \tag{9-2-13}$$

$$\sigma = \varepsilon^2\left[\sigma_1\left(\ln\frac{1}{m^2\varepsilon^2}\right)^1 + \sigma_0 + \sigma_{-1}\left(\ln\frac{1}{m^2\varepsilon^2}\right)^{-1} + \cdots\right] \tag{9-2-14}$$

将式（9-2-13）和式（9-2-14）代入式（9-2-12），整理得到具有 $\varepsilon^2\ln(m^2\varepsilon^2)$、$\varepsilon^2$ 量阶的关于 R_0^2 和 R_{-1}^2 的微分方程和相应的边界条件。

1. $\varepsilon^2\ln(m^2\varepsilon^2)$ 量阶方程

$$\frac{\mathrm{d}^2 R_0^2}{\mathrm{d}x^2} = -2\sigma_1 \tag{9-2-15}$$

边界条件：$R_0^2(0) = l^2$，$R_0^2(L) = 0$，$\left.\dfrac{\mathrm{d}R_0^2(x)}{\mathrm{d}x}\right|_{x=0} = 2l$

解上述方程得

$$R_0^2 = \sigma_1(x-a)(b-x) \tag{9-2-16a}$$

$$\sigma_1 = \frac{2lL + l^2}{L^2}, \quad a = L, \quad b = -\frac{lL}{l+2L} \tag{9-2-16b}$$

由此得超空泡形态的一阶近似解

$$R^2 = \varepsilon^2 R_0^2 = R_n^2\left(-\frac{2lL + l^2}{l^2 L^2}x^2 + \frac{2}{l}x + 1\right) \tag{9-2-17}$$

当 $x = \dfrac{lL^2}{2lL + l^2}$ 时，得超空泡最大半径 $R_k = R_n\dfrac{l+L}{\sqrt{2lL+l^2}}$。记 $\sigma_\varepsilon = -\sigma / [2\varepsilon^2\ln(m\varepsilon)]$，则由空化数渐近序列式（9-2-14）的一阶展开式和式（9-2-16b）得 $\sigma_1 = (2lL+l^2)/L^2 = \sigma_\varepsilon$，解之得超空泡长度 $L = \dfrac{l(1+\sqrt{1+\sigma_\varepsilon})}{\sigma_\varepsilon}$。显然空化数 σ 和射弹尺度在一定情况下，σ_ε 和 l 为已知，故超空泡长度 L、超空泡最大半径 R_k 和超空泡形态 R 的一阶近似解均可计算出来。

2. ε^2 量阶方程

$$\frac{d^2 R_{-1}^2}{dx^2} = \frac{\left.\frac{dR_0^2}{dx}\right|_{x=L}}{L-x} - \frac{\left.\frac{dr_0^2}{dx}\right|_{x=-l}}{l+x} + \frac{d^2 R_0^2}{dx^2}\ln\frac{R_0^2}{4(l+x)(L-x)} - \int_{-l}^{0}\frac{\left(\left.\frac{d^2 r_0^2}{dx^2}\right|_{x=\xi} - \frac{d^2 R_0^2}{dx^2}\right)d\xi}{|x-\xi|}$$

$$- \int_{0}^{L}\frac{\left(\left.\frac{d^2 R_0^2}{dx^2}\right|_{x=\xi} - \frac{d^2 R_0^2}{dx^2}\right)d\xi}{|x-\xi|} + \frac{\left(\frac{dR_0^2}{dx}\right)^2}{2R_0^2} - 2\sigma_0 \tag{9-2-18}$$

边界条件：$R_{-1}^2(0)=0$，$R_{-1}^2(L)=0$，$\left.\dfrac{dR_{-1}^2(x)}{dx}\right|_{x=0}=0$。

根据 $r_1^2 = \varepsilon^2 r_0^2$、$r_0^2 = (x+l)^2$ 和求得的式（9-2-16a），通过对式（9-2-18）积分两次得到

$$R_{-1}^2 = \sigma_1\left[\ln\frac{x^{\left(1+\frac{1}{\sigma_1}\right)x^2}}{(x-b)^{(x-b)\left(x-\frac{a+b}{2}\right)}(a-x)^{\frac{a-b}{2}(a-x)}(x+l)^{\frac{(x+l)^2}{\sigma_1}}}\right.$$

$$\left. - \left(\ln\frac{e\sigma_1}{4} + \frac{\sigma_0}{\sigma_1}\right)x^2 + \left(\frac{C_1}{\sigma_1} - b + \frac{l}{\sigma_1}\right)x + \frac{C_2}{\sigma_1} + \frac{b^2}{2} - (a-b)x + \frac{l^2}{2\sigma_1}\right] \tag{9-2-19}$$

$$\sigma_0 = \sigma_1\left[\frac{1}{a^2}\ln\frac{a^{\left(1+\frac{1}{\sigma_1}\right)a^2}}{(a-b)^{\frac{(a-b)^2}{2}}(a+l)^{\frac{(a+l)^2}{\sigma_1}}} - \ln\frac{e\sigma_1}{4} + \frac{b^2-2a^2+2ab}{2a^2} + \frac{C_1+l}{a\sigma_1} + \frac{2C_2+3l^2}{2a^2\sigma_1}\right] \tag{9-2-20}$$

式中：$C_1 = -2\sigma_1\ln a^{\frac{a-b}{4}}(-b)^{\frac{a+3b}{4}} + 2l\ln l$；$C_2 = \sigma_1\left[\ln a^{\frac{(a-b)a}{2}}(-b)^{\frac{(a+b)b}{2}}l^{-ab} - \frac{b^2}{2}\right] - \frac{l^2}{2}$。

将已知参数 σ、m、ε 和上面求出的表达式 σ_0、σ_1 代入式（9-2-14）中，可得空化数二阶近似解为

$$\sigma = \varepsilon^2\left[\sigma_1\left(\ln\frac{1}{m^2\varepsilon^2}\right)^1 + \sigma_0\right] \tag{9-2-21}$$

式（9-2-21）是一个包含超空泡长度 L 为未知量的超越方程，该超空泡长度可通过迭代法求出，为加速迭代收敛过程，可以采用超空泡长度的一阶近似解作为初值。

将已知参数 m、ε 和求出的 R_{-1}^2、R_0^2 代入式（9-2-13）中，可以得到超空泡半径

$$R^2 = \varepsilon^2\left[R_0^2 + R_{-1}^2\left(\ln\frac{1}{m^2\varepsilon^2}\right)^{-1}\right] \tag{9-2-22}$$

式（9-2-22）是考虑了流体压缩性效应的超空泡形态二阶近似解。

如果射弹尺寸相对超空泡尺度很小，那么可忽略射弹尺寸，近似导出一个更简单的计算超空泡形态的公式。将坐标原点置于超空泡中间，用超空泡的半长 $L/2$ 作为特征长度进行无量纲化，则类似式（9-2-12）的推导可得

$$\frac{d^2 R^2}{dx^2} \ln \frac{m^2 R^2}{4(1-x^2)} - \int_{-1}^{1} \frac{\left(\left. \frac{d^2 R^2}{dx^2} \right|_{x=\xi} - \frac{d^2 R^2}{dx^2} \right) d\xi}{|x-\xi|} + \left. \frac{dR^2}{dx} \right|_{x=1} \frac{1}{1-x} - \left. \frac{dR^2}{dx} \right|_{x=-1} \frac{1}{1+x} + \frac{\left(\frac{dR^2}{dx} \right)^2}{2R^2} = 2\sigma$$

$$(9\text{-}2\text{-}23)$$

边界条件：$R^2(\pm 1)=0$，$R^2(0)=\varepsilon_1^2$。

　　由于忽略射弹尺寸，导致在锥形射弹超空泡分离点处边界条件丢失，所以需引入另外一个反映超空泡尺度的小参数 $\varepsilon_1 = 2R_k / L$，或记超空泡长细比 $\lambda = 1/\varepsilon_1$。对无量纲超空泡半径和空化数用 ε_1 代替 ε，同样按式（9-2-13）式（9-2-14）作摄动函数展开，并代入式（9-2-23）可以得到具有 $\varepsilon_1^2 \ln(m^2 \varepsilon_1^2)$、$\varepsilon_1^2$ 量阶的微分方程和相应的边界条件。

　　3. $\varepsilon_1^2 \ln(m^2 \varepsilon_1^2)$ 量阶方程

$$\frac{d^2 R_0^2}{dx^2} = -2\sigma_1 \tag{9-2-24}$$

边界条件：$R_0^2(\pm 1)=0$，$R_0^2(0)=1$。

　　4. ε_1^2 量阶方程

$$\frac{d^2 R_{-1}^2}{dx^2} = \frac{d^2 R_0^2}{dx^2} \ln \frac{R_0^2}{4(1-x^2)} - \int_{-1}^{1} \frac{\left(\frac{d^2 R_0^2}{d\xi^2} - \frac{d^2 R_0^2}{dx^2} \right) d\xi}{|x-\xi|} + \left. \frac{dR_0^2}{d\xi} \right|_{\xi=1} \frac{1}{1-x} - \left. \frac{dR_0^2}{d\xi} \right|_{\xi=-1} \frac{1}{1+x} + \frac{\left(\frac{dR_0^2}{dx} \right)^2}{2R_0^2} - 2\sigma_0$$

$$(9\text{-}2\text{-}25)$$

边界条件：$R_{-1}^2(\pm 1)=0$，$R_{-1}^2(0)=0$。

　　先后求解方程式（9-2-24）和式（9-2-25），分别得到

$$R_0^2 = 1-x^2, \quad \sigma_1 = 1 \tag{9-2-26a}$$

$$R_{-1}^2 = x^2 \ln 4 - \ln(1+x)^{(1+x)}(1-x)^{(1-x)}, \quad \sigma_0 = -1 \tag{9-2-26b}$$

　　由此得无量纲超空泡半径的二阶近似解

$$R^2 = \varepsilon_1^2 \left[1-x^2 + \frac{x^2 \ln 4 - \ln(1+x)^{(1+x)}(1-x)^{(1-x)}}{2(\ln \lambda - \ln m)} \right] \tag{9-2-27}$$

式（9-2-27）计及流体压缩性对超空泡形态的影响。

　　根据空化数的二阶近似解得

$$\sigma = \frac{2}{\lambda^2} \ln \frac{\lambda}{m\sqrt{e}} \tag{9-2-28}$$

在射弹运动的空化数 σ 已知情况下，通过式（9-2-28）可以反算超空泡的长细比 λ。在此基础上，再利用式（9-2-27）计算超空泡形态，由于该式中各项均以超空泡的半长 $L/2$ 作了无量纲化，所以该式只能计算出超空泡的相对大小。

9.2.3　水下亚声速射弹超空泡形态计算结果与分析

1. 超空泡形态的一阶和二阶近似解

取细长锥形射弹参数：长度 $l = 80\,\text{mm}$，底部半径 $R_n = 4\,\text{mm}$，射弹速度 $U_\infty = 1\,000\,\text{m/s}$。对应的小参数 $\varepsilon = 0.05$，空化数 $\sigma = 2 \times 10^{-4}$，$Ma_\infty = 0.69$，$m = 0.72$。利用式（9-2-17）、式（9-2-22）分别计算超空泡形态一阶近似解和二阶近似解，纵、横坐标用射弹底部半径 R_n 作无量纲化，即为 R/R_n、L/R_n。计算表明，对超空泡长度、最大半径和长细比而言，计及二阶近似解要比一阶近似解的结果增加 25.4%、27.3% 和减少 1.5%，如图 9-2-3 所示。因此，从计算精度和实际应用考虑，计算结果需要准确到二阶近似解，否则将引起较大误差。

2. 亚声速压缩性对超空泡形态的影响

细长锥形射弹几何参数不变，射弹速度 $U_\infty = 1160\,\text{m/s}$，对应的空化数 $\sigma = 1.48 \times 10^{-4}$，$Ma_\infty = 0.8$。利用式（9-2-22）分别计算 $Ma_\infty = 0.8$、$Ma_\infty = 0$ 时超空泡形态的二阶近似解，对应于考虑和不考虑流体压缩性的影响。计算结果表明，在亚声速条件下，流体压缩性将使得超空泡长度和半径均增大，超空泡整体呈现膨胀趋势，但超空泡形态仍近似保持为椭球体。在超空泡的前 1/3 处，流体压缩性对超空泡形态的改变并不明显，如图 9-2-4 所示。

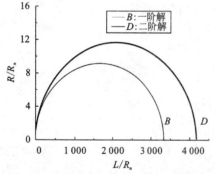

图 9-2-3　超空泡形态的一阶和二阶近似解

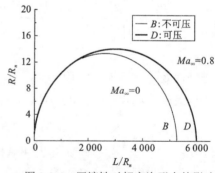

图 9-2-4　压缩性对超空泡形态的影响

流体压缩性对超空泡形态的影响随 Ma_∞ 数不同而变化，利用式（9-2-22）可以计算超空泡形态特征参数随 Ma_∞ 数的变化规律。图 9-2-5 横坐标表示亚声速条件下的不同 Ma_∞ 数，纵坐标 L/L_0、R_k/R_0、λ/λ_0 分别表示不同 Ma_∞ 数与 $Ma_\infty = 0$ 时的超空泡长度、最大半径、长细比之比。可以看出，当 $Ma_\infty > 0.3$ 时，高速射弹水下冲击引起的流体压缩性对超空泡特征参数的影响开始显现。随着 Ma_∞ 数增加，L/L_0、λ/λ_0、R_k/R_0 增加迅速，说明当射弹速度接近水中声速时，流体压缩性对超空泡形态的影响最为强烈。

3. 计算结果的比较与验证

由于超空泡长度和最大直径均与射弹底部直径成正比，所以超空泡长细比与射弹底部直径无关，仅是空化数的函数。基于这个特点，可将利用式（9-2-22）和式（9-2-28）计算得到的超空泡长细比与 Garabedian 的渐近公式[4]及 Vlasenko 的射弹实验结果[5]进行对比，在射弹速度 $U_\infty = 400 \sim 1\,400\,\text{m/s}$、对应的空化数 $\sigma = 1.0 \times 10^{-4} \sim 1.3 \times 10^{-3}$ 范围内，发现它们之间吻合较好，如图 9-2-6 所示。由于 Garabedian 的渐近公式只能预测超空泡的长细比，而式（9-2-22）不仅可用于计算超空泡的长细比，而且还可用于计算细长锥形射弹超空泡形态的绝对大小，所以可为弹形优化和弹道预报提供依据。

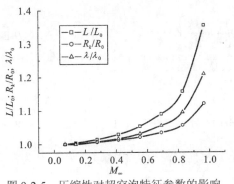

图 9-2-5　压缩性对超空泡特征参数的影响　　　　图 9-2-6　超空泡长细比随空化数的变化

9.3　超声速细长锥形射弹超空泡形态分析

目前，美国水下射弹运动速度已达到 1 549 m/s，超过了水中声速（1 450 m/s）。而美国海军水下作战中心（Naval Undersea Warfare Center，NUWC）制订的目标是将射弹在水中的速度提高到空气中炮弹的速度（2 000～3 000 m/s）。本节在水下亚声速射弹超空泡形态研究的基础上，建立描述超声速射弹超空泡流动的积分微分方程，基于细长体理论和匹配渐近展开法，求解超声速条件下计及压缩性效应的超空泡形态二阶近似解，并研究流体压缩性对超声速射弹超空泡形态的影响[6]。

9.3.1　水下超声速射弹可压缩超空泡流动数学模型

在细长锥形射弹底部建立柱坐标系如图 9-2-2 所示。设射弹绕流为理想可压缩流体无旋定常运动，空泡尾部采用 Riabushinsky 闭合方式。射弹形状给定：$r = r_1(x)$，超空泡形状 $r = R(x)$ 待定，l 为射弹长度，L 为超空泡长度，射弹速度为 U_∞，引起的流场扰动速度势为 φ。

与亚声速流动的控制方程是椭圆形方程不同，超声速流动的控制方程是双曲形方程。描述超声速（$Ma_\infty > 1$）射弹超空泡流动的数学方程如下。

在流场内：

$$(Ma_\infty^2 - 1)\frac{\partial^2 \varphi}{\partial x^2} - \frac{\partial^2 \varphi}{\partial r^2} - \frac{\partial \varphi}{r \partial r} = 0 \qquad (9\text{-}3\text{-}1)$$

在物面 $r = r_1(x)$ 和超空泡表面 $r = R(x)$ 上：

$$\frac{\partial \varphi}{\partial r} = \left(U_\infty + \frac{\partial \varphi}{\partial x} \right) \frac{\mathrm{d}r}{\mathrm{d}x} \qquad (9\text{-}3\text{-}2)$$

扰动衰减条件

$$\nabla \varphi_{(r,x) \to \infty} \to 0 \qquad (9\text{-}3\text{-}3)$$

流动衔接条件

$$[r_1 = R]_{x=0}, \qquad \left[\frac{\mathrm{d}r_1}{\mathrm{d}x} = \frac{\mathrm{d}R}{\mathrm{d}x} \right]_{x=0} \qquad (9\text{-}3\text{-}4)$$

式中：$Ma_\infty = U_\infty / a_\infty$ 为无穷远处来流马赫数，a_∞ 为无穷远处来流声速。

可压缩流体的 Tait 状态方程为

$$\frac{p+B}{p_\infty + B} = \left(\frac{\rho}{\rho_\infty} \right)^n \qquad (9\text{-}3\text{-}5)$$

式中：$B = 2.98 \times 10^8 \, \mathrm{Pa}$；$n = 7.15$；$p_\infty$、$\rho_\infty$ 为无穷远处来流压力和密度；p、ρ 为流场中某点压力和密度。

由于 $n = 7.15$ 比空气的绝热指数 1.4 大，所以水的压缩性不如在空气中强烈，在水中与压缩性相关的物理效应也与空气中不尽相同。Tait 方程适用于 $p \leqslant 3 \times 10^3 \, \mathrm{MPa}$，若 $Ma_\infty \leqslant 2.2$，则水中压力满足该方程，流动可以认为是等熵有势。在等熵流动和细长体假定条件下，利用状态方程和能量方程导出可压缩流体的压力系数为

$$C_p(x,r) = -\frac{2}{U_\infty} \frac{\partial \varphi}{\partial x} - \frac{1}{U_\infty^2} \left(\frac{\partial \varphi}{\partial r} \right)^2 \qquad (-l \leqslant x \leqslant L) \qquad (9\text{-}3\text{-}6)$$

与亚声速扰动向四周传播不同，对于细长体超声速运动，流场中任一点 (x,r) 的扰动速度势只取决于由射弹顶点沿弹体轴线至 $(x - mr)$ 之间分布源汇的贡献，即

$$\varphi(x,r) = -\int_{-l}^{x-mr} \frac{q(\xi)\mathrm{d}\xi}{2\pi \sqrt{(x-\xi)^2 - (mr)^2}} \qquad (9\text{-}3\text{-}7)$$

式中：$m = \sqrt{M_\infty^2 - 1}$；$q(\xi) = U_\infty \left. \dfrac{\mathrm{d}S}{\mathrm{d}x} \right|_{x=\xi}$，$S = \pi r^2$。对细长体，式（9-3-7）近似展开成

$$\varphi(x,r) = \frac{U_\infty}{4\pi} \frac{\mathrm{d}S}{\mathrm{d}x} \ln\left(\frac{mr}{2x} \right)^2 - \frac{U_\infty}{2\pi} \int_0^x \frac{1}{|x-\xi|} \left(\left. \frac{\mathrm{d}S}{\mathrm{d}x} \right|_{x=\xi} - \frac{\mathrm{d}S}{\mathrm{d}x} \right) \mathrm{d}\xi \qquad (9\text{-}3\text{-}8)$$

在超空泡边界 $r = R(x)$、$0 \leqslant x \leqslant L$ 上：

$$C_p = \frac{p_v - p_\infty}{0.5\rho_\infty U_\infty^2} = -\sigma$$

式中：σ 为空化数；p_v 为水的饱和蒸汽压；当水温 20 ℃时，取 $p_v = 2350 \, \mathrm{Pa}$。

将式（9-3-8）代入式（9-3-6），得

$$\sigma = \frac{1}{4R^2}\left(\frac{\mathrm{d}R^2}{\mathrm{d}x}\right)^2 + \frac{\mathrm{d}^2 R^2}{\mathrm{d}x^2}\ln\left[\frac{mR}{2(x+l)}\right] - \int_{-l}^{0}\frac{1}{|x-\xi|}\left(\frac{\mathrm{d}^2 r^2}{\mathrm{d}x^2}\bigg|_{x=\xi} - \frac{\mathrm{d}^2 R^2}{\mathrm{d}x^2}\right)\mathrm{d}\xi$$

$$- \int_{0}^{x}\frac{1}{|x-\xi|}\left(\frac{\mathrm{d}^2 R^2}{\mathrm{d}x^2}\bigg|_{x=\xi} - \frac{\mathrm{d}^2 R^2}{\mathrm{d}x^2}\right)\mathrm{d}\xi - \frac{1}{x+l}\frac{\mathrm{d}r^2}{\mathrm{d}x}\bigg|_{x=-l}$$

(9-3-9)

在超空泡分离点处：$r_1^2(0) = R^2(0)$，$\dfrac{\mathrm{d}r_1^2(x)}{\mathrm{d}x}\bigg|_{x=0} = \dfrac{\mathrm{d}R^2(x)}{\mathrm{d}x}\bigg|_{x=0}$；在超空泡尾端 $R^2(L) = 0$。

9.3.2　水下超声速射弹超空泡形态近似解

在射弹形状和空泡数 σ 为已知时，通过数值求解积分微分方程式（9-3-9），可以确定超空泡半径 R 随 x 的变化规律。下面通过匹配渐近展开法求出超空泡半径的一阶和二阶近似解。

取弹体小参数 $\varepsilon = R_n / l$，其中 R_n 为锥形射弹底部截面半径。锥形射弹半径表达式为 $r = r_1(x) = \varepsilon(x+l)$。对超空泡半径和空化数按小参数 ε 作摄动函数展开

$$R^2 = \varepsilon^2\left[R_0^2 + R_{-1}^2\left(\ln\frac{1}{m^2\varepsilon^2}\right)^{-1} + R_{-2}^2\left(\ln\frac{1}{m^2\varepsilon^2}\right)^{-2} + \cdots\right]$$

(9-3-10)

$$\sigma = \varepsilon^2\left[\sigma_1\left(\ln\frac{1}{m^2\varepsilon^2}\right)^{1} + \sigma_0 + \sigma_{-1}\left(\ln\frac{1}{m^2\varepsilon^2}\right)^{-1} + \cdots\right]$$

(9-3-11)

代入式（9-3-9），整理得到下面关于 R_0^2 和 R_{-1}^2 的微分方程和相应的边界条件。

1. $\varepsilon^2\ln(m^2\varepsilon^2)$ 量阶方程

$$\frac{\mathrm{d}^2 R_0^2}{\mathrm{d}x^2} = -2\sigma_1$$

(9-3-12)

边界条件：$R_0^2(0) = l^2$，$R_0^2(L) = 0$，$\dfrac{\mathrm{d}R_0^2(x)}{\mathrm{d}x}\bigg|_{x=0} = 2l$。

解上述方程得

$$R_0^2 = \sigma_1(x-a)(b-x), \ \text{其中}\ \sigma_1 = \frac{2lL+l^2}{L^2}, a = L, b = -\frac{lL}{l+2L}$$

(9-3-13)

由此得超空泡形态的一阶近似解

$$R^2 = \varepsilon^2 R_0^2 = R_n^2\left(-\frac{2lL+l^2}{l^2 L^2}x^2 + \frac{2}{l}x + 1\right)$$

(9-3-14)

当 $x = \dfrac{lL^2}{2lL+l^2}$ 时，得超空泡最大半径 $R_k = R_n\dfrac{l+L}{\sqrt{2lL+l^2}}$。

记 $\sigma_\varepsilon = -\sigma/[2\varepsilon^2\ln(m\varepsilon)]$，则由式（9-3-11）和式（9-3-13）得 $\sigma_1 = (2lL+l^2)/L^2 = \sigma_\varepsilon$，解得超空泡长度：$L = \dfrac{l(1+\sqrt{1+\sigma_\varepsilon})}{\sigma_\varepsilon}$。显然空化数 σ 和射弹尺度在一定情况下，σ_ε 和 l 为已知时，超空泡长度 L、最大半径 R_k 和超空泡形态 R 的一阶近似解均可计算出来。

2. ε^2 量阶方程

$$\frac{d^2 R_{-1}^2}{dx^2} = \frac{1}{2R_0^2}\left(\frac{dR_0^2}{dx}\right)^2 + \frac{d^2 R_0^2}{dx^2}\ln\frac{R_0^2}{4(x+l)^2} - 2\int_{-l}^{0}\frac{1}{|x-\xi|}\left(\frac{d^2 r_0^2}{dx^2}\bigg|_{x=\xi} - \frac{d^2 R_0^2}{dx^2}\right)d\xi$$

$$-2\int_{0}^{x}\frac{1}{|x-\xi|}\left(\frac{d^2 R_0^2}{dx^2}\bigg|_{x=\xi} - \frac{d^2 R_0^2}{dx^2}\right)d\xi - \frac{2}{x+l}\frac{dr_0^2}{dx}\bigg|_{x=-l} - 2\sigma_0 \tag{9-3-15}$$

边界条件： $R_{-1}^2(0)=0$ ， $R_{-1}^2(L)=0$ ， $\dfrac{dR_{-1}^2(x)}{dx}\bigg|_{x=0}=0$ 。

根据 $r_1^2 = \varepsilon^2 r_0^2$ 、 $r_0^2 = (x+l)^2$ 和求得式（9-3-13），通过对式（9-3-15）积分得

$$R_{-1}^2 = -\sigma_1\left[\ln(a-x)^{(a-x)(\frac{a+b}{2}-x)}(x-b)^{(x-b)(x-\frac{a+b}{2})} - \frac{a^2+b^2}{2} + (a+b)x + x^2\ln\frac{e\sigma_1}{4} - 2x^2\ln x\right] \tag{9-3-16}$$

$$+ 2x^2\ln x - x^2 - 2(x+l)^2\ln(x+l) + (x+l)^2 - \sigma_0 x^2 + C_1 x + C_2$$

$$\sigma_0 = \sigma_1\left[\frac{1}{a^2}\ln\frac{a^{2\left(1+\frac{1}{\sigma_1}\right)a^2}}{(a-b)^{\frac{(a-b)^2}{2}}(a+l)^{\frac{2(a+l)^2}{\sigma_1}}} - \ln\frac{e\sigma_1}{4} + \frac{b^2-2ab-a^2}{2a^2} + \frac{C_1-a}{\sigma_1 a} + \frac{C_2+(a+l)^2}{\sigma_1 a^2}\right] \tag{9-3-17}$$

其中， $C_1 = -2\sigma_1\ln a^{\frac{3a+b}{4}}(-b)^{\frac{a+3b}{4}} + 4l\ln l$ ， $C_2 = \sigma_1\left[\ln a^{\frac{a(a+b)}{2}}(-b)^{\frac{b(a+b)}{2}} - \frac{a^2+b^2}{2}\right] + 2l^2\ln l - l^2$ 。

将已知参数 σ 、 m 、 ε 和求出的表达式 σ_0 、 σ_1 代入式（9-3-11），得空化数二阶近似解为

$$\sigma = \varepsilon^2\left[\sigma_1\left(\ln\frac{1}{m^2\varepsilon^2}\right) + \sigma_0\right] \tag{9-3-18}$$

式（9-3-18）是一个包含超空泡长度 L 为未知量的超越方程，该超空泡长度可以通过迭代法求出。

将已知参数 m 、 ε 和求出的 R_{-1}^2 、 R_0^2 代入式（9-3-10），得超空泡半径为

$$R = \varepsilon\left[R_0^2 + R_{-1}^2\left(\ln\frac{1}{m^2\varepsilon^2}\right)^{-1}\right]^{0.5} \tag{9-3-19}$$

式（9-3-19）是计及流体压缩性效应的超声速超空泡形态二阶近似解。

9.3.3　水下超声速射弹超空泡形态计算结果与分析

1. 计算结果验证

取细长锥形射弹参数：射弹长度 $l=120\,\text{mm}$ ，底部半径 $R_n=6\,\text{mm}$ ，速度 $U_\infty=1549\,\text{m/s}$ ， $Ma_\infty=1.07$ 。对应的 $\varepsilon=0.05$ ， $\sigma=8.3\times10^{-5}$ 。利用式（9-3-19）计算超空泡形态二阶近似解并与 Kirschner[7]实验结果进行比较，两者吻合良好，如图 9-3-1 所示，纵、横坐标已用射弹底部半径 R_n 作无量纲化处理。

2. 超空泡形态的一阶和二阶近似解

射弹几何参数不变，速度 $U_\infty = 1740\,\text{m/s}$，$Ma_\infty = 1.2$。对应的 $\varepsilon = 0.05$，$\sigma = 6.6 \times 10^{-5}$。利用式（9-3-14）和式（9-3-19）分别计算超空泡形态一阶近似解和二阶近似解，结果表明，对超空泡长度而言，一阶近似解的结果要比二阶近似解大 117%左右，如图 9-3-2 所示。随着 Ma_∞ 数增加，这种差别还要进一步增大。从计算精度和实际应用考虑，计算结果需要准确到二阶近似解。

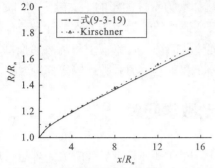

图 9-3-1 超空泡形态的计算与实验结果

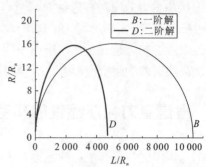

图 9-3-2 超空泡形态的一阶和二阶解

3. 超声速压缩性对超空泡形态的影响

射弹几何参数不变，利用式（9-3-19）分别计算不同 M_∞ 数及 $Ma_\infty = 0$ 时超空泡形态的二阶近似解，对应于考虑和不考虑流体压缩性的影响。计算结果表明，流体压缩性对超空泡形态的影响存在三种不同情况：①当 $1 < Ma_\infty < \sqrt{2}$ 时，流体压缩性将使超空泡长度和半径均增加，超空泡形态呈现整体膨胀趋势，如图 9-3-3 所示；②当 $Ma_\infty > \sqrt{2}$ 时，流体压缩性将使超空泡长度和半径均减小，超空泡形态呈现整体收缩趋势，如图 9-3-4 所示；③当 $Ma_\infty = \sqrt{2}$ 时，流体压缩性对超空泡形态无影响。上述特点与 Vasin[8] 采用有限差分方法计算超声速条件下圆盘空化器绕流超空泡形态的变化规律一致。

在超声速条件下，流体压缩性对超空泡形态的影响还存在共同特点：①导致超空泡形态前后稍微不对称，前端比尾端截面更窄，空泡最大截面稍向后移；②在超空泡的前 1/3，流体压缩性对超空泡形态大小的改变不明显；③超空泡长度受流体压缩性的影响程度要比超空泡半径大；④当射弹速度接近于 $Ma_\infty = 1$ 时，流体压缩性效应对超空泡形态的影响迅速增强。

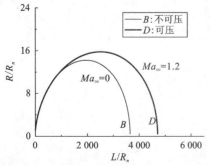

图 9-3-3 压缩性对超空泡形态的影响（1）

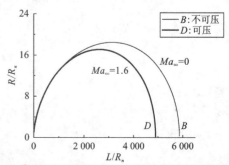

图 9-3-4 压缩性对超空泡形态的影响（2）

9.4　亚超声速细长锥射弹超空泡流离散递推算法

超声速超空泡射弹发射后在水下依靠惯性无动力飞行，其速度从超声速逐渐减至亚声速，期间需要经历压缩性效应显著的跨声速阶段。另外，超空泡射弹还需在变水深条件下运动，水深变化引起的重力效应（环境压力和空泡数的变化）也不容忽视，因而需要综合分析流体压缩性和重力效应对高速射弹超空泡形态和流体动力特性的影响。文献[9-11]反映了流体压缩性效应对超空泡形态和流场的影响，但没有反映流体的重力效应。本节计及流体的重力和压缩性效应影响，建立亚、超声速条件下超空泡流动的统一理论模型和离散递推算法，系统地解决高速射弹的超空泡形态、射弹表面压力分布和压差阻力系数计算等问题[12]。

9.4.1　考虑重力和压缩性的超空泡流动数学问题

在细长锥形射弹底部建立柱坐标系 (x, r)，如图 9-4-1 所示。设射弹绕流为理想可压缩流体无旋运动，来流速度为 U_∞。根据亚、超声速流动特点，亚声速时假定超空泡尾部采用 Riabouchinsky 闭合方式，超声速时则不提供闭合方式。考虑重力对超空泡流动的影响，假定重力加速度 g 指向 x 轴负方向，当射弹沿 x 轴负方向运动时，对应于流体重力势能减小即垂直入水方向，反之为垂直出水方向。由于入水开空泡通大气的复杂性，本节只考虑射弹在液体中的水平、垂直向下和向上的运动，不考虑气水交界面上的入水问题。设射弹半径 $r = r_1(x) = \varepsilon(x + l)$ 预先给定，超空泡半径 $r = R(x)$ 和长度 L 则需通过计算确定，其中 l 和 R_n 分别为射弹长度和底部半径，取小参数 $\varepsilon = R_n / l$。

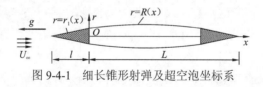

图 9-4-1　细长锥形射弹及超空泡坐标系

设高速射弹引起的流场扰动速度势为 φ，则描述亚、超声速超空泡流动的数学问题。当 $Ma_\infty < 1$ 或 $Ma_\infty > 1$ 时为

$$(1 - Ma_\infty^2)\frac{\partial^2 \varphi}{\partial x^2} + \frac{\partial^2 \varphi}{\partial r^2} + \frac{\partial \varphi}{r \partial r} = 0 \tag{9-4-1}$$

在 $r = r_1(x)$ 和 $r = R(x)$ 上

$$\frac{\partial \varphi}{\partial r} = \left(U_\infty + \frac{\partial \varphi}{\partial x}\right)\frac{\mathrm{d}r}{\mathrm{d}x} \tag{9-4-2}$$

当 $(x, r) \to \infty$ 时

$$\nabla \varphi \to 0 \tag{9-4-3}$$

当 $x = 0$ 时

$$r_1 = R \quad \text{及} \quad \frac{\mathrm{d}r_1}{\mathrm{d}x} = \frac{\mathrm{d}R}{\mathrm{d}x} \tag{9-4-4}$$

其中，$Ma_\infty = U_\infty / a_\infty$ 为无穷远处来流马赫数，a_∞ 为无穷远处来流声速。

流体压力与密度关系仍然采用 Tait 状态方程描述，即

$$\frac{p+B}{p_\infty+B} = \left(\frac{\rho}{\rho_\infty}\right)^n \tag{9-4-5}$$

式中：p_∞、ρ_∞ 为无穷远处来流压力和密度；p、ρ 为流场中某点压力和密度；$n = 7.15$；$B = 2.98 \times 10^8\,\text{Pa}$。

考虑重力效应的伯努利方程为

$$\frac{n}{n-1}\frac{p+B}{\rho} + \frac{U^2}{2} + gx = \frac{n}{n-1}\frac{p_\infty+B}{\rho_\infty} + \frac{U_\infty^2}{2} + gx_\infty \tag{9-4-6}$$

式中：x_∞ 为重力场参考平面坐标，取 $x_\infty = 0$ 时对应于射弹底面的中心位置。

对细长锥形射弹，流场压力系数可导出为

$$C_p = \frac{p - p_\infty}{0.5\rho_\infty U_\infty^2} = \frac{2}{nMa_\infty^2}\left\{\left\{1 - \frac{n-1}{2}Ma_\infty^2\left[\frac{2\varphi_x}{U_\infty} + \frac{\varphi_r^2}{U_\infty^2} + \frac{2(x-x_\infty)}{Fr^2 R_n}\right]\right\}^{\frac{n}{n-1}} - 1\right\} \tag{9-4-7}$$

式中：$Fr = U_\infty / \sqrt{gR_n}$。这里定义空化数为 $\sigma = \dfrac{p_\infty - p_v}{0.5\rho_\infty U_\infty^2}$。其中 $p_\infty = p_a + \rho gh$，p_a 为当地大气压，p_v 为水的饱和蒸汽压，ρ 为水的密度，h 为水面距射弹底面中心的高度。在空泡边界 $0 \leqslant x \leqslant L - l$ 上，有 $C_p = -\sigma$。

9.4.2　水下亚、超声速条件下的积分-微分方程

根据亚、超声速流动不同特点，流场扰动速度势可分别写为

$$\varphi(x,r) = -\int_{-l}^{L} \frac{q(\xi)\mathrm{d}\xi}{4\pi\sqrt{(x-\xi)^2 + (mr)^2}} \quad (Ma_\infty < 1) \tag{9-4-8}$$

$$\varphi(x,r) = -\int_{-l}^{x-mr} \frac{q(\xi)\mathrm{d}\xi}{2\pi\sqrt{(x-\xi)^2 - (mr)^2}} \quad (Ma_\infty > 1) \tag{9-4-9}$$

其中：$m = \sqrt{|1 - Ma_\infty^2|}$；$q(\xi) = U_\infty \left.\dfrac{\mathrm{d}S}{\mathrm{d}x}\right|_{x=\xi}$，$S = \pi r^2$ 为细长射弹及超空泡横截面积。

利用式（9-4-2）和式（9-4-4），将式（9-4-8）、式（9-4-9）分别代入式（9-4-7），得到描述亚、超声速细长锥形射弹超空泡形态 $(0 \leqslant x \leqslant L-l)$ 的非线性积分-微分方程分别为

$$\int_0^{L-l} \left.\frac{\mathrm{d}^2\zeta}{\mathrm{d}x^2}\right|_{x=\xi} \frac{\mathrm{d}\xi}{\sqrt{(x-\xi)^2 + m^2\zeta}}$$

$$= -2\sigma_m + \frac{4(x-x_\infty)}{Fr^2 R_n} + \frac{1}{2\zeta}\left(\frac{\mathrm{d}\zeta}{\mathrm{d}x}\right)^2 \tag{9-4-10}$$

$$-2\varepsilon^2 \ln\frac{[x+l+\sqrt{(x+l)^2 + m^2\zeta}][x-L+l+\sqrt{(x-L+l)^2 + m^2\zeta}]}{[x+\sqrt{x^2 + m^2\zeta}][x-L+\sqrt{(x-L)^2 + m^2\zeta}]} \quad (Ma_\infty < 1)$$

$$\int_0^{x-mR} \left.\frac{d^2\zeta}{dx^2}\right|_{x=\xi} \frac{1}{[(x-\xi)^2-m^2\zeta]^{1/2}}\,d\xi = -\sigma_m + \frac{2(x-x_\infty)}{Fr^2 R_n} + \frac{1}{4\zeta}\left(\frac{d\zeta}{dx}\right)^2$$

$$-2\varepsilon^2 \ln\frac{x+l+\sqrt{(x+l)^2-m^2\zeta}}{x+\sqrt{x^2-m^2\zeta}} \quad (Ma_\infty>1) \tag{9-4-11}$$

式中：$\zeta=R^2$；$\sigma_m=\dfrac{2}{(n-1)Ma_\infty^2}\left[1-\left(1-\dfrac{nMa_\infty^2}{2}\sigma\right)^{\frac{n-1}{n}}\right]$。

9.4.3　积分-微分方程的离散及迭代解法

求解超空泡形态，可将超空泡沿长度方向均匀分成 N 段，有 $N+1$ 个节点，且 $x_1=0$，$x_{N+1}=L-l$。设 ζ 在每一段的相邻两节点之间按 x（$x_i \leqslant x \leqslant x_{i+1}$）的二次多项式变化，即

$$\zeta=\zeta_i+a_i(x-x_i)+b_i(x-x_i)^2 \quad (i=1,2,\cdots,N) \tag{9-4-12}$$

式中：a_i 和 b_i 是待定系数。

利用式（9-4-4）及 $d\zeta/dx$ 在各节点处连续的条件，得 $a_1=2\varepsilon R_n$ 及 a_{i+1} 的递推公式为

$$a_{i+1}=a_i+2b_i(x_{i+1}-x_i) \quad (i=1,2,\cdots,N) \tag{9-4-13}$$

利用式（9-4-12），可得计算各节点 x_k 处超空泡 ζ_k 值的累加表达式为

$$\zeta_k=\zeta_1+\sum_{i=1}^{k-1}[a_i(x_{i+1}-x_i)+b_i(x_{i+1}-x_i)^2] \quad (k=2,3,\cdots,N+1) \tag{9-4-14}$$

系数 b_i（$i=1,2,\cdots,N$）的确定成为超空泡形态计算的关键。在亚、超声速条件下，将式（9-4-12）分别代入式（9-4-10）和式（9-4-11），得到求解 b_i 的线性代数方程组和递推公式分别为

$$\sum_{i=1}^{N} b_i \ln\frac{x_k-x_{i+1}+\sqrt{(x_k-x_{i+1})^2+m^2\zeta_k}}{x_k-x_i+\sqrt{(x_k-x_i)^2+m^2\zeta_k}}$$

$$=\sigma_m-\frac{2(x_k-x_\infty)}{Fr^2 R_n}-\frac{1}{4\zeta_k}\left(\left.\frac{d\zeta}{dx}\right|_{x=x_k}\right)^2$$

$$+\varepsilon^2 \ln\frac{[x_k+l+\sqrt{(x_k+l)^2+m^2\zeta_k}][x_k-L+l+\sqrt{(x_k-L+l)^2+m^2\zeta_k}]}{[x_k+\sqrt{x_k^2+m^2\zeta_k}][x_k-L+\sqrt{(x_k^2-L)^2+m^2\zeta_k}]}$$

$$(k=1,2,\cdots,N,\ Ma_\infty<1) \tag{9-4-15}$$

$$b_i \ln\frac{m^2\zeta_{i+1}}{[x_{i+1}-x_i+\sqrt{(x_{i+1}-x_i)^2-m^2\zeta_{i+1}}]^2}$$

$$=\sigma_m-\frac{2(x_{i+1}-x_\infty)}{Fr^2 R_n}-\frac{1}{4\zeta_{i+1}}\left(\left.\frac{d\zeta}{dx}\right|_{x=x_{i+1}}\right)^2$$

$$+2\varepsilon^2 \ln\frac{x_{i+1}+l+\sqrt{(x_{i+1}+l)^2-m^2\zeta_{i+1}}}{x_{i+1}+\sqrt{x_{i+1}^2-m^2\zeta_{i+1}}}-2\,\mathrm{sgn}(i-1)\sum_{j=1}^{i-1}b_j\ln\frac{x_{i+1}-x_{j+1}+\sqrt{(x_{i+1}-x_{j+1})^2-m^2\zeta_{i+1}}}{x_{i+1}-x_j+\sqrt{(x_{i+1}-x_j)^2-m^2\zeta_{i+1}}}$$

$$(i = 1, 2, \cdots, N, \quad Ma_\infty > 1) \tag{9-4-16}$$

式中：$\zeta_k = R_k^2$；$\zeta_{i+1} = R_{i+1}^2$；$\mathrm{sgn}(x)$ 为符号函数，这里取 $\mathrm{sgn}(x) = \begin{cases} 1, & x > 0 \\ 0, & x = 0 \end{cases}$。

在已知射弹几何参数和运动参数条件下，采用超空泡形态的一阶近似解[3, 6]作为初解可以加快计算的收敛速度。超空泡最终长度及外形由 $\zeta|_{x=L-l} = R_n^2$ 确定[9-11]。根据计算得到的超空泡形态，利用式（9-4-8）或式（9-4-9）及式（9-4-7）可以计算得到超空泡流动的速度场和压力场[12]。而亚、超声速条件下细长锥形射弹表面上（$-l \leqslant x \leqslant 0$）的压力系数分别为

$$C_p = \frac{2}{nMa_\infty^2}\left\{\left\{1 - \frac{n-1}{2}Ma_\infty^2\left[\sum_{i=1}^{N} b_i \ln \frac{x - x_{i+1} + \sqrt{(x - x_{i+1})^2 + m^2 \zeta_b}}{x - x_i + \sqrt{(x - x_i)^2 + m^2 \zeta_b}}\right.\right.\right.$$

$$\left.\left.\left.+ \varepsilon^2 \ln \frac{\mathrm{e}[x + \sqrt{x^2 + m^2\zeta_b}][x - L + \sqrt{(x-L)^2 + m^2\zeta_b}]}{[x + l + \sqrt{(x+l)^2 + m^2\zeta_b}][x - L + l + \sqrt{(x-L+l)^2 + m^2\zeta_b}]} + \frac{2(x - x_\infty)}{Fr^2 R_n}\right]^{\frac{n}{n-1}} - 1\right\}\right.$$

$$(Ma_\infty < 1) \tag{9-4-17}$$

$$C_p = \frac{2}{nMa_\infty^2}\left\{\left[1 - \frac{n-1}{2}Ma_\infty^2\left(\varepsilon^2 \ln \frac{\mathrm{e}m^2\varepsilon^2}{(1 + \sqrt{1 - m^2\varepsilon^2})^2} + \frac{2(x - x_\infty)}{Fr^2 R_n}\right)\right]^{\frac{n}{n-1}} - 1\right\} \quad (Ma_\infty > 1) \tag{9-4-18}$$

式中：$\zeta_b = r_1^2 = \varepsilon^2(x+l)^2$；$\mathrm{e}$ 为自然常数。

通过积分，进一步可以得到以 πR_n^2 为特征面积的细长锥形射弹压差阻力系数为

$$C_D = \frac{D}{0.5\rho_\infty U_\infty^2 \pi R_n^2} = \frac{2}{l^2}\int_{-l}^{0}(x+l)C_p \mathrm{d}x + \sigma \tag{9-4-19}$$

式中：D 为射弹的压差阻力。

9.4.4　重力及压缩性对超空泡流动的影响分析

1. 重力及压缩性的影响

取射弹几何参数：$l = 120\,\mathrm{mm}$，$R_n = 6\,\mathrm{mm}$，$\varepsilon = 0.05$。Serebryakov 等[13]给出的超空泡长细比 λ 的渐近解为

$$\sigma = \frac{2}{\lambda^2}\ln \frac{\lambda}{m\sqrt{\mathrm{e}}} \tag{9-4-20}$$

在已知射弹运动速度时，可以计算来流马赫数 Ma_∞ 和空化数 σ，通过式（9-4-10）或式（9-4-11）和式（9-4-14）可以计算亚声速或超声速条件下细长锥形射弹的超空泡形态，并进一步得到超空泡长细比与马赫数的变化关系。不同深度射弹水平运动时超空泡长细比的渐近解与数值解结果比较如图 9-4-2 所示，两者整体上符合较好，验证了本节理论模型和数值解法的正确性。在大部分情况下，λ 随 Ma_∞ 基本呈线性变化，即随 Ma_∞ 增加超空泡形态将变得更加细长。但在跨声速（$0.8 < Ma_\infty < 1.2$）时，曲线将会出现一个窄的尖峰，此时 λ 随 Ma_∞ 呈

非线性变化。在 Ma_∞ 相同时，不计重力效应的超空泡长细比最大（这里可视水深为 $h=0$ m 的情况），随着水深增加（例如 $h=20$、40 m 时），λ 将逐渐减小，说明水深增加将使超空泡向短粗方向发展。

在射弹深度和速度恒定时（例如 $h=20$ m，$Ma_\infty=0.7$、1.2），计算射弹水平及出、入水运动的超空泡形态。当射弹水平运动（对应于 $Fr\to\infty$）时，计算得到的超空泡形态在亚声速时前后对称，在超声速时前后稍微不对称，主要原因是亚声速时扰动可向流场四周传播，而超声速时扰动仅在马赫锥内向下游传播。在射弹垂直入水（对应于 $Fr^2>0$）或垂直出水（因射弹运动方向与重力加速度 g 方向相反，对应于 $Fr^2<0$）时，由于重力效应的影响，推迟或加速了超空泡尾部的封闭，使得超空泡的长度拉长或缩短，如图 9-4-3 所示。射弹出入水时重力效应主要影响超空泡的尾部形态，并使超空泡前后呈现不对称。

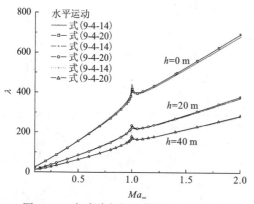

图 9-4-2　超空泡长细比数值解与渐近解比较

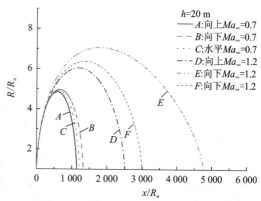

图 9-4-3　运动方式对超空泡形态的影响

另外，重力效应并不完全体现在 Fr 数的大小上，由式（9-4-10）和式（9-4-11）可以看出，它同时还与超空泡的尺度坐标 x 有关。计算分析表明，当射弹沿水平方向或沿垂直出水方向运动时，超空泡尾部可以自然封闭，因而可以得到超空泡形态的收敛解。当射弹沿垂直入水方向运动时，超空泡长度随 Ma_∞ 增加而增加，当 Ma_∞ 过大导致超空泡长度过长而入水深度不足时，由于超空泡来不及封闭，所以无法满足超空泡尾部的闭合准则，理论计算将得不到收敛的超空泡形态数值解。

重力效应对超空泡尺度的影响还与水深大小有关。在水深较小时（例如 $h=0$ m），超空泡尺度受重力效应的影响较大，且随 Ma_∞ 的增加而增加，如图 9-4-4 曲线 A、B 所示。图中纵坐标 L_u/L_h、R_u/R_h 分别为射弹出水和水平运动的超空泡长度和最大半径之比。相对于射弹水平运动的超空泡尺度，射弹出水时超空泡长度比半径减小得更快，即在同样的 Ma_∞ 下，L_u/L_h 偏离 1 的位置比 R_u/R_h 大。当水深增加时（例如 $h=20$ m），L_u/L_h 和 R_u/R_h 偏离 1 的位置减小，如图 9-4-4 曲线 C、D 所示。说明水深较大时，射弹出水时的超空泡尺度受重力效应的影响相对减小，即更加接近于射弹水平运动时的超空泡尺度。因此，水深越大，无论射弹是水平运动还是垂向运动，它们的超空泡尺度大小就越接近，重力效应对射弹不同运动方式形成的超空泡尺度的影响就越小。

在射弹速度恒定时，进一步计算水深变化对射弹出水超空泡形态的影响。当射弹沿垂直方向（垂直向下或垂直向上）运动时，其超空泡在垂向将遭受不同的重力作用。如图 9-4-5 为射弹以速度 $Ma_\infty = 0.7$ 垂直出水的超空泡形态，分别对应于水深 $h = 10$ m、20 m、30 m、40 m，可见随着水深增加，超空泡长度和半径将依次缩小，但缩小的趋势逐渐减缓。

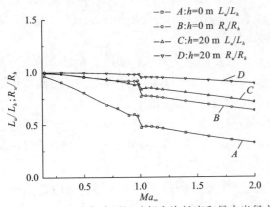

图 9-4-4　出水与水平运动超空泡长度和最大半径之比

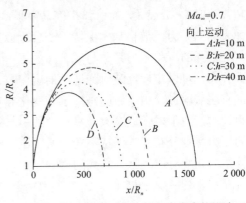

图 9-4-5　深度对出水超空泡尺度的影响

当射弹沿水平方向运动时，由于不同深度条件下空化数不同，也会导致所形成的超空泡尺度不同。当射弹以亚声速 $Ma_\infty = 0.8$ 和超声速 $Ma_\infty = 1.2$ 作水平运动时，深度增加将使得超空泡长度和最大半径相应缩小。水深小时减小得快，水深大时减小得慢，如图 9-4-6 所示。这说明水深较小时，超空泡尺度对深度变化比较敏感，而水深较大时，深度变化对超空泡尺度的影响较小。为反映超空泡特征尺度的绝对大小，这里横坐标和纵坐标未作无量纲化处理，横坐标为水深 h(m)，纵坐标为超空泡长度 L(m) 和最大半径 R_{max}(mm)。

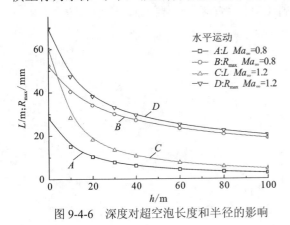

图 9-4-6　深度对超空泡长度和半径的影响

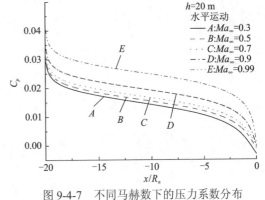

图 9-4-7　不同马赫数下的压力系数分布

2. 压力分布和压差阻力系数的影响因素

考虑重力和压缩性效应，计算射弹表面压力分布和压差阻力系数随马赫数的变化关系。在水深一定（例如 $h = 20$ m）时，Ma_∞ 数的变化对射弹表面压力分布有较大影响，射弹表面的压力系数在锥尖处为驻点压力，亚声速时由锥尖至锥底逐渐减小，在锥底处压力系数减小为各自水深和速度下的负空化数，如图 9-4-7 所示。当 Ma_∞ 由 0.3 增加至 0.7 时，压力系数增加较慢，当 Ma_∞ 由 0.7 增加至 0.9 时，压力系数增加较快，而当 Ma_∞ 由 0.9 增加至 0.99 时，压力系数急剧增加。Ma_∞ 数的变化反映了流体压缩性效应的影响。

超声速条件下，由式（9-4-18）可知，同一速度时射弹表面压力系数与水深无关，由于超声速时 Fr 数很大，而射弹尺度又很小，所以无论射弹是水平运动还是出水或入水运动，射弹表面的压力系数将基本保持不变且近似为常数。

射弹的压差阻力系数与其表面的压力系数和空化数的大小有关。通过射弹表面的压力系数分布，可以定性反映射弹运动的压差阻力系数大小。在亚声速时，压差阻力系数随水深增加有明显增加，主要原因是由水深变化导致的空化数增加而引起的，如图 9-4-8 所示。在超声速时，由于射弹速度大，水深增加引起的空化数变化小，不同水深、同一速度时射弹表面的压力系数分布基本保持不变，所以压差阻力系数与水深变化关系不大。因此在亚声速时流体重力效应对压差阻力系数的影响较大，而在超声速时则影响较小。

在 $0.8 < Ma_\infty < 1.2$ 时，压差阻力系数增加迅速，主要原因是流体的压缩性效应导致射弹表面压力系数迅速增加造成的。此外，流体的压缩性效应还体现在对超空泡尺度的改变上。图 9-4-9 纵坐标为射弹在 $h = 0\text{ m}$、20 m、40 m 三种深度水平运动时的可压与不可压超空泡流动的参数之比，其中 L / L_0、R / R_0、C_D / C_{D0} 分别为超空泡长度之比、超空泡最大半径之比、射弹压差阻力系数之比。当 $Ma_\infty \to 1$ 时，有 $L / L_0 > 1.7$、$R / R_0 > 1.4$、$C_D / C_{D0} > 1.8$，说明流体压缩性效应在跨声速范围内影响明显。当 $Ma_\infty < 0.3$ 和 $Ma_\infty \to \sqrt{2}$ 时，可压与不可压超空泡流动的参数之比趋于 1，说明此时流体的压缩性效应较小。对 $Ma_\infty > \sqrt{2}$ 的高超声速情况，流体压缩性效应将随 Ma_∞ 增加而增加。由此可知，射弹运动速度范围不同导致的流体压缩性效应影响也不同，如果在理论模型中不考虑流体的压缩性效应，计算结果将会引起较大误差。

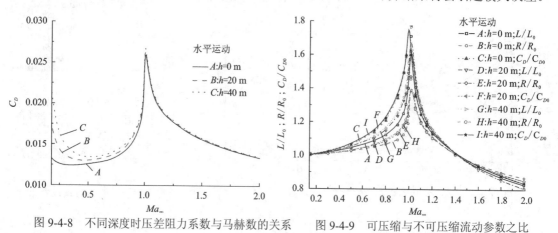

图 9-4-8　不同深度时压差阻力系数与马赫数的关系　　图 9-4-9　可压缩与不可压缩流动参数之比

3. 退化为不可压缩流动情况的验证

当 $Ma_\infty = 0$ 时，本节可压缩流动的数学模型可以退化为不可压缩流动情况。为了进一步判断理论模型和计算方法的精度，可以利用不可压缩流体的经典文献结果进行验证。这里计算了锥半角 $\alpha = 10°$、空化数 $\sigma = 0.04$ 时不可压缩流体绕细长锥体流动的超空泡形态，计算结果与 Serebryakov 等[13-14]结果符合良好，如图 9-4-10 所示。进一步计算不可压缩流体绕锥半角 $\alpha = 5°$、$10°$、$15°$ 流动、空化数 $\sigma = 0.04$ 时的超空泡长度和半径，可见它们随锥半角的增加而增加，如图 9-4-11 所示。

图 9-4-10 不可压流绕锥体的超空泡形态比较

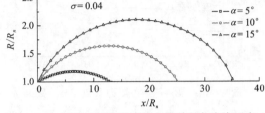

图 9-4-11 不可压流绕不同锥角锥体的超空泡形态

对锥半角 $\alpha = 5°$、$15°$，空化数 $\sigma = 0.005 \sim 0.12$，不可压缩流体绕锥体流动的超空泡形态无量纲最大半径 R_{max}/R_n 和细长比 $2R_{max}/L$ 计算结果与 Varghese 等[15]、Guzevsky[16]结果符合良好，如图 9-4-12 和图 9-4-13 所示。而当 $\alpha = 22.5°$ 时，由于细长体假定的局限性，导致本节计算结果与 Varghese 等[15]、Guzevsky[16]结果之间存在少许偏差。结果分析表明，锥半角越小，计算精度越高。由图 9-4-12 可见，在空化数一定时，超空泡的最大半径随锥半角的增加而增加，而在锥半角一定时，超空泡的最大半径随空化数的增加而减小。对特定的空化数，超空泡细长比随锥半角增加而减小，而对特定的锥半角，超空泡细长比随空化数增加而增加，如图 9-4-13 所示。

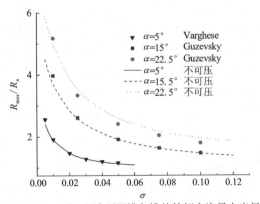

图 9-4-12 不可压流不同锥角锥体的超空泡最大半径

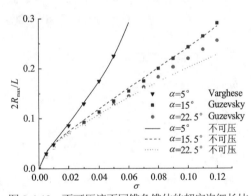

图 9-4-13 不可压流不同锥角锥体的超空泡细长比

对可压缩流体，根据空化数和计算得到的锥体表面压力分布，由式（9-4-19）可以计算得到锥体超空泡运动时的压差阻力系数。对亚声速流动，在不同的空化数和马赫数条件下，本节计算结果与 Varghese 等[15]结果符合良好，且锥体压差阻力系数随空化数或马赫数增加而增加，如图 9-4-14 所示。对超声速流动，在 $\alpha = 2.9°$，$5.0°$，$10°$，$15°$ 时，计算结果与 Frankl 等[17]、Nesteruk[18]结果符合良好，且锥体压差阻力系数随马赫数增加而减小，随锥半角增大而增大，如图 9-4-15 所示。

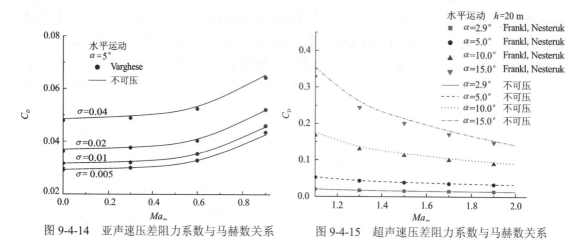

图 9-4-14　亚声速压差阻力系数与马赫数关系　　　图 9-4-15　超声速压差阻力系数与马赫数关系

对不可压缩黏性流体，已知包含压差阻力和摩擦阻力的圆锥空化器超空泡流动的阻力系数经验公式为[19]

$$C_D = C_{D0} + (0.524 + 0.672\alpha / 180°)\sigma \qquad (0 \leqslant \sigma \leqslant 0.25) \qquad (9\text{-}4\text{-}21)$$

式中：
$$C_{D0} = \begin{cases} \dfrac{\alpha}{180°}\left(0.915 + \dfrac{9.5\alpha}{180°}\right) & (0 \leqslant \alpha \leqslant 15°) \\[3mm] 0.5 + 1.81\left(\dfrac{\alpha}{180°} - 0.25\right) - 2\left(\dfrac{\alpha}{180°} - 0.25\right)^2 & (15° \leqslant \alpha \leqslant 90°) \end{cases}$$

对圆盘空化器，锥半角为 $\alpha = 90°$ 时，式（9-4-21）为
$$C_D = 0.83 + 0.86\sigma \qquad (0 \leqslant \sigma \leqslant 0.25) \qquad (9\text{-}4\text{-}22)$$

对锥形空化器，锥半角为 $\alpha = 5°$ 时，式（9-4-21）为
$$C_D = 0.032\,7 + 0.542\sigma \qquad (0 \leqslant \sigma \leqslant 0.25) \qquad (9\text{-}4\text{-}23)$$

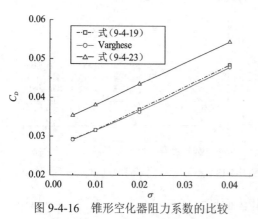

图 9-4-16　锥形空化器阻力系数的比较

对应于 $\sigma = 0.005$、0.01、0.02、0.04 时，有 $C_D = 0.035\,4$、$0.038\,1$、$0.043\,5$、$0.064\,4$，将此经验公式结果与式（9-4-19）计算结果和 Varghese 计算结果[15]进行比较，如图 9-4-16 所示。可见后两者计算结果之间符合良好，而式（9-4-23）的计算结果平均偏大 0.006 左右，但变化趋势一致，其偏大的原因是式（9-4-23）中包含了摩擦阻力的成分。对圆盘空化器，没有摩擦阻力，式（9-4-22）主要反映的是压差阻力系数，类似锥形空化器，在跨临界航速附近运动时，流体压缩性将对阻力系数带来一定影响，对圆盘空化器的射弹，此时其阻力系数需要适当地给予修正。

锥体运动方式、深度、速度的变化对超空泡尺度有较大影响，说明在多数情况下重力和压缩性效应不容忽视。对锥体垂直出入水运动，重力效应主要体现在沿深度方向空泡周围的压力改变上。对锥体水平运动，重力效应主要体现在水深变化导致的空泡数改变上。压缩性效应对超空泡形态的影响主要体现在跨临界速度范围内。与超声速不同，亚声速流动时扰动可向四周传播，因而下游超空泡形状的改变将对上游的锥体表面压力系数和锥体压差阻力系数产生影响。低亚声速时，重力效应对压力系数和压差阻力系数有较明显影响。高亚声速时，由于锥体速度高，超空泡长度长，超空泡形状的改变主要在距离锥体较远的尾部，所以重力效应对锥体表面压力系数和锥体压差阻力系数的影响较小。超声速流动时，由于扰动仅向下游传播，所以锥体运动方式、深度的变化对压力系数和压差阻力系数几乎没有影响。跨临界速度范围内，流体的压缩性将导致超空泡形态、锥体表面压力系数和锥体压差阻力系数发生显著变化。由于理论模型中未计及跨声速时的非线性效应影响，所以在跨声速范围时计算结果只能定性反映超空泡射弹的流动特性变化。

9.5　低亚声速射弹垂直入水段超空泡流数值分析

国内对于入水过程的理论及数值模拟研究始于 20 世纪 80 年代，研究的方法主要有：有限差分法、边界元法、有限体积法、实验测试方法等。国外对入水问题的研究起步较早，从球体入水问题开始，再扩展到三维结构入水问题。对于射弹高速入水（弹体穿越气、水交界面进入水中这一过程），由于入水时间短，自由面与超空泡及气、水、弹体之间发生强烈的耦合作用，并伴随着湍动、相变、可压缩等大量复杂的流动现象，数值模拟研究难度较大。

本节针对低亚声速（速度小于等于 0.3 倍水中声速，水中声速约为 1 450 m/s）超空泡射弹入水问题，利用有限元分析软件构建低亚声速射弹入水问题的气-固-液的多介质耦合有限元模型，基于水的 Grüneisen 状态方程及空气的 Linear-polynomial 状态方程，射弹模型采用拉格朗日算法，流体域采用 ALE 有限元算法，以有限元仿真分析软件为计算平台，对低亚声速射弹入水过程的空泡演化过程、射弹速度衰减规律和入水空泡面闭合和深闭合时间进行数值模拟[20-21]。

9.5.1　流固耦合的有限元数学模型

射弹模型采用拉格朗日算法，流体域采用 ALE 有限元算法，可以实现流体-固体耦合的动态分析。

1. 质量守恒方程

$$M_\rho \frac{\mathrm{d}\rho}{\mathrm{d}t} + L_\rho \rho + K_\rho \rho = 0 \tag{9-5-1}$$

式中：M_ρ 为容量矩阵；L_ρ 为转换矩阵；K_ρ 为散度矩阵；ρ 为材料密度；t 为时间。

2. 动量守恒方程

$$M \frac{\mathrm{d}v_r}{\mathrm{d}t} + Lv_r + f_i = f_e \tag{9-5-2}$$

式中：M 为广义质量矩阵；L 为传递矩阵；v_r 为对应于参考构型描述下的速度；f_i 为内力向量；f_e 为外力向量。

弹体与流体间的耦合采用多物质的欧拉-拉格朗日耦合算法。其特点是结构与流体的有限元模型重叠在一起，而在计算中通过一定的约束方法将结构与流体耦合在一起，实现力学参量的传递。进行多物质耦合计算时，单元算法采用算法 11，弹体采用全积分六面体（S/R）单元，算法为拉格朗日算法，固体单元与流体单元之间采用无侵蚀的罚函数耦合。

9.5.2 典型算例及结果验证

1. 模型参数

射弹采用锥头圆柱体结构，如图 9-5-1 所示。圆柱长 $L=50\,\text{mm}$，直径 $D=10\,\text{mm}$，头部圆锥角为 90°。材料采用铝合金，密度 $2.7\times10^3\,\text{kg/m}^3$。在材料模型的选择上，结构采用刚性 MAT_RIGID 材料模型，刚体结构不需要状态方程。水采用有限元仿真分析软件提供的 MAT_NULL 材料模型和 Grüneisen 状态方程，即

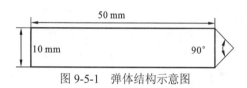

图 9-5-1 弹体结构示意图

$$p = \frac{\rho_0 c^2 \mu \left[1 + \left(1 - \frac{\gamma_0}{2}\right)\mu - \frac{\alpha}{2}\mu^2\right]}{\left[1 - (S_1 - 1)\mu - S_2\dfrac{\mu^2}{\mu+1} - S_3\dfrac{\mu^3}{(\mu+1)^2}\right]^2} + (\gamma_0 + \alpha\mu)E_0 \qquad (9\text{-}5\text{-}3)$$

式中：P 为压力；c 为声速；$\mu=\rho/\rho_0-1$，ρ 为密度，ρ_0 为水压缩前的密度；E_0 为单位体积内能；S_1、S_2、S_3、γ_0、α 为常数。各参数取值如表 9-5-1 所示。

表 9-5-1 水和空气的性能参数

	密度 $\rho/(\text{kg/m}^3)$	$c/(\text{m/s})$	S_1	S_2	S_3	γ_0	α	C_4	C_5	$E_0/(\text{J/m}^3)$
水	1 000	1 448	1.979	0	0	0.11	3	—	—	—
空气	1.22	—	—	—	—	—	—	0.4	0.4	2.53×10^5

空气采用有限元仿真分析软件提供的 MAT_NULL 材料模型和 Linear-polynomial 状态方程，即

$$p = C_0 + C_1\mu + C_2\mu^2 + C_3\mu^3 + (C_4 + C_5\mu + C_6\mu^2)E_0 \qquad (9\text{-}5\text{-}4)$$

式中：C_0、C_1、C_2、C_3、C_4、C_5、C_6 为常数。各参数取值为 $C_0=C_1=C_2=C_3=C_6=0$，$C_4=C_5=0.4$，$E_0=0.253\,\text{MPa}$，如表 9-5-1 所示。

2. 网格划分

根据结构的对称性，为节省计算资源和时间，有限元模型采用了 1/4 模型，射弹采用拉格朗日网格，水和空气的单元类型选用 3D SOLID164，单元采用的六面体单元，计算域共划

分了 472 530 个单元，497 028 个节点，对计算水域和空气域局部网格进行了加密，加密的区域内径为 R_{10} 区域［图 9-5-2（b）］，单个网格的长宽比在 1～2 之间，射弹下端距离水面 20 mm［图 9-5-2（a）］。

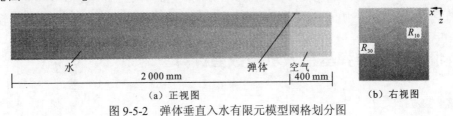

（a）正视图　　　　　　　　　　　　　（b）右视图

图 9-5-2　弹体垂直入水有限元模型网格划分图

3. 边界条件

由于采用 1/4 模型，所以在计算水域和空气域两个对称面上要分别满足对称边界 $x = 0$，$z = 0$；在最外圆柱面和水底设置无反射边界条件来模拟无限大水域。

4. 计算结果

分别计算了入水后射弹速度 v、深度 h 随时间 t 的变化及入水空泡形态，如图 9-5-3～图 9-5-5 所示。

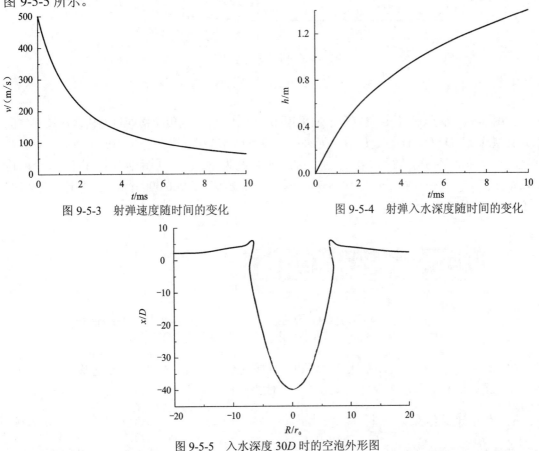

图 9-5-3　射弹速度随时间的变化　　　　图 9-5-4　射弹入水深度随时间的变化

图 9-5-5　入水深度 30D 时的空泡外形图

从图 9-5-3 可以看出，射弹垂直入水初始阶段速度衰减非常快，3 ms 后速度衰减幅度趋于平缓，这是因为入水初段承受的加速度大，随着入水深度的增加，其加速度值会逐渐降低。从图 9-5-4 可以看出，入水深度在入水最初时增加较快，而后趋于平缓。图 9-5-5 为入水深度 30D 时的空泡外形图，其中 $r_0 = D/2$ 为射弹半径，计算结果与相关文献[22]结果符合较好。

9.5.3 低亚声速射弹垂直入水段数值计算

1. 模型参数

射弹采用双圆台加圆柱体结构，如图 9-5-6 所示，总长 $L = 144$ mm，材料采用钨合金，在材料模型的选择上，射弹采用 Johnson-Cook 模型，状态方程采用 Gruneisen 状态方程。数学模型参数采用厘米-克-微秒单位制，水和空气采用的性能参数与上相同。钨合金具体参数：密度 17.25×10^3 kg/m³，弹性模量 $E = 314$ GPa，剪切模量 $G = 122$ GPa，$\mu = 0.29$；材料性能参数 $A = 1506$ MPa，$B = 177$ MPa，$n = 0.12$，$C = 0.016$，$m = 1$；室温 $T_0 = 300$ K，熔化温度 $T_m = 1723$ K，$S_1 = 1.23$，$S_2 = S_3 = 0$，$\gamma_0 = 1.54$；钨合金中的声速 $c_0 = 4029$ m/s。

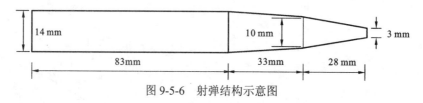

图 9-5-6　射弹结构示意图

2. 网格划分与边界条件

如图 9-5-7 所示，弹体、空气和水域采用 1/4 模型，射弹采用拉格朗日网格，水和空气的单元类型选用 3D SOLID164，所有单元采用六面体单元，弹体共划分了 105 个单元，对计算水域和空气域局部网格进行了加密，加密的区域内径为 R_{10} 区域 [图 9-5-7 (b)]，单个网格的长宽比在 1~2，空气域划分了 192 000 个单元，水域划分了 960 000 个单元。共计 1 152 105 个单元，11 984 236 个节点。

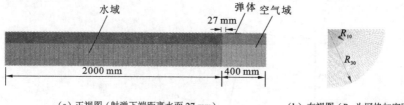

（a）正视图（射弹下端距离水面 27 mm）　　　　（b）右视图（R_{10} 为网格加密区域）

图 9-5-7　实弹垂直入水有限元模型网格划分图

由于采用 1/4 模型，所以在计算水域和空气域两个对称面上要分别满足对称边界 $x = 0$，$z = 0$；在最外圆柱面和水底设置无反射边界条件来模拟无限大水域。

3. 数值计算结果与分析

射弹入水速度分别取为 100 m/s、200 m/s、300 m/s、400 m/s 和 500 m/s，计算出空泡面

闭合、深闭合时间及对应的无量纲时间和弗劳德数分别如表 9-5-2 所示，可以看出在射弹入水速度小于 500 m/s 时，是出现面闭合再出现深闭合现象。

表 9-5-2　无量纲闭合时间与弗劳德数关系

类型	100 m/s	200 m/s	300 m/s	400 m/s	500 m/s
面闭合时间/ms	3.23	2.915	2.83	2.953	2.926
深闭合时间/ms	7.78	7.965	8.13	6.533	5.126
τ（面闭合无量纲时间）	0.261	0.236	0.229	0.239	0.237
τ（深闭合无量纲时间）	0.629	0.644	0.657	0.528	0.414
Fr（弗劳德数）	824.8	1 649.6	2 474.4	3 269.1	4 123.9

以弗劳德数为横坐标，无量纲时间为纵坐标，面闭合和深闭合无量纲时间与弗劳德数关系曲线如图 9-5-8 所示。由图 9-5-8 可以看出：空泡面闭合的无量纲时间随着弗劳德数变化的幅度不大；随着弗劳德数的增加，空泡深闭合的无量纲时间先缓慢增加然后减小，且减小的幅度较大。

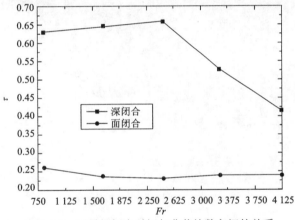

图 9-5-8　无量纲闭合时间与弗劳德数之间的关系

图 9-5-9 为射弹在不同入水速度下空泡面闭合时的形状。从图 9-5-9 中可以看出：在空泡发生面闭合时，闭合点周围液面升高；闭合时，液体在空泡上方形成向上和向下两个方向的射流；随着射弹入水速度的增加，发生面闭合时，射弹的入水深度也随之增加。

图 9-5-10 为射弹不同入水速度下空泡深闭合时的形状。从图 9-5-10 可以看出：在空泡发生深闭合时，闭合位置并不会清晰地发生在一个点上，而是一段距离，最后在一点处彻底断开，空泡会迅速向上下方向收缩，并迅速溃灭；随着射弹入水速度的增加，发生深闭合时，射弹的入水深度也随之增加，且喷溅更高，水面抬高更明显。

图 9-5-11 为射弹不同入水速度时入水深度随时间的变化情况。由图 9-5-11 可以看出：入水速度越大，入水相同深度时间越短。图 9-5-12 为不同入水速度下射弹速度随时间的变化情况。由图 9-5-12 可以看出：入水速度越高，速度衰减越快；在入水后短时间内射弹速度随时间呈线性衰减，但速度衰减非常缓慢。这主要是因为射弹采用的钨合金密度非常大、惯性大，水对其动能造成的损失较小，可见入水深度随射弹的速度增加而增加。

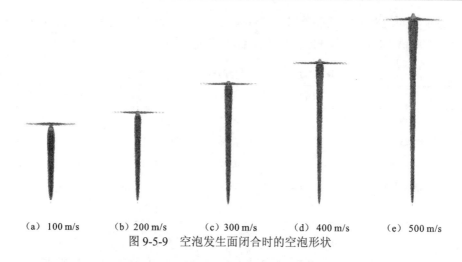

（a）100 m/s （b）200 m/s （c）300 m/s （d）400 m/s （e）500 m/s

图 9-5-9　空泡发生面闭合时的空泡形状

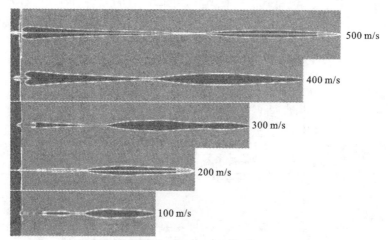

图 9-5-10　空泡深闭合时的空泡外形

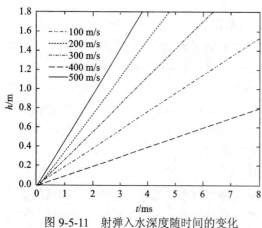

图 9-5-11　射弹入水深度随时间的变化

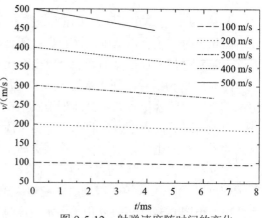

图 9-5-12　射弹速度随时间的变化

图 9-5-13 为不同入水速度下射弹阻力系数随时间的变化情况。从图 9-5-13 可以看出：高速射弹在空中段飞行时阻力系数与入水段比非常小，撞水后阻力系数迅速达到最大峰值，然后快速震荡衰减，振荡的频率和幅度与最小计算步长以及输出步长相关；当头部第一节圆台完全入水后，阻力系数稳定在 1 附近，与经验公式 $C_D = 0.82(1+\sigma)$ 的理论计算值吻合良好。阻力系数峰值随入水速度增加而先增加，在入水速度为 300 m/s 时达到峰值，而后减小。

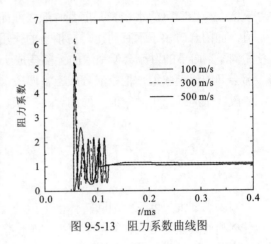

图 9-5-13　阻力系数曲线图

图 9-5-14 为射弹以 500 m/s 入水时的空泡发展过程。从图 9-5-14 可以看出：射弹入水后，仅仅只有头部沾湿，而后迅速排开水、形成空泡，水沿着射弹表面往上运动形成喷溅，射弹周围的水面可以看到明显抬高现象；射弹完全浸入水中后，在身后形成一个空腔和大气相通，随着射弹入水深度的增加，空泡最大直径逐

（a）射弹即将入水　　（b）射弹头部第1个锥部入水　　（c）射弹头部第2个锥部入水　　（d）射弹全部入水

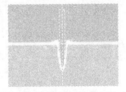

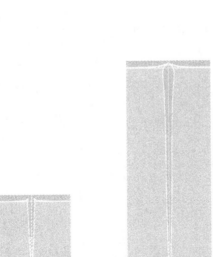

（e）排水形成空泡　　（f）空泡面闭合　　（g）面闭合后形成两股射流　　（h）深闭合

图 9-5-14　500 m/s 速度入水时空泡发展过程

渐增大，当喷溅的水在表面汇合时形成面闭合，使空泡和大气隔断；此时空泡直径达到最大值，面闭合时由于水有动能，在拍击的作用下，在面闭合最顶点会形成两股射流，分别向上和向下，向下的射流会使空泡的上部变成一个 M 形。随着射弹入水深度继续增加，空泡在中部会开始逐渐收缩，把空泡分成上下两段，形成深闭合，深闭合时并不是清晰的一点，而是一段。空泡经历了开空泡、面闭合、扩张、收缩、深闭合等几个阶段。

9.6 水下回转体水平运动超空泡流动数值分析

以水下大尺度超空泡回转体水平运动为研究背景，通过 ANSYS 软件的二次开发，开展自然和通气超空泡流动的数学模型和数值模拟方法研究，提炼优化出合理的空化模型。采用均相混合物模型处理两相多组分流动，利用两方程湍流封闭模型数值求解 RANS 方程，数值离散采用多块结构化基于压力修正的有限体积法。针对典型算例，分析超空泡流动形态和流体动力特性，通过与文献试验数据和理论结果的比较，对数学模型和计算方法进行验证，确认数值模拟方法的可行性和计算方法的精度，为超空泡高速鱼雷工程设计提供有效的数值模拟工具。

9.6.1 均相混合物模型流动的基本方程

采用均相混合物模型，流体运动的基本方程包括连续性方程、运动方程、能量方程、组分方程和湍流模型等。

连续性方程为

$$\frac{\partial \rho_m}{\partial t} + \frac{\partial (\rho_m u_j)}{\partial x_j} = 0 \tag{9-6-1}$$

式中：ρ_m 为流体密度；u_j 为速度分量；x_j 为坐标分量，t 为时间。

运动方程为

$$\frac{\partial (\rho_m u_i)}{\partial t} + \frac{\partial (\rho_m u_i u_j)}{\partial x_j} = -\frac{\partial p}{\partial x_i} + \frac{\partial}{\partial x_j}\left[(\mu_m + \mu_t)\left(\frac{\partial u_i}{\partial x_j} + \frac{\partial u_j}{\partial x_i} - \frac{2}{3}\frac{\partial u_k}{\partial x_k}\delta_{ij}\right)\right] + F_i \tag{9-6-2}$$

式中：p 为流体压力；μ_m、μ_t 分别为流体动力黏性系数和涡黏系数；δ_{ij} 为克罗内克符号；F_i 为流体质量力。

能量方程为

$$\frac{\partial (\rho_m H_m)}{\partial t} + \frac{\partial (\rho_m u_j H_m)}{\partial x_j}$$

$$= -\frac{\partial p}{\partial t} + \frac{\partial}{\partial x_j}\left[(\mu_m + \mu_t)u_i\left(\frac{\partial u_i}{\partial x_j} + \frac{\partial u_j}{\partial x_i} - \frac{2}{3}\frac{\partial u_k}{\partial x_k}\delta_{ij}\right)\right] + \frac{\partial}{\partial x_j}\left[\lambda_m \frac{\partial T}{\partial x_j} + \frac{\mu_t}{Pr_t}\frac{\partial h_m}{\partial x_j}\right] + u_j F_i \tag{9-6-3}$$

式中：流体总焓 $H_m = h_m + \frac{1}{2}u_i u_i$，其中 h_m 为流体比焓；Pr_t 为普朗特数；T 为流体温度；λ_m 为

流体热传导系数。

组分方程为

$$\frac{\partial(\rho_l\alpha_l)}{\partial t}+\frac{\partial(\rho_l\alpha_l u_j)}{\partial x_j}=\dot{m}_l+\dot{m}_v \tag{9-6-4}$$

$$\frac{\partial(\rho_v\alpha_v)}{\partial t}+\frac{\partial(\rho_v\alpha_v u_j)}{\partial x_j}=-(\dot{m}_l+\dot{m}_v) \tag{9-6-5}$$

$$\frac{\partial(\rho_g\alpha_g)}{\partial t}+\frac{\partial(\rho_g\alpha_g u_j)}{\partial x_j}=0 \tag{9-6-6}$$

式（9-6-4）～式（9-6-6）中：α_l、α_v、α_g 是液体、水蒸气、通气气体的体积分数；$\dot{m}_l$、$\dot{m}_v$ 是空化速率，代表液相的汽化和气相的凝结过程。

相容条件为

$$\alpha_l+\alpha_v+\alpha_g=1 \tag{9-6-7}$$

湍流模型方程为

$$\frac{\partial(\rho_m k)}{\partial t}+\frac{\partial(\rho_m u_j k)}{\partial x_j}=\frac{\partial}{\partial x_j}\left[\left(\mu_m+\frac{\mu_t}{\sigma_k}\right)\frac{\partial k}{\partial x_j}\right]+P_k-\rho_m\varepsilon \tag{9-6-8}$$

$$\frac{\partial(\rho_m\varepsilon)}{\partial t}+\frac{\partial(\rho_m u_j\varepsilon)}{\partial x_j}=\frac{\partial}{\partial x_j}\left[\left(\mu_m+\frac{\mu_t}{\sigma_\varepsilon}\right)\frac{\partial\varepsilon}{\partial x_j}\right]+\frac{\varepsilon}{k}(C_{\varepsilon1}P_k-C_{\varepsilon2}\rho_m\varepsilon) \tag{9-6-9}$$

$$P_k=\mu_t\frac{\partial u_i}{\partial x_j}\left(\frac{\partial u_i}{\partial x_j}+\frac{\partial u_j}{\partial x_i}\right) \tag{9-6-10}$$

$$\mu_t=C_\mu\rho_m\frac{k^2}{\varepsilon} \tag{9-6-11}$$

式（9-6-8）～式（9-6-11）中：k 为湍动能；ε 为湍动能耗散率；P_k 为湍动能产生项；μ_t 为涡黏系数。其他经验系数为 $C_\mu=0.09, C_{\varepsilon1}=1.44, C_{\varepsilon2}=1.92, \sigma_k=1.0, \sigma_\varepsilon=1.30$。

9.6.2　传输方程的主要空化模型

1. Merkle 模型[23]

$$\begin{cases} \dot{m}_l=\left(\dfrac{C_{evap}}{t_\infty}\right)\rho_l\alpha_l\dfrac{\min(0,p-p_v)}{\rho_l U_\infty^2} \\[4mm] \dot{m}_v=\left(\dfrac{C_{prod}}{t_\infty}\right)\rho_v\alpha_v\dfrac{\max(0,p-p_v)}{\rho_l U_\infty^2} \end{cases} \tag{9-6-12}$$

式中：t_∞ 是特征时间，取为特征长度与特征速度的比值；p_v 是蒸汽压力；ρ_l 是液体的密度；ρ_v 是蒸汽的密度；C_{evap} 和 C_{prod} 是经验常数。

2. Kunz 模型[24]

$$
\begin{cases}
\dot{m}_1 = \dfrac{C_{\text{dest}}\rho_v\alpha_1\min(0, p-p_v)}{\dfrac{1}{2}\rho_l U_\infty^2 t_\infty} \\[4mm]
\dot{m}_v = \dfrac{C_{\text{prod}}\rho_v(\alpha_1-\alpha_g)^2(1-\alpha_1-\alpha_g)}{t_\infty}
\end{cases}
\tag{9-6-13}
$$

式中：α_1、α_g 分别是液体和非凝气体的体积分数；U_∞ 是来流速度；C_{dest}/t_∞ 和 C_{prod}/t_∞ 是经验常数。

3. Senocak 和 Shyy 模型[25]

$$
\begin{cases}
\dot{m}_1 = \dfrac{\rho_l\min(p_l-p_v,0)\alpha_1}{\rho_v(V_{V,n}-V_I)^2(\rho_1-\rho_v)t_\infty} \\[4mm]
\dot{m}_v = \dfrac{\max(p_l-p_v,0)(1-\alpha_1)}{(V_{V,n}-V_I)^2(\rho_1-\rho_v)t_\infty}
\end{cases}
\tag{9-6-14}
$$

式中：p_l 是液体压力；p_v 是蒸汽压力；V_I 是界面运动速度；$V_{V,n}$ 是气相在空泡界面法线方向的速度。

9.6.3　数值计算方法的主要特点

超空泡流动的数值计算可以分为基于预处理技术的人工压缩性方法和基于压力修正的分步解法。目前采用的计算方法主要包括如下步骤。

（1）基于压力修正的分布式解法，采用压力耦合方程组的半隐式方法（semi-implicit method for pressure linked equations，SIMPLE）方法。

（2）对流项离散时采用 FUDS＋延迟修正技术。CVS 和 NND 两种格式具有较好捕捉间断的能力，适合于空泡流的数值计算。

（3）扩散项采用中心差分格式。

（4）采用多块结构化正接网格。

（5）采用 $k-\varepsilon$ 方程加壁函数方法。

（6）基于混合物体积守恒建立压力修正方程。

计算流程如图 9-6-1 所示。可以采用 Fluent 软件进行前处理生成计算网格（如 Gridgen）和进行计算结果后处理（如 Tecplot）。

9.6.4　部分典型计算结果及分析

1. 半球头圆柱体自然空化

首先对半球头圆柱体空泡流场进行计算，$Re=1.36\times10^6$，空化数 $\sigma=0.2$。图 9-6-2 是计算网

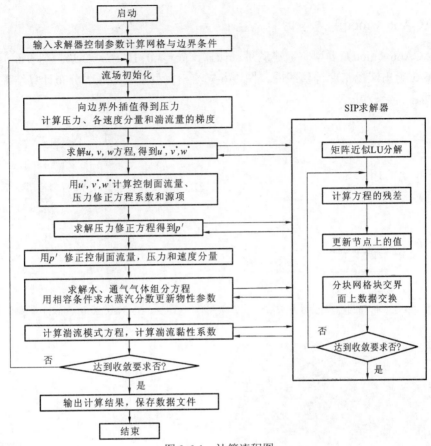

图 9-6-1　计算流程图

格，以直径作无量纲化处理。求解域的范围是 $-5.5 \leqslant x \leqslant 5.5$，$0 \leqslant r \leqslant 6$，$0 \leqslant \theta \leqslant 3°$。采用 C 形网格，包含边界单元，沿物面方向单元数是 120，垂直壁面方向 66，周向是 5。邻壁面第一个单元的法向高度为 $0.05D$，计算表明邻壁面单元的 y_P^+ 在 $39.9 \sim 167.4$，满足壁函数的使用要求。图 9-6-3 给出了在 $\theta = 1.5°$ 平面内密度场等值图，图 9-6-4 给出了物面上压力系数的计算结果与实验结果[26]的比较，两者符合较好，图中横坐标 s 是从驻点开始沿壁面的弧长。

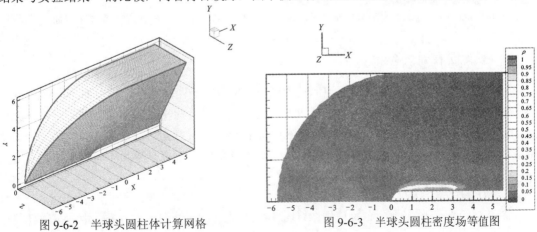

图 9-6-2　半球头圆柱体计算网格　　　　　　　　图 9-6-3　半球头圆柱密度场等值图

2. NACA66（mod）翼型的自然空化

对 NACA66（mod）翼型空泡流场进行计算，$Re=3.0\times10^6$，$\sigma=0.34$。图 9-6-5 是计算网格。图 9-6-6 给出流场密度等值线图，图 9-6-7 给出翼型上表面压力分布计算结果与实验[27]的比较，两者符合较好。

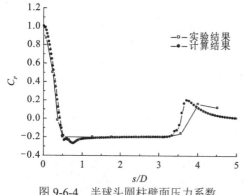

图 9-6-4　半球头圆柱壁面压力系数

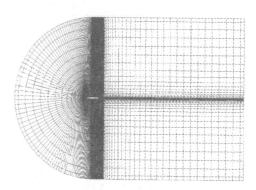

图 9-6-5　NACA66（mod）翼型计算网格

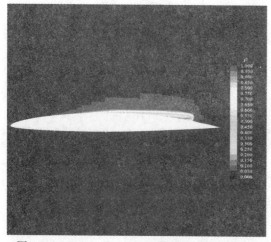

图 9-6-6　NACA66（mod）翼型流场密度等值线

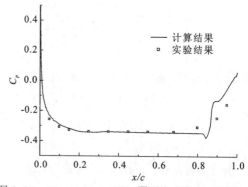

图 9-6-7　NACA66（mod）翼型上表面压力系数

3. 平头圆柱通气空泡

对平头半无限长圆柱的通气空泡流场，图 9-6-8 给出了计算网格，采用 C 形网格，x 轴与圆柱的轴线重合，原点位于头部。图 9-6-9 是通气孔附近的网格。壁面方向的网格单元数是 100，垂直于壁面方向的网格单元数是 60，周向网格单元数是 5。紧靠壁面的第一个网格单元的高度在 $1.0\times10^{-4}D$ 左右。在圆柱面 $0<x<D/4$ 范围内垂直于壁面方向均匀通气。通气率为 $\dfrac{V_n(\pi D\times D/4)}{U_\infty D^2}=\dfrac{\pi}{4}\dfrac{V_n}{U_\infty}=0.393$。

图 9-6-10 是流场压力分布等值线图，图 9-6-11 是通气孔处的压力分布。由此可以计算出

通气空泡数 $\sigma = \dfrac{p_\infty - p_c}{0.5\rho U_\infty^2} \approx 2 \times 0.206 = 0.412$。图 9-6-12 是流场密度等值线图。图 9-6-13 给出了与 Kunz 等[28]计算结果的比较。

水下高速航行体在运动过程中，不仅采用人工通气形成通气空泡流动，而且还涉及空化器激发的自然空化等复杂物理现象，可归结为一个气、汽、液多相高度非线性的三维湍流流动问题，各相之间的质量、动量与能量交换极为复杂。

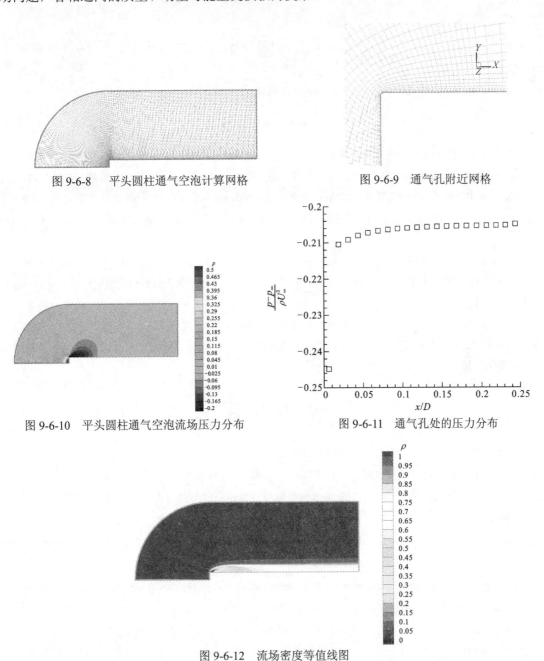

图 9-6-8　平头圆柱通气空泡计算网格　　　　　　图 9-6-9　通气孔附近网格

图 9-6-10　平头圆柱通气空泡流场压力分布　　　　图 9-6-11　通气孔处的压力分布

图 9-6-12　流场密度等值线图

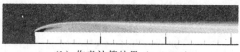

（a）Kunz等[28]的计算结果（σ=0.4）　　　　　　　（b）作者计算结果（σ=0.412）

图 9-6-13　水的体积分数计算结果比较

习　题　9

1. 基于水下可压缩流体中的细长体超空泡绕流理论，证明：

$$\sigma = \frac{2}{\lambda^2} \ln \frac{\lambda}{m\sqrt{e}}$$

2. 已知水下亚声速细长锥形射弹参数：速度 $U_\infty = 800 \text{ m/s}$，长度 $l = 60 \text{ mm}$，底部半径 $R_n = 3 \text{ mm}$。利用水下亚声速超空泡形态渐近解析算法，计算细长锥形射弹超空泡形态，并分析压缩性对超空泡形态的影响。

3. 已知水下超声速细长锥形射弹参数：速度 $U_\infty = 1800 \text{ m/s}$，长度 $l = 100 \text{ mm}$，底部半径 $R_n = 5 \text{ mm}$。利用水下超声速超空泡形态渐近解析算法，计算细长锥形射弹超空泡形态，并分析压缩性对超空泡形态的影响。

4. 已知水下亚声速细长锥形射弹参数：速度 $U_\infty = 900 \text{ m/s}$，长度 $l = 80 \text{ mm}$，底部半径 $R_n = 4 \text{ mm}$，航行水深 $h = 10 \text{ m}$。利用水下亚声速超空泡流动离散递推算法，计算细长锥形射弹的超空泡形态、压力分布和压差阻力系数。

5. 已知水下超声速细长锥形射弹参数：速度 $U_\infty = 1900 \text{ m/s}$，长度 $l = 120 \text{ mm}$，底部半径 $R_n = 6 \text{ mm}$，航行水深 $h = 10 \text{ m}$。利用水下超声速超空泡流动离散递推算法，计算细长锥形射弹的超空泡形态、压力分布和压差阻力系数。

参 考 文 献

[1] 张志宏, 顾建农. 流体力学[M]. 北京:科学出版社, 2015.

[2] 顾建农, 张志宏, 范武杰. 旋转弹丸入水侵彻规律[J]. 爆炸与冲击, 2005, 25(4):341-349.

[3] 张志宏, 孟庆昌, 顾建农, 等. 水下亚声速细长锥型射弹超空泡形态的计算方法[J]. 爆炸与冲击, 2010, 30(3): 254-261.

[4] GARAHEDIAN P R. Calculation of axially symmetric cavities and jets[J]. Pacific Journal of Mathematics, 1956, 6(4):611-684.

[5] VLASENKO Y D. Experimental investigation of supercavitation flow regimes at subsonic and transonic speeds. Fifth International Symposium on Cavitation(CAV2003)[C]. Osaka, November 1-4, 2003.

[6] 张志宏, 孟庆昌, 顾建农, 等. 水下超声速细长锥型射弹超空泡形态的计算方法[J]. 爆炸与冲击, 2011, 31(1): 49-54.

[7] KIRSCHNER I N. Results of selected experiments involving supercavitating flows[R]. VKI/RTO Lecture Series

on "Supercavitating Flows", Von Karman Institute for Fluid Dynamics, Brussels, Belgium, February 12-16, 2001.

[8] VASIN A D. Some problems of supersonic cavitation flows. Fourth International Symposium on Cavitation (CAV2001)[C]. Pasadena, CA, June 20-23, 2001.

[9] 金永刚, 张志宏, 王冲, 等. 水下亚声速细长锥型射弹超空泡流的数值计算方法[J]. 计算力学学报, 2012, 29(3): 393-398.

[10] 张志宏, 孟庆昌, 金永刚, 等. 超声速锥型射弹超空泡流动数值计算方法[J]. 华中科技大学学报(自然科学版), 2014, 42(1): 39-43.

[11] ZHANG Z H, MENG Q C, DING Z Y, et al. Effect of compressibility on supercavitating flow around slender conical body moving at subsonic and supersonic speed[J]. Ocean Engineering, 2015(109):489-494.

[12] 孟庆昌, 张志宏, 李启杰. 高速射弹超空泡流动的重力和压缩性效应[J]. 爆炸与冲击, 2016, 36(6): 781-788.

[13] SEREBRYAKOV V V, KIRSCHNER I N, SCHNERR G H. High speed motion in water with supercavitation for sub-, trans-, supersonic Mach numbers[C] //Seventh International Symposium on Cavitation(CAV2009). 57 Morehouse Lane Red Hook, NY 12571 USA: Curran Associates, Inc. 2011: 219-236.

[14] SEREBRYAKOV V V. The models of the supercavitation prediction for high speed motion in water[C]. Proceedings of International Summer Scientific School "High Speed Hydrodynamics", HSH2002, Chebocsary, Russia, June 2002.

[15] VARGHESE A N, UHLMAN J S, KIRSCHNER I N. Axisymmetric slender-body analysis of supercavitating high-speed bodies in subsonic flow[C] //Proceedings of the Third International Symposium on Performance Enhancement for Marine Applications. Gieseke: British Library, 1997: 225-240.

[16] GUZEVSKY L G. Numerical Analysis of cavitation flows[R]. Reprint No.40-79, Institute of Thermophysics, Siberian Branch of the Russian Academy of Sciences, Novosibirsk, 1979.

[17] FRANKL F I, KARPOVICH E A. Gasdynamics of thin bodies[M]. Moscow: Gostechizdat Publishers, 1948.

[18] NESTERUK I. Calculation of Steady Axisymmetric Supercavity Flows of compressible fluid[J]. Physics and Mathematics, 2003(4):109-118.

[19] GUZEVSKY L G. Approximation dependencies for axisymmetric cavities behind the cones[C]. Set of papers: Hydrodynamic Flows and Wave Processes. Institute of Thermophysics, Siberian Branch of the Russian Academy of Sciences, Novosibirsk, 1983:82-91.

[20] 胡明勇, 张志宏, 刘巨斌, 等. 低亚声速射弹垂直入水的流体与固体耦合数值计算研究[J]. 兵工学报, 2018, 39(3): 560-568.

[21] 顾建农, 张志宏, 王冲, 等. 旋转弹头水平入水空泡及弹道的实验研究[J]. 兵工学报, 2012, 33(5): 540-544.

[22] 马庆鹏, 魏英杰, 王聪, 等. 锥头圆柱体高速入水空泡深闭合数值模拟研究[J]. 兵工学报, 2014, 35(9): 1451-1457.

[23] MERKLE C L, FENG J, BUELOW P E O. Computational modeling of the dynamics of sheet cavitation[C].

Proceedings of 3rd International Symposium on Cavitation, Grenoble, France, 1998.

[24] KUNZ R F, BOGER D A, STINEBRING D R, et al. A proconditioned navier-stokes method for two phase flows with application to cavitation[J]. Computers and Fluids, 2000, 29:849-875.

[25] SENOCAK I, SHYY W. A pressure-based method for turbulent cavitating flow computions[J]. Journal of Computational Physics, 2002, 176:363-383.

[26] ROUSE H, MCNOWN J S. Cavitation and pressure distribution, head forms at zero angle of yaws[R]. Iowa City: State University of Iowa, 1948.

[27] SHEN Y J, DIMOTAKIS P E. The influence of surface cavitation on hydrodynamics forces[C]. Proceedings of 22nd ATTC., St. Johns, 1989:44-53.

[28] KUNZ R F, BOGER D A, CHYCZEWSKI T S, et al. Multi-phase CFD analysis of natural and ventilated cavitation about submerged bodies[C]. Proceedings of FEDSM'99 3rd ASME/JSME Joint Fluids Engineering Conference, San Francisico, California, July 18-23, 1999.